Wasserstofftechnologie

Fritz Dieter Erbslöh

Wasserstofftechnologie

Technische, wirtschaftliche und politische Aspekte

Umschlagabbildung: © iStock.com/audioundwerbung

Bibliografische Information der Deutschen Nationalbibliothek
Die Deutsche Nationalbibliothek verzeichnet diese Publikation in der Deutschen Nationalbibliografie; detaillierte bibliografische Daten sind im Internet über http://dnb.dnb.de abrufbar.

DOI: https://doi.org/10.24053/9783816985334

– ein Unternehmen der Narr Francke Attempto Verlag GmbH + Co. KG
Dischingerweg 5 · D-72070 Tübingen

Internet: www.expertverlag.de
eMail: info@verlag.expert

CPI books GmbH, Leck

ISBN 978-3-8169-3533-9 (Print)
ISBN 978-3-8169-8533-4 (ePDF)
ISBN 978-3-8169-0126-6 (ePub)

Inhalt

Vorwort

Häufig in öffentlichen Diskursen, zumal bei denen um eine zukunftsgerechte Gestaltung von Produktion, Mobilität und Energieversorgung, kommen mir Zweifel ob der Grundlagen, auf denen diese geführt werden. Und es drängt sich die Hegel'sche Einsicht auf:

> *„Preßfreiheit definieren als die Freiheit, zu reden und zu schreiben, was man will … gehört der noch ganz ungebildeten Rohheit und Oberflächlichkeit des Vorstellens an."* (G. W. F. Hegel)

Nur eine aufgeklärte Gesellschaft, die sich mit gesicherten – oder besser: mit nicht falsifizierten Hypothesen und Modellen auseinandersetzt – kann zu tragbaren Kompromissen und Entscheidungen kommen; nur sie kann daraufhin politisches Personal in Parlamente wählen, das geeignete Rahmenbedingungen für eine vorteilhafte wirtschaftliche und gesellschaftliche Entwicklung absteckt und in Gesetze fasst.

Die Realität heute sieht nur zu oft anders aus: Es flirren Meinungen durch die Welt, Kommentare und objektive Berichterstattung werden nicht mehr sauber getrennt, eine gemeinsame Faktenbasis wird nicht mehr geschaffen. Für so fundamentale Entscheidungen, wie der über den Umbau der Energieversorgung, Mobilität und Produktion ist das überaus gefährlich.

Erste Szene: Die Situation

Mit der Vergabe des Physik-Nobelpreises an Syukuro Manabe, Klaus Hasselmann und Giorgio Parisi im Jahr 2021 für die Erstellung von Klimamodellen (Letzterer für die grundlegende Beschreibung chaotischer Systeme) darf als anerkannt gelten, dass die globale Erwärmung mit der CO_2-Konzentration nicht nur korreliert, sondern in einem Kausalzusammenhang steht.

Durch anthropogenen Eintrag von Kohlenstoff schaffen wir uns also eine Atmosphäre, die unsere Lebensgrundlagen zu vernichten droht und dies bereits in großen Gebieten der Erde tut. Ökonomisch ein Schneeballsystem, werden doch die Kosten des Wohlstands externalisiert und deren Begleichung in die Zukunft verlagert. Damit ist die Faktenbasis eindeutig.

Nächste Szene, Auftritt: Der Wasserstoff.

Seine Gewinnung kann CO_2-frei gestaltet werden, sein Oxidationsprodukt liefert Wasser. Als chemischer Energieträger ist er, seiner geringen volumetrischen Energiedichte zum Trotz, sehr wohl geeignet, seine physikalischen Eigenschaften sind technisch beherrschbar und seine Handhabung industriell gut eingeübt, seine Einsatzmöglichkeiten als Reduktionsmittel für metallurgische Verfahren und als Grundstoff für chemische Prozesse lange bekannt. Es ist gerade die Universalität im Einsatz für die Energiewirtschaft, die direkte Nutzung als Brennstoff im Gebäudesektor und der Industrie, als Kraftstoff in der Mobilität, die den Nachteil der Komplexität in sich birgt.

Egal, ob er direkt, komprimiert, verflüssigt, in Verbindungen als Ammoniak, durch Hydrierung und Dehydrierung an Carrier, in synthetischen Kraftstoffen durch Fischer-Tropsch-Synthese Verwendung findet. Ob er durch Power-2-Gas, durch Erdgaspyrolyse, im Synthesegasprozess mit anschließender CO_2-Verpressung zur Verfügung gestellt wird. Die technischen Lösungswege zur Versorgung in der Zukunft sind mannigfaltig und liegen prozessual weit auseinander.

In diese Vielfalt gilt es Ordnung zu bringen, Ordnung in Köpfen, Ordnung für eine Gesellschaft, die sowohl politisch zu entscheiden hat und letztlich auch den technischen Wandel herbeiführen muss. Dazu dient der vorliegende Band.

Den Leserinnen und Lesern dieses Buches erschließen sich nach der Lektüre die Zusammenhänge und die Technologie des Wasserstoffs. Auch deshalb bin ich Fritz Dieter Erbslöh für dieses dritte Werk seiner „Energietrilogie" dankbar: Voraussetzung für das Verständnis ist lediglich ein in der Schule erworbenes Wissen elementarer naturwissenschaftlicher Zusammenhänge, alles Weitere wird sachkundig erklärt und darüber hinaus auch in den historischen Kontext gestellt.

Deutlich wird, dass es keinen „Königsweg" *per se* gibt, dass die großflächige Umsetzung dieser Technologien systembedingt teuer, dass sie idealerweise in Verbundsystemen zu realisieren sind und dass mit Energie deutlich intelligenter – *vulgo*: sparsamer – umzugehen sein wird als bislang. Fehler und Fehleinschätzungen der Vergangenheit werden ebenso beleuchtet wie die Blicke in die Zukunft.

Der Aufwand des erwähnten Wandels ist enorm und nicht zum Nulltarif zu haben. Gleichwohl ist er lohnend, denn er fördert Tugenden zu Tage, in denen unser Kontinent immer schon gut war: Verfahren zu entwickeln, Prozesse zu optimieren, Effizienzen zu steigern – eine Aufgabe, die wie geschaffen ist für eine Wissensnation wie Deutschland, für eine hochentwickelte Industrie- und Dienstleistungsgemeinschaft wie die Europäische Union.

Belohnt werden Sie nach dem Lesen oder Nachschlagen, indem Sie auch die Grundpfeiler des Pariser Klimaabkommens, die der jeweiligen nationalen Wasserstoffstrategien und die zukünftigen Entscheidungsansätze der Landtage und des aktuellen sowie der kommenden Bundestage technisch besser einzuordnen wissen.

Und damit – so schließt sich der Kreis zu Hegel – können Sie fundiert an der Meinungsbildung teilnehmen. Betrachten Sie es als Zugabe, wenn Sie dieses Buch beruflich oder privat zudem noch vor der einen oder anderen klimaschädlichen Fehlinvestition bewahrt.

Essen, im Juni 2023
Prof. Dr. Werner Klaffke
Haus der Technik e.V.

1 Einleitung

Es gibt in der Geschichte der Menschheit Großereignisse, die zu Wendepunkten der weiteren Entwicklung wurden. Sie sind in ganz unterschiedlichen Formen aufgetreten, wie es ausgewählte Beispiele aus historischer Zeit zeigen, die selten punktuell zu verorten sind und oft den Charakter von Prozessen haben:

- Völkerwanderung mit Niedergang des Römischen Reiches
- 1492 Entdeckung Amerikas
- Reformation und Aufklärung, kulturelle Wende zur Neuzeit
- Pestwellen von Asien nach Europa und von dort wieder nach China
- 1789 Französische Revolution als Wegbereiter unserer Demokratien
- Industrialisierung im 19. Jahrhundert
- Weltkriege I und II und deren politische und wirtschaftliche Folgen

Klimawandel und Energiewende gehören zweifellos in diese Kategorie. Sie sind weltumspannend, tief in unsere Zivilisation eingreifend und erzwingen technischen, wirtschaftlichen und sozialen Wandel im kurzen Zeitraum von weniger als einem Jahrhundert.

Klimawandel und Energiewende gehören in dem Sinn zusammen, dass das Zweite die Antwort des Menschen auf das Erste ist. Und auch für das Erste gilt der Mensch mit den von ihm verursachten Treibhausgasemissionen als verantwortlich.

Die Energiewende allein wird die vorindustriellen Zustände nicht wiederherstellen können, aber doch den weiteren Anstieg der Emissionen begrenzen. Mit dem Rest an Klimawandel, auch mit einem kontrollierten Anstieg der weltweiten Temperaturen, müssen wir lernen zu leben. So etwa stellt sich, stark verkürzt, unsere globale Zukunft dar. Der Weg dahin ist ohne Alternative: Ein Zurück zur Steinzeit, auch in der gemäßigten Form der Suffizienz, also des Verzichts und der Rückführung zivilisatorischer Standards, wäre nur für wenige Exoten akzeptabel.

Energiewende bedeutet im Kern Wechsel der Energieträger – weg von Kohle, Erdöl und Erdgas, hin zu emissionsfrei gewonnenen und emissionsfrei nutzbaren Energieformen. Hier ordnen sich neben dem Strom als Träger elektrischer Energie der Wasserstoff und seine Derivate ein. In der Perspektive für das Jahr 2050, wenn Kernenergie schon lange nicht mehr verfügbar ist und die vertrauten nicht-regenerativen Primärenergien ebenfalls ausgeschieden sind, sind diese beiden Energieformen die einzigen verfügbaren Träger für Industrie, Mobilität und privaten Konsum in Deutschland.

Strom und Wasserstoff einschließlich seiner Derivate findet man anders als Kohle, Erdöl und Gas nicht in der Natur – beide sind synthetische Energieformen, Produkte eines oder mehrerer Arbeitsschritte. Für den Strom ist das inzwischen mit Windenergieanlagen und Photovoltaikfarmen bürgernah vertraut, für den Wasserstoff und seine Derivate dagegen Experten-Wissen, das seinen Stand durch Forschung und Entwicklung ständig mitlaufend verändert.

Hier setzt der vorliegende Band an. Er verfolgt zunächst den Nutzungsweg des Wasserstoffs von seinen Anfängen an – schließlich geht seine Entdeckung auf die Wende vom 18.

zum 19. Jahrhundert zurück. Lange Zeit war Wasserstoff nur als Traggas für Luftfahrzeuge gefragt, bis dann im 20. Jahrhundert seine stofflichen Eigenschaften interessant wurden, von der Hydrierung bis hin zur Verwendung als Raketentreibstoff.

Ein großes Kapitel beschäftigt sich mit den Verfahren zu Gewinnung, Speicherung und Transport nach gegenwärtigem Stand, ein weiteres mit der Wandlung von Wasserstoff in andere nutzbare Energieformen.

Einen Schwerpunkt bilden die Anwendungen des Wasserstoffs unter dem Aspekt der Dekarbonisierung in den großen, maßgeblich zu den Treibstoffgas-Emissionen beitragenden Bereichen Energiewirtschaft, Industrie, Verkehr und Gebäude. Hier ist jeweils ein Ausblick in die Fortentwicklung hin zu einer künftigen Wasserstoffwirtschaft mit aufgenommen.

Dass Wasserstoff seinen Stellenwert als Partner der Energiewende gewonnen hat, reflektiert die nationale wie die internationale Energiepolitik, deren Entstehung und Stand vor dem Hintergrund der Erkenntnisse der Klimawissenschaften ausführlich behandelt werden. Ohne umfangreiche staatliche und weltumspannende Maßnahmen, tiefe strukturelle Eingriffe und groß dimensionierte finanzielle Förderung wird es weder Wasserstoffwirtschaft noch erfolgreiche Energiewende geben.

Der Ausblick über die Grenzen wird zeigen, dass Wasserstoff inzwischen international zu einem Schlüsselelement der weltweit verfolgten Energiewende geworden ist. Die grenzüberschreitende Sicht ist für Deutschland auch deshalb essenziell, weil der große Bedarf an Wasserstoff im eigenen Land keinesfalls gedeckt werden kann. Unumgänglich notwendig sind Importe großen Umfangs – entweder von „grünem" Wasserstoff oder von „grünem" Strom oder auch von beiden Energieträgern.

Der Autor sieht das Gelingen der Energiewende maßgeblich mit dem breiten Einsatz des Wasserstoffs verbunden und hofft, dass die in diesem Band angesprochenen Möglichkeiten und Perspektiven letztendlich zu ihrem Erfolg beitragen. Sicher ist das leider nicht. Das Zieljahr 2030 wird zeigen, ob die zweifellos erkennbaren Anstrengungen tatsächlich ausreichen.

Zwei Einschränkungen sind jedoch notwendig: Der Text gibt im Wesentlichen den Stand zum Jahresende 2022 wieder. Es ist nicht ausgeschlossen, dass sich in den kommenden Jahrzehnten neue Wege ergeben, die mehr als die gegenwärtig sichtbaren bewegen. Das gilt insbesondere für die Gewinnung des Wasserstoffs, für die sich nach Kap. 7 neue, nicht strombasierte Alternativen andeuten.

Die zweite Einschränkung bezieht sich auf die seit dem Frühjahr 2022 andauernde russische Invasion der Ukraine. Zu den Antworten des Westens gehört neben umfangreichen wirtschaftlichen Sanktionen auch eine veränderte Zukunftssicht, die auf eine massive Reduzierung der wirtschaftlichen Abhängigkeiten von Russland hinausläuft, im Wesentlichen gegeben im Import von Primärenergie (Kohle, Erdöl, Erdgas), landwirtschaftlichen Produkten und einer Reihe anderer Rohstoffe.

Hier sind zumindest indirekte Folgen für den Aufbau einer europäischen Wasserstoffwirtschaft zu erkennen, die in Umfang und Intensität schwer einschätzbar sind. Einige Tendenzen konnten gleichwohl vor Drucklegung berücksichtigt werden.

2 Das Element Wasserstoff

In der Natur kommt Wasserstoff anders als Kohle, Erdöl und Erdgas nicht als unmittelbar zugänglicher Rohstoff vor, ist jedoch in fast allen organischen Verbindungen, in vielen chemischen Verbindungen wie Kohlenwasserstoffen und natürlich im verbreitet vorhandenen Wasser gebunden enthalten. Der Wasserstoffvorrat ist damit unerschöpflich, denn die Erdkruste besteht zu ca. 50 % aus Wasserstoff – er ist damit das häufigste Element auf der Erde.

Wasserstoff ist unter Normalbedingungen gasförmig, viel leichter als Luft und leicht entflammbar. Er hat einen sehr weiten Zündbereich von 4–77 % bei einer Zündtemperatur von 560 °C und ist damit hochreaktiv.[1] So kann sich das Gas bei hohen Ausströmgeschwindigkeiten selbst entzünden. Das Gefahrenpotential von Wasserstoff gilt jedoch als nicht größer als das von Erdöl, Erdgas oder Uran. Von daher gelten für den Umgang mit Wasserstoff in Deutschland die allgemeinen Sicherheitsvorschriften für brennbare Gase, insbesondere die Technischen Regeln für Gefahrstoffe, und hier wiederum speziell die TRGS 407, (Tätigkeiten mit Gasen – Gefährdungsbeurteilung). Die technischen Regeln werden vom Ausschuss für Gefahrstoffe (AGS) festgelegt, der das Bundesministerium für Arbeit und Soziales zu Fragen der Gefahrstoffverordnung berät und seine Rechtsgrundlage im § 20 der Gefahrstoffverordnung (GefStoffV) hat. Druckgasflaschen zum Beispiel erhalten danach einen den Inhalt kennzeichnenden Farbanstrich, bei Wasserstoff rot (Schulterkappen).

Brenngas	**Heizwert HU in MJ/kg**	**Heizwert HU in MJ/m^3**
Methan	50,013	35,883
Acetylen	48,222	54,493
Ethylen	47,146	59,497
Ethan	47,486	64,345
Propan	64,354	93,215
n-Butan	47,715	123,810
Wasserstoff	119,972	10,783

Tabelle 1-1: Energiedichte relevanter Heizgase, hier als Heizwerte HU; beim Heizwert HO, auch Brennwert genannt, wird zusätzlich die Kondensationswärme des Wasserdampfes berücksichtigt; Quelle: Industriegase Lexicon

1 Der Zündbereich eines Gases oder Dampfes wird als Konzentration des Stoffes als Vol.-% in Luft angegeben. Unterhalb der unteren Zündgrenze ist das Wasserstoff / Luft-Gemisch zu mager – es kann keine Verbrennung stattfinden. Oberhalb der oberen Zündgrenze ist das Gemisch zu fett – in diesem Bereich kann aufgrund von Sauerstoffmangel keine Verbrennung ablaufen.

Für den Gegenstand dieses Buches besonders relevant ist die Energiedichte. Wasserstoff hat mit 120 MJ/kg einerseits den höchsten gravimetrische Heizwert, s. Tab. 1-1. Die gravimetrische Energiedichte von Wasserstoff ist damit höher als die von Batterien, Akkumulatoren oder Pumpspeicherwerken, jedoch geringer als die Energiedichte von Kohlenwasserstoffen wie Benzin oder Dieselkraftstoff.

Bei seiner Verbrennung entsteht ausschließlich Wasser; dies gilt auch für die „kalte" Verbrennung in Brennstoffzellen. Seine hohe Flammgeschwindigkeit erfordert allerdings für eine Nutzung in konventionellen Motoren und Gaskraftwerken konstruktive Änderungen.

Wichtiger für den technischen Umgang mit Wasserstoff ist die Frage, inwieweit sich das durch die geringe Molekülgröße bedingte hohe Diffusionsvermögen störend bemerkbar macht. Quantitative Rechnungen nach dem FICKSCHEN Gesetz ergeben für eine Stahlflasche mit einer Höhe von 1, 5 m, einem Innendurchmesser von 120 mm und einer Wandstärke von 10 mm bei Umgebungstemperatur und 30 bar Druck einen diffusionsbedingten Massenstrom von nur $5,5\ 10^{-11}$ kg/s, was nach Umrechnung zu einem stündlichen Mengenverlust von 20 Millionstel führt. Das ist technisch wie wirtschaftlich ohne weitere Maßnahmen tolerierbar und als Störgröße von 2. Ordnung klein: Der häufig berichtete Nachteil der Wasserstoffdiffusion ist damit eher theoretischer Natur.

Ernster zu nehmen ist die durch Wasserstoff verursachte Versprödung, was im Regelfall auf eine Reduzierung der Festigkeit hinausläuft. Die unterschiedlich ausgeprägte Anfälligkeit für Wasserstoffversprödung bei sonst vergleichbaren Festigkeitseigenschaften schränkt die Werkstoffauswahl ein. Viele metallische Werkstoffe neigen bei intensivem Kontakt mit Wasserstoff zur Versprödung, worunter man allgemein das Absinken der Zähigkeit und damit der Festigkeit durch äußere oder innere Einflüsse beziehungsweise Gefügeumwandlungen versteht. Dies betrifft z. B. gewöhnlichen Stahl wie auch Titan. Ein Wechsel des Werkstoffs schafft hier Abhilfe: Austenitische, i. e. mit Nickel (Ni), Kobalt (Co) und Mangan (Mn) legierte Stähle sind weitgehend unempfindlich und sind so die meistverwendeten Werkstoffe im Umgang mit Wasserstoff geworden.[2] Auch eine Auskleidung mit Kunststoffen gehört zu den technischen Möglichkeiten, von denen häufig bei Wasserstofftanks Gebrauch gemacht wird, s. Kap. 4.2, Speicherung.

2 Austenit ist eine Gefügestruktur und -bezeichnung vieler nichtrostender Stähle und macht diese nicht ferromagnetisch. Austenitstrukturen kommen bei Raumtemperatur nur in Legierungen vor. Austenitbildner sind Elemente wie Nickel (Ni), Kobalt (Co) und Mangan (Mn), die dem Stahl zulegiert werden, um zu erreichen, dass nach der Abkühlung bei Raumtemperatur ein austenitisches Gefüge vorliegt.

3 Die frühe Geschichte

Entdeckt wurde Wasserstoff 1766 vom Engländer H. CAVENDISH und dann noch einmal, unabhängig von CAVENDISH, 1787 durch A. LAVOISIER, der die ersten systematischen Experimente durchführte. Ihm gelang so u. a. die Zerlegung von Wasser über heißem Eisen in Eisenoxid und Wasserstoff – ein Weg, um die Natur des Wassers aufzuklären, von dem man lange annahm, es sei ein elementarer Stoff. Dass Wasserstoff mit Luft (heute genauer: dem Sauerstoff der Luft) zu Wasser verbrannte, führte ihn zur Namensbildung „hydrogène“[3], die bis heute mit „Hydrogen“ im englischen Sprachgebrauch überlebt hat.

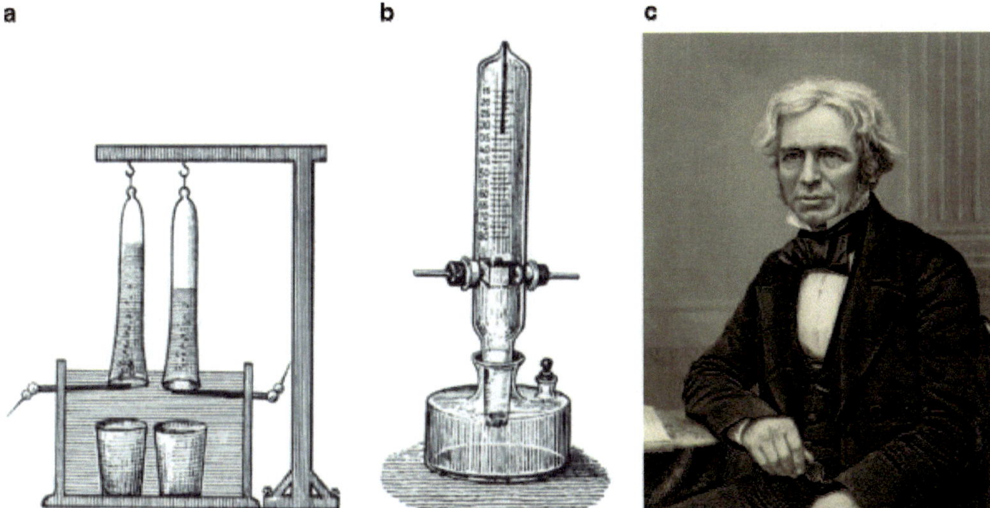

Abb. 3-1: Ritter und seine Apparatur; Quelle: Peter Kurzweil, Elektrochemische Speicher, S. 363–472

> „1800 führte J. W. RITTER, Physiker und romantischer Naturphilosoph, die erste quantitative Wasserelektrolyse durch, nachdem W. NICOLSON und A. CARLISLE kurz zuvor erstmals Wasser elektrolytisch zerlegt hatten. Allerdings war das von ihm ermittelte Verhältnis von Wasserstoff- zu Sauerstoffgas (2,5:1) noch nicht exakt und seine Deutung des Experiments unzutreffend. Er betrachtete das Wasser als Element und vermutete, dass dieses unter dem Einfluss der Elektrizität zwar die Gestalt von Wasserstoff- und Sauerstoffgas annehme, dabei jedoch nicht zerfalle.“[4] RITTERS Apparatur zeigt Abb. 3-1.

Wasserstoff, deutlich leichter als Luft, war und ist auch ein Traggas. Seine Verwendung in Ballons geht auf J. CHARLES zurück. Nachdem er am 27. August 1783 auf dem Marsfeld in Paris mit einem unbemannten Ballon von 4 m Durchmesser und 9 kg Traglast erfolgreich

---

3 hydro-gène = Wasserbildner, von hydro = Wasser, genes = erzeugend.

4 Zitiert aus Büttner, St.: Ritter, Johann Wilhelm, in: Neue Deutsche Biographie 21 (2003), S. 664–665; URL: https://www.deutsche-biographie.de/pnd118745468.html#ndbcontent, Abruf 23. August 2022.

experimentiert hatte, wagte er einen bemannten Versuch: Am 1. Dezember 1783, kurz nach dem Start der Brüder MONTGOLFIER mit einem Heißluftballon, stieg J. CHARLES mit einem mit Wasserstoff gefüllten gummierten Seidenballon auf und erreichte 914 m Höhe sowie eine durchaus größere Flugweite. Sein Ballon, von ihm „Charlière" genannt, war von einem Netz ummantelt, an dem eine kleine bootsähnliche Gondel hing.

Abb. 3-2: Luftschiff Erbslöh 1909 vor seinem Hangar, Technische Daten: Länge: 53,20 m, Antrieb: Motor mit 92 kW (125 PS), zweiflügelige Luftschraube, 1909; Quelle: 2016 FAMILIENVERBAND ERBSLÖH

Auch Luftschiffe, durch F. GRAF VON ZEPPELIN ab 1900 populär gemacht, wurden zunächst mit Wasserstoff befüllt. Unfälle blieben nicht aus. Am 1. Dezember 1909 absolvierte das von O. EBSLÖH konstruierte Luftschiff *Erbslöh* seine offizielle Jungfernfahrt. Die *Erbslöh* unternahm eine Reihe erfolgreicher Fahrten – bis zum 13. Juli 1910, an dem die *Erbslöh* verunglückte. Ihr Namensgeber O. ERBSLÖH und vier Begleiter kamen ums Leben. Wie später ermittelt wurde, hatten Motorfunken den als Traggas verwendeten Wasserstoff entzündet und zur Explosion gebracht. Abb. 3-2 zeigt die *Erbslöh* mit ihrer eigentümlichen Gondel.

Die leichte Entzündlichkeit von H_2-Luft-Gemischen provozierte weitere Unfälle. Als größte Katastrophe in diesem Zusammenhang gilt das nie vollständig geklärte Unglück der *Dixmude*, die als LZ-114 in Deutschland gebaut worden war und 1920 als Reparationsgut von einer deutschen Mannschaft nach Maubeuge verbracht wurde, wo sie den neuen Namen *Dixmude* erhielt. Sie explodierte 1923 auf dem Flug von Toulon nach Salah, etwa 930 Meilen südwestlich von Tunis. 50 Personen waren an Bord, die Mannschaft und sieben Passagiere; ein Mahnmal in Pierrefeu-du-Var in der Provence erinnert an sie.

Bekannter wurde noch das Unglück der *Hindenburg* im Jahr 1937, bei dem 37 Menschen starben. Es dauerte nur wenig mehr als eine halbe Minute, um das seinerzeit und bis heute weltgrößte Flugobjekt zu zerstören, das im Anflug auf Lakehurst war, den US-Luftschiffhafen rund 100 Kilometer südlich von New York. 22 Besatzungsmitglieder, 13 Passagiere und ein Landehelfer kamen ums Leben. Auch wenn trotz des Sturzes aus etwa 80 Meter 62 der insgesamt 97 Personen an Bord überlebten, ging das Unglück als Katastrophe um die die Welt und bedeutete letztlich das (vorläufige) Ende der zivilen Luftschifffahrt.[5]

5 Erst 55 Jahre nach Ende des zweiten Weltkriegs erfuhr die zivile Luftschifffahrt eine begrenzte Wiederbelebung. Seit dem Jahr 2000 befördern Luftschiffe der ZLT Zeppelin Luftschifftechnik

Die Katastrophe hatte einen letztlich politischen Hintergrund: Wasserstoff als Traggas war zwar aus Sicherheitsgründen mittlerweile durch Helium ersetzt, jedoch hatte es die amerikanische Marine abgelehnt, Helium an das nationalsozialistische Deutschland zu liefern. Die Mannschaft hatte also keine Wahl und musste die *Hindenburg*, wie die anderen deutschen Luftschiffe auch, mit Wasserstoffgas füllen.

Wasserstoff als Traggas ist heute nur noch gelegentlich in Sonderfällen in Gebrauch, z. B. mit entsprechend hohe Sicherheitsvorgaben für die täglichen Wetterballone.

Die Elektrolyse wurde im 19. Jahrhundert rasch populär und auf empirischer Basis praktisch zu einem Standardverfahren. Mit ihrer Hilfe gelangen die verschiedensten Zerlegungen: 1802 stellten HISINGER und J. J. BERZELIUS Chlorat aus Kochsalz her. Im Zeitraum 1807–1818 gelang H. DAVY der Reihe nach die elektrolytische Gewinnung von Natrium, Kalium, Magnesium, Calcium, Strontium und Barium und schließlich auch noch von Lithium. 1849 berichtete KOLBE über die Elektrolyse von organischen Verbindungen. 1855 erhielt BUNSEN aus einer Schmelze größere Mengen an Lithiummetall. 1864 nutze der Amerikaner GIBBS die Elektrolyse zur quantitativen Analyse und schied Kupfer und Nickel elektrolytisch ab.

Abb. 3-3: Theodor von Grotthus (*1785, † 26. März 1822); Quelle: Zeitschrift für Physikalische Chemie, Bd. 58; 1907, Verlag von Wilhelm Engelmann, Leipzig

TH. GROTTHUß, der zeitgenössisch kaum beachte wurde und den Abb. 3-3 noch einmal in die Gegenwart zurückholt, versuchte im Jahr 1805 eine erste Erklärung am Beispiel der Wasserzersetzung. Er unterstellte, dass die angelegte Spannung eine Aufteilung in positiven Wasserstoff und negativen Sauerstoff bewirkte. Was TH. GROTTHUß mit seiner Theorie jedoch nicht erklären konnte, war die elektrolytische Abscheidung bei der Verwendung von Salzen, Säuren und Basen.

Das tiefere Verständnis der Elektrolyse ließ allerdings auf sich warten – erst S. ARRHENIUS entwickelte 1884–1887 eine brauchbare Theorie der elektrolytischen Dissoziation.

Friedrichshafen wieder Passagiere oder dienen technischen und wirtschaftlichen Zwecken (Baureihe NT).

Auch Brennstoffzellen sind keine Entdeckung des 20. Jahrhunderts. Ihr Wirkungsprinzip, das auf der Umkehrung der Wasserelektrolyse beruht, fand 1838 C.- F. SCHÖNBEIN heraus. Er benutzte einen flüssigen Elektrolyten und tauchte zwei Platindrähte ein, denen er Wasserstoff bzw. Sauerstoff zuführte. Sein Ergebnis war der Nachweis einer Spannung, die sich daraufhin zwischen den Drähten aufbaute. Seine Entdeckung veröffentlichte er 1839, also ein Jahr später. Meist wird hier SIR WILLIAM GROVE als Entdecker genannt, der jedoch auf den Arbeiten von SCHÖNBEIN aufbaute und so zu seinem „Groveschen Element" von 1844 kam. Die Reihenschaltung solcher Zellen lieferte ihm schließlich eine brauchbare Spannungsquelle, die er „Gasbatterie"[6] nannte. Seine später auf zehn Elemente erweiterte Anordnung zeigt Abb. 3-4.

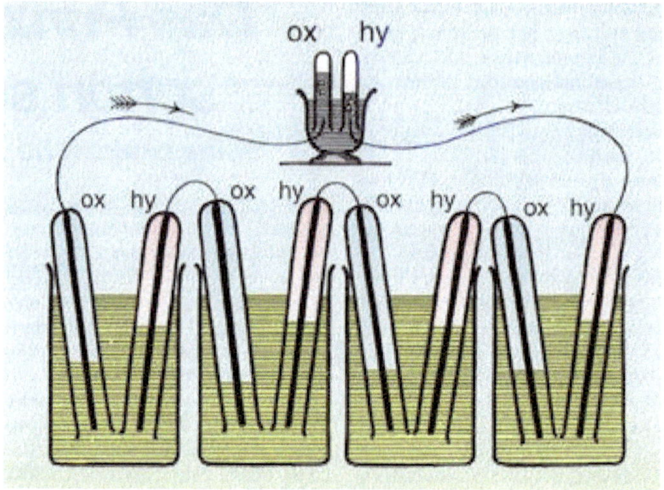

Abb. 3-4: Gasbatterie nach Grove; Quelle: W. Ostwald, Elektrochemie, Leipzig 1896, Fig. 180

Der Weg zu einer Spannungsquelle mit kontinuierlichem Betrieb schien gelungen, zumal sich auch andere Brenngase anboten wie das aus Kohle, Luft und Wasser hergestellte „Mondgas", das auf den Chemiker C. LANGER und den deutsch-englischen Chemie-Industriellen L. MOND zurückgeht. Im Zuge ihrer Versuche 1889 entstand auch ein neuer Begriff: Brennstoffzelle (fuel cell).[7]

Da hatte der Wasserstoff schon begonnen, die Fantasie der Menschen zu beflügeln: „Wasserstoff und Sauerstoff werden zur unerschöpflichen und bezüglich ihrer Intensität ganz ungeahnten Quelle der Wärme und des Lichts werden – und dies mit einer Intensität, zu der Kohle nicht fähig ist."[8]

Nicht alle Erwartungen erfüllten sich, so auch nicht der von F. W. OSTWALD vorgeschlagene Weg, Kohle als Brennstoff zu verwenden. Seine Erwartungen formulierte er so:

6 Im englischen Original Gas Voltaic Battery.
7 S. auch später, Wasserstoff-Shift Reaktion.
8 Jules Verne in: Die geheimnisvolle Insel, 1874.

> „Der Weg nun, auf welchem diese grösste aller technischen Fragen, die Beschaffung billiger Energie, zu lösen ist, dieser Weg muss von der Elektrochemie gefunden werden. Haben wir ein galvanisches Element, welches aus Kohle und dem Sauerstoff der Luft unmittelbar elektrische Energie liefert, und zwar in einem Betrage, der einigermaßen im Verhältnis zu den theoretischen Werten steht, dann stehen wir vor einer technischen Umwälzung, gegen welche die bei der Erfindung der Dampfmaschine verschwinden muss."[9]

OSTWALDS Beitrag zur Entwicklung der Brennstoffzelle war erheblich. Seine Theorie bescheinigte der Brennstoffzelle bei Raumtemperaturen einen Wirkungsgrad von 83 %, passend zu seinem Hinweis von 1884, dass Brennstoffzellen keine Wärmekraftmaschinen sind und so auch nicht den Begrenzungen des CARNOTschen Wirkungsgrades unterliegen, der für hohe Wirkungsgrade hohe Temperaturen verlangt.

Einen letzten Beitrag im ausgehenden 19. Jahrhundert lieferte dann W. NERNST mit seiner NERNST-Lampe, die die Eignung fester Elektrolyte für technische Anwendungen aufzeigte (was deutlich später zu Brennstoffzellen mit festen Elektrolyten führte). Statt Kohlefäden benutzte der als Brenner dienende „Nernst-Stab" eine Keramik, die bei einem Gleichstrom von z. B. 1-2 A ein sehr gleichmäßiges, weißes Licht erzeugte – die Elektronen-Leitung wurde in heutigen Worten durch elektrolytische Leitung ersetzt. Die setzt allerdings erst bei hohen Temperaturen ein, was NERNST mit einer Vorheizung löste.[10] Die technische Weiterentwicklung übernahm die AEG, die die neue Lampe im Jahre 1900 mit großem Erfolg auf der Weltausstellung in Paris präsentierte. Dass sie sich nicht lange am Markt der Beleuchtungskörper halten konnte und rasch durch die neuen Osmium-Lampen abgelöst wurde, ist hier nicht von Belang.

Dass die Nachrichten zur Weiterentwicklung von Brennstoffzellen im letzten Viertel des Jahrhunderts seltener werden, hat einen einleuchtenden Grund: Die anfangs als neue Stromquelle gehandelte Brennstoffzelle hatte mit dem elektrischen Generator einen übermächtigen Konkurrenten erhalten, der mit den ersten Blockstationen in den frühen 1880er Jahren seine Praxiseignung bewiesen hatte.

Für den Wasserstoff als Element endete das 19. Jahrhundert mit einem wichtigen Fortschritt: 1898 gelang dem Engländer J. DEWAR die Verflüssigung. Er schaltete mehrere Kühlkreisläufe mit jeweils verschiedenen Kältemitteln zu einer Kaskade hintereinander und erreichte so 21,5 °K, den Siedepunkt des Wasserstoffs bei atmosphärischem Druck. Das etwa zur gleichen Zeit entwickelte Linde-Verfahren (C. VON LINDE 1895), das auf dem Joule-Thomson-Effekt beruht und (in der Ursprungsversion) eine Kälteerzeugung

9 F. W. Ostwald: Die Wissenschaftliche Elektrochemie der Gegenwart und die Technische Chemie der Zukunft. In: Zeitschrift für Elektrotechnik und Elektrochemie, Band 1, Nr. 4, 15. Juli 1894.

10 Mit den Worten von Nernst: „Damit aber sind wir immer noch nicht im Stande, eine Lampe mit im kalten Zustande isolierenden Glühkörpern zu bauen, denn auch nach Stromschluss bleibt der Glühkörper als Isolator völlig kalt. Erwärmt man aber gleichzeitig den Glühkörper, so wird er ein wenig leitend, ein schwacher Strom durchfließt ihn, bringt ihn nunmehr auf immer höhere Temperatur, unser Glühkörper wird zu einem ausgezeichneten Leiter und bleibt es, solange der Strom geschlossen ist. Zur Anregung des Glühkörpers ist also eine Vorwärmung erforderlich und wir konstruieren so durch Kombination eines elektrolytischen Glühkörpers mit einer stets paraten äußeren Wärmequelle eine gebrauchsfertige Lampe. Die völlige Unverbrennlichkeit der Oxyde macht das schützende Vakuum der gewöhnlichen Glühlampe entbehrlich."

im Temperaturbereich von 77 bis 100 °K erlaubte, diente zeitgenössisch zunächst der Luftzerlegung und war in diesem Sinne nicht konkurrierend.

Wirtschaftlich bestand um die Jahrhundertwende noch kein Bedarf für flüssigen Wasserstoff. An den bei der Verflüssigung von Wasserstoff notwendigen tiefen Temperaturen hatte zunächst nur die akademische Forschung Interesse. Bis 1950 war die Zahl der Laboratorien, die Verflüssigungsanlagen unterhielten, auf gerade einmal zwölf angewachsen.[11]

In der ersten Hälfte des 20. Jahrhunderts ging die Weiterentwicklung der Brennstoffzellentechnik nur langsam voran. Zwei Arbeiten von A. SCHMID[12], 1923 und 1924, deren Gegenstand die Verwendung von Gasdiffusionselektroden mit größerer innerer Oberfläche war, brachten einen Fortschritt: Sie lieferten deutlich stärkere Ströme. E. BAUR und H. PREIS entwickelten eine Brennstoffzelle mit Festelektrolyt nach NERNST, die bei 1.000 °C betrieben werden konnte. Sie machten dies 1937 mit ihrer Veröffentlichung „Über Brennstoff-Ketten mit Festleitern" bekannt.

Der Russe O. K. DAVTYAN, der ab 1935 am Moskauer Institut für Öl und Gas tätig war, arbeitete in den 1940er Jahren an Festoxidbrennstoffzellen, untersuchte dafür verschiedene Oxidmischungen und promovierte 1944 mit einer Arbeit über Brennstoffzellen. Seine 1947 veröffentlichte Monografie gilt als das erste Buchwerk zum Thema Brennstoffzellen.

1932 trat Francis T. BACON auf den Plan, ein Ingenieur, der sein ganzes berufliches Leben der Entwicklung von Brennstoffzellen widmete, ab 1940 im King's College in Cambridge. Sein Ansatz konzentrierte sich auf das Zelldesign, das bisher auf poröse Platinelektroden und den Elektrolyten Schwefelsäure ausgerichtet war. BACON ersetzte die Platinelektroden durch Nickelelektroden und benutzte einen weniger aggressiven alkalischen Elektrolyten. Das nach ihm so benannte Bacon-Design ergab schließlich 1959 eine brauchbare Anwendung: Ein 5-kW-Stack, mit dem er ein Schweißgerät antreiben konnte. Auf BACON gehen auch erste Anregungen zur industriellen Nutzung zurück, z. B. als Antriebsaggregat in Unterseebooten.

Damit ging für die Brennstoffzelle die Zeit der ersten Grundlagenforschung zu Ende. Was nun folgte, war Anwendungsentwicklung.

Eine der frühen technischen Verwendungen des Wasserstoffs ist die synthetische Herstellung von Ammoniak (NH_3) aus Wasserstoff und Stickstoff nach der Reaktion

$$N_2 + 3\,H_2 => 2\,NH_3$$

Ammoniak ist Grundstoff für die Herstellung stickstoffhaltiger Verbindungen, insbesondere von Salpetersäure (HNO_3) und deren Verbindungen (Nitrate, im Oberbegriff auch Salpeter). Unter ihnen ist das Natriumnitrat wichtig, das unter der Kurzbezeichnung Chilesalpeter als ausgezeichneter Pflanzendünger gilt. Kaliumnitrat wiederum dient der Herstellung von Schwarzpulver. Salpeter war also ein wichtiges Wirtschaftsgut, das im 19. Jahrhundert zum Aufblühen der „Salpeterfahrt" geführt hatte, dem Transport von Salpeter von seinen natürlichen Fundorten in Südamerika, überwiegend Chile, in die europäischen Häfen.[13]

---

11 H. Quack, Die Schlüsselrolle der Kryotechnik in der Wasserstoff-Energiewirtschaft, Dresden 2001.

12 Lebensdaten 1899–1968.

13 Die Salpeterfahrt war bis in die 1920er und 1930er Jahre neben den Weizenfahrten nach Australien der letzte Einsatzbereich der Großsegler. Der Salpeter war als Massengut in der Anlieferung nicht zeitkritisch,

Diese beiden Salpeter-Eigenschaften wurden zum Anreiz für die Wissenschaft – und später zum Innovationstreiber, als Deutschland zu Beginn des 1. Weltkriegs durch die alliierte Seeblockade von seinen natürlichen Stickstoffquellen abgeschnitten wurde. Der deutsche Chemiker F. HABER wies den richtigen Weg zur Synthese. Er hatte in den Jahren 1903 bis 1909 die oben beschriebene Reaktion zwischen Stickstoff und Wasserstoff untersucht und dabei hohen Druck und einen Edelmetallkatalysator verwendet: Es bildete sich dabei in einer Gleichgewichtsreaktion das gesuchte Ammoniak, das er abtrennen konnte, während die nicht verbrauchten Reagenzien in die Synthesereaktion rückführbar waren. Das erste Ammoniak erhielt HABER in seinem Labor im Jahre 1909.

Die technische Synthese von Ammoniak aus Stickstoff und Wasserstoff schien damit möglich. Man brauchte allerdings drei Verfahrenselemente: hohe Temperaturen, hohen Druck und Katalysatoren.

Der nächste Schritt war eine Wirtschaftskooperation mit der BASF, die HABER für eine großindustrielle Umsetzung seines Verfahrens gewinnen wollte. Sie erwies sich als fruchtbar, jedoch waren noch technische Schwierigkeiten zu lösen, hauptsächlich die Wahl des Ofenmaterials. Die Reaktoren mussten hohe Temperaturen und Drucke aushalten und dicht für den leicht diffundierenden Wasserstoff bleiben. Der BASF-Chemiker C. BOSCH fand nach vier Jahren die Lösung, sodass der Laborversuch auf die großtechnische Produktion der BASF übertragen werden konnte. Das ingenieurtechnische Ergebnis waren betriebssichere Apparaturen und spezielle Reaktionsöfen, beides unter Verwendung neuer Stahlsorten. Die dritte Problemkomponente war die Auswahl eines brauchbaren und zugleich wirtschaftlich vertretbaren Katalysators. Er stand schließlich 1910 nach Tausenden von Versuchen des BASF-Chemikers A. MITASCH als Eisen mit Oxidanteilen aus Aluminium, Kalium und Calcium fest. Den gesamten Verfahrensablauf zeigt Abb. 3-5 im Schema.

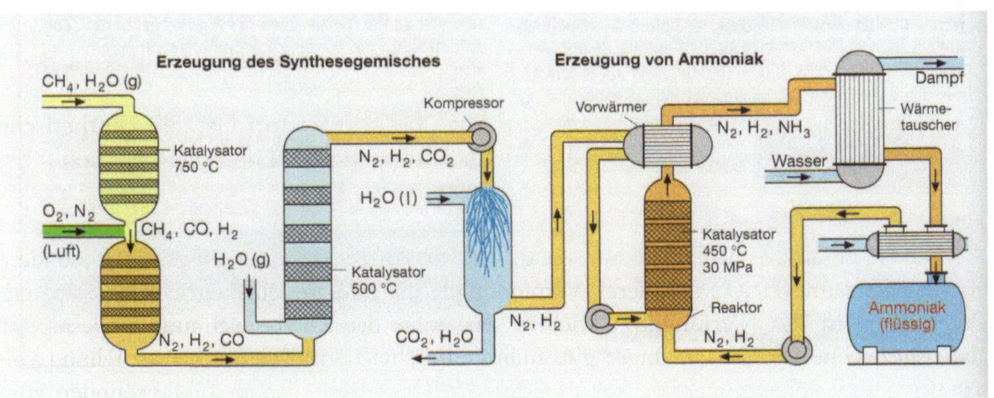

Abb. 3-5: Funktionsschema des Haber-Bosch-Verfahrens in der Anwendung; Quelle: Skriptum zu Vorlesung: Allgemeine und Anorganische Chemie (WS 08/09) für Chemie-Ingenieurwesen und Verfahrenstechnik – Priv.-Doz. Dr. Carsten von Hänisch

sodass sich hier das Segelschiff noch lange halten konnte. Die Weltwirtschaftskrise 1929 brachte dann in wenigen Monaten den Handel und auch den Abbau von Salpeter praktisch zum Erliegen.

Die Ammoniaksynthese erhielt später nach seinen Entwicklern die Kurzbezeichnung „Haber-Bosch-Verfahren". 1913 begann mit der Produktionsaufnahme des ersten Synthesewerks in Ludwigshafen-Oppau die wirtschaftliche Nutzung – mit einem Ausstoß von zunächst 30 t/d.

Die Weiterentwicklung bis zur großindustriellen Produktion fand 1914 auf Druck des deutschen Generalstabschefs E. VON FALKENHAYN statt, der die BASF zu Abgabe des sogenannten Salpeterversprechens nötigte.[14] Im Ergebnis konnte die Munitions- und Düngemittelproduktion im Deutschen Reich während des gesamten Krieges aufrechterhalten werden.

Schon vor dem ersten Weltkrieg begann mit der Kohlehydrierung ein neues Kapitel der Wasserstoffnutzung, zunächst in der Forschung, sehr bald aber auch in der großtechnischen Nutzung. Wie der Begriff schon sagt, ist die Zuführung von Wasserstoff das entscheidende Moment:

$$m\,C + n\,H \Rightarrow C_mH_n$$

Die Gewinnung des hierfür notwendigen Wasserstoffs hat ihre eigene Geschichte, die auf F. FONTANA zurückgeht. Er hatte 1780 die endotherme Reaktion

$$C + H_2O \Rightarrow CO + H_2\ (\Delta H = 131\ kJ/mol)$$

gefunden. Auf ihn geht auch die Bezeichnung „Wassergas" zurück.[15] Wassergas wurde in England ab 1828 hergestellt, das Verfahren 1873 durch den Amerikaner TH. S. C. LOWE verbessert, was dann den privaten und gewerblichen Gebrauch von Wassergas in Heizung und Beleuchtung ermöglichte.

Es fehlte noch ein Verfahren, das bei der Wassergasreaktion erhaltene Kohlenstoffmonoxid vom Wasserstoff abzutrennen. Es gelang schließlich am Ende des Jahrhunderts, indem man in einem zweiten Schritt das Kohlenstoffmonoxid mit überschüssigem Wasserdampf reagieren ließ und dabei zugleich die Wasserstoffausbeute vermehrte:

$$CO + H_2O \Rightarrow CO_2 + H_2\ (\Delta H = -41\ kJ/mol)$$

Das ist die sogenannte „Wassergas-Shift-Reaktion"; sie ist leicht exotherm. Ihre Entdeckung geht auf die bereits erwähnten MOND und LANGER zurück, die im Jahr 1890 von ihren Versuchen über Ni berichteten: „The carbon contained in this substance is very readily attacked by steam; at the comparatively low temperature of 350 C, hydrogen and carbon dioxide are obtained without a trace of carbon monoxide."[15]

Die ersten Wassergas-Shift-Reaktoren wurden im Entwicklungsverlauf der oben besprochenen Ammoniaksynthese von BOSCH und WILD entwickelt und 1915 für den industriellen Maßstab ausgelegt – die Ammoniaksynthese setzt ja elementaren Wasserstoff voraus.

Dass Hydrierung Anfang des 20. Jahrhunderts in Deutschland ein wichtiges Arbeitsfeld der Forschung wurde, hatte mehrere und eigentlich wissenschaftsfremde Gründe, die Wirtschaft

---

14 Das sogenannte Salpeterversprechen vön 1914 war ein Vertrag von 1914 zwischen Carl Bosch und der Obersten Heeresleitung, der Abnahmegarantien und ein Darlehen von 35 Mio. Mark seitens des Reiches vorsah.

15 Burns, D. T., Piccardi, G., Sabbatini, L., Some People and Places Important in the History of Analytical Chemistry in Italy, Microchimica Acta 2008, 160, 57–87.

und Politik eintrugen. Mit dem Versailler Vertrag konfiszierte die Entente der Siegermächte allen ausländischen deutschen Besitz als Reparation. Dazu gehörten auch ausländische Beteiligungen Deutschlands an Erdölfeldern und Bohrgesellschaften, die bereits zum Teil vor Ausbruch des 1. Weltkrieges erworben worden waren. Deutschland war arm an Erdöl – es besaß seinerzeit nur geringe Vorkommen in Niedersachsen, die jedoch den inländischen Bedarf nicht deckten. Nachträgliche Verhandlungen, wieder in den ehemaligen Besitz der ausländischen Beteiligungen und Konzessionen zu gelangen, scheiterten. Deutschland war damit praktisch vollständig von ausländischen Erdölimporten abhängig. In den deutschen Markt drangen amerikanische und britische Unternehmen bzw. sowjetrussische Staatsbetriebe ein, was sich im Grunde bis in die 1930er Jahre kaum änderte.

Die deutsche chemische Industrie, groß geworden durch die Kriegsnachfrage des Reiches, suchte nach neuen Betätigungsfeldern. Die Chance bot sich 1923 mit der Studie der amerikanischen Regierungsbehörde für Bergbau „US Federal Bureau of Mines", die prognostizierte, dass die weltweiten Erdölvorkommen bald erschöpft wären. Dies löste eine weltweite Suche nach Alternativen aus. Mit dem Wissen um die Ammoniak- und Methanolsynthese traute sich speziell die BASF zu, auch die Mineralölsynthese zur Industriereife zu bringen.

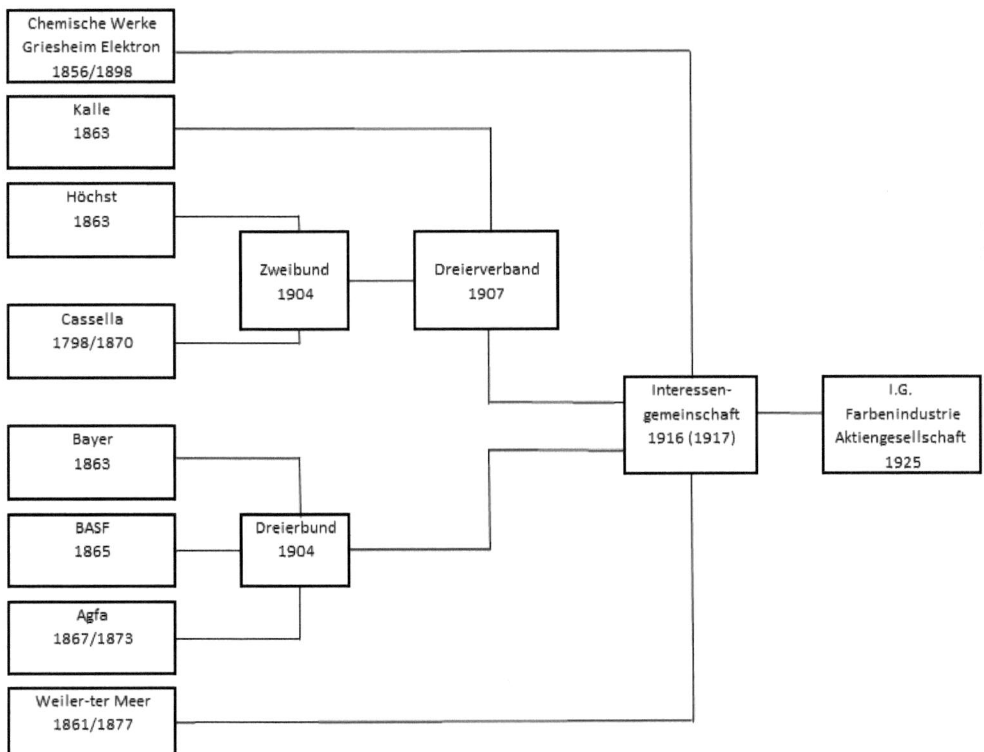

Abb. 3-6: Der Fusionsweg zur IG Farbenindustrie 1904–1925; Quelle: K. H. Roth, Die Geschichte der I.G. Farbenindustrie AG von der Gründung bis zum Ende der Weimarer Republik, Norbert Wollheim Memorial, J. W. Goethe-Universität / Fritz Bauer Institut Frankfurt am Main, 2009

Die chemische Industrie Deutschland war inzwischen und nicht nur als Kriegsfolge in einem tiefgreifenden Wandel begriffen. Im Bewusstsein, dass Großinvestitionen für Forschung und Entwicklung kaum noch von einem Unternehmen allein zu stemmen waren, hatten sich schon 1904 Unternehmensverbünde zusammengefunden, die zunächst 2er- bzw. 3er-Bündnisse waren, bis sich dann schließlich noch vor Kriegsende eine Interessengemeinschaft von acht großen Chemieunternehmen gebildet hatte, s. Abb. 3-6.

Am Ende stand dann am 9. Dezember 1925 die Organfusion zur „I.G. Farbenindustrie AG", mit über 70 Tochterunternehmen. Eine Großfusion also, die die meisten chemischen Unternehmen Deutschlands einschloss. Es dauerte verständlicherweise einige Zeit, i. e. Jahre, bis eine arbeitsfähige Struktur geschaffen war. Dies gelang schließlich dank einiger national gesinnter Unternehmensführungen, unter denen sich vor allem der Chef der Firma Bayer, C. DUISBERG, besonders hervortat, der den gesamten Prozess von Beginn an forciert hatte. Die Gründung dieses Industriekomplexes erregte internationales Aufsehen, zumal in der Folge auch Unternehmen jenseits der deutschen Grenzen hinzuerworben wurden. Die Fusion deutscher Chemiefirmen zur I.G. Farben fand Nachahmer. So entstand in England die ICI, ein Zusammenschluss der bedeutendsten britischen Chemiefirmen zur „Imperial Chemical Industries", was durchaus als Antwort auf die deutsche Gründung I.G. Farben verstanden und angesehen wurde.

I.G. Farben und ICI waren nun nach Beschäftigtenzahlen die beiden größten Chemiekonzerne der Welt. Den dritten Rang in der Chemiesparte nahm Du Pont in den USA ein, s. Tabelle 3-1:

	I.G.	**Du Pont**	**ICI**
Umsatz in Mio. $	350	203	170
Beschäftigte	80.000	35.000	57.000
	23	78	28

Tabelle 3-1: Die drei größten Chemiekonzerne der Welt 1929, Quelle: Daten aus W. Teltschik, Geschichte der deutschen Großchemie. Entstehung und Einfluß in Staat und Gesellschaft. Weinheim: VCH Verlagsgesellschaft 1992, S. 82

Nach 1926 begann in Deutschland eine zunächst maßvolle, später dynamische Erholung in der chemischen Industrie. Das spiegelte sich auch in der zunehmenden Zahl der Beschäftigten, einem Anstieg der Produktion und in einer beachtlichen Zahl technischer Innovationen wider. Hierzu gehörten vor allem katalytische Großsynthesen wie die Kohlehydrierung. Sie wurde in der Einschätzung einiger Historiker „das gewaltigste Entwicklungsprojekt der chemischen Industrie jener Jahre und erlangte eine nationalökonomische, ja, politische Bedeutung"[16].

F. BERGIUS war der erste Chemiker, dem eine Kohlehydrierung gelang. Als Wissenschaftler tätig an der TH Hannover, hatte er die 1913 patentierte Idee: Unter Druck und

16 W. Wetzel, Geschichte der deutschen Chemie in der ersten Hälfte des 20. Jahrhunderts, ca. 1910-1945, Geschichte der Chemie, Bd. 19, 2007.

mit Zuführung von Wasserstoff lassen sich aus Steinkohle (flüssige) Kohlenwasserstoffe gewinnen, die als synthetische Kraftstoffe dienen konnten. Bei diesem Verfahren wird Kohle gemahlen und mit Wasserstoff versetzt. Unter hohem Druck und Wärme plus einer gewissen Verweildauer entsteht ein Kohleöl, das dann ähnlich wie Erdöl weiterverarbeitet werden kann.

Großtechnische Anlagenreife erlangte dieses Verfahren jedoch bis zum Ausbruch des 1. Weltkrieges nicht mehr, so dass es keine Berücksichtigung in der ersten großen Auseinandersetzung des 20. Jahrhunderts fand. 1923 gelang M. PIER die Methanolsynthese. Beflügelt von diesem Erfolg drängte C. BOSCH (BASF) auf eine Entwicklung hin zur Mineralölsynthese, die 1924 unter PIER bei der BASF begann. Im Jahr 1925 gelang es PIER, das Verfahren zur Kohlehydrierung unter Verwendung von Katalysatoren weiterzuentwickeln. Es wird lexikalisch zusammengefasst so erläutert:

> „Beim klassischen Bergius-Verfahren wird feingemahlene Braun- oder Steinkohle zusammen mit Eisenoxidpulver und einem Schweröl zu einem Kohlebrei angemaischt und bei 400 bis 490 °C und einem Druck von 23 bis 70 MPa mit Wasserstoff hydriert. Das Reaktionsprodukt zerlegt man anschließend in Benzin, Mittelöl, Schweröl und einen festen Rückstand. Um die Benzinausbeute zu erhöhen, wird das Bergius-Verfahren in zwei Stufen durchgeführt. In der ersten Verfahrensstufe erfolgt die Hydrierung des Kohlebreis in der feststoffhaltigen flüssigen Phase, der Sumpfphase, zu Benzin, hauptsächlich aber zu Mittel- und Schweröl. In der zweiten Verfahrensstufe findet in der Gasphase sowohl die Vorhydrierung des Mittelöls als auch die Spaltung des Mittelöls zu Benzin statt (Benzinierung)."[17]

Jetzt war es möglich, Benzin industriell zu erzeugen. Die gerade entstandene I.G. Farben kaufte 1925 einen Teil der deutschen Bergius-Patente auf, sowie ein Jahr später 60 % der internationalen Patente[18]. C. BOSCH, ein Anhänger der Vision einer universell einsetzbaren Syntheseindustrie, setzte bei I.G. Farben die weiteren Forschungsarbeiten durch. Dieses war durchaus nicht leicht, da die Forschungskosten immens hoch waren.

Nach dem Erwerb des größten Teils der Patente baute die IG Farben in Leuna eine Anlage zur Produktion, die 1927 als Braunkohlehydrierungsanlage in Leuna eröffnet wurde. 1926 hatte die IG Farben die Ölsparte des zerfallenden Stinnes Konzern aufgekauft und baute sie zur Vertriebsorganisation „Deutsche Gasolin AG" um.

Die Anlage in Leuna war auf einen Durchsatz von 100.000 t Jahresmenge konzipiert und lieferte ab April 1927 das sogenannte „Leuna-Benzin". Die Entwicklung lief danach weiter – bis zur großtechnischen Reife 1932 summierten sich die Kosten auf stattliche 400 Mio. Mark.

In den 20er Jahren lag der Preis des Leuna-Benzins gut 4,- RPf pro Liter über dem aus Erdöl erzeugten Benzin. Mit der Weltwirtschaftskrise Ende der 20er Jahre sank jedoch der Benzinpreis dramatisch auf jetzt 5,- RPf, während Leuna jetzt verfahrensbezogen 21,- RPf pro Liter fordern musste. I.G. Farben geriet damit 1931 in eine dramatische Schieflage. Die Aufgabe des weltweit modernsten Werkes, des Standortes Leuna, wurde erwogen, falls sich keine andere Lösung finden würde. Im Juli 1932 beschloss ein Gutachtergremium dann

17 Lexikon der Chemie, Spektrum.de, Stichwort Kohlehydrierung.
18 Die restlichen 40 % wurden bis 1931 erworben.

endgültig, die Synthese weiterzuführen, da das Verfahren inzwischen so ausgereift war, dass sich weitere aufwendige Großversuche erübrigten.

Poltische Hilfe war die bevorzugte Option. Verstärkte Lobby-Arbeit gegenüber den Wirtschaftsbehörden erreichte, dass die jährlichen Verluste des Leuna-Projekts durch protektionistische Stützungsmaßnahmen zunehmend abgefedert werden konnten. Seit 1930 wurden die Einfuhrzölle für Mineralölprodukte und Stickstoffdünger mehrfach erhöht. Nachdem die Praxis der Schutzzölle und flankierender Steuernachlässe erschöpft war, forderte die Konzernführung von der Reichsregierung die zusätzliche Einführung einer Preisgarantie, um die auch in Normalzeiten unerreichbaren Herstellungskosten der aus Erdöl gewonnenen Benzinsorten auszugleichen.

Die technokratischen Visionen der Hydrier-Freunde konnten nur noch durch eine Steigerung der Einflussnahme des Konzerns auf die staatliche Wirtschaftspolitik realisiert werden, wofür sich der Leitbegriff „Autarkie" anbot. Die deutsche „Autarkie"-Politik begann in der Tat schon in der Agoniephase der Weimarer Republik und die I.G. war ihr wichtigster Nutznießer.[19] In der Folge waren Mitarbeiter und Sympathisanten der I.G. unmittelbar in der Wirtschaftspolitik des Reiches aktiv, bis hin zu Besetzung von Ministerposten. Sie verfolgten dort u. a. die Perspektiven einer „national- und großraumwirtschaftlichen Abkehr von der multilateralen Weltwirtschaft". Zweifellos tendierten die Präsidialkabinette zunehmend in diese Richtung, aber ihre Maßnahmen erschienen in den Augen der Vordenker der I.G. Farben zu zögerlich. Deshalb lag der Gedanke nahe, sich der immer massiver auftretenden faschistischen Massenbewegung der NSDAP zu nähern, und zu klären, ob und wie weit sie sich mit den bei der IG verfolgten Perspektiven anfreunden konnte. Im Frühjahr 1932 nahmen Vertreter der I.G. erstmals Kontakt zur Wirtschaftspolitischen Abteilung der NSDAP auf. Sie überzeugten sie von der Dringlichkeit einer Mobilisierung öffentlicher Kredite zur Arbeitsbeschaffung, die dann im Sommer 1932 über G. FEDER Eingang in das wirtschaftspolitische Programm der NSDAP fanden. So avancierte die NSDAP zur ersten Partei, die für eine aktive wirtschaftspolitische Staatsintervention eintrat.

Das war letztlich ein „dritter Weg" zur Krisenüberwindung. Die Experten und Lobbyisten der Berliner Stabsstelle der I.G. Farben hatten daran erheblichen Anteil. Hinzu kamen Sondierungen der Konzernleitung mit führenden Köpfen der NS-Bewegung, um die politischen Chancen ihrer Unternehmensstrategie im direkten Kontakt zu testen. NSDAP-Funktionäre ließen sich seit dem Herbst 1931 mehrfach vor Ort die technische und „nationalpolitische" Bedeutung des Leuna-Projekts erklären. Als der technische Direktor von Leuna HITLER ein Jahr später zusammen mit einem I.G. Farben-Vorstandskollegen zu einem Gespräch aufsuchte, war dieser deshalb schon gut unterrichtet, zumal BERGIUS und BOSCH 1931 den Nobelpreis für Chemie erhalten hatten. HITLER sagte die Unterstützung der Benzinsynthese zu – Bestrebungen dieser Art von Autarkie passten gut in sein politisches Konzept zum Ausbau der Motorisierung und dem Bau von Autobahnen.

Im Januar 1933 wurde HITLER Reichskanzler. Noch im gleichen Jahr, am 14. Dezember 1933, kam es zum Abschluss des Feder-Bosch-Abkommens[20], des sogenannten „Benzin-

19 Unter Bezug auf Roth, K. H., Die Geschichte der I.G. Farbenindustrie AG von der Gründung bis zum Ende der Weimarer Republik, Frankfurt 2009.

vertrags“, der HITLERS Autarkiestreben sehr entgegenkam. Der Vertrag regelte Preisgarantien des Staates gegenüber dem Werk, so dass das unternehmerische Risiko bei den Gestehungskosten und Abschreibungen gemindert werden konnte. Das Leuna-Werk in Merseburg verpflichtete sich im Gegenzug, seine Produktion von Treibstoffen auf 300.000–350.000 t/a hochzufahren. Eine Profitrate von 5 % wurde vereinbart. In den Anfangsjahren 1934/ 35 erhielt Leuna aus dem Vertrag ca. 5 Mio. RM, da die Gestehungskosten über den vereinbarten 18,5 RPf pro Liter lagen. Im Jahr 1936 kehrte sich die Lage um. Auf Grund von Verfahrensverbesserungen konnte das Werk die Gestehungskosten auf 13,6 RPf senken. Nun erhielt das Reich laut Vertrag die Differenz – ein Zustand, der bis Kriegsende anhalten sollte und dem Reich 90 Mio. RM einbrachte.

Leuna und allgemein die Hydrierung waren damit gerettet, wiewohl das Verfahren wegen des hohen Wasserstoffverbrauchs und der teuren Hochdruckanlagen eigentlich unwirtschaftlich war. Das belegen die Zahlen zum Bergius-Verfahren:

14 Mio. t Ausgangsmaterial (Rohbraunkohle), aufgeteilt nach
Einsatz zur Wasserstoffgewinnung (40 %)
Einsatz zur Hydrierung (37 %)
Energieerzeugung (Rest)
Ergebnis: Produktion von 1 Mill. t Benzin
Effizienz des Verfahrens 36 %

Damit ist ein Zeitraum erreicht, als schon länger mit dem Fischer-Tropsch-Verfahren ein zweiter Weg der Kohlehydrierung auf dem Weg war. Beide, F. FISCHER und H. TROPSCH, forschten am Kaiser Wilhelm Institut für Kohleforschung in Mühlheim a.d.R.. 1925 hatten sie ein Patent auf ihr Verfahren erhalten:

> „Die Fischer-Tropsch-Synthese ist ein großtechnisches Verfahren zur Kohleverflüssigung durch katalytische Umwandlung von Wassergas (s. oben) in ein breites Spektrum gasförmiger und flüssiger Kohlenwasserstoffe. Die Reaktionen treten in Gegenwart von Metallkatalysatoren bei Temperaturen von 150–300 °C und Drücken von 1–10 bar auf. Die Syntheseprodukte werden als schwefelarme synthetische Kraftstoffe (XtL-Kraftstoffe), als synthetische Motoröle und als Rohstoffbasis für die chemische Industrie genutzt. Als Nebenprodukte fallen sauerstoffhaltige Kohlenwasserstoffe wie Ethanol und Aceton sowie Ethen, Propen und höhere Olefine an.“[21]

Das Fischer-Tropsch-Verfahren hatte insofern einen Vorteil, als es am Kaiser-Wilhelm-Institut in der Grundlagenforschung entwickelt wurde und so frei zugänglich war. Auch konnte im Fischer-Tropsch-Verfahren so gut wie jede Kohlequalität verwendet werden und die Palette der Endprodukte war viel weiter gefächert. Der Nachteil lag in der niedrigeren Oktanzahl der Treibstoffe gegenüber dem Bergius-Pier-Verfahren.

1934 erwarb die Ruhrchemie AG, die 1927 von zahlreichen Betrieben des Ruhrbergbaus als Kohlechemie AG gegründet und im April 1928 in Ruhrchemie AG umbenannt worden war, die Patente[22]. Das Unternehmen begann 1929 in Oberhausen-Holten mit der Produk-

20 Feder war Staatssekretär im Reichswirtschafsministerium.

21 Chemieschule.de, Artikel Fischer-Tropsch-Synthese.

22 1927 schlossen sich fünf bergbaubetreibende Gesellschaften, die Harpener Bergbau-Aktiengesellschaft in Dortmund, der Köln-Neuessener Bergwerksverein in Essen, die Gewerkschaft Vereinigte

tion von Düngemitteln. Gleich nach dem Erwerb ging dort die erste nach dem Fischer-Tro psch-Verfahren arbeitende und jetzt Kobalt-Katalysatoren nutzende Pilotanlage in Betrieb. Die Generallizenz erlaubte laut Vertrag Unterlizenzen, so auch gegeben an die Wintershall für ihre Anlage Gewerkschaft Victor in Castrop Rauxel und das spätere Werk in Lützkendorf bei Mücheln / Geiseltal.

In den folgenden Jahren wurde Hydrierwerke beiderlei Typs gebaut – Bergius-Pier- und Fischer-Tropsch-Anlagen. Zu Beginn des Krieges, also 1939, produzierten sieben Werke jährlich 1,2 Millionen Tonnen. Im Jahre 1943 war deren Zahl auf 12 angewachsen, im Frühjahr 1944 schließlich gab es 15. Die Hydrierwerke versorgten die Wehrmacht zu mehr als 50 %, die Luftwaffe ausschließlich mit dem dringend benötigten Treibstoff. Das größte Werk blieb Leuna bei Merseburg.

Abb. 3-7: I.G. Farben board member Fritz ter Meer (fifth from right) explains to Adolf Hitler the significance of synthetic rubber, Berlin, 1936; Quelle: National Archives, Washington, DC

Die Hydrierwerke wurden erst spät Ziele des alliierten Bombenkrieges. Nur rd. 1 % aller abgeworfenen Bomben trafen die Hydrierwerke bis zum Mai 1944, die anschließend umso massiver attackiert wurden, bis schließlich im Herbst 1944 nur noch. 8 % der im April 1944 erreichten Menge produziert werden konnten. Das Oberkommando der deutschen Luftwaffe war im April 1944 selbst erstaunt, „warum der Angloamerikaner diese Anlagen noch nicht zerschlagen hat, wozu er bei seiner in letzter Zeit so hoch entwickelten Angriffstechnik ohne weiteres in der Lage wäre. Mit der Zerstörung unserer wenigen großen Raffinerien und Hydrierwerke könnte er einen Erfolg erringen, der tatsächlich die Möglichkeiten einer Fortsetzung des Krieges in Frage stellen würde.“[23]

Nach dem Krieg wurde die enge Verstrickung der I.G. Farben in die nationalsozialistische Politik öffentlich sichtbar. Sie hatte schon früh begonnen. Der oben besprochene „Benzin-

---

Constantin d. Große in Bochum, die Gutehoffnungshütte in Oberhausen und die Bergbau-Aktiengesellschaft Concordia in Oberhausen zum Zweck der Kohleveredelung zusammen. 1928 erweiterte sich die Interessengesellschaft auf 28 Bergbauunternehmen des Ruhrgebietes. Das Unternehmen erhielt den Namen „Ruhrchemie Aktiengesellschaft“.

23 D. Pieper in Spiegel Geschichte, 20. Juni 2010.

vertrag" ist nur ein Beispiel von vielen. Abb. 3-7 zeigt ein Vorstandsmitglied der I.G. Farben, F. TER MEER, im Gespräch mit HITLER zum Thema Synthesekautschuk.

Am 3. Mai 1947 begann in Nürnberg der Prozess gegen 23 leitende Mitarbeiter des Unternehmens, mit den Anklagepunkten „Planung und Vorbereitung von Angriffskriegen, wirtschaftliche Ausplünderung der von Deutschland während des Krieges besetzten Länder, Beschäftigung und Misshandlung von Sklavenarbeitern". Abb. 3-8 zeigt die Bank der Angeklagten.

13 Mitarbeiter wurden zu mehrjährigen Haftstrafen verurteilt, die übrigen freigesprochen. Einige kehrten wieder auf ihre früheren Posten im Unternehmen zurück, dessen Auflösung allerdings vom alliierten Kontrollrat verfügt worden war. Dieser Vorgang dauerte – erst 1952 wurde die I.G. Farben in den westlichen Besatzungszonen entflochten. Es entstanden elf eigenständige Unternehmen. Das Unternehmen selbst ging als I.G. Farbenindustrie Aktiengesellschaft i. L. in die Liquidation.

Abb. 3-8: Die Angeklagten im IG-Farben-Prozess, 27. August 1947; Quelle: Alexander Jehn, Albrecht Kirschner, Nicola Wurthmann: IG Farben zwischen Schuld und Profit. Abwicklung eines Weltkonzerns., Historische Kommission für Hessen, Marburg 2022

Die Urteile im I.G. Farben-Prozess wurden bereits zeitgenössisch als äußerst milde empfunden, was wohl auch an der Formulierung der Anklage lag, die auf eine Interessenidentität zwischen Unternehmen und Regime aufgebaut war – und die war in der Tat nur bedingt gegeben.

Nach dem Krieg verlor die Kohlehydrierung im Westen angesichts der niedrigen Ölpreise an Bedeutung. Die Hydrierwerke wurden, so noch vorhanden, auf die wirtschaftlichere Verarbeitung von Erdöl umgestellt.

Eine Ausnahme ist hier Südafrika, wo das Verfahren in den 1970er Jahren eine neue Heimat fand. Grund hierfür war die Ölknappheit infolge des wegen der Apartheidpolitik gegen das Land verhängten Embargos. Da Südafrika aber über große und leicht zugängliche Kohlevorräte verfügt, bot sich hier das Kohleverflüssigungsverfahren als Ausweg an. Es wird heute mit dem Kürzel CtL (Coal-to-Liquid) bezeichnet. Nach einer CtL-Pilotanlage wurden zwei große Hydrierwerke errichtet; die Anlagen decken in Südafrika auch heute noch gemeinsam den Großteil des Bedarfs.

Nach der Epoche der Kohlehydrierung spielte Wasserstoff in der Nachkriegszeit und bis heute eine Rolle als zunehmend wichtiger Rohstoff für die chemische und petrochemische Industrie: Schwerpunkte der Verwendung sind die Herstellung von Ammoniak (insbesondere für Düngemittel und Kunststoffe) nach dem Haber-Bosch-Verfahren und die Herstellung von Kraftstoffen aus Erdöl.

Wasserstoff wurde und wird in geringerem Umfang auch für Reduktionsprozesse in der Metallurgie, im Generatorbau zur Verringerung von Verlusten, als Schutzgas in der Elektronik, zum Schweißen und Trennen im Gerätebau sowie zur Härtung von Fetten in der Lebensmittelproduktion verwendet.

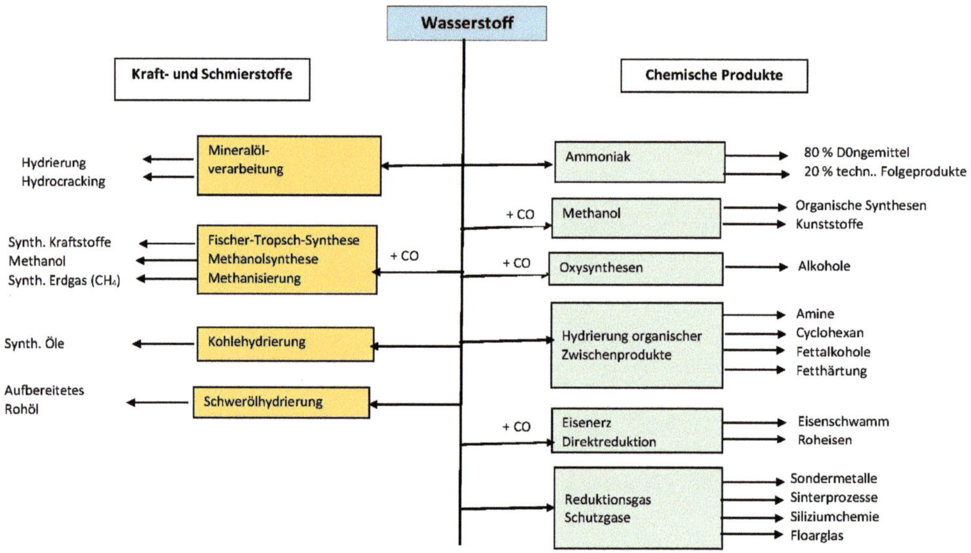

Abb. 3-9: Spektrum chemischer Produkte mit Wasserstoff als Ausgangsbasis; Quelle: Eigene Zeichnung, Daten EnergieRegion NRW 2009, S. 8

Der gegenwärtige Bedarf an Wasserstoff liegt weltweit bei rd. 540 Mia. Kubikmeter jährlich – davon zwanzig in Deutschland. Man kann annehmen, dass die Nachfrage nach Chemie-Wasserstoff ganz unabhängig von neueren Initiativen zur energetischen Nutzung deutlich zunehmen dürfte.

Zum einen wird wegen der wachsenden Erdbevölkerung eine weltweit zunehmende Kunstdüngerproduktion notwendig sein; zum anderen nehmen die schwefelarmen Erdölvorräte rasch ab. Für die Herstellung „schwefelfreier" Kraftstoffe ist Wasserstoff notwendig, ebenso für die Aufbereitung von schwerem Rohöl und Ölsanden durch das sogenannte „Hydrocracking". Die Palette der chemischen Nutzung zeigt Abb. 3-9.

Die Raumfahrt profitierte vom hohen spezifischen Impuls des Wasserstoff. Diese Nutzungsart des Wasserstoffs für Oberstufen wurde fortan typisch. Nicht so allerdings beim europäischen Ariane-Programm: Vielmehr wurden und werden alle Ariane-Versionen der zweistufigen Serie bis auf die Feststoffbooster mit Flüssigwasserstoff-Triebwerken ausgerüstet Darauf geht ein Vorteil im Know-how gegenüber der Konkurrenz zurück: die Ariane Group, die seit Jahrzehnten Flüssigwasserstoff nutzt, beherrscht die Technik sowohl von Flüssigwasserstoff / Sauerstoffantrieben wie auch die hierfür notwendige Infrastruktur perfekt.[24] Von ihr stammt auch die Abb. 3-10.

Abb. 3-10: Das wasserstoffbetriebene Triebwerk der „Ariane 6“-Hauptstufe im Prüfstand beim Deutschen Zentrum für Luft- und Raumfahrt; Quelle: ArianeGroup Holding

24 Derzeit ist die Ariane 6 in Entwicklung (Nutzlast von 5 t bis 11,5 t im geostationären Orbit). Nach den Beschlüssen der ESA-Mitgliedstaaten von 2019 gab Arianespace die Produktion der ersten 14 Ariane 6 in Auftrag. Der erste Start war für 2021 geplant.

4 Die Technik 1

Der Umgang mit Wasserstoff erfordert besondere Techniken, die von anderen Feldern zum Teil grundsätzlich abweichen: Wasserstoff ist kein natürlicher Rohstoff – er muss erst gewonnen bzw. hergestellt werden. Seine Speicherung ist sowohl wegen seiner atomaren Eigenschaften wie auch wegen seiner explosiven Neigungen nicht ohne Probleme. Dies gilt vermehrt noch für alle Transportvorgänge, seien sie individuell organisiert oder zur Verteilung netzgestützt.

Diese Aspekte bilden den Inhalt des Hauptkapitels „Die Technik 1".

4.1 Gewinnung

Wasserstoff kann auf vielfältige Art und Weise gewonnen werden. Neben der Wasserelektrolyse gehören thermische Verfahren zu den Standardprozessen. Die photolytischen Verfahren sind noch weitgehend Gegenstand der Grundlagenforschung. Industriell wird Wasserstoff heute mehrheitlich über die Dampfreformierung erzeugt, global fast ausschließlich auf der Basis fossiler Kohlenwasserstoffe:

- aus Erdgas 48 %,
- aus flüssigen Kohlenwasserstoffen, also Erdöl und seinen Derivaten 30 %,
- aus Kohle 18 %,
- mittels Wasserelektrolyse 4 %.[25]

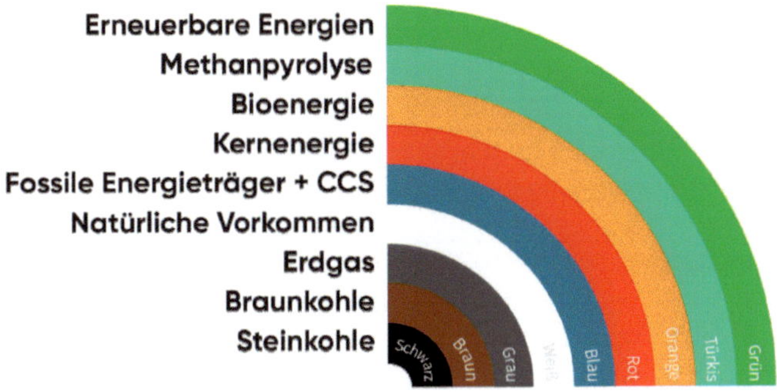

Abb. 4-1: Die Farben des Wasserstoffs; Quelle: IKEM, Kurzstudie Wasserstoff 2020

Die globale Wasserstoffherstellung und -nutzung ist schwer zu quantifizieren, da große Mengen in der Industrie vor Ort erzeugt und verbraucht und dadurch statistisch nicht

25 Sterner, M., Energiespeicherung, S. 339.

erfasst werden. Auch ist Wasserstoff oft Teil von Synthesegas und wird als solches weiterer Verwendung zugeführt, ohne gesondert in Erscheinung zu treten.

Es ist üblich geworden, dem Wasserstoff Farben zuzuordnen, die seine Herkunft und die genutzten Verfahrensweisen der Gewinnung kennzeichnen. Der „Regenbogen“ der Abb. 4-1 ist durchaus geeignet, das Kapitel Gewinnung sinnvoll zu gliedern.

4.1.1 Schwarzer und brauner Wasserstoff

Schwarzer Wasserstoff ist Wasserstoff, der (meist) durch Kohlevergasung aus Steinkohle erzeugt wird. Auch brauner Wasserstoff entsteht nach ähnlichen Verfahren, jedoch ist hier Braunkohle das Ausgangsmaterial (daher: brauner Wasserstoff).

Kern des Verfahrens ist die Herstellung von Wasser- oder Synthesegas (also H_2 + CO) und die anschließende leicht exotherme Wasserstoff-Shift Reaktion

$$CO + H_2O \longrightarrow CO_2 + H_2 \text{ mit } \Delta H = -41 \text{ kJ/mol.}$$

Synthesegas entsteht aus dem Ausgangsmaterial Koks oder Braunkohlenbriketts durch Zuführung von Luft oder Sauerstoff und Wasserdampf in sogenannten Generatoren, in denen Wasserdampf durch die heiße Kohle- oder Koksschicht geblasen wird. Da der erste Schritt Wärme benötigt, also endotherm ist, verliert die Koksschicht an Temperatur und muss deshalb durch Zuführung von Luft wieder „heißgeblasen“ werden. Typisch für Wassergasgeneratoren ist damit der Wechselbetrieb von „Blasphase“ und „Gasphase“, in der Wasserdampf zugeführt wird. In modernen Anlagen der Synthesegaserzeugung wird ein Drehrostgenerator verwendet und ein Wasserdampf-Sauerstoff-Gemisch unter Druck zugeführt, daher die Kurzbezeichnung „Druckvergasung“.

Chemisch laufen die exotherme Vergasungsreaktion mit Sauerstoff

$$2\,C + O_2 \longrightarrow 2\,CO \text{ mit } \Delta_R H = \text{-218 kJ/mol}$$

und die endotherme Vergasungsreaktion mit Wasserdampf

$$C + H_2O \longrightarrow CO + H_2 \text{ mit } \Delta_R H = +\ 130 \text{ kJ/mol}$$

bei etwa 1000 °C nebeneinander ab. Den letzten Schritt bildet dann die oben beschriebene CO-Konvertierung in der Wasserstoff-Shift-Reaktion. Das Schema der Abb. 4-2 zeigt die technische Prozessfolge in einer Sauerstoff-Druckvergasungsanlag.

Sie besteht aus den Einzelschritten:

Zuführung des Materials über eine Druckschleuse,
Durchlauf von Aufheizzone, Schwelzone, Vergasungszone,
Ascheaustrag über eine Druckschleuse,
Abkühlung des Prozessgases und Abscheidung von Teer und Mittelöl,
Abtrennung des verbliebenen Leichtöls,
Reinigung des Rohgases (Abtrennung von Schwefelwasserstoff, Kohlenoxidsulfit und Kohlendioxid).

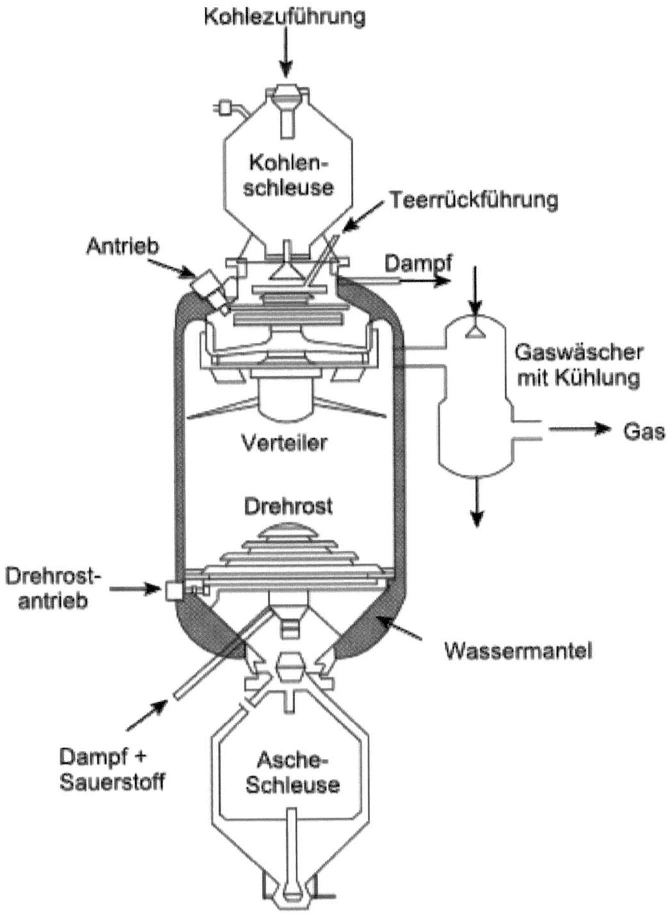

Abb. 4-2: Druckvergasung von Kohle zur Erzeugung von Synthesegas, System Lurgi; Quelle: Chemieschule, Abruf 26. Mai 2022

Die dann anschließende CO-Konvertierung ist in der Abbildung nicht dargestellt. Dies hat einen besonderen Grund: In vielen Fällen ist das Synthesegas das ökonomisch primär interessierende Produkt, s. Abb. 4-3. Die beiden Synthesegasanlagen der Air Liquide in Stade und Bernburg mit einem Ausstoß von 30.000 Nm^3/h H_2 und CO sind ein Beispiel für die universelle Verwendung des Produktes.[26] Hinzu kommt, dass für kleinere Mengen statt der CO-Konvertierung auch PTA-Anlagen verwendet werden können, die im Rohgas enthaltene Verunreinigungen durch Absorbentien physikalisch binden.

26 [29]Air Liquide, Wasserstoff und Synthesegas, 26.03.2010, https://www.engineering-airliquide.com/de/synthesegas, Abruf 3. September 2022.

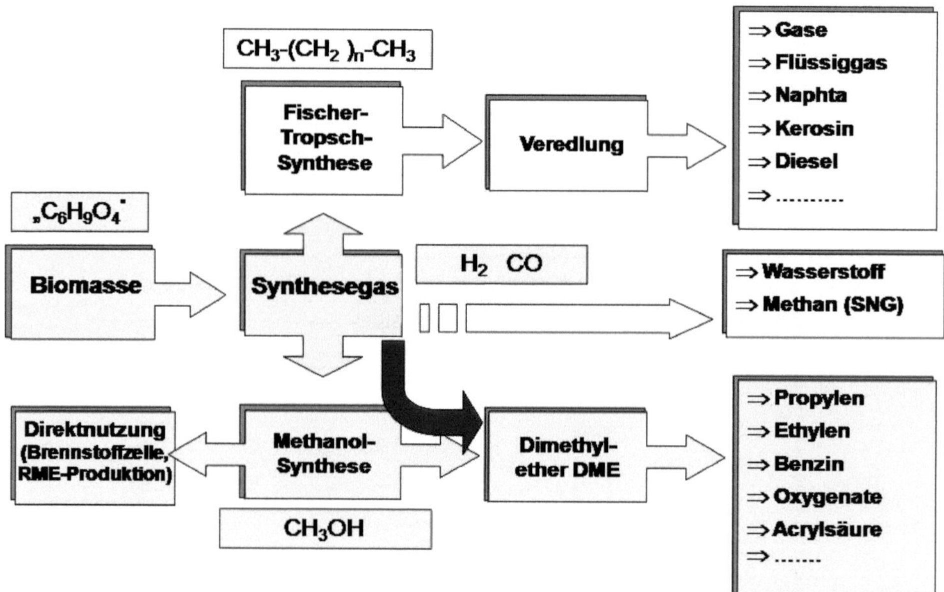

Abb. 4-3: Die universelle Verwendung von Synthesegas; Quelle: KIT 2022

4.1.2 Grauer Wasserstoff

Aus Erdgas hergestellter Wasserstoff wird als grauer Wasserstoff geführt. Das Erdgas wird in der Regel wie bei der zuvor besprochenen Kohlevergasung unter Hitze in Wasserstoff und Kohlendioxid (CO_2) gespalten (Dampfreforming).

Gegenüber der Kohlevergasung ändert sich der Ausgangsstoff – bei Erdgas im Wesentlichen auf Methan. Die Hauptreaktion ist jetzt damit

$$CH_4 + H_2O \rightleftharpoons CO + 3\,H_2$$

Die Industrie liefert Anlagen für die Methan-Dampfreformierung zur Wasserstofferzeugung in jedem gewünschten Maßstab. An einem Beispiel des Hauses Air Liquide sei der Prozess erläutert, s. Abb. 4-4:

Zunächst wird der vorab entschwefelte Kohlenwasserstoff-Einsatzstoff (also Erdgas, Raffineriegase, Flüssiggas oder Naphtha) vorgeheizt, mit Dampf vermischt und gegebenenfalls vorreformiert. Dann wird das Gemisch in eigentlichen Reformer, der im Fall Air Liquide mit einer Deckenfeuerung arbeitet, über einen Katalysator geleitet, um katalytisch Wasserstoff, Kohlenmonoxid (CO) und Kohlendioxid (CO_2) zu erzeugen. Das CO wird mit Dampf zu zusätzlichem Wasserstoff und CO_2 umgesetzt (Wasserstoff-Shift-Reaktion zu Synthesegas) und schließlich der Wasserstoff aus dem entstandenen Gasgemisch in einer Druckwechseladsorption (PSA-Anlage) abgetrennt. Eine Anlage nach dem Muster der Abb. 4-4 der Air Liquide hat einen Output von 10.000 bis 200.000 Nm^3/h Wasserstoff.

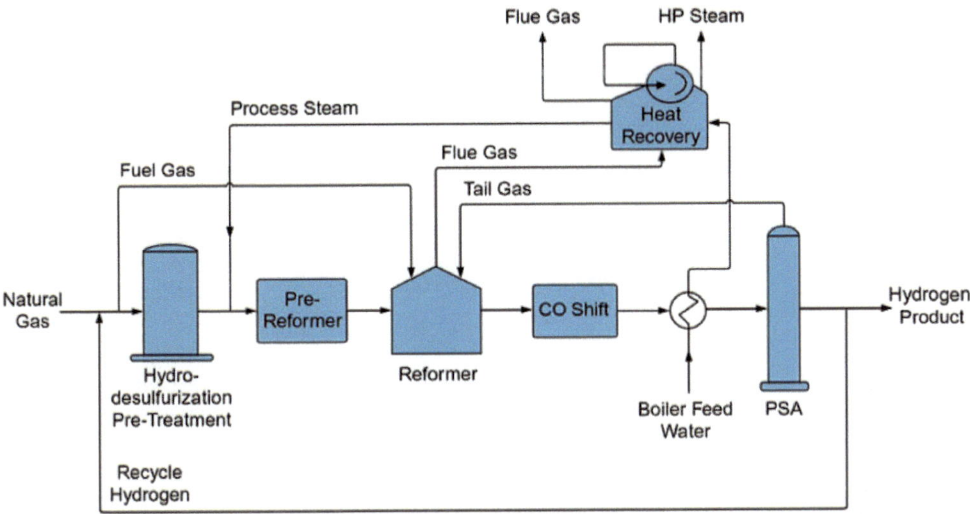

Abb. 4-4: Dampfreforming von Erdgas im industriellen Maßstab; Quelle: Air Liquide Eng. and Construction

Die Dampfreformierung mit dem Ergebnis Wasserstoff ist kostengünstig und energieeffizient. Die Nachschaltung einer Druckwechseladsorptionstechnologie (PSA) bewirkt eine hohe Reinheit des Endproduktes. Leider wird häufig das mit entstandene Kohlendioxid ungenutzt in die Atmosphäre entlassen; es trägt damit zum globalen Treibhauseffekt bei, und das nicht wenig: Bei der Produktion einer Tonne Wasserstoff entstehen rund 10 Tonnen CO_2.

4.1.3 Blauer Wasserstoff

Vor dem Hintergrund der technischen Möglichkeiten überzeugt zunächst der Gedanke, das bei der Herstellung von grauem Wasserstoff anfallende CO_2 herauszufiltern und abzuspeichern, wie es die verschiedenen CCS-Verfahren vorsehen. Das Ergebnis wäre dann der „blaue" Wasserstoff.

Für den Weg zu einem 100 % grünen Wasserstoffszenario kann blauer Wasserstoff ein Interim sein, da es auf absehbare Zeit nicht gelingen wird, den gesamten Wasserstoffbedarf regenerativ zu befriedigen. Blauer Wasserstoff ist allerdings nur kohlenstoffarm und nicht kohlenstoffneutral., wie es die Politik gern formuliert. Die verfügbaren CCS-Techniken sind immer mit der Emission eines Treibhausgasanteils in die Atmosphäre verbunden.

Techniken zur Abscheidung und Speicherung von Kohlendioxid (CCS) werden in Deutschland zwar diskutiert. Die Verwendung des Verfahrens ist jedoch nach einer Evaluierung im Jahr 2018 durch die Bundesregierung verboten – erlaubt sind lediglich Erprobungs- und Demonstrationsvorhaben. Dagegen betonen Experten die großen Möglichkeiten, auf diese Weise den Einsatz von Kohle- und Gaskraftwerken klimafreundlicher zu gestalten. Auch international, z. B. in der EU, wird CCS immer wieder als klimaschonende Option mitgeführt, sogar als Zieltechnik apostrophiert.

Es sind verschiedene Wege gangbar, CO_2 unter der Erde zu speichern, s. Abb. 4-5. Es gibt dazu eine Anzahl von technischen Möglichkeiten, CO_2 abzutrennen und einer wirtschaftlichen Nutzung zuzuführen. Kritiker und Übereifrige warnen jedoch vor negativen Folgen. Das Forschungszentrums Jülich hat schon 2012 eine Gesamtschau zu technischen, ökonomischen, gesellschaftlichen und Umweltaspekten des CCS vorgelegt und auch die Erfolgsaussichten bewertet.[27]

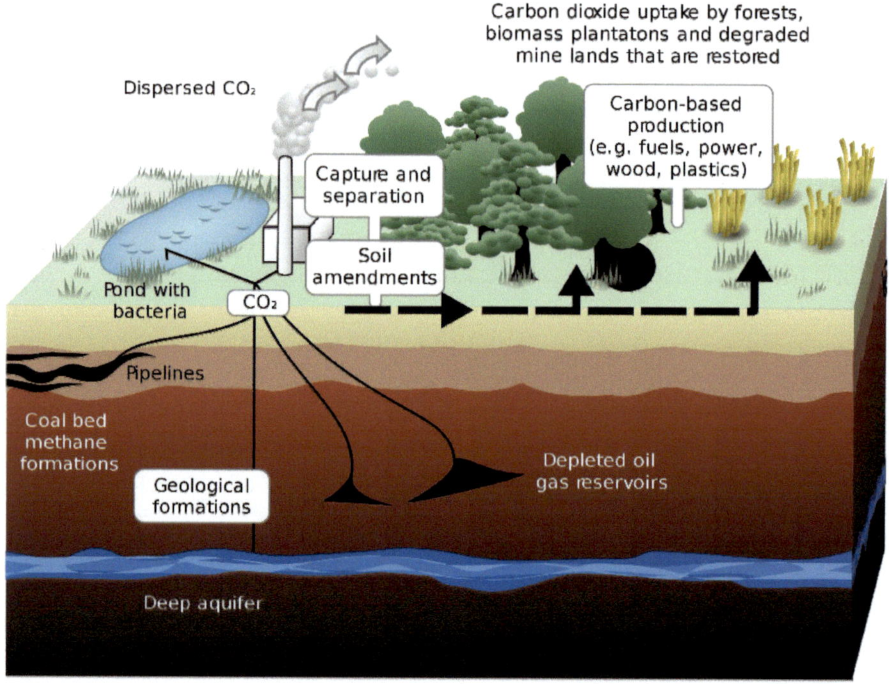

Abb. 4-5: Möglichkeiten für CCS, hier für eine CO_2-Abscheidung aus Kraftwerksabgaben; Quelle: Creative Commons, File Carbon Sequestration. https://commons.wikimedia.org/wiki/File:Carbon_sequestration-2009-10-07.svg, buf 22. September 2022

Mitgewirkt haben Ingenieure und Wissenschaftler aus Hochschulen und prominenten Forschungseinrichtungen.[28]

Bei der Umweltbewertung liegt CCS relativ weit vorn, wenn man mit anderen Kriterien vergleicht. Bei Pipelinetransport und On-Shore-Speicherung gibt es zwar einige Probleme, das Risiko hält sich jedoch in Grenzen. Ein Einsatz in der Industrie ist technisch machbar. Die Frage nach der Rentierlichkeit von Investitionen bleibt allerdings offen. Falls CCS als Technik ausscheidet, bedeutet das für Deutschland dringenden Bedarf an technischen Al-

27 Wilhelm Kuckshinrichs, et al., Advances in Systems Analysis, Schriften des Forschungszentrums Jülich, Reihe Energie & Umwelt, Band 164, 2012.

28 FZ Jülich, RWRH Aachen, Helmholtz-Zentrum Potsdam, Deutsches Geo-Forschungszentrum.

ternativen. Ein wesentlicher Aspekt in den notwendigen Entscheidungen ist die mangelnde Akzeptanz in der Bevölkerung.

Das nationale CCS-Gesetz von 2012 ist ein Abbild der gesellschaftlichen Situation, indem es die Entscheidung zur Einführung von CCS vertagt.[29] Akzeptanz und Kostenfrage stehen jedoch nach Meinung der Autoren bei der Entscheidung zur Nutzung an erster Stelle. Die Frage der Verwendung ist auch international offen: Die EU hat beispielsweise für CCS vorgesehene Fördermittel noch nicht vergeben. So ist CCS im Moment nicht mehr als eine letzte Perspektive, zu der man greifen müsste, wenn die im Augenblick für die Energiewende gewählten Wege nicht zum gewünschten Ergebnis führen.

Möglicherweise findet sich eine externe Lösung. Die Machbarkeitsstudie H_2morrow des norwegische Energieunternehmens Equinor und des Essener Fernleitungsnetzbetreibers OGE (Open Grid Europe) zeigt, wie die großen Mengen des anfallenden CO_2 unter dem Meeresboden in der norwegischen Nordsee gespeichert werden können. In Norwegen ist das weltweit erste CCS-Projekt, bei dem CO_2 im großen Maßstab abgeschieden und gespeichert wird, im „Longship"-Projekt verwirklicht worden. Der norwegische Botschafter P. ØLBERG erklärte im Februar 2021 in Berlin CCS für eine dort bewährte und sichere Technologie: „Die Kohlenstoffspeicherung in Norwegen ist eine echte und gute Alternative für die Dekarbonisierung der Industrie in ganz Deutschland. Wir haben genug Kapazitäten." Damit ergibt sich eine neue Option, die die traditionell großen Bedenken in Deutschland durch Export ausräumt.

4.1.4 Türkiser Wasserstoff

Türkiser Wasserstoff als Bezeichnung ist relativ neu, die dahinterstehende Technik schon länger bekannt. Immerhin wird der Begriff von der deutschen Bundesregierung in ihrer Wasserstoffstrategie ausdrücklich erwähnt und hat damit ihren offiziellen Segen.

Die Basistechnik des türkisenen Wasserstoffs ist die Methan-Pyrolyse, was letztlich eine alternative Methode zur Gewinnung von Wasserstoff aus Erdgas bedeutet. Da im Ergebnis nur H_2 und atomarer Kohlenstoff erzeugt wird, gilt die Methanpyrolyse als eine Art Königsweg der Erdgasverwendung. Sie ist noch im Entwicklungsstadium und wird in Deutschland u. a. von der BASF, in den USA vom kalifornischen Cleantech-Start-up C-Zero vorangetrieben.

Pyrolyse (von griechisch: pyr = Feuer, lysis = Auflösung) ist die bekannte Bezeichnung für die in der Industrie häufige thermische Spaltung chemischer Verbindungen, wobei durch hohe Temperaturen Bindungsbrüche innerhalb von großen Molekülen erzwungen werden. Neuartig dagegen ist die Anwendung auf Methan.

Grundlage für das deutsche Projekt sind Forschungen des KIT zusammen mit dem Institute for Advanced Sustainability Studies e.V. (IASS) in Potsdam zur Methanpyrolyse, die 2018 mit dem Innovationspreis der Deutschen Gaswirtschaft ausgezeichnet wurden. Bei dem Verfahren wird Methan in einem mit Flüssigmetall gefüllten und regenerativ beheizten

29 Gesetz zur Demonstration und Anwendung von Technologien zur Abscheidung, zum Transport und zur dauerhaften Speicherung von Kohlendioxid vom 17. August 2012.

Blasensäulenreaktor kontinuierlich in Wasserstoff und festen Kohlenstoff zerlegt, s. Abb. 4-6.

Das bei BASF inzwischen vorbereitete Verfahren der Methanpyrolyse benötigt nur ein Fünftel der für die Wasserelektrolyse gebrauchten Energie und erscheint auch deshalb vielversprechend. Die am Standort Ludwigshafen errichtete Testanlage sollte im Jahr 2021 in Betrieb gehen. Bis zur großtechnischen Verwendung könnte es noch weitere zehn Jahre dauern.

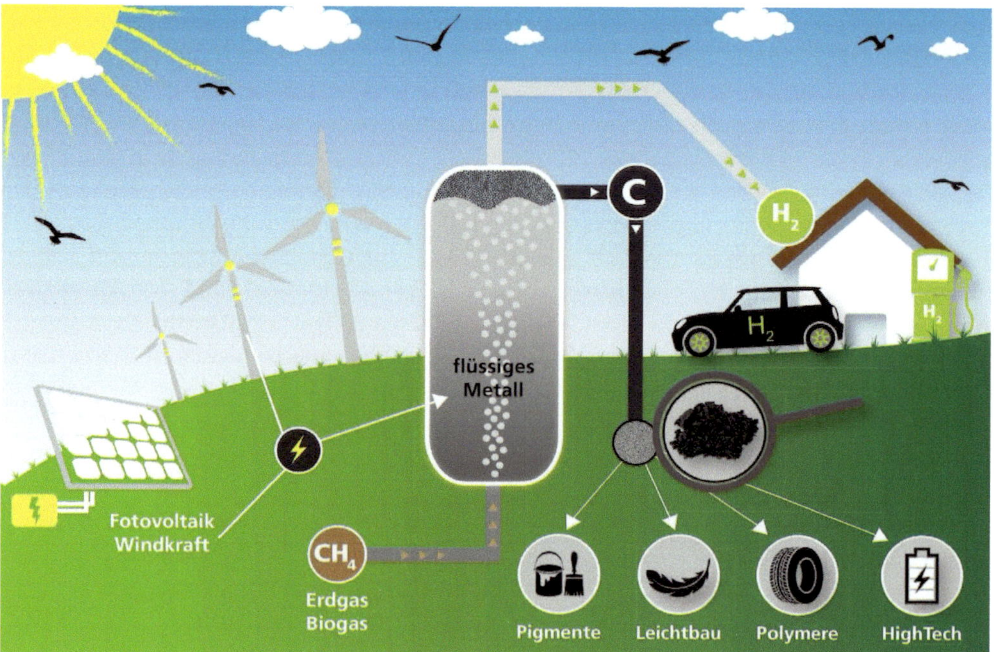

Abb. 4-6: Schematische Darstellung der Methan-Pyrolyse, mit Andeutung möglicher Verwendungswege für den erzeugten Kohlenstoff; Quelle: Leon Kühner, KIT

4.1.5 Grüner Wasserstoff

Grüner Wasserstoff ist die einzige wirklich nachhaltige Wasserstoffoption, da sie wie von der deutschen Regierung klassifiziert „aus erneuerbaren Quellen gewonnen werden muss".

Die vielversprechendste Methode ist die Nutzung erneuerbarer Elektrizität als Energiequelle zur Herstellung von Wasserstoff über Elektrolyseure. Sowohl die Kosten für Elektrolyseure als auch für erneuerbare Energien sind in den letzten Jahren deutlich gesunken und werden auch in Zukunft weiter sinken. Es ist jedoch noch eine weitere Kostensenkung erforderlich, um mit anderen nichtregenerativen Wasserstoffquellen konkurrieren zu können.

4.1.5.1 Elektrolyse

Unterschieden werden die Wasser-, die PEM-Elektrolyse mit festem Elektrolyten und die Hochtemperatur-Elektrolyse.

4.1.5.1.1 Alkalische Wasserelektrolyse (AEL)

Die Elektrolyse von Wasser bedarf eines leitfähigen Mediums, des sogenannten Elektrolyten. Das Medium kann sauer oder alkalisch gewählt werden.

Durchgesetzt hat sich aus technischen und Handhabungs-Gründen die alkalische Wasserelektrolyse (AEL), bei der dem Wasser z. B. Kaliumhydroxid (KOH) hinzugefügt wird, s. auch Abb. 4-7.

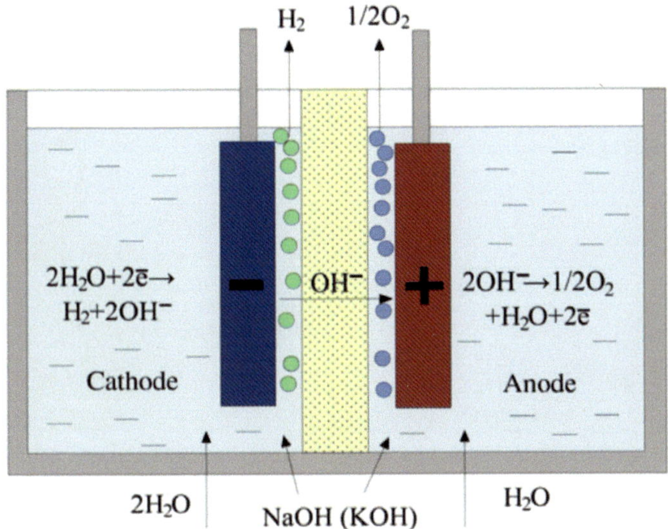

Abb. 4-7: Alkalische Wasserelektrolyse, Arbeitsprinzip; Quelle: Ahmad Kamaroddin, Mohd Fadhzir et al., Hydrogen Production by Membrane Water Splitting Technologies, 2018

Das Wasser enthält dissoziierte Anteile, die positiv geladenen Oxonium-Ionen H_3O^+ und die negativen Hydroxid-Ionen OH^-. Im elektrischen Feld wandern die Oxonium-Ionen zur negativ geladenen Elektrode (i. e. Kathode), wo sie jeweils ein Elektron aufnehmen. Die Reaktion im Kathodenraum sieht so aus:

$$2\,H_3O^+ + 2\,e^- \longrightarrow H_2 + 2\,H_2O$$

Es entsteht also molekularer Wasserstoff, der gasförmig an der Kathode aufsteigt. Die negativ geladenen Hydroxid-Anionen wandern zur positiven Anode und geben dort im Anodenraum ihre Ladung ab, im Einzelnen:

$$2\,OH^- \longrightarrow 2\,OH + 2e^-$$
$$4\,OH \longrightarrow 2\,H_2O + O_2$$

Die in der Lösung noch enthaltenen Ionen, im Beispiel die Kalium-Ionen, verbleiben im Elektrolyten, wenn man die Spannung, das sogenannte Abscheidepotential, geeignet wählt. Das Abscheidepotential ergibt sich aus der elektrochemischen Spannungsreihe[30].

Die Menge eines elektrolytisch gebildeten Stoffs ergibt sich nach FARADAY aus der geflossenen Strommenge. Die Bildung von 1 g Wasserstoff erfordert eine Strommenge von 96485 As. Anschaulich wird das durch die Betriebszeiten: Bei 1 A dauert die Bildung von 1 g Wasserstoff fast 27 Stunden.

Wasserelektrolyse ist in der Praxis schon lange bekannt und auch in Gebrauch, wobei sich die Anwendungen zunächst auf Einzelfälle beschränkten. So lieferte z. B. in den 1950er Jahren der damals noch selbständige Anlagenbauer Lurgi einen Druck-Elektrolyseur für den Assuan-Staudamm. Der produzierte Wasserstoff wurde zur Stickstoffdünger-Herstellung genutzt.

Inzwischen gibt es industrielle Hersteller von AEL-Elektrolyseuren, z. B. Nel Asa, ehemals diagenic asa, ein in Norwegen ansässiges Unternehmen, das auf Ausrüstungen und Dienstleistungen für erneuerbare Energien spezialisiert ist. Ein Beispiel aus seiner (mittleren) A1000-Serie zeigt Abb. 4-8.

Abb. 4-8: The Nel Asa subsidiary is producing electrolysers on the industry leading A-Range atmospheric alkaline platform, coming in the size range of 600 to 970 Nm^3/hr; Quelle: Nel Asa

4.1.5.1.2 Polymer-Elektrolyt-Membran-Elektrolyse (PEM)

Eine zweite, auch schon erprobte Technik der Wasserelektrolyse ist die Polymer-Elektrolyt-Membran-Elektrolyse, bei der der Elektrolyt durch einen ionen-leitfähigen Kunststoff ersetzt ist, im Regelfall als mehr oder weniger dicke Membran auf der Basis von Poly-TetraFluorEthylen (PTFE) ausgeführt. Die Membran hat hier eine doppelte Funktion: sie leitet selektiv Protonen (daher Proton-Exchange-Membran = PEM) und trennt zugleich die entstehenden Gase. Die elektrochemische Reaktion ist die gleiche wie oben beschrieben, der technische Aufbau ist jedoch verschieden, s. Abb. 4-9.

30 Die elektrochemische Spannungsreihe ergibt die Spannungen, die Batterien/Akkumulatoren maximal liefern, sowie die Mindestspannungen für das Antreiben von Elektrolyseuren / Laden der Akkumulatoren.

Das zu elektrolysierende Wasser wird der PEM-Zelle neutral, also ohne Säuren- oder Laugenzusatz anodenseitig zugeführt. Von den dissoziierten H- bzw. OH-Ionen wandern die H-Ionen (Protonen) durch die PEM zur Kathode und bilden dort molekularen Wasserstoff, während die OH-Ionen ihre Ladung an die Anode abgeben und vor Ort molekularen Sauerstoff erzeugen. Im Unterschied zur AEL gibt es also an der Kathode praktisch kein flüssiges Wasser. Der Protonen-Transport durch die Membran wird durch einen sauren (statt alkalischen) Elektrolyten übernommen, der fester Bestandteil des Membrankunststoffs ist (Festelektrolyt).

Die PEM-Elektrolyse ist nach wie vor noch ein Gegenstand von Forschung und Entwicklung. Jedoch gibt es am Markt durchaus industrielle Stacks, z. B. der US-Firma Plug Power / Giner. PEM-Stacks werden von Plug Power / Giner seit Jahrzehnten gefertigt und sind über viele Jahre hinweg erfolgreich im dauerhaften Einsatz. Ihre Zuverlässigkeit haben sie in den Lebensrettungssystemen der U-Boote der US Navy unter Beweis gestellt.

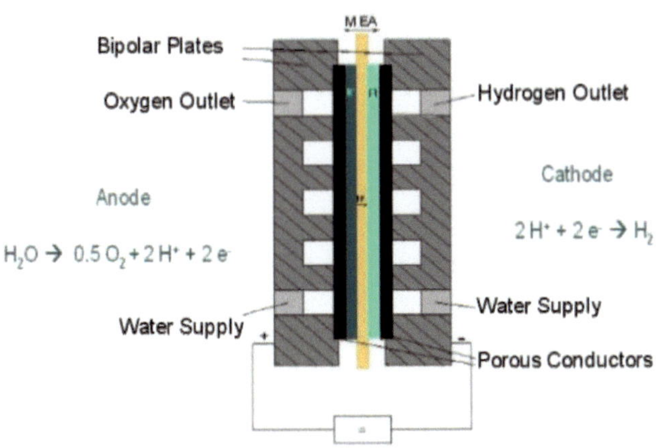

Abb. 4-9: PEM-Elekrolyse-Zelle; Quelle: P. Sudol, Electrolysers For Hydrogen Production

4.1.5.1.3 Hochtemperatur-Elektrolyse mit SOE-Stacks

Elektrolyse bei Temperaturen von über 100 °C nennt man Hochtemperatur-Elektrolyse. Bei der Hochtemperatur-Elektrolyse mit Festoxidzellen (Solid Oxide Electrolysis, SOE) kommen Temperaturen von sogar 750 °C und mehr zur Anwendung.

Der Elektrolyt ist hier sauerstoffionenleitend, s. Abb. 4-10. Das keramische Zirkoniumdioxid, aus dem die Zellen bestehen, wird durch die Dotierung mit Yttrium für Sauerstoff-Ionen leitend. Solche Festoxid-Elektrolyte sind ein hitzebeständiges und weitgehend verschleißfreies Material, das für hohe Betriebstemperaturen geeignet ist.

Die Hochtemperatur-Elektrolyse bietet einige Vorteile. Die hohen Temperaturen haben zur Folge, dass gegenüber AEL und PEM deutlich weniger elektrische Energie nötig ist. Der

Wirkungsgrad der Elektrolyse steigt mit der Temperatur. Bei aktuellen Anlagen können Wirkungsgrade von über 80 % erreicht werden. Bei der alkalischen und der PEM-Elektrolyse liegen die Wirkungsgrade deutlich niedriger, bei nur 60 bis 70 %. Außerdem benötigt man keine Edelmetallkomponenten.

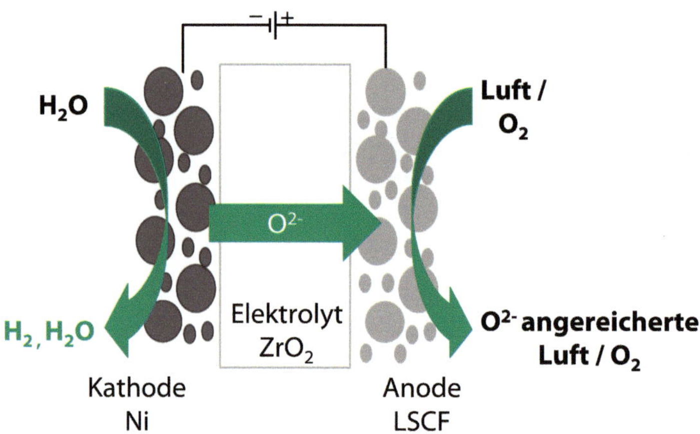

Abb. 4-10: Die Solid Oxide Electrolysis (SOE) arbeitet mit dampfförmig zugeführtem Wasser und einem Sauerstoffionen leitenden Festkörper-Elektrolyten; Quelle: UBT / Dr.-Ing. Carolin Sitzmann

Industrieprozesse, die Abwärme von mehr als 200 °C bereitstellen können, sind häufig. Es liegt nahe, diese Abwärme in die Elektrolyseprozesse mit einzubinden. Tut man dies, so kann Heizstrom eingespart und die Wirtschaftlichkeit des Verfahrens verbessert werden.

Neben den sauerstoffleitenden Elektrolyten der SOE-Stacks kommen auch protonenleitende Materialien für Hochtemperatur-Elektrolyseure infrage. Sie werden bei Temperaturen von 550 bis 600 °C verwendet und ermöglichen die hochreine Herstellung von Wasserstoff ohne weitere Aufbereitung.

Man kann auch hier die Zusammenschaltung mit exothermen Syntheseprozessen suchen und wieder die freiwerdende Wärme für die Elektrolyseprozesse nutzen. Die Entwicklung geeigneter Materialkombinationen hat sich das IKTS in Dresden[31] auf die Fahne geschrieben. Es entwickelt hierfür Elektrolyt- und Elektrodenmaterialien und baut aus ihnen ähnlich wie bei der SOE-Technik funktionsfähige Stacks zusammen.

Die Hochtemperatur-Elektrolyse ist noch Entwicklungsgegenstand und bedarf weiterer Forschung. Besonders die Materialbelastung durch die hohen Betriebstemperaturen stellt noch ein Problem dar. Von daher liegt die typische Lebensdauer der Stacks gegenwärtig noch bei maximal 20.000 h. Die hohen Temperaturen sind auch dafür verantwortlich, dass die Anfahrzeiten wesentlich größer sind als bei der alkalischen Elektrolyse.

31 IKTS = Fraunhofer-Institut für Keramische Technologien und Systeme.

Abb. 4-11: Die Sunfire GmbH hat 2017 ein Dampf-Elektrolyse-Modul (SOEC) an die Salzgitter Flachstahl GmbH ausgeliefert, das in diesem Jahr eine Weltneuheit war. Seine Daten: Eingangsleistung 150 kW_{el}, 40 Nm^3 Wasserstoff /h. Das Modul kann auch in Umkehrung als Brennstoffzelle verwendet werden (Ausgangsleistung von 30 kW_{el}); Quelle: Salzgitter Flachstahl GmbH, 2017

SOE-Elektrolyseure gibt es (noch) nicht als Serienprodukt. Sie sind bisher Einzelanfertigungen und werden in Manufakturarbeit hergestellt. Das macht sie derzeit noch sehr teuer. Ein solches Beispiel zeigt Abb. 4-11.

4.1.5.1.4 Chlor-Alkali-Elektrolyse

Die Chlor-Alkali-Elektrolyse ist ein schon lange angewandtes industrielles Verfahren, mit dem die Basisstoffe Chlor und Natron- bzw. Kalilauge gewonnen werden. Als Nebenprodukt entsteht hierbei Wasserstoff.

Betont sei, dass die Chlor-Alkali-Elektrolyse nicht primär der Wasserstoffgewinnung dient und insofern in diesem Kapitel eher zur Vollständigkeit mitgeführt ist. In einigen Anwendungen wird die Wasserstoffproduktion sogar bewusst unterdrückt.

Ausgangsmaterial der Chlor-Alkali-Elektrolyse ist Stein- bzw. Kalisalz, das nach Aufbereitung im ersten Arbeitsgang in Wasser gelöst und anschließend durch Elektrolyse gespalten wird. Die wässerige Lösung enthält Na^+, Cl^-, H^+ und OH^-Ionen. Na und OH bilden die in der Lösung verbleibende Natronlauge (NaOH).

Chlor wird an der Anode freigesetzt, Wasserstoff an der Kathode, beides gasförmig. Die Summenformel der endothermen Reaktion lautet für den Einsatz von Kochsalz

$$2\,H_2O + 2\,NaCl + \text{Energie} \longrightarrow H_2 + 2\,NaOH + Cl_2$$

Beim Einsatz von Kalisalz bildet sich entsprechend KOH.

Sofern die Stromzufuhr aus regenerativen Quellen erfolgt, kann der erzeugte Wasserstoff als „grün“ gelten. Dass der Hauptzweck des Verfahrens die Chlorgewinnung ist, ändert nichts an dieser Zuordnung.

Für die Ausführung haben sich drei Verfahren entwickelt: das Diaphragma-Verfahren, das Membran-Verfahren und das Amalgam-Verfahren.

Beim schon älteren Diaphragma-Verfahren dient eine poröse Scheidewand (Diaphragma) der Trennung des Kathoden- vom Anodenraum. Die Trennung ist nötig, um die Bildung von Chlorknallgas zu vermeiden.

Das Membranverfahren arbeitet mit einer dünnen chlorbeständigen Kationentauschermembran, die aus Polytetrafluoräthylen (PTFE/Teflon) besteht. Die Anionen wie OH^- oder Cl^- werden von der Membran aufgehalten, während die positiv geladenen Na^+-Ionen sie passieren. Die Undurchlässigkeit für Cl^-Ionen bewirkt eine Aufreicherung der Natronlauge auf 30–33 %. Die Vorgänge an den Elektroden entsprechen denen beim Diaphragmaverfahren.

Das Amalgam-Verfahren arbeitet mit Quecksilber, das als Kathode geschaltet wird, s. Abb. 4-12. Am Quecksilber bildet sich mit Natrium die Legierung Natriumamalgam (NaHg). Das Natriumamalgam wird einem Zersetzer zugeführt, in dem sich unter Zufuhr von Wasser mit Graphitkontakt Natrium und Quecksilber wieder lösen: es bilden sich Wasserstoff, eine konzentrierte Natronlauge und Quecksilber nach der Summenformel:

$$2\,NaHg + 2\,H_2O \longrightarrow 2\,NaOH + H_2 + 2\,Hg$$

Das Quecksilber ist damit wiedergewonnen und kann dem Prozess wieder neu zugeführt werden. Das Verfahren fand große industrielle Bedeutung, wurde aber seit den 1970er Jahren wegen des gefährlichen Quecksilbers aus Umweltschutz- bzw. Arbeitsschutzgründen zunehmend aufgegeben.

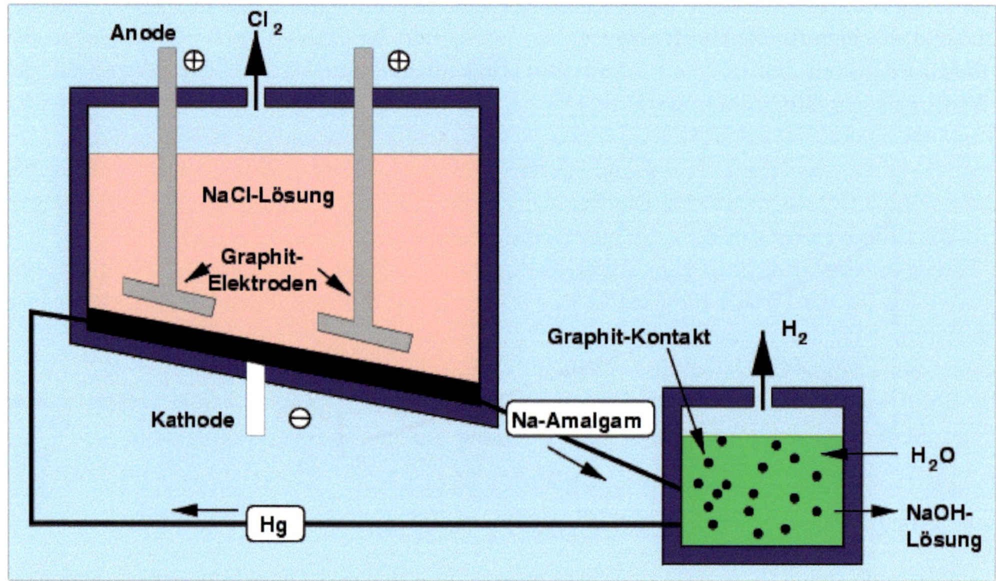

Abb. 4-12: Chlor-Alkali-Elektrolyse, hier das Amalgam-Verfahren im integrierten Ablauf: Quelle: AGP-Seminar Chloralkalielektrolyse, 2017

4.1.5.1.5 Wirkungsgrade der Elektrolyse[32]

Der Wirkungsgrad eines Elektrolyseurs ist eine zentrale Aussage. Seine Größe ist maßgeblich für den Energieverbrauch und damit auch für den wichtigsten Teil der Betriebskosten. Auch steht der Wirkungsgrad in Wechselwirkung mit weiteren peripheren Kenngrößen, die außerdem die Wasserstoffgestehungskosten beeinflussen, wie beispielsweise der Betriebsweise (Betriebsstunden), der Lebensdauer und den Investitionskosten.

Schon alleine deshalb lohnt sich ein näherer Blick auf die Definition, die Berechnung und die Interpretation des Wirkungsgrads in der Elektrolysetechnik.

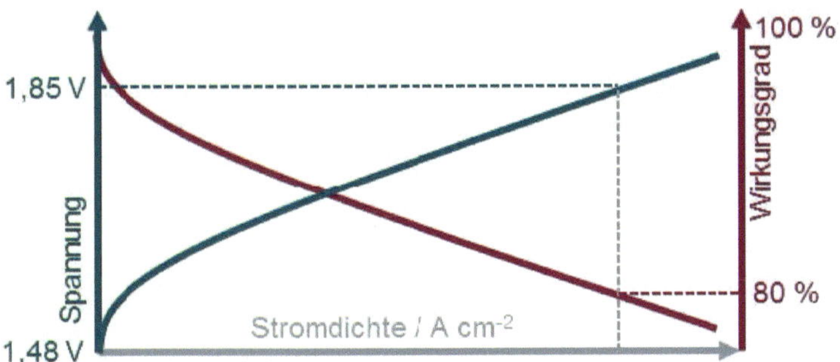

Abb. 4-13: Schematische Darstellung von U-I-Kennlinie und Wirkungsgrad; Quelle: Ph. Lettenmeier

Die sogenannte U-I-Kennlinie ist der wichtigste Zusammenhang in der Bewertung der Elektrolysetechnik. Sie beschreibt, wie mit steigender Spannung nach Überschreiten des Abscheidepotentials von 1,48 V einerseits die Stromdichte steigt und andererseits der Wirkungsgrad fällt, s. Abb. 4-13.

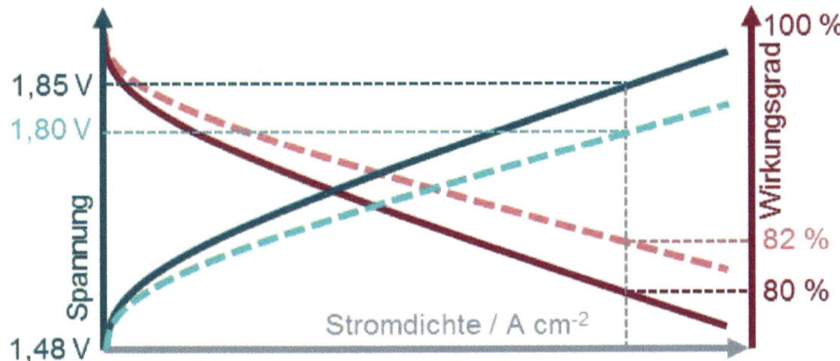

Abb. 4-14: Geringerer Widerstand erhöht den Wirkungsgrad; Quelle: Ph. Lettenmeier

Außer den dominierenden Verlusten in der Zelle müssen für einen System- oder Anlagenwirkungsgrad diverse Nebenverbraucher berücksichtigt werden.

32 Auszüge aus Ph. Lettenmeier | Wirkungsgrad – Elektrolyse | Januar 2019 © Siemens AG.

Betriebsparameter I – Stromdichte: Die verringerte Steigung der U-I-Kennlinie ist ein echter Indikator für Effizienzverbesserung. Als Beispiel stellt Abb. 4-14 den Einfluss geringerer Widerstände dar: Die gleiche Stromdichte lässt sich mit geringerer Spannung erreichen, der Wirkungsgrad steigt. Auch der Abstand der beiden Elektroden hat Einfluss: Je kürzer der Weg der Ladungsträger von Anode zu Kathode ist, desto kleiner ist der interne Spannungsabfall und entsprechend höher der Wirkungsgrad.

Betriebsparameter II – Temperatur: Auch die Temperatur hat Einfluss auf den Wirkungsgrad. Die Reaktionsgeschwindigkeit wie auch die spezifischen Widerstände sind stark von der Temperatur abhängig. Es gilt: Höhere Temperatur bedeutet höheren Wirkungsgrad.

Gesamt-Wirkungsgrad

In der systemischen Betrachtung des Wirkungsgrads einer Elektrolyse-Anlage zur Wasserstoffgewinnung finden sich in Literatur wie Praxis die verschiedensten Angaben mit den unterschiedlichsten Systemgrenzen. Letztlich entscheidend ist der System-Wirkungsgrad., der sich aus dem oben behandelten DC-Wirkungsgrad und den Nebengewerken, den System- und Faraday Verlusten ergibt, s. Abb. 4-15.

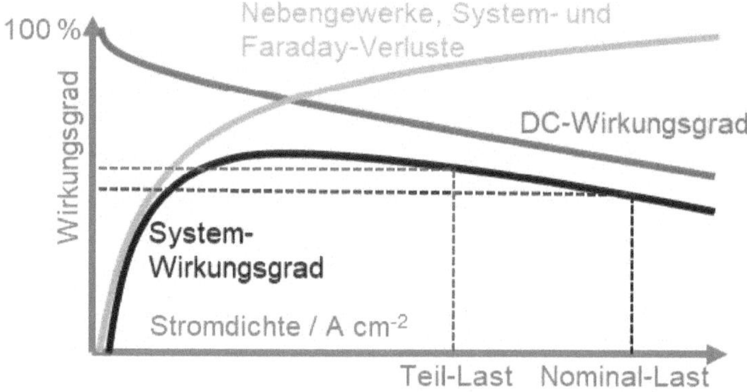

Abb. 4-15: System-Wirkungsgrad und schematische Aufteilung der Anteile; Quelle: Ph. Lettenmeier

Während sich die Wasserstoff-Community bei den genannten Wirkungsgraddefinitionen abgesehen von der Nomenklatur einigermaßen einig ist, sind die Systemgrenzen der System- oder Anlagen-Wirkungsgrade im Grunde beliebig definierbar.

Je nach Definition können verschiedene Verlustleistungen berücksichtigt werden, z. B. aus: AC/DC Umwandlung, Transformation aus der Mittelspannung, Wasseraufbereitung, Kühlsystemen, Energie für Gebäude und Nebengewerke, Wasserstoffaufbereitung etc. Um Wirkungsgrade miteinander vergleichen zu können, müssen die Systemgrenzen untersucht und sauber definiert werden.

Spezifische Unterschiede gibt es zwischen PEM- und alkalischer Elektrolyse. PEM und die Alkali-Elektrolyse sind die beiden Elektrolyse-Techniken, die in Megawatt-Größenordnung realisiert werden und kommerziell relevant sind. Beide Techniken unterscheiden sich vor allem durch die Ionen, die den Wanderungsprozess ausmachen, sowie durch die Art des Elektrolyten.

Die Polymer Elektrolyt Membran-Technik (auch Proton Exchange Membrane-Technik, PEM) nutzt einen Feststoffelektrolyten, der über die selektive Leitfähigkeit für Kationen den Stromkreis schließt und zugleich Anode und Kathode elektrisch isoliert. Dieser Feststoff-Elektrolyt ist relativ gasdicht und hat einige Vorteile. Weil er Anode (Sauerstoffseite) und Kathode (Wasserstoffseite) physikalisch trennt, verhindert er die Mischung der entstehenden Gase, sodass ein Betrieb mit Differenzduck möglich wird. Unbeabsichtigte Differenzdrücke, die zu einer Vermischung der Gase beitragen und somit ein Sicherheitsrisiko darstellen, lassen sich so leichter beherrschen.

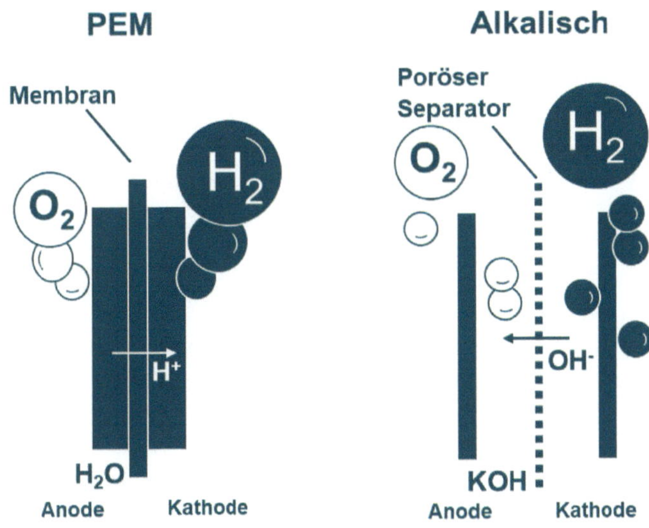

Abb. 4-16: Schema eines PEM- und eines alkalischen Elektrolyseurs; Quelle: Ph. Lettenmeier

Zum zweiten garantiert die Membran eine hohe Produktreinheit der Gase, sowohl im dynamischen Betrieb als auch im länger anhaltenden Teillastbetrieb, wo die Fremdgaskonzentration in beiden Elektrolyse-Techniken im Verhältnis zur Gasproduktion auf Grund von Diffusion ansteigt.

Alkalische Elektrolyseure verfügen über einen porösen Separator, um die Gase Wasserstoff und Sauerstoff physikalisch zu trennen und zugleich den Austausch des flüssigen Elektrolyten weiterhin zu ermöglichen. Der poröse Separator erhöht im dynamischen Betrieb unter anderem die Anforderungen an alkalische Elektrolyseure: In solchen Elektrolyseuren darf es nicht zu einer gefährlichen Vermischung von Sauerstoff und Wasserstoff kommen – Differenzdrücke, die hierzu führen können, müssen vielmehr unbedingt vermieden werden.

Ein Sondereffekt macht alkalischen Elektrolyseuren zu schaffen: Eine 30%ige KOH-Lösung hat eine deutlich höhere elektrische Leitfähigkeit gegenüber Wasser. Das hat zum Ergebnis, dass Nebenströme Ohm'scher Art entstehen, also Elektronen zur nebengelegenen Zelle fließen, ohne an der Wasserspaltung beteiligt zu sein. Diese Verlustströme über einen

Nebenschluss (deshalb auch Shunt-Ströme) müssen verhindert werden oder bewirken andererseits einen Wirkungsgradverlust.

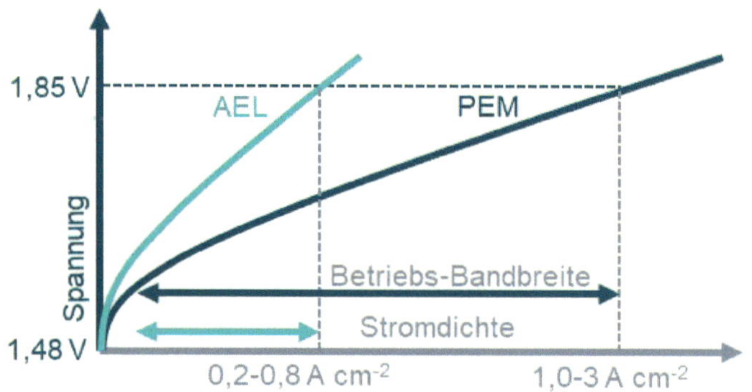

Abb. 4-17: Betriebsbandbreite Alkali- und PEM-Elektrolyse; Quelle: Ph. Lettenmeier
Wirkungsgrad einer idealen galvanischen Zelle

Die Frage nach dem Effizienzvergleich beider Technken ist also nicht einfach zu beantworten. Fakt ist, dass die Wahl des Betriebspunkts und die damit verbundene Spannung für die Effizienz ausschlaggebend sind. Die in der Regel geringeren Gesamtwiderstände der PEM-Technik führen zu einer höheren Bandbreite an Betriebsmodi, siehe Abb. 4-17. Während die PEM-Technik zwischen 0 und 3 A/cm² betrieben wird, erlauben alkalische Elektrolyseure deutlich niedrigere Stromdichten, um eine vergleichbare Spannung und somit auch einen vergleichbaren Wirkungsgrad zu erreichen.

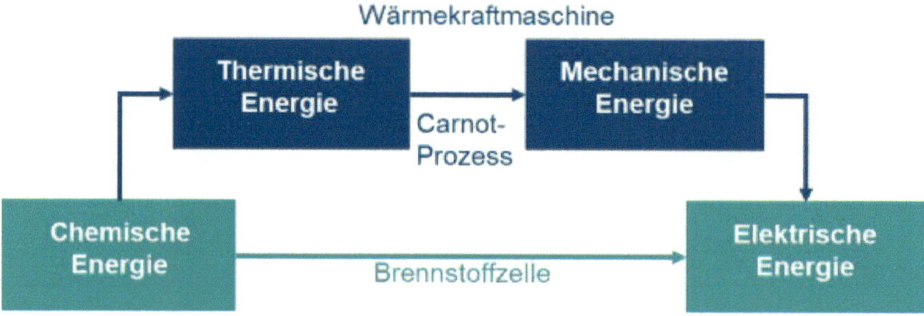

Abb. 4-18: Vergleich der Wandlungskette Wärmekraftmaschine v. Brennstoffzelle Quelle: Ph. Lettenmeier

Das Sympathische der Elektrochemie ist die direkte Umwandlung von chemischer in elektrische Energie und umgekehrt. Ein Vergleich des Wirkungsgrads einer Wärmekraftanlage mit einer Brennstoffzelle macht dies deutlich, s. Abb. 4-18. Die Wärmekraftmaschine wandelt die chemische Energie zunächst in thermische, dann in mechanische, und erst am Ende in elektrische Energie um. Die Elektrochemie braucht hierfür nur einen Schritt. Die

Theorie des klassischen Carnot-Prozesses definiert den maximalen Wirkungsgrad einer Wärmekraftmaschine durch die Formel:

$$\varepsilon_C = 1 - \frac{T_u}{T}$$

Hierbei stellt T die maximale Prozesstemperatur und T_u die Umgebungstemperatur dar. Je höher die Temperatur des Carnot-Prozesses, desto höher ist also auch der Wirkungsgrad der Wärmekraftanlage.

Der ideale Wirkungsgrad ε_{id} einer galvanischen Zelle setzt sich aus dem Quotienten der Gibbs'schen Enthalpie ΔG und der gesamten Reaktionsenthalpie ΔH zusammen.

$$\varepsilon_{id} = \frac{\Delta G_m}{\Delta H_m} = 1 - \frac{T\Delta S_m}{\Delta H_m}$$

Abb. 4-19 zeigt die Abhängigkeit des Wirkungsgrades von der Temperatur für beide Techniken: Der ideale Wirkungsgrad einer klassischen Wärmekraftanlage liegt über ein breites Temperaturspektrum deutlich unter dem theoretischen Wirkungsgrad der galvanischen Zelle.

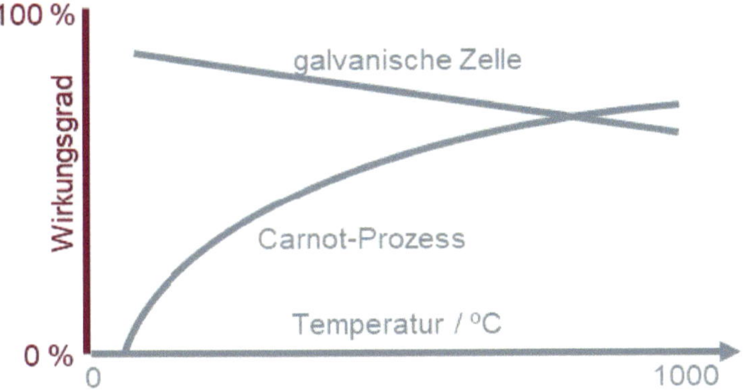

Abb. 4-19: Galvanische Zelle v. Carnot-Prozess; Quelle: Ph. Lettenmeier

Der Aufwand eines erzwungenen Prozesses wie der Wasserstoffelektrolyse ist eindeutig die elektrische Leistung, die in das System gesteckt werden muss. Der Nutzen ist bei der Wasserelektrolyse allerdings schwerer anzugeben: Wird der genutzte Wasserstoff nach der Erzeugung in mechanische, elektrische oder thermische Energie umgewandelt, muss unter Beachtung der gesamten Umwandlungskette der sogenannte untere Heizwert H_u (engl.: lower heating value, LHV) verwendet werden:

$$\varepsilon_{LHV} = \frac{\dot{V}_{H_2} \cdot H_u}{P_{elektrisch}}$$

Betrachtet man allerdings den Wasserstoff als Endprodukt, das ja in der chemischen Industrie oder als technisches Gas unmittelbar genutzt wird, kann man vom sogenannten Brennwert oder oberen Heizwert H_o (engl.: higher heating value, HHV) zur Berechnung des Wirkungsgrads ausgehen:[33]

$$\varepsilon_{HHV} = \frac{\dot{V}_{H_2} \cdot H_o}{P_{elektrisch}}$$

Meist wird bei Herstellern mit dem oberen Heizwert operiert. Dies liegt daran, dass der Verwendungszweck des Wasserstoffs bei den Herstellern nicht bekannt ist und wohl auch daran, dass die höhere Zahl des oberen Heizwerts einen höheren Produktwert suggeriert.

Es gibt eine Alternative zur prozentualen Wirkungsgradangabe. Abweichend von dieser kann die Effizienz der Wasserstoffelektrolyse auch als Verhältnis von Energie- und Stoffstrom beschrieben werden, also in den Einheiten:

$$\frac{kWh}{mstp^3} \; oder \; \frac{kWh}{kg}$$

Während es bei der prozentualen Wirkungsgraddarstellung wichtig ist, die Bezugsgröße des oberen oder unteren Heizwertes mit anzugeben, ist es beim Verhältnis von Energie- und Stoffstrom die Angabe der Normbedingungen zu beachten. Es gibt z. B. mehr als nur eine Definition der „Normbedingung eines Volumens“: den Energieinhalt beeinflussen z. B. Referenztemperatur und Referenzdruck signifikant. Die Angabe eines Energieaufwandes pro Volumen ist daher nur mit Angabe der Standardbedingungen eindeutig.

Fazit

Bei der Ermittlung und Kommunikation des Wirkungsgrades von Elektrolysesystemen müssen alle relevanten Größen mit genannt werden. Das betrifft insbesondere die Systemgrenzen und die Standardbedingungen, aber auch das Teillastverhalten und die Dynamik sowie nicht zuletzt die Degradation. Auf den Wirkungsgrad wirken viele Faktoren ein.

Die Systemhersteller und auch die Betreiber von Elektrolyseuren müssen im Interesse der Kunden jeweils ein Betriebsoptimum finden, das langfristig die für den Abnehmer günstigsten Wasserstoffgestehungskosten und eine durchgehende Lieferbereitschaft sichert. Aufgabe des Kunden wiederum ist es, in den notwendigen Vertragsunterlagen die wichtigsten Bezugspunkte festzulegen, zu denen vor allem die Qualität des erzeugten Gases gehört.

Was die künftigen Entwicklungsmöglichkeiten der Elektrolyse-Wirkungsgrade betrifft, so halten sich diese in Grenzen. Vor dem Hintergrund der bereits erreichten hohen Werte verbleiben für sie nur kleinere Verbesserungsmöglichkeiten in der Größenordnung von einigen Prozent. Tabelle 4-1 gibt eine Übersicht über den derzeit erreichten Stand der Technik.

33 Die Reaktionsenthalpie zur Überführung vom flüssigen Wasser zu gasförmigem Wasserstoff entspricht dem oberen Heizwert.

Jahr	Alkalielektrolyse	PEM-Elektrolyse	Solid-Oxid-Elektrolyse
2020	65%	63%	81%
2030	68%	63%	83%
2050	69%	68%	83%

Tabelle 4-1: Reale und prognostizierte Wirkungsgrade der drei Elektrolyse-Verfahren zur H_2-Herstellung; Quelle: Forschungsstelle für Energiewirtschaft

4.1.5.1 Wasserstoff aus Biomasse

Wasserstoff kann auch aus Biomasse gewonnen werden. Die Herstellungsverfahren sind nach Art der Biomasse unterschiedlich und können biologischer oder technischer Natur sein.

Biomasse, die in der Form von Kohlenhydraten, Fetten, Proteinen u. ä. vorliegt, wird biologisch „verarbeitet". Die Arbeit machen Bakterien, die die Biomasse zu CO_2, neuen organischen Verbindungen und Wasserstoff vergären. Die hier aktiven Bakterien tun dies anaerob (also bei Luft- oder Sauerstoffabschluss). Sie können allerdings nur einen kleinen Teil der Biomassenenergie für den eigenen Verbrauch erschließen. Ein großer Teil der in der Biomasse gespeicherten Energie bleibt als Wasserstoff für den Betreiber verfügbar.

Die zweite Art der Biomasse (Grasschnitt, Holz, Stroh, usw.) wird einem thermochemischen Prozess unterzogen, was auch industrielle Größenordnungen erreichen kann. Das Verfahren besteht zunächst in einer Vergasung oder Pyrolyse der Masse, die in einem Chemiereaktor abläuft. Der Wasserstoff wird im zweiten Schritt durch eine integrierte oder nachfolgende Reformierung (Dampfreformierung) erzeugt. Die hier benutzten Prozesse und Reinigungsstufen ähneln denen, die oben bereits für die Wasserstoffgewinnung aus fossilen Rohstoffen erläutert wurden. Die erforderliche Wärme kann aus der Biomasse selbst durch Teilverbrennung in einer autothermen Reaktion erzeugt werden. Auch die Umwandlung erfordert Sauerstoff und folgt der Summenformel:

$$C_6H_9O_4 + 1{,}095\ O_2 + 5{,}81\ H_2O = 6\ CO_2 + 10{,}31\ H_2$$

Der Wirkungsgrad für die Wasserstofferzeugung aus Biomasse kann bis zu 78 % ansteigen, wenn die Prozesse optimal und gleichmäßig sind. Die Abfallprodukte sind unter diesen Bedingungen erstaunlich gering – es verbleiben nur Kohlendioxid und mineralische Asche.

Auch ein CO_2-neutraler Betrieb einer solchen Anlage ist möglich, wenn nach Betriebsstart das selbst erzeugte Synthesegas zur Aufrechterhaltung des Betriebs durch die exotherme Reaktor-Reaktion verwendet wird.

4.1.5.1.1 BtXenergy

Ein Beispiel für die Nutzung der Dampfreformierung von Biogas liefert die 2020 im bayerischen Hof gegründete BtXenergy. Dort wird zunächst der im Biogas enthaltene Schwefelwasserstoff in einem bereits vorhandenen Anlagenteil abgeschieden. Dabei wird meist Aktivkohle zur Tiefenentschwefelung verwendet.

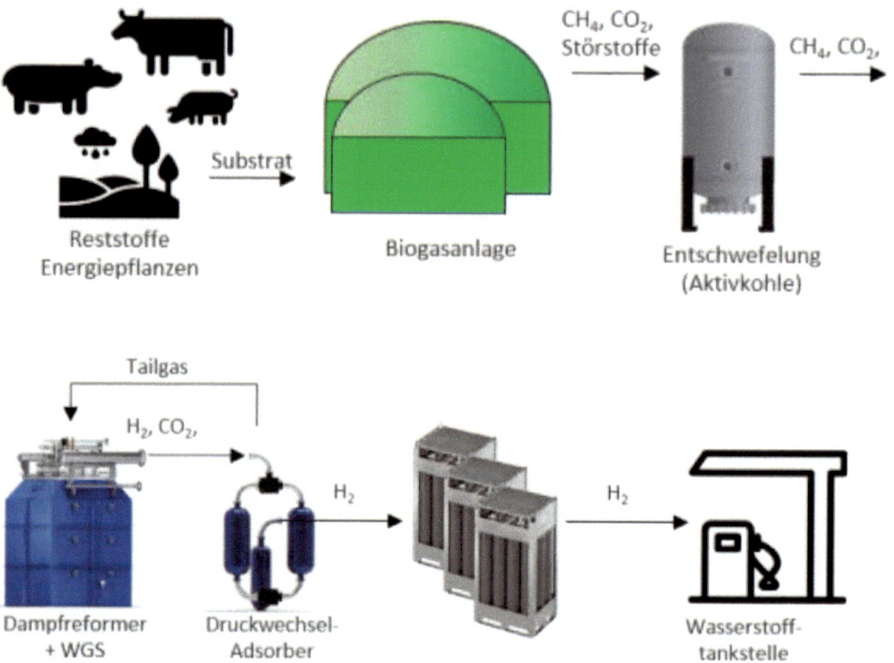

Abb. 4-20: Wasserstoff aus Biogas, das BtXenergy-Verfahren; Quelle: BtXenergy

Das aufbereitete Gemisch mit hohem Methan-Anteil wird anschließend mittels eines Nickel-Katalysators dampfreformiert, wobei wasserrstoffreiches Gas entsteht. Das im Produktgas enthaltene CO, CH_4 und CO_2 wird schließlich in einer als Druckwechselabsorber ausgelegten dritten Station abgeschieden. Abb. 4-20 zeigt den gesamten Prozess in einem vereinfachten Schema.[34]

Die Dampfreformierung von Biogas zu Wasserstoff ist eine bewährte Technik, die leicht verfügbar und auch eine wirtschaftliche Alternative zur Erzeugung von Wasserstoff mittels Elektrolyse ist. Die Technik ist beispielsweise vom Hersteller BtX energy in Containereinheiten verfügbar und in diesen modular untergebracht. Das junge Unternehmen will vor allem Wasserstoff-Produktionsstätten für Biogas auf den Markt bringen. Wie wichtig derartige Innovationen sind, zeigt ein Blick auf die aktuellen Herausforderungen für die Biogasbranche: In den kommenden Jahrzehnten ist die Biogas-Industrie nach Experteneinschätzungen von einem deutlichen Rückbau bedroht. Grund dafür ist die auf 20 Jahre befristete Einspeisevergütung für grünen Strom aus diesen Anlagen. Anschlussverträge ermöglichen nach derzeitigem Recht oft keinen wirtschaftlichen Weiterbetrieb der bestehenden Anlagen.

Die schlüsselfertige Komplettlösung für die Biogasreformierung soll nun den Markt für regionalen Wasserstoff aus Biomasse revolutionieren – in Form einer unauffälligen

34 Texte nach Sarah Janczura, vdi-nachrichten.de, 2021.

und platzsparenden Containerlösung. Die Produktionskosten je Kilogramm Wasserstoff können dabei deutlich niedriger ausfallen als bei der Elektrolyse. Durch die dezentrale Erzeugung würde zudem der aufwändige und energieintensive Straßentransport des Wasserstoffs minimiert oder bestenfalls ganz vermieden, was sich ebenfalls positiv auf die Wirtschaftlichkeit der Anlage und die Gesamtenergiebilanz der Vorhaben auswirkt. Neben Produktion und Vertrieb der Anlagen möchte die neugegründete Firma auch die zukünftigen Betreiber dazu befähigen, den Wasserstoff auf den Märkten abzusetzen. Das scheint sinnvoll, denn Betreiber von Biogasanlagen sind meist landwirtschaftliche Betriebe, die keine Erfahrungen im Energiehandel haben.[35]

4.1.5.1.2 Absorption Enhance Reforming

Auch möglich ist eine direkte Biomassevergasung, die mit Wasserdampf bei Temperaturen knapp unter 800 °C durchgeführt wird. Ein Beispiel ist das sogenannte AER-Verfahren (Absorption Enhance Reforming). Bei diesem Verfahren wird ein beträchtlicher Teil des Kohlendioxids bereits im Reaktor mit einem Absorptionsmittel abgetrennt. Das entstehende Produktgasgemisch ist somit stark wasserstoffhaltig. Das Gasgemisch wird danach durch mehrere Reinigungsvorgänge geführt und damit zu Rein-Wasserstoff. Das Absorptionsmittel kann nach Verwendung regeneriert werden; dazu ist eine Brennkammer an den Reaktor angeschlossen, in dem unter Luftzufuhr ein CO_2-angereicherter Rauchgasstrom entsteht, der dann als Abgas die Anlage verlässt.

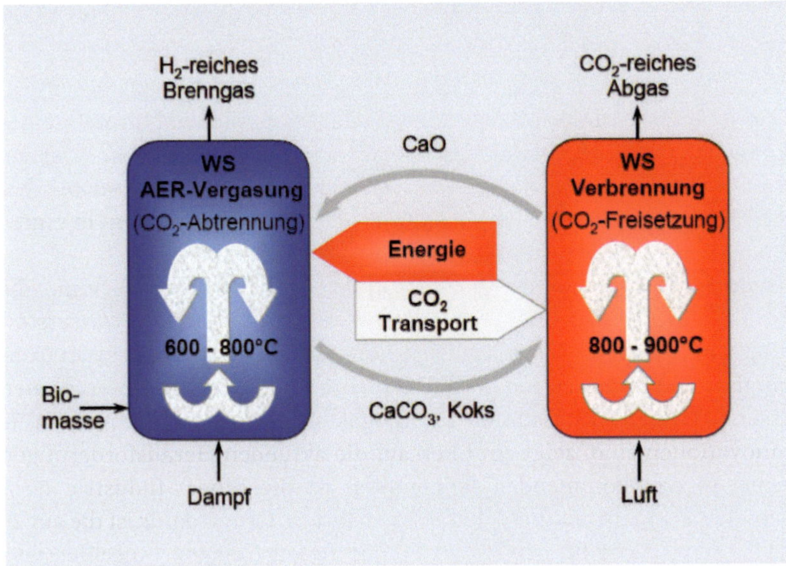

Abb. 4-21: AER-Verfahren, Arbeitsschema; Quelle ZSW, Thermochemische Biomassekonversion, März 2013

35 Zitiert nach gwf-gas.de 2022, Vulkan-Verlag Essen, redaktionelle Mitteilung.

Der technische Aufbau ist beim ZSW[36] so beschrieben: „Für die kontinuierliche Herstellung eines H_2-reichen Produktgases werden beim AER-Verfahren zwei Wirbelschichtreaktoren miteinander gekoppelt, zwischen denen ein CO_2-sorptives Bettmaterial zirkuliert. Dieses transportiert Wärme in den Vergaser und trennt dort bei Temperaturen kleiner 800 °C zusätzlich CO_2 ab. Im zweiten Reaktor wird Biomassekoks verbrannt, um das Bettmaterial zu erwärmen und zu regenerieren (CO_2-Freisetzung).“[37]

Abb. 4-21 zeigt das Arbeitsschema. Das Ergebnis ist ein Brenngas mit einem Wasserstoff-Volumenanteil von 70 %.

4.1.5.1.3 Dunkle Fermentation

Das Projekt HyTech der Fachhochschule Münster ist eine Variante der oben beschriebenen aneroben Fermentation und verfolgt einen einigermaßen neuen Ansatz. Das Konzept basiert darauf, grünen Wasserstoff aus Biomasse, Reststoffen und Abwässern herzustellen.

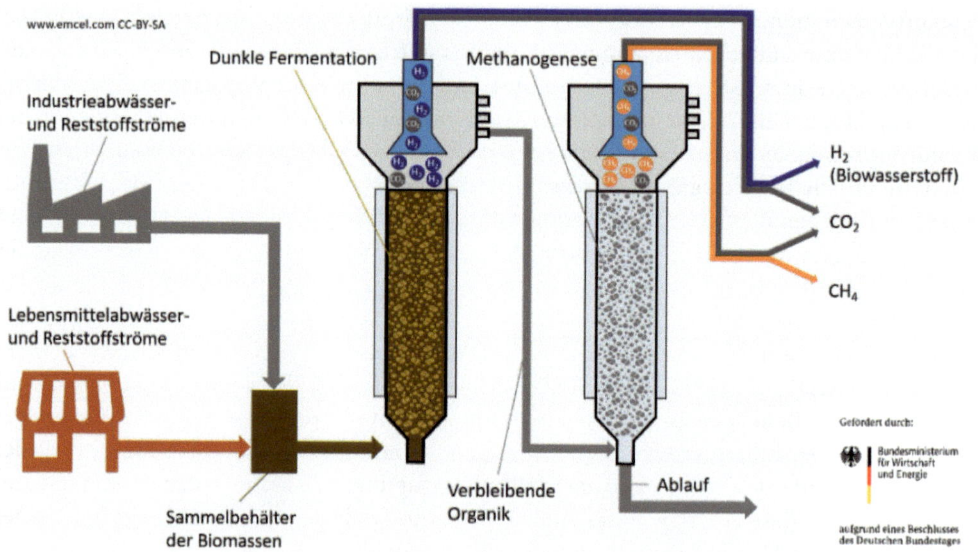

Abb. 4-22: Dunkle Fermentation, FH Münster et alii, Quelle: EMCEL GmbH, 16. Oktober 2020, Frage des Monats, CC-BY-SA

Die Münsteraner haben hierfür den Begriff „dunkle Fermentation“ gefunden. Die organischen Stoffe werden von Mikroorganismen in einem komplexen Prozess unter Sauerstoff- und Lichtabschluss (deshalb „dunkle“ Fermentation) vor allem in Wasserstoff und flüchtige organische Säuren umgewandelt.

Der Prozess ähnelt dem der Biogaserzeugung, von dem er sich jedoch durch einen zusätzlichen vierten Prozessschritt unterscheidet. Herkömmliches Biogas enthält das hier

36 Zentrum für Sonnenenergie- und Wasserstoff-Forschung Baden-Württemberg (ZSW).

37 Zitiert, Absatz übernommen von ZSW, Thermochemische Biomassekonversion, 2012.

nicht erwünschte Methan. Deshalb werden durch Eingriffe in die Prozessbedingungen, die Reaktionen so manipuliert, dass biogasbildende Reaktionen hier nicht stattfinden.

„Dunkle Fermentation“ könnte also ein Weg sein, Wasserstoff unter Verwendung von Reststoffen besonders nachhaltig zu produzieren. Die Forscher der FH Münster haben im Vorfeld insbesondere Abwässer aus der Lebensmittelindustrie auf ihre Eignung hin untersucht. Für die dunkle Fermentation haben sich stärke- und zuckerhaltige Abwässer als besonders günstig erwiesen, die sonst ohne Verwendung bleiben.

Die FH Münster hat gemeinsam mit Industriepartnern eine Versuchsanlage errichtet. Abb. 4-22 zeigt ihr Arbeitsschema.

4.1.5.1.4 Photosynthetisch hergestellter Wasserstoff

Wasserstoff kann auch anders als per Elektrolyse gewonnen werden, wie die o. a. Kapitel beweisen. Dass auch in natürlichen Prozessen Wasserstoff entsteht, kann ein Vorbild für neue Wege sein. Ausgangspunkt wäre z. B. die Photosynthese; die Sonnenenergie in Kohlenstoffverbindungen wie zum Beispiel Zucker speichert. Bei ihrer Nutzung entsteht jedoch wieder das unerwünschte CO_2. Durch Kopplung mit einem Enzym an die Photosynthese kann ein Bakterium Wasserstoff produzieren, ohne ihn selbst zu verbrauchen. Schon lange ist die Forschung bemüht, mit Hilfe dieser sogenannten Hydrogenase Wasserstoff auf neuen Wegen zu produzieren.

An der Christian-Albrechts-Universität zu Kiel (CAU) ist es gelungen, ein bestimmtes Enzym der lebendigen Cyanobakterien so mit der Photosynthese zu verbinden, dass über lange Zeiträume „solarer Wasserstoff“ erzeugt wird. Genutzt wird hier, dass der Stoffwechsel lebender Cyanobakterien prinzipiell in der Lage ist, dauerhaft Wasserstoff zu bilden.

Bei diesem Vorgang entstehen in einer Abfolge mehrerer Reaktionen schließlich Adenosintriphosphat (ATP) als universellen Energieträger und sogenannte Reduktionsäquivalente (NADPH). Beide Verbindungen sind notwendig, um anschließend mit CO_2 Zucker zu produzieren. Der Elektronentransport stellt also im normalen Ablauf den Cyanobakterien gespeicherte Energie in Form von Zucker zur Verfügung. Die Kieler Forscher haben einen Weg gefunden, diese Elektronen umzuleiten: der Stoffwechsel der lebendigen Organismen wird jetzt auf die Herstellung von Wasserstoff umgepolt.

Algenreaktoren, sind schon länger Gegenstand der Forschung mit dem Ziel, mit Hilfe der Hydrogenase Wasserstoff zu erzeugen. Einer Arbeitsgruppe der Ruhruniversität Bochum um Prof. HAPPE hat dazu den für die Grünalgen spezifischen Prozess der Wasserstoffbildung durch Kombination der Hydrogenase mit Proteinen der Photosynthese in vitro nachgebildet. Sie kombinierten hierfür Photosynthesekomplexe, Ferredoxin PetF und die [FeFe]-Hydrogenase HydA1 und setzten das Gemisch dem Licht aus.

Die Wasserstoffausbeute durch die natürlichen Komponenten war erstaunlich ergiebig, auch im Vergleich zu konkurrierenden Ansätzen amerikanischer Forscher. Diese hatten ein halbsynthetisches System zur lichtinduzierten Wasserstofferzeugung eingerichtet, in dem die Hydrogenase durch flächig aufgelagerte Photosynthesekomplexe und Platin-Nanopartikel ersetzt war. Danach ist mit einer großtechnischen Anlage unter optimalen Bedingungen eine Wasserstoffausbeute zu erreichen, die um eine Größenordnung über der Kraftstoffausbeute liegt, die gegenwärtig in der Produktion von Biodiesel oder Bioethanol üblich ist. „Die in dieser Studie (der Amerikaner) erreichte Wasserstoffbildungsrate von hochgerechnet drei Litern pro Gramm Chlorophyll und Tag wird vom natürlichen System der Grünalgen bereits im Reagenzglas um das sechsfache übertroffen", formuliert Prof. HAPPE.[38]

Die Photosynthese ist ein Prozess, bei dem die Spaltung des Wassers von zentraler Bedeutung für die Umwelt ist, damit die Pflanze Sauerstoff produziert. Die Aufklärung dieses Prozesses ist für Forscher in den verschiedenen Richtungen der molekularen Wissenschaften von großem Interesse. Das Exzellenzcluster „Unifying Concepts in Catalysis" (UniCat) in Berlin stellt die bioinspirierte Katalyse der Sauerstoff- und Wasserstoffbildung in den Mittelpunkt. Dort wird ein nicht-biologischen Ansatz verfolgt, also eine mit künstlicher Solarenergie getriebene Wasserspaltung, die neue anorganischen Materialien nutzt.

Dasselbe Ziel der nachhaltigen Spaltung von Wasser in Wasserstoff und Sauerstoff mit sichtbarem Licht hat auch eine Gruppe um Professor LICHENG SUN vom Department für Chemie am Royal Institute of Technology, Stockholm. Ausgehend vom Aufbau des sauerstoff-bildenden Komplexes in der Pflanzenwelt werden dort Ruthenium-Komplexe der unterschiedlichsten Art synthetisiert, von denen sich etliche als sehr effiziente Katalysatoren für die Wasserspaltung mit Licht, alternativ mit chemischer Reduktion, erwiesen haben.

Auch am Leibniz-Institut für Katalyse (LIKAT) in Rostock werden die Halbreaktionen Wasseroxidation und Wasserreduktion untersucht. Dort setzt man sogenannte Opferreagenzien, also Stoffe, die irreversibel reagieren, als Donatoren oder Akzeptoren für die Elektronen ein.

4.1.5.1.5 Zusammenfassung Wasserstoff aus Biomasse

Die Einordnung der Dunklen Fermentation wie auch der anderen hier beschriebenen Verfahren unter der Überschrift „grüner" Wasserstoff hängt von Art und Umfang des Energieeinsatzes ab. Solange keine Fremdenergie, insbesondere aus fossilen Quellen, benötigt wird, ist das Prädikat „grün" gerechtfertigt.

Die Nutzung von Biomasse hat unter den Trägerverfahren der Wasserstoffherstellung insofern eine Sonderstellung, als 20 Jahre nach der Einführung des EEG für die Biomasse eine kritische Phase begonnen hat, in der einer große Anzahl an Biogasanlagen nach Ablauf ihrer gesetzlichen Vergütungsdauer die Abschaltung wegen Unwirtschaftlichkeit droht.

Dass eine solche Abschaltung im Sinne des Klimaschutzes wenig sinnvoll wäre, ist offensichtlich: Je nach zugeführtem Material stellen Biogasanlagen nicht nur CO_2-neutrale Energie bereit, sondern senken auch durch die Nutzung von landwirtschaftlichen Abfällen (Gülle etc.) die CH_4-Emissionen. Mit einer Abschaltung würden bis zu 17 % der derzeitigen Energieerzeugung aus regenerativen Quellen entfallen. Die Herstellung von Wasserstoff aus Biomasse ist somit eine Win-win-Situation: man gewinnt einen weiteren Pfad der Wasserstoffproduktion und sichert zugleich der Biomasse eine Zukunft.

38 Prof. Dr. Thomas Happe, Fakultät für Biologie und Biotechnologie der Ruhr-Universität Bochum, https//www.enegie-expete.org, Abruf 11. Oktober 2021.

4.1.6 Roter Wasserstoff[39]

Angaben der Industrie folgend wird in dieser Systematik ein mit Kernenergie erzeugte Wasserstoff als roter Wasserstoff bezeichnet. Kernenergie kann zur Wasserstoffgewinnung auf zwei Arten beitragen: zum einen durch die Verwendung von „Atomstrom" in der Elektrolyse, zum anderen als Quelle für die thermochemische Wasserspaltung mit der Nutzung ihres Hochtemperatur-Abwassers. In ihrem engeren Energieerzeugungsprozess verursachen die Kernreaktoren keine CO_2- Emissionen. Dazu gewährleistet die Kernenergie anders als die regenerativen Energieformen eine zeitstabile Energieversorgung.

Jedoch gibt es andere Aspekte: Das Uran selbst muss abgebaut werden und ist dazu auch keine erneuerbare Quelle. Der Kohlenstoff-Fußabdruck der atomaren Abfälle ist schwer abzuschätzen, da es noch keine langfristige Lösung gibt.

Zudem wird die Herstellung von Wasserstoff mit Kernenergie die bestehende zentral ausgerichtete Energieinfrastruktur weiter verfestigen, was nur bedingt wünschenswert ist. Daher wurde roter Wasserstoff bislang oft nicht als nachhaltig angesehen. Jedoch gebietet es die wissenschaftliche Ehrlichkeit, diese Wasserstoffquelle hier mitzuführen. Dies zumal, da sich die Einordnung gerade ändert:

Die EU-Kommission hat am 31. Dezember 2021 einen Vorschlag zur neuen EU-Taxonomie gemacht. Die EU-Taxonomie legt fest, welche Investitionen in Europa als nachhaltig eingestuft werden dürfen. Bei der Stromerzeugung sollen dazu künftig (unter Bedingungen) auch Atomenergie und Gas gehören. Sowohl Erdgas als auch Atomenergie könnten damit ein „grünes Etikett" bekommen, was Investitionen und Subventionen für diese Energiesparten fördern und auch Stromimporte erleichtern würde: Auch der Atomstrom aus Frankreich wäre künftig grün. Eingesetzt hatten sich für die neue Einstufung unter anderem Frankreich und Belgien, die viel Strom über Atomkraftwerke erzeugen, aber auch die polnische Regierung, die einen Einstieg in die Kernkraft plant, um ihre Klimaziele zu erreichen. Am 2. Februar 2022 hat die EU die neue Taxonomie schließlich durch Rechtsakt in Kraft gesetzt und damit Atomkraft und Erdgas (unter bestimmten Auflagen) als nachhaltig eingestuft.

Ein zu erwartender Einspruch der deutschen Ampel-Regierung wird hieran angesichts der Mehrheitsverhältnisse in der EU nichts ändern – Deutschland ist mit seinem Sonderweg seit Jahren isoliert. Die schon lange diskutierte Gretchenfrage „Wie grün ist sauberer Wasserstoff?"[40] hätte damit ihre Beantwortung gefunden. Für die deutsche Regierung war die neue Taxonomie ein Kompromiss – nach deutscher Lesart ist ja ebenfalls das Erdgas eine unvemeidbare Brücke zum karbonfreien Zeitalter.

4.1.7 Überblick

Wasserstoff wird heute großtechnisch erzeugt, zu 90 % durch petrochemische Prozesse einschließlich. Die übrigen 10 % entfallen hauptsächlich auf die Elektrolyse von Wasser. Sonstige Verfahren spielen quantitativ (noch) keine Rolle.

---

39 Bezeichnung nach IKEM-Kurzstudie, Wasserstoff-Farbenlehre, Dezember 2020.
40 Th. A. Friedrich, gleichnamiger Beitrag, in: vdi nachrichten vom 12. März 2021.

Wasserstoff fällt oft auch als Nebenprodukt bei Verarbeitungsprozessen in Raffinerien, petrochemischen Werken, Kokereien und anderen Chemiebetrieben. Abb. 4-23 gibt einen Überblick über die Vielfalt der angebotenen bzw. möglichen Pfade, wie sie oben im Detail dargestellt wurden.

Es ist davon auszugehen, dass diese Momentaufnahme unter dem Druck der Bemühungen zum Klimaschutz rasche Veränderung erfahren wird, ja erfahren muss. Als erster Zeithorizont für massive Veränderungen ist das Jahr 2030 gesetzt. Die zu erwartenden Entwicklungen insbesondere zum Thema Grüner Wasserstoff und seiner Verfügbarkeit weltweit und speziell in Deutschland sind Gegenstand der Hauptkapitel 5 und 6.

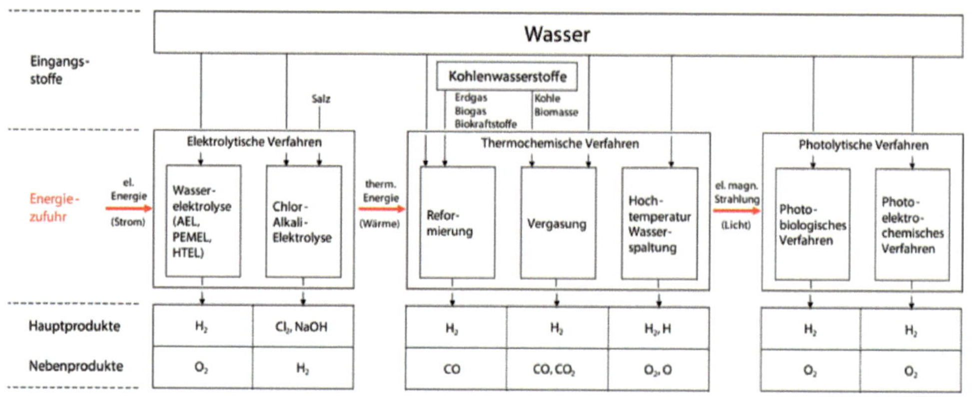

Abb. 4-23: Die Vielfalt der Wasserstoffgewinnung; Quelle: M. Sterner / I. Stadler: Energiespeicher – Bedarf, Technologien, Integration, 2017, Abb. 8.3

4.2 Speicherung

Voraussetzung zur Verwendung ist immer die Verfügbarkeit, was ganz allgemein gilt. Da der Regelfall nicht die zeitsynchrone Verwendung am Erzeugungsort ist, ist Speicherung notwendig, ja sogar essenziell. Die heute verfügbaren Techniken zur Speicherung von Wasserstoff lassen sich im Überblick der Abb. 4-24 darstellen.

4.2.1 Die Verfahren

Einige der nachfolgend vorgestellten Verfahren sind in erfolgreichem Gebrauch, andere wiederum sind noch in Erprobung. Sie stehen hier nebeneinander, da die Entwicklung rasch voranschreitet.

4.2.1.1 Kryospeicherung

Bei der Kryospeicherung ist zwischen stationären und mobilen Anwendungen zu unterscheiden. Stationäre Flüssiggasspeicher werden als wärmeisolierte, doppelwandige Behälter ausgeführt, nach dem schon lange bekannten Prinzip der Thermoskanne.

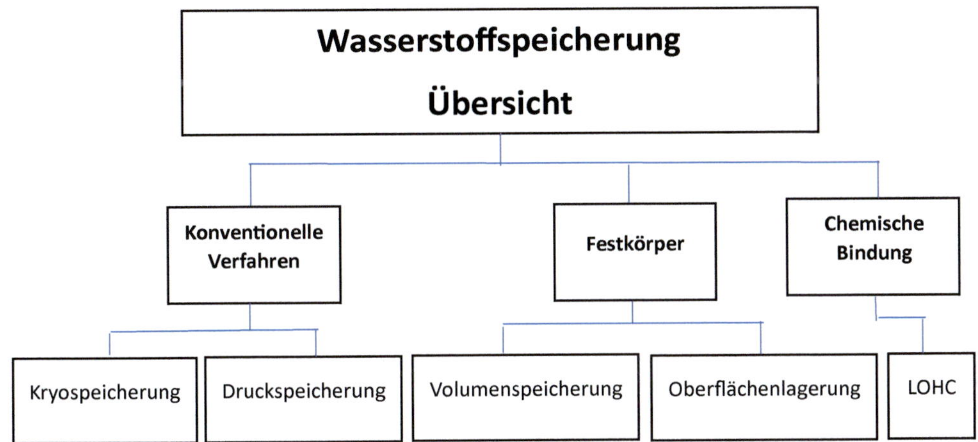

Abb. 4-24: Speichertechniken für Wasserstoff; Quelle: urspr. Fröba, M., Universität Hamburg, in: Wasserstoff als Energiespeicher, Vortrag 2016; verbessert

Als Erfinder und Namensgeber solcher „Dewars“ gilt der Schotte SIR J. DEWAR. Er baute 1893 ein doppelwandiges Gefäß, zwischen dessen verspiegelten Wänden er ein Vakuum erzeugte. Im Ergebnis hielten die Gefäße die Temperatur eines heißen wie auch kalten Inhalts für einige Stunden konstant - die Thermoskanne war geboren.

DEWAR war jedoch weder der erste noch ihr letzter Erfinder. Vor ihm hatte A. F. WEINHOLD, Physikprofessor in Chemnitz, in den 1870er Jahren ein ähnliches Isoliergefäß erdacht. Und da offensichtlich weder WEINHOLDS noch DEWARS Gerät allgemein bekannt wurde, gab es mit C. VON LINDE einen dritten Anlauf: Er beauftragte den Glastechniker R. BURGER aus Brandenburg, der inzwischen mit der R. Burger & Co. die erste Glasinstrumentenfabrik in Berlin führte, mit der Entwicklung eines Behälters, mit dem sich flüssige Luft bei -195 °C transportieren ließ. BURGER war dann auch der erste, der wirtschaftlichen Gewinn aus der Idee ziehen konnte. BURGER nahm 1903 ein Patent auf die Thermosflasche, verkaufte es jedoch 1909. Patenthalter waren nun eine eigens gegründete deutsche und eine amerikanische Gesellschaft. Das amerikanische Unternehmen sah die Chance und brachte die Thermosflasche in den Weltmarkt.

Bei heutigen Behältern wird zwischen Innen- und Außenwand im evakuierten Raum eine Wärmeisolierung eingebracht. Bei Großbehältern verwendet man hierfür meist Perlit, bei kleineren Speichern eine sogenannte Superisolation aus vielfach aufeinander geschichteten aluminisierten Kunststofffolien.[41] Diese „Superisolation“ ist teurer als Perlit und benötigt zudem ein exzellentes Vakuum.

Flüssigwasserstoffspeicher großer Volumina wurden bisher nur für Spezialzwecke errichtet, z. B. als Treibstofflager für die Raketenantriebe der Raumfahrt. Der bisher größte Flüssigwasserstoffspeicher ist ein Kugelspeicher mit einem Durchmesser von 20 m und

41 Perlit (Blähglas) ist ein anorganischer Dämmstoff, der unter Hitzeeinwirkung aus natürlichem Perlit-Gestein gewonnen wird.

einem Speichervolumen von 3.800 m^3, entsprechend ca. 270 t flüssigem Wasserstoff. Er befindet sich im Raumfahrtzentrum Cape Canaveral der NASA.

Eine Perlit-Vakuumisolierung und ein möglichst großes Volumen verringern die unvermeidbaren Speicherverluste. Erreichbar sind Abdampfraten von 0,03 % pro Tag. Kleinere Speicher als Stand- oder Transportbehälter haben höhere Abdampfraten, je nach Isolierungsart und Bauweise von 0,4 bis 2 % pro Tag.

4.2.1.2 Druckgasspeicherung

Bei der Alternative Druckgasspeicherung sind Groß- und Kleinspeicher zu unterscheiden. In stationären Großspeichern kann Wasserstoff ähnlich wie Erdgas in großen Mengen unterirdisch gelagert werden. Porenspeicher, Aquifere, Salz- und Felskavernen sind die gängigen Alternativen. England und Frankreich haben mit diesem Verfahren schon Langzeiterfahrungen gewonnen. Das Gas wird dort unter Druck eingespeichert, meist im Spektrum von 80–160 bar.

Die Möglichkeit unterirdischer Speicherung hängt von den örtlichen geologischen Voraussetzungen ab und ist nur für sehr große Speicherkapazitäten sinnvoll. Sie ist mit diesen Einschränkungen wesentlich kostengünstiger als andere Speichermethoden.

Stationäre Wasserstoffspeicher in Verteilnetzen könnten grundsätzlich analog zur Erdgaswirtschaft als modifizierte Scheiben- oder Glockengasspeicher oder Niederdruckkugelbehälter mit Volumina größer 15.000 m^3 betrieben werden.

Betriebserfahrungen mit der Speicherung von Wasserstoff in dieser Form und speziell bezüglich der Dichtheit der Behälter liegen noch nicht vor, da bislang kein entsprechend großes Verteilnetz für Wasserstoff gebaut wurde, das Zwischen- und Ausgleichsspeicher notwendig gemacht hätte. Vertreter der Gaswirtschaft äußern sich hierzu jedoch positiv, und die Netzbetreiber sind der Ansicht, dass 90 % des Ferngasnetzes auf Wasserstoff umgestellt werden könnten.[42] Kap. 4.3, Transport. gibt hierzu weitere Einzelheiten.

Die Industrie verwendet Druckgasspeicherung in der Form standardisierter Kleinspeicher, die üblicherweise zylindrisch ausgeführt sind. Die Zylinder haben meist einen Durchmesser von 2,8 m und werden in Längen zu 7,3 m, 10,8 m und 19 m angeboten. Bei einem Speicherdruck von 45 bar können auf diesem Wege 1.300 bis 4.500 m^3 Wasserstoff gespeichert werden.

Bei Tankspeicherung lassen sich spezifische Speichergewichte von 0,24–0,31 kWh/kg inklusive des Speichergewichtes bzw. Speichervolumina von 0,135 kWh/l erreichen – Kennwerte, die insbesondere für mobile Anwendungen interessant sind.

4.2.1.3 Metallhydridspeicher

Metallhydridspeicher sind Speicherbehälter, Tanks oder Flaschen mit einer Füllung von porösen Metalllegierungen. Der Wasserstoff wird gewissermaßen gelöst gespeichert, indem sich aus Metall und Wasserstoff ein Metallhydrid bildet. Durch Druckerniedrigung und leichte Wärmezufuhr kann der Wasserstoff wieder ausgetrieben werden. Vorteilhaft sind die geringen Beladungsdrücke, je nach Material bei 0–10 bar, und der Umstand, dass

---

42 vdi nachrichten vom 16. Oktober 2020.

die Prozesse – Betankung, Speicherung und Entladung – unter Umgebungstemperatur ablaufen.

Eine Reihe elementarer Metalle, intermetalllischer Verbindungen und Legierungen können Wasserstoff aufnehmen. Besonders geeignet sind bei niedrigen Temperaturen Eisentitan (FeTi) mit einer Speicherdichte von 30 g/l und bei hohen Temperaturen Magnesium, mit einer Speicherdichte von 110 g/l.

Die Auswahl der Materialien für Metallhydridspeicher folgt den Kriterien:

- Betriebstemperatur,
- Betriebsdruck,
- Reaktionswärme und Bindungsenthalpie der Hydridbildung,
- Reversibel zu speichernder Menge (pro kg und l),
- Ablauf der Absorption und Desorption,
- Lebensdauer in Entladezyklen,
- Preis.

Die Preise richten sich nach der Auswahl der Materialen des Speichers, die sich wiederum aus dem vorgesehenen Anwendungsfall ergibt. Pro Kubikmeter Wasserstoff-Speicherkapazität können Preise in folgenden Größenordnungen angegeben werden: 1-m^3-Speicher 400 bis 1500 Euro, 10-m^3-Speicher 200 bis 750 Euro, 100-m^3-Speicher 150 bis 550 Euro. Je nach Anwendungsfall, Druck- oder Temperaturniveau steht ein Spektrum verschiedener Legierungen zur Auswahl.

Abb. 4-25: Metallhydridspeicher der H_2-Tankstelle am Flughafen München; Quelle: http://www.diebrennstoffzelle.de, Abruf 30. Mai 2022

Ein Hydridspeicher im Kraftfahrzeug muss z. B. seine Leistung bei niedriger Temperatur abgeben können und der Ent- und Beladevorgang muss schnell ablaufen. Problematisch ist beim Kfz auch Volumen und Gewicht, sodass eine hohe volumetrische Speicherdichte sowie eine hohe massenspezifische Speicherdichte benötigt werden. Die Speicherung von Wasserstoff in Hydridspeichern bietet im Grunde eine sichere Alternative, Wasserstoff mit sich zu führen und Brennstoffzellen zu betreiben. Jedoch sind die hohe Masse und die niedrige Speicherkapazität zu unwirtschaftlich, um Hydridspeicher heute schon in Fahrzeugen zu verwenden.[43] Anders sieht es bei ortsfesten Speichern aus, da hier das Gewicht nicht entscheidend ist. Abb. 4-25 zeigt einen der Metallhydrid-Wasserstoffspeicher der 1999 eröffneten Wasserstofftankstelle am Münchener Flughafen. In der Betankungsphase des Speichers wird die Temperatur des eingeleiteten Wasserstoffs geringgehalten (max. 5 °C), jedoch für den Betankungsvorgang auf dem Weg zum Kompressor wieder erhöht.

4.2.1.4 Nanoporöse Materialien

Durch Anlagerung an die Oberfläche eines hochporösen Materials lässt sich die Speicherdichte gegenüber Druckwasserstoff verbessern. An der Northeastern University of Boston beispielsweise wird ein Verfahren entwickelt, dass alle bisherigen Daten deutlich übertreffen soll. Der Wasserstoff wird hier von mehreren Lagen Grafitfasern aufgenommen, deren Dicke nur 5–100 Nanometer und deren Länge nur 5–100 Mikrometer beträgt.

Bei dieser Speichertechnik soll Wasserstoff im Umfang von 7,5 % bis 15 % (?) des Carbongewichts eingelagert werden können. Die Zahlen sind allerdings nur im Labor und noch nicht für reale Dimensionen bestätigt. Theoretisch erscheinen um die 14 % möglich, in der Praxis wären vielleicht 10 % realisierbar.

Ein Kfz-Wasserstofftank würde bei diesen Werten deutlich schrumpfen und bei einer Reichweite von 500 km nur 10 % größer sein als ein gewöhnlicher Benzintank.

Die weitere mittlerweile international verfolgte Entwicklung wird ergeben, ob die in Boston erwarteten Fortschritte in der Realität Bestand haben. Generell gilt der Vorbehalt für alle Verwendungen nanoporöser Materialien als Gasspeicher – sie sind derzeit noch Gegenstand von Forschung und Entwicklung.

4.2.1.5 Liquid Organic Hydrogen Carriers (LOHC)

Das Problem der Speicherung, das immer bei mobilen Anwendungen auftritt, lässt sich neben den schon dargestellten Varianten möglicherweise auch über „Liquid Organic Hydrogen Carriers“ (LOHC) lösen.

Bei dieser Technik wird Wasserstoff über einen Katalysator chemisch an eine Trägerflüssigkeit (Ethylenharnstoff) gebunden; in dieser Form kann dann Wasserstoff genauso wie konventioneller Treibstoff bei Umgebungstemperatur und -druck transportiert und gelagert werden. Abb. 4-26 gibt ein Verfahrensbeispiel, das als Gemeischaftsunternehmen auch Unterstützung aus dem Horizon Programm der EU erhält.

Jüngster Anwendungsfall ist die Messe Nürnberg. Konkret will man hier den Ökostrom über die Photovoltaikanlagen auf den Hallendächern der Messe selbst erzeugen. Überschussstrom dient zur Gewinnung von Wasserstoff, der anschließend in einem LOHC-Reaktor gespeichert wird und bei Bedarf über eine Brennstoffzelle Betriebsstrom generiert.

43 Ullrich, Chr.: Didaktik der Chemie, Universität Bayreuth, Stand: 18. Januar 2016.

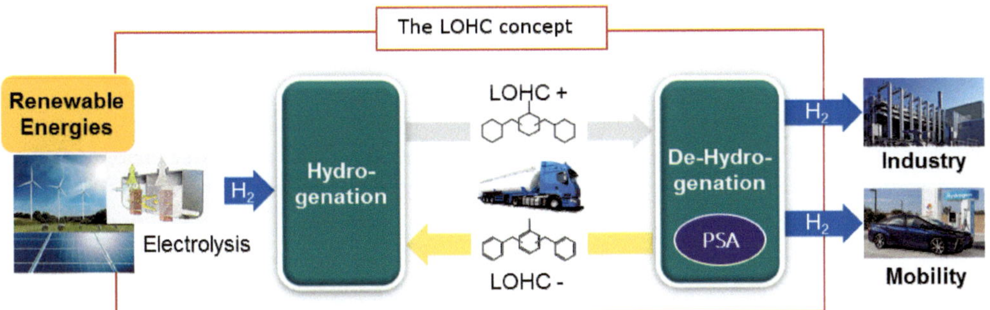

Abb. 4-26: Verfahrensbeispiel LOHC; Quelle: Project SherlOHCk, https://sherlohck.eu/, Abruf 2. September 2022

Der Träger, eben das LOHC, ist nach dem Gebrauch nicht verloren und kann für eine neue Beladung wieder verwendet werden, s. Abb. 4-26.

4.2.2 Umsetzungsbeispiele

Typische Beispiele sollen hier genügen, um Einzelheiten der technischen Umsetzung zu beleuchten. Die Möglichkeiten der gegenwärtigen und vor allem zukünftigen Anwendung sind Gegenstand des Kap. 6, Perspektiven der Anwendung.

4.2.2.1 Stationäre Speicher

Stationäre Tanks sind in einem weiten Größenspektrum verfügbar und in Gebrauch. Von besonderer Größe sind unterirdische Anlagen analog zur gasförmigen Speicherung in der Erdgaswirtschaft. Im Teeside-Areal hat der englische Chemiekonzern ICI drei Salzkavernen in rd. 360 m Tiefe bei einem Druck von bis zu 50 bar in Betrieb genommen. Frühe Erfahrungen lieferte die Speicherung von Stadtgas mit hohem Wasserstoffanteil, wie sie das Gaz de France von 1957 bis 1974 in einem Aquiferspeicher mit ca. 330 Mio. m^3 Stadtgas praktizierte, das zu 50 % aus Wasserstoff bestand. In Deutschland betreiben die Stadtwerke Kiel seit 1971 eine in 1330 Meter Teufe liegende Kaverne zur Speicherung von Stadtgas mit 60–65 % Wasserstoffanteil bei einem Volumen von 32.000 m^3.

Wasserstoff für die Energiewirtschaft könnte also zukünftig in unterirdischen Kavernen gelagert werden. Die Drücke könnten bis zu bis zu 50 bar reichen – es wären damit Druckgasspeicher. Anders als im Ausland kennen wir in Deutschland Kavernenspeicherung bisher nur für Stadt- oder Erdgas. Man könnte also künftig bei abnehmender Erdgasverwendung solche Kavernen ohne Neubau für eine zunehmende Wasserstoffspeicherung nutzen. National gibt es mehrere Projekte dieser Art, u. a. den Kavernenspeicher Bad Lauchstädt im Rahmen des Forschungsprojektes „H_2-Forschungskaverne“. Die ausgesolten Kavernen liegen hier in einer Teufe zwischen 765 und 925 Metern und sind mit einer 500 Meter dicken Salzschicht sicher abgedeckt. An dem Projekt sind neben den Netzbetreibern VGS und Ontras weitere Partner beteiligt. Auch der Energiedienstleister EWE mit Hauptsitz in Oldenburg wird solche Kavernen für die Speicherung von Wasserstoff einsetzen. In

Rüdersdorf bei Berlin hat das Unternehmen Anfang 2021 begonnen, in rund 1.000 Metern Tiefe einen Kavernenspeicher im Salzgestein einzurichten.

Flüssigspeicher sind in vielen Größen ab 100 l kommerziell verfügbar und z. B. bei den Herstellern technischer Gase erhältlich. Übliche Standtanks speichern Volumina von 1.500 l bis 75.000 l und sind meist in Zylinderbauweise ausgeführt, bei Durchmessern von 1,4 bis 3,8 m und Höhen von 3 bis 14 m.[44] Die Tanks sind hochisoliert und mit 200–300 Lagen dünner Isolierfolien ausgekleidet Die spezifischen Speichergewichte liegen bei 4,5 kWh/kg und die spezifischen Speichervolumina bei 2,13 kWh/l.

Abb. 4-27: The 60,000 gallon tank was built by INOXCVA, in Baytown, Texas, 56 feet long, with a 14-foot diameter; Quelle: NASA

Die größten finden sich nach wie vor in der Infrastruktur der Raumfahrttechnik, die oben bereits als einer der größten Abnehmer für Flüssigwasserstoff beschrieben wurde. Abb. 4-27 zeigt einen neuen Flüssiggasspeicher mir 60.000 Gallonen Fassungsvermögen auf dem Weg zum Einsatzort im Kennedy Spaceflight Center in Florida, wo er einen Druckgasspeicher ersetzen sollte.

4.2.2.2 Mobile Anwendungen

Für den mobilen Einsatz ist die Druckspeicherung von Wasserstoff heute anwendungsreif entwickelt und getestet. Abb. 4-28 zeigt ein Tankbeispiel.

Im Vergleich mit den herkömmlichen gasförmigen Treibstoffen auf Mineralölbasis, also Autogas, verdichtetem Erdgas und Flüssigerdgas, weist komprimierter Wasserstoff trotz der hohen Drücke von bis zu 700 bar ein eher geringeres Gefahrenpotenzial auf.

---

44 Hier und folgende Absätze unter Verwendung von Dammann, M.: Visualisierung eines Teilsystems der Energieversorgung auf Wasserstoffbasis, Diplomarbeit Bielefeld, August 2000.

Die Kryodruck-Speicherung von Wasserstoff ist eine Kombination von Flüssigwasserstoff- und Druckwasserstoff-Speicherung. Im Forschungsvorhaben CryoComp arbeitet Linde zusammen mit Technologiepartnern an der Technik, sodass mittelfristig eine technisch reife und marktfähige Lösung auch für den mobilen Einsatz zumindest in Lkw zu erwarten ist, s. Abb. 4-29.

Abb. 4-28: Druckspeicherung, Beispiel Mira; Quelle: Toyota Werkphoto

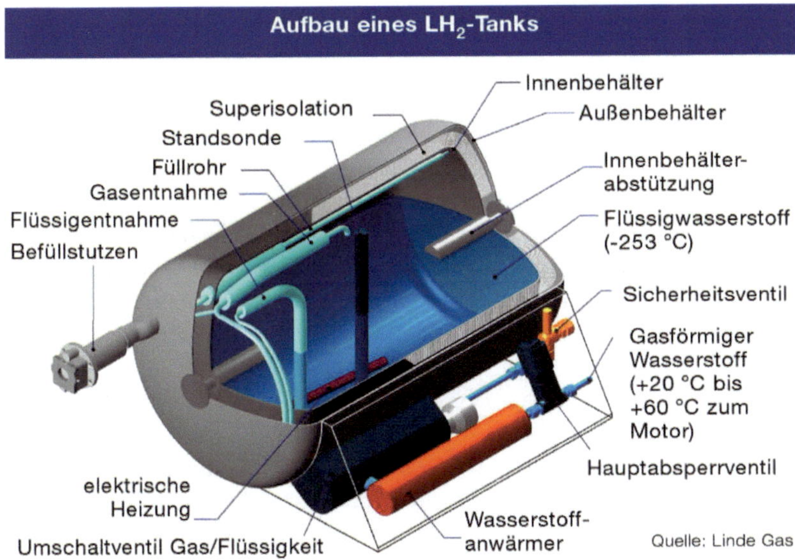

Abb. 4-29: Kryodruck-Speicherung von Wasserstoff für Fahrzeuganwendungen; Quelle: Linde, CryoCode NIP

Die Kryodruck-Tanktechnik speichert, verglichen mit der 700-bar-Technik, bis zu 50 % mehr Wasserstoff im Fahrzeugtank. Je nach Verwendungszweck kann auch eine Reinigungsfunktion vorgesehen und mit eingebaut werden. Damit verschlechtern sich zwar die spezifischen Speichergewichte auf 0,21 bis 0,39 kWh/kg, jedoch lässt sich umgekehrt das spezifische Speichervolumen deutlich auf 1–1,5 kWh/l erhöhen. In leichter Abwandlung lässt sich die Technik auch auf Gasreinigungsanlagen übertragen.

Zu den mobilen Anwendungen gehören auch der Bahnverkehr, der Seeverkehr und perspektivisch der Luftverkehr. Für die Bahn kommt der Einsatz von Wasserstoff insbesondere auf Strecken infrage, die nicht elektrifiziert sind – und das trifft in Deutschland für 40 % des Schienennetzes zu. Der Anteil ist erstaunlich hoch und ergibt sich allein aus ökonomischen Gründen – schwach ausgelastete Strecken rechtfertigen nicht die Umstellung auf elektrischen Betrieb

Was die Bahn betrifft, so ist hier die Druckspeicherung von Wasserstoff heute anwendungsreif entwickelt und getestet. Die anderen mobilen Bereiche liegen zurück.

Über die Chancen eines Einsatzes von Wasserstoff und seinen Derivaten im Sektor Verkehr informiert ausführlich Kap. 6.3.3, Wasserstoff für den Verkehr.

4.2.2.3 Tankstellen

Auch Tankstellen sind Speicherorte, unverzichtbar für die für die Mobilität auf der Straße. Dass Tankstellen darüber hinaus auch andere Umsätze tätigen und als Convenience Shops und Raststätten allgemeinere Bedeutung erlangt haben, unterstreicht ihren Stellenwert. Künftig erwartet man von ihnen auch die Versorgung mit Wasserstoff.

Pkw mit H_2-Brennstoffzellen stehen am Markt nur in Testflotten und Miniserien zur Verfügung. Lkw mit Wasserstoffbedarf gibt es bisher nur als Prototypen. Unter anderem deshalb beschränkt sich die Verfügbarkeit der Tankmöglichkeiten gegenwärtig und weltweit noch auf spezielle Beispiele. Für deren sukzessiven Ausbau zu einem flächendeckenden Netz ist die H_2 MOBILITY Deutschland GmbH verantwortlich, in der sich Fahrzeughersteller, Mineralölgesellschaften und die Now GmbH (Nationale Organisation Wasserstoff- und Brennstoffzellentechnologie) zusammengeschlossen haben – in der Erwartung, dass sich Wasserstoff nur dann im Verkehr durchsetzen kann, wenn er auch verfügbar ist. Sie erhält aus dieser Einsicht heraus eine umfangreiche öffentliche Förderung über das Bundesministerium für Wirtschaft.

Zum Jahresende 2019 waren weltweit 432 Wasserstoff-Tankstellen verfügbar. Davon waren 330 Stationen öffentlich. Ihre Zahl hat sich damit seit 2014 massiv vermehrt, auch in Deutschland, wie Abb. 4-30 zeigt. Für 226 weitere Tankstellen bestehen derzeit konkrete Planungen. An der Spitze lag im Januar 2020 Japan mit 114 Tankstellen, vor Deutschland mit 87.[45] In Europa ist die Dichte in Deutschland am höchsten, was national eine gute Ausgangsstellung bedeutet, siehe Abb. 4-31.

Mit hinein spielt die Ungewissheit über die Speicherart im Kraftfahrzeug. Die im Jahre 2015 in München von TOTAL errichtete Wasserstofftankstelle verfügt deshalb neben der standardisierten CGH_2-Tank-Technologie mit 700 bar (die auch von Daimler mitgetragen

45 https://ecomento.de/2020/02/20/wasserstoff-tankstellen, Abruf 5. Mai 2021.

wird) auch noch über eine Zapfsäule mit Kryodruckwasserstoff-Tanktechnik (CCH_2, die ursprünglich von BMW favorisiert wurde).

Aktuell: 94 eröffnete H2-Tankstellen
in Deutschland

H2-Tankstellen
100
80
60
40
20
Juli 18
Aug. 20
Heute

Wasserstoffnachfrage
in Deutschland

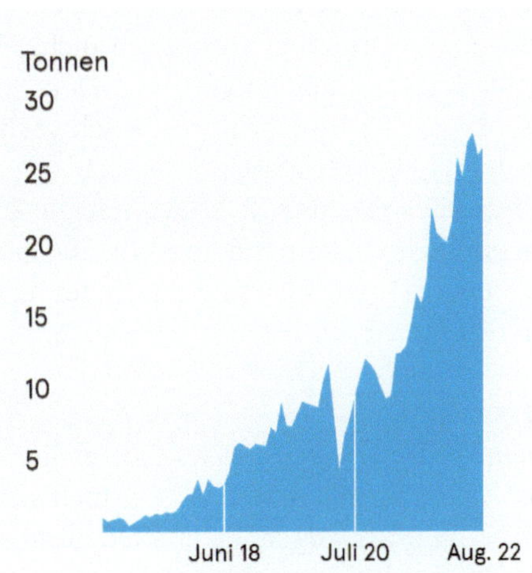

Abb. 4-30: Die Zunahme der Wasserstofftankstellen in Deutschland und des Absatzes, 2022; Quelle: H_2 MOBILITY Deutschland, 3. September 2022

Bei letzterer Technik wird der Wasserstoff tiefkalt und gasförmig bei einem Druck von bis zu 350 bar im Fahrzeug gespeichert. Diese Technik ist allerdings erst noch im Stadium der Vorentwicklung.

Eine Komplikation in der Ausrollung des H_2-Takstellennetzes stellt die wenig einheitliche Besitzstruktur dar. Während die Betreiber an den Autobahnen die großen Mineralölgesellschaften sind, gibt es im übrigen Land neben den markengebundenen auch die Freien Tankstellen. Und unter den Markengebundenen gibt es jeweils 4 verschiedene Geschäftsmodelle. Das reicht bis zu Einzelpersonen als Inhaber. Es wird nicht leicht sein, die Tankstelle „an der Ecke“ zum Wasserstoff zu bekehren. Das Problem löst sich möglicherweise über eine natürliche Auslese: Die Tendenz zur Großtankstelle wird wohl in absehbarer Zeit zum Aussterben der kleinen Stationen führen.

Hinzu kommt die Unsicherheit des zukünftigen Tankstellen-Geschäftsmodells. Mit der weitgehenden Umstellung des privaten Pkw-Sektors auf batterielektrischen Betrieb geht ein recht großer Teil des Marktes verloren – angesichts der beschränkten Reichweite der Fahrzeuge wird es künftig Ladesäulen in großer Zahl geben, die nicht an Tankstellen gebunden sind, z. T. sogar in der häuslichen Garage stehen.

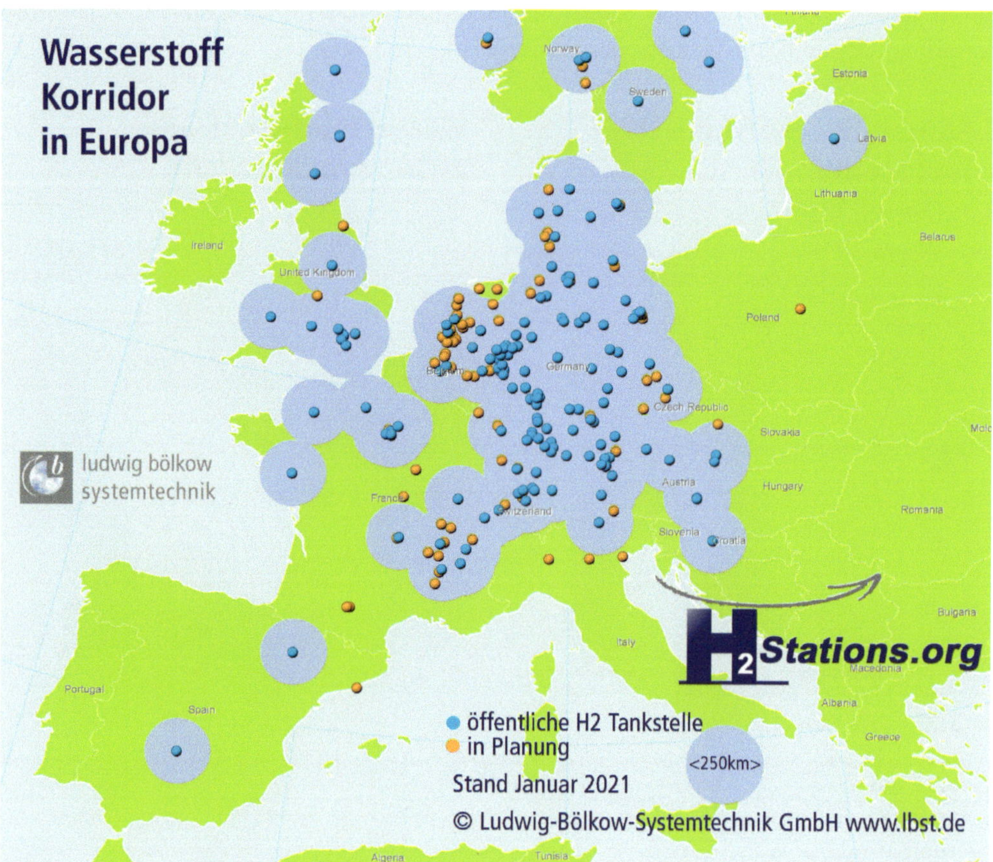

Abb. 4-31: Verteilung der Wasserstofftankstellen in Europa Anfang 2021; Quelle: L.-Bölkow-Systemtechnik

4.3 Transport und Verteilung

Beim Transport von Wasserstoff sind der Individualtransport und die Verteilung über Netze bzw. netzähnliche Strukturen zu unterscheiden. Häufigkeit und Mengen geben dabei Parameter wie Mengen und Distanzen vor, s. Abb. 4-32.

Die oben besprochene Kryodruckspeicherung ist hier nicht berücksichtigt, weil sie in der Anwendung nur eine nachgeordnete Bedeutung hat.

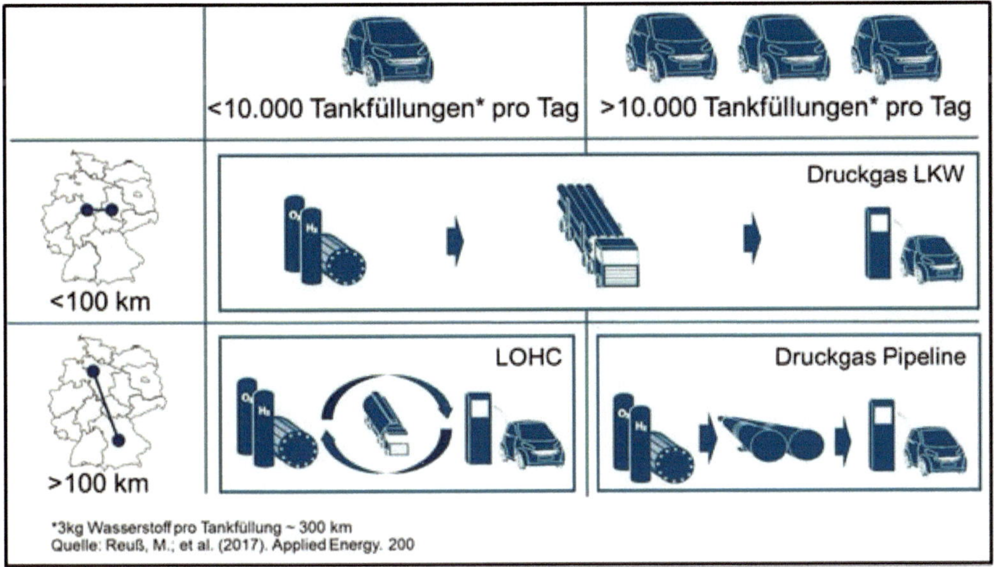

Abb. 4-32: Darstellung der jeweils günstigsten Transporttechnik für unterschiedliche Wasserstoffmengen und Transportdistanzen; Quelle: FZJ und Friedrich-Alexander-Universität, Erlangen

4.3.1 Individualtransporte

Beim Wasserstoff war bisher eine Druckgasspeicherung für den Transport, z. B. in Gasflaschen, aufwändig und kaum wirtschaftlich. Nur rund 1 % des produzierten Wasserstoffs werden auf diese Weise gespeichert und transportiert. Wirtschaftlicher ist der Transport in kryogener Form, trotz der aufrechtzuerhaltenden niedrigen Temperaturen von 10 °K.

2018 ist es der Linde Group gelungen, den Transport größerer Mengen von gasförmigem Wasserstoff ökonomischer und effizienter durchzuführen. Die neue Speichertechnologie arbeitet mit einem erhöhten Druck von 500 bar bei verringertem Gewicht der neuen Speicherkomponenten. Die Rüstzeiten der Transporter liegen jetzt unter 60 min. Mit der neuen Technik gibt es jetzt neben dem Transport von tiefkalt verflüssigtem Wasserstoff (LH_2) eine wirtschaftliche Alternative, wenn es um Transport und Anlieferung größerer Wasserstoffmengen geht. Linde hat die neue Technik in seine Wasserstoff-Tankstellenkonzepte einfließen lassen.

Für Importe aus Übersee, z. B. Chile oder Australien, ist, wie leicht nachvollziehbar, ein Schiffstransport nötig, für den es Varianten gibt. Wie es der Nationale Wasserstoffrat darstellt, aus dem hier zitiert wird[46], kann Wasserstoff einmal methanisiert werden und so als SNG über die bereits bestehende und gut funktionierende LNG-Infrastruktur transportiert werden. Andererseits sind LNG-Terminals zumindest partiell auch für die Verwendung von reinem Wasserstoff geeignet. Dies bezieht sich vor allem auf die Komponenten, die prozessual der Regasifizierung folgen. Es müssen vor allem solche Komponenten als H_2-ready gelten, die mit gasförmigem Wasserstoff Kontakt haben. Alle Teile der LNG-

46 Nationaler Wasserstoffrat, Wasserstofftransport, 16. Juli 2021.

Terminals, die mit flüssigem Wasserstoff Berührung haben, müssen auch für LH_2 und dessen tiefe Temperaturen ausgelegt sein. Die Nutzung existierender LNG-Terminals für LH_2 ist damit grundsätzlich möglich, jedoch wohl nur mit erheblichen Umbauten. Deren Wirtschaftlichkeit ist aktuell noch problematisch.

Wirtschaftsminister HABECK und Bundeskanzler SCHOLZ prüfen bei der Suche nach beschleunigtem Abschied von Russland als Energielieferanten alternative Liefermöglichkeiten für Erdgas, u. a. im Rahnem von Gesprächen mit Saudi-Arabien sowie den Vereinigten Emiraten und Katar. Dass sich die Besuche auch dem Thema Wasserstofflieferung widmeten, stellt einen unmittelbaren Zusammenhang mit dem in Kap. 7 und 8 ausführlich begründetem Importbedarf für grünen Wasserstoff her.

Überseetransporte von LNG nach Deutschland benötigen eine hier nicht vorhandene Infrastruktur, die nach bisheriger Planung bis 2030 in Brunsbüttel und Wilhelmshaven entstehen sollte. Das Bundeswirtschaftsministerium plant, die Errichtung zu beschleunigen und H_2-ready auszulegen, was unbestritten auf der Linie einer Forcierung des Wasserstoffs liegt

Dennoch werden wertvolle Jahre bis zur Inbetriebnahme vergehen. Um die schnelle Versorgung mit nicht-russischem Gas voranzutreiben, bereitet sich die Bundesregierung deshalb darauf vor, 2022 und 2023 mehrere schwimmende Terminals für Flüssigerdgas in Deutschland funktionsfähig zu haben. Hamburg und Wilhelmshaven sind als möglicher Standorte für solche schwimmenden Anlande- und Speicherplattform für LNG im Gespräch. Ein Beispiel für kommerziell verfügbare FSRU (Floating Storage Regasification Units) zeigt Abb. 4-33.

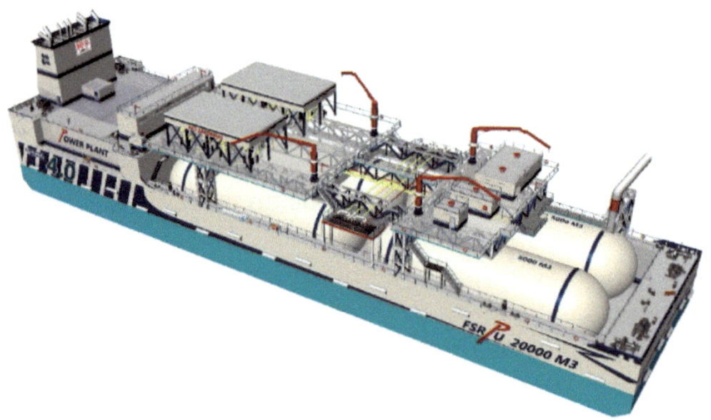

Abb. 4-33: Floating Storage Regasification Unit (20.000 m³); Quelle: SENER group 2022

Der Modus der Errichtung ist allerdings strittig. Obwohl mit einem FSRU ein fertiger Terminal angeliefert wird, müsste er dem Sprecher des Energieministeriums zufolge ein vollständiges Planfeststellungsverfahren mit wasser- und immissionsschutzrechtlicher Prüfung durchlaufen. Für eine Anlage an Land rechnet das Bundeswirtschaftsministerium mit einer reinen Bauzeit von 3 bis 3,5 Jahren. Eine schwimmende Anlage könne dagegen binnen zwei Jahren in Betrieb gehen. Der Regierende Bürgermeister der Hansestadt Hamburg schätzt für solche mobilen Lösungen zur LNG-Anlandung die Bauzeit deutlich kürzer, aber auf immer noch 1 Jahr ein. Die von der Ampelkoalition angekündigte

Verfahrensvereinfachung und -beschleunigung für energiewenderelevante Anlagen[47] hat offenbar Probleme in der Umsetzung.

Deutschland liegt hinsichtlich verfügbarer LNG-Terminals an letzter Stelle in Europa: „Spain is home to the greatest number of operational liquefied natural gas (LNG) import terminals in Europe as of April 2022. That year, it had six such operational facilities. In total there are 29 operational LNG terminals and additional 33 LNG import terminal projects under construction or in the planning stage in Europe" (statista 2022). Die große Zahl der Anlagen und Projekte hat inzwischen Zweifel an der Sinnhaftigkeit solch umfangreicher Investitionen geweckt – schließlich ist LNG nur eine vergleichsweise kurze Lösung für die Zeit des Abschieds vom Erdgas und damit den Übergang. Sie lassen sich allerdings rechtfertigen vor dem Hintergrund der mitgedachten Umrüstung auf LH_2: Wasserstoffimporte werden für Europa lebensnotwendig werden. Dass dahinter ein weiteres Problem steckt, ist inzwischen der Politik bekannt: Die Erdgas-Exportländer sind vorrangig an langfristigen Erdgas-Lieferverträgen interessiert. LNG durch Wasserstoff abzulösen, liegt nicht in ihrem primären Interesse.

Das Maßnahmenpaket der Bundesregierung zur Sicherung der Energieversorgung enthält auch ein Bekenntnis zur Forcierung der Wasserstoffwirtschaft: „Wir werden den Hochlauf der Wasserstoffwirtschaft beschleunigen und mit Hochdruck internationale Lieferpartnerschaften vorantreiben. Zudem werden wir die Diversifizierung der Energiequellen auch durch den Import klimaneutralen Wasserstoffs und seiner Derivate sicherstellen. Wir wollen die Produktion heimischer Grün-Gase weiter steigern und die Rückverstromung weiter flexibilisieren. Dabei sollte Biomasse stärker für Methanisierung und Einspeisung ins Gasnetz genutzt werden." Das ist vor dem Hintergrund einer Reduzierung von Abhängigkeiten verständlich und akzeptabel.

Drittens besteht die Möglichkeit, für den Schiffstranssport von Wasserstoff eigens ausgelegte und errichtete Terminals zu verwenden. Dafür könnten neben LH_2 auch H_2-Derivate in Frage kommen. Bei direkter Verwendung der Derivate, wie das z. B. für Schiffsantriebe möglich ist, entfällt eine etwaige Rückumwandlung in Wasserstoff und damit auch ein Teil der Fixkosten.

Für den Weitertransport von Wasserstoff als Massengut oder in Einzelgebinden kann dieser nach Anlandung, wie das Beispiel Japan zeigt, in verschiedene Formen überführt werden. Die sicherlich einfachste Form ist dabei der Pipeline-Transport von gasförmigem Wasserstoff, wie in Kap. 4.3.2, Transport über Leitungen, näher ausgeführt.

Darüber hinaus bietet sich für den Transport auf der Straße die hochverdichtete Form an. Damit kann Wasserstoff allerdings nur in Mengen von etlichen 100 kg bis maximal 1 t transportiert werden. Der Nachteil dieses Transportmediums liegt darin, dass die Energiedichte niedrig ist, trotz des hohen Drucks. Damit erhöht sich die Zahl an Transportbewegungen. Diese Option ist damit vorrangig für kleinere Volumina mit kürzeren Transportwegen geeignet, wie sie z. B. in der Belieferung von Tankstellen oder Unternehmen auftreten. Alternativ bzw. additiv zum Transport von verdichtetem Wasserstoff kann dieser zur Erhöhung der Energiedichte vorab verflüssigt werden. Für die Verflüssigung werden allerdings ca. 30 % der transportierten Energie verbraucht. Zusätzlich

47 Siehe Maßnahmenpaket des Bundes zum Umgang mit den hohen Energiekosten, 23. März 2022.

ist die Abdampfung, engl. „Boil-off", während des Transport- und Lagervorgangs in die Gesamtbilanz einzubeziehen. Bei größeren Verflüssigungsanlagen muss man mit einem Verlust von 20 % rechnen (eher weniger, d. A.).

Die in Kap. 4.2.1 besprochenen Liquid Organic Hydrogen Carriers (LOHC), die in der jüngeren Vergangenheit entwickelt wurden, kommen auch als Medium für den Transport in Frage. Am Bestimmungsort ist lediglich die Zuführung von Wärme notwendig, um den Wasserstoff wieder freizusetzen. Das LOHC würde man anschießend wieder, jetzt wasserstofffrei, zurück an den Startpunkt bringen. Bei der Bewertung einer solchen Transportlösung sind naturgemäß der Aufwand für die Umwandlungen und der Rücktransport mit einzurechnen.

LOHC selbst ist nicht unproblematisch – das Trägermedium gilt als gewässer- und gesundheitsgefährdend und entsprechende Vorschriften für Transport und Handling sind einzuhalten. Auch muss der aus LOHC rückgewonnene Wasserstoff gereinigt werden, insbesondere für die Verwendung in Brennstoffzellen. Die LOHC-Transporttechnik ist dann zu empfehlen, wenn es sich um relativ kleine Mengen handelt, also um etwa 30 t/d handelt, die über lange Routen verbracht werden sollen. Für die Versorgung von Wasserstofftankstellen sind die flüssigen LOHC besonders geeignet. Für Transport und Lagerung reichen die vorhandenen Tankbehälter, wenn Rückgewinnung und Reinigung vor Ort erfolgen. Das vermeidet zusätzliche Kosten. Auch Abdampfverluste – ein gängiges Problem bei der Anlieferung von tiefkalt verflüssigtem Wasserstoff – treten nicht mehr auf. Die LOHC-Technik erleichtert somit den Wandel von einer erdölbasierten zu einer wasserstoffbasierten Energiewirtschaft. Gerade in der Übergangsphase, in der es erst wenige Wasserstofftankstellen und -fahrzeuge gibt, lässt sich so eine hohe Versorgungssicherheit mit geringem Aufwand sicherstellen.[48]

Der Transport von flüssigem Wasserstoff erfolgt nach heutigem Stand ausschließlich an Land und in Spezialfahrzeugen. Entwicklungen zum Transport mittels Schiffen, wie dies für alle LH_2-Terminals notwendig sein wird, sind unter Verwendung der Erfahrungen mit Erdgas in der Form LNG angelaufen, s. Abb. 4-34, und sogar für Pipelines angedacht. Um die Verdampfungsverluste klein zu halten, ist allerdings ein hoher Isolationsaufwand nötig. Geplant ist zudem, den während des Transports abdampfenden Wasserstoff als Energieträger für Schiffsantrieb zu nutzen.

Abb. 4-34: Projekt von Kawasaki für den Transport von flüssigem Wasserstoff von Norwegen (!) nach Japan; Quelle: Kawasaki Heavy Industries

48 Nach W. Arlt, Machbarkeitsstudie Wasserstoff und Speicherung im Schwerlastverkehr, Erlangen, 31. Juli 2017.

4.3.2 Transport über Leitungen

Transport von Gasen über Leitungen hat in Europa und speziell in Deutschland eine lange Tradition. Er geht zurück auf die Versorgung der Städte mit Leuchtgas aus Gasanstalten, die im 19. Jahrhundert begann. Das von ihnen gelieferte Gas diente zunächst nur einem Zeck: der Beleuchtung von örtlichen Straßen, Häusern oder Betrieben. Die Zukunft des Gases lag jedoch nicht in der Beleuchtung, sondern in der Bereitstellung von Wärme. Zwischenzeitich, z. B. noch 1909, aktuell gewordene Gasmotoren für das Gewerbe konnten sich nicht dauerhaft gegenüber dem Elektromotor etablieren, da das Gas trotz Sondertarifen zu teuer war. Eine Ausnahme bildeten die Großgasmaschinen. Allerdings war das Stadtgas speziell auf dem Wärmemarkt nicht lange allein. Die Zechen produzierten in ihren Kokereien überschüssiges Gas, und STINNES und THYSSEN begannen ab 1905, den Städten Kokereigas anzubieten. Das war letztlich die Geburtsstunde der Ferngasversorgung, die bis zu Plänen reichte, städtische Werke stillzusetzen. Im Jahre 1912 waren im erweiterten Ruhrgebiet 45 Gemeinden mit Kokereigas versorgt, 1913 schon 50. Die klassische Gasindustrie tröstete sich mit der Annahme, dass ein Versorgungsradius von 50 km wohl nie überschritten werden würde und Städte wie Berlin oder Magdeburg niemals wirtschaftlich erreicht werden könnten, aber immerhin war es bei Beginn des ersten Weltkriegs ein Marktanteil von 8 %, den das Ferngas reichsweit erreicht hatte.

In der Zwischenkriegszeit gewann das Ferngas weitere Marktanteile, ab 1928 verbunden mit dem Unternehmen Ruhrgas AG, das rasch die Marktführerschaft übernahm. 1930 betrug der Absatz der Ruhrgas 300 Mio. m^3 oder 3,8 Mrd. kWh. Das Leitungsnetz wuchs bis 1936 auf 1.128 km Länge und verteilte das aus 32 Kokereien stammende Kokereigas in einer Menge von rund 2 Mrd. m^3.

Mit der Ruhrgas AG war eine Bewegung angestoßen, die sich in anderen Teilen des Reiches wiederholte: Die Gasversorgung löste sich zunehmend von ihrer kommunalen Basis und entwickelte sich hin zu einem Netz, das stark von Kokereien und Großgasereien bestimmt war. Bestehende lokale Gaswerke wurden teils durch Verträge eingebunden, teils aufgegeben.

Das Gesetz zur Förderung der Energiewirtschaft vom 15. Dezember 1935 (Energiewirtschaftsgesetz) stellte neben der Elektrizitätsversorgung auch die Gasversorgung unter staatliche Aufsicht, beließ es jedoch formal bei privater und öffentlicher Unternehmertätigkeit.

Der 2. Weltkrieg brachte für die deutsche Gasindustrie Sparzwänge und Zerstörung. Von den 51 Kokereien, die 1939 die Ruhrgas belieferten, waren Anfang 1945 zeitweise nur noch drei übriggeblieben. Das Rohrnetz der Ruhrgas war bei Kriegsende durch 371 große Schadstellen außer Betrieb gesetzt. Umso überraschender war der schnelle Wiederaufbau nach Kriegsende.

Im europäischen Ausland traten nach dem Kriegende zwei wichtige Veränderungen ein: 1946 wurden die Gaswerke in Frankreich, 1949 die von England verstaatlicht. In beiden Ländern wurde kleinere Werke stillgelegt, in Frankreich wegen der Umstellung auf Erdgas, in England wegen des Gasbezugs aus den Großgasereien. In Deutschland setzte man beim Wiederaufbau zunächst auf den klassischen Rohstoff Kohle, wie auch in vielen anderen Ländern.

Die neuen Rohstoffe wie Erdöl – dies auch aus deutscher Förderung – sowie Destillationsprodukte aus Raffinerien und jetzt auch Erdgas wurden nicht ersetzend, sondern ergänzend gesehen, in dem Sinn, die Gasproduktion zu verbessern und z. B. durch Erdölspaltanlagen zu flexibilisieren.

Mit der vermehrten Verfügbarkeit von Erdöl, speziell Heizöl, und von Erdgas zu vertretbaren Preisen stellte sich jedoch die Situation im alles entscheidenden Wärmemarkt als grundsätzlich offen dar. KÖRTING berichtet zwar noch 1963: „Heute stehen wir mit dem in Deutschland sehr billigen Öl und mit Erd- und Raffineriegas als möglichen Rohstoffen vor einem neuen Umschwung, dessen Ausmaß noch nicht zu ermessen ist.“[49] Der Umschwung hatte jedoch in Wahrheit schon begonnen. Schon 1910 hatte es den ersten Zufallsfund auf Erdgas in Deutschland gegeben, als eine Trinkwasserbohrung in Neuengamme bei Hamburg zu einer Gaseruption führte, deren Flammenkreuz viele Neugierige anlockte, s. Abb. 4-35. Die Erdgasquelle wurde dann ab 1913 wirtschaftlich genutzt, als eine 15,3 km lange Rohrleitung zum Gaswerk Tiefstack fertiggestellt war – die erste Erdgas-Pipeline Deutschlands.

1934 wurde die „Deutsche Verordnung zur Suche nach Erdöl und Erdgas“ erlassen, was für den Beginn systematischer Exploration in Deutschland steht.

Erdgasbrand in Neuengamme bei Bergedorf.

Bei einer Bohrung auf Grundwasser stiess man in einer Tiefe von 245 Meter auf Gas. Dieses strömte aus und entzündete sich. Drei mächtige Stichflammen entsteigen nach verschiedenen Richtungen dem Erdboden. Die mittlere hat eine Höhe von 5 Meter, die beiden seitlichen eine Länge von ca. 15 Meter. Man schätzt den Druck auf mindestens 50—60 Atmosphären. Das Geräusch ist im Umkreise von 2 Meilen zu hören.

Die Brandstelle ist vom Bahnhof Bergedorf in ³/₄ Stunden zu erreichen. Es ist Fahrgelegenheit vom Gasthaus „Zur Sonne“ nach Neuengamme vorhanden.

Phot. Atelier Schaul, Hamburg
Verlag Wobbe's Buchhandlung, Bergedorf
Druck Oskar Stoltze, Hamburg

Abb. 4-35: Erdgas-Eruption bei Neuengamme, 1910; Quelle: Postkarte Gebr. Kumm, Hamburg; Text W. Nölting, Hamburg

Die bei Bentheim in den 1930er Jahren entdeckten Erdgasvorkommen sollten auf Forderung des Reichswirtschaftsministeriums durch die Ruhrgas AG in deren bestehendes Netz integriert werden. Verzögert durch den Krieg wurde erst 1944 eine 75 km lange Erdgasleitung zu den Chemischen Werken Hüls fertiggestellt. Dies Jahr kennzeichnet, wenn auch mitten im Krieg, den Beginn der systematischen Erdgasverwendung in Deutschland.

Anfang der 1960er Jahre wurde Deutschland zu einem Importland für Erdgas. 1959 war das große Erdgasfeld bei Groningen in den Niederlanden entdeckt worden, dessen Ergiebigkeit den Eigenbedarf der Niederlande übertraf. Die Niederlande, die bis dahin sogar Kokereigas von der Ruhr bezogen hatten, wurden damit autark und zudem zum ersten großen Erdgas-Exporteur Europas.

49 Körting, Gasindustrie, S. 614.

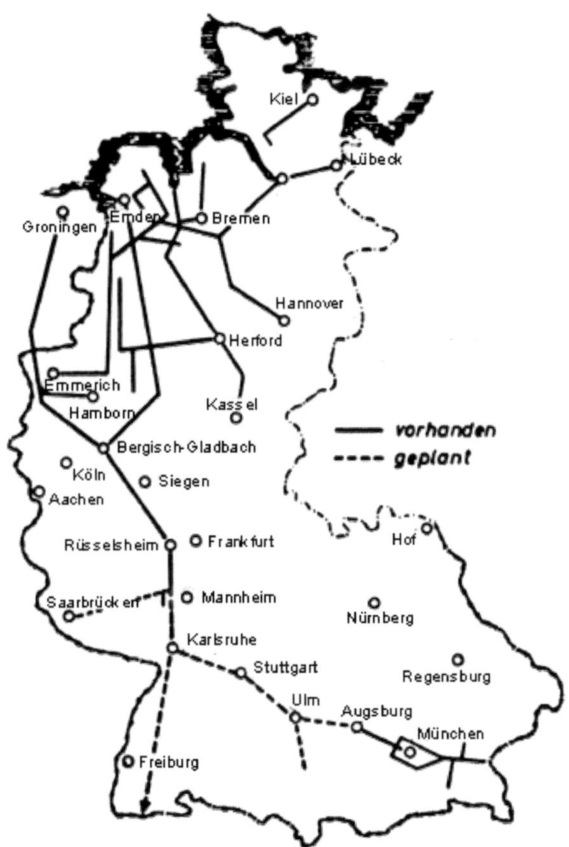

Abb. 4-36: Vorhandene und geplante Transportleitungen für Erdgas in West-Deutschland 1968; Quelle: U. Leuschner, Die deutsche Gasversorgung von den Anfängen bis 1998, S. 24

1963 begannen die Lieferungen nach (West-)Deutschland. Erste größere Pipelines entstanden, sowohl innerdeutsch als auch grenzüberschreitend zu den Niederlanden, s. Abb. 4-36.

Andere Länder waren da schon weit enteilt. Die schon lange ausgebeuteten Erdgasvorkommen in den USA hatten zu Rohrnetzen von beachtlichem Umfang geführt. Es blieb nicht bei Erdgaslieferungen aus den Niederlanden. Als weitere Lieferanten kamen ab 1973 Russland und ab 1977 Norwegen hinzu. Auch weiterhin war die Ruhrgas eine gestaltende Kraft, sowohl beim Aufbau eines flächendeckenden deutschen Verbundnetzes wie auch bei den Verträgen mit der Sowjetunion, die auf ein Kompensationsgeschäft hinausliefen.

Fernleitungsnetze sind natürliche Monopole und ihre Betreiber sind durchweg unter staatliche Aufsicht gestellt. In Deutschland ist 2005 die zweite Novelle des Energiewirtschaftsgesetzes (EnWG) in Kraft getreten. Es definierte das Modell des „regulierten Netzzugangs" und bezog mit ihm auch die Gasversorgung ein. Seither ist die Bundesnetzagentur beauftragt, die Betreiber von Ferngasnetzen zu regulieren. Ein wesentlicher Gegenstand der Regulierung ist, dass die Netzbetreiber allen Gaslieferanten gegen Entgelt Zugang zu ihrem Leitungsnetz gewähren müssen. Der Regulierung des Netzzugangs definiert die Einzelheiten des diskriminierungsfreien

Zugriffs auf das Netz durch verschiedene Konkurrenten; hierfür gilt seit 2006 für Strom und Gas das sog. „Entry-Exit-Modell“. Im Rahmen der Anreizregulierung (Entgeltregulierung) hat die Bundesnetzagentur die Kompetenz und den Auftrag, die Netzentgelte zu überwachen.

Das Modell des regulierten Netzzugangs erforderte eine Abkehr vom integrierten Netzbetrieb. Jetzt stehen die so genannten „unabhängigen Transportnetzbetreiber“ (Independent Transmission Operator, ITO) in jeweils individueller Verantwortung. Dazu gehörte wie beim Strom auch die Anforderung, sich in Namen und Außenauftritt komplett von den Handelsaktivitäten der produzierenden Konzernmütter abzugrenzen. Das hatte seitens der integrierten Energiekonzerne den Verkauf zahlreicher Unternehmensteile bzw. der mit dem Netzbetrieb befassten Beteiligungen zur Folge. So wurde z. B. Open Grid Europe durch E.ON und Thyssengas durch RWE veräußert.[50] Ähnliche Strukturen und Regulierungsbehörden entstanden auch in Österreich und der Schweiz.

In Deutschland existierten im Jahre 2017 nach der Umsetzung der Vorgaben insgesamt 16 Fernleitungsnetzbetreiber, die sich auf zwei Marktgebiete aufteilten:

- Marktgebiet Gaspool, vorwiegend in Nord- und Ostdeutschland tätig: Gascade, GTG Nord (Tochter der EWE), Gasunie Deutschland, jordGas (Tochter der Gasunie Deutschland und Open Grid Europe), Nowega, Ontras (Tochter der VNG), Lubmin-Brandov Gastransport, OPAL Gastransport, Fluxys Deutschland und NEL Gastransport;
- Marktgebiet NetConnect Germany, vorwiegend in West- und Süddeutschland tätig: bayernets, GRTgaz Deutschland, Open Grid Europe, Terranets BW, Fluxys TENP und Thyssengas.

Die Eigentumsverhältnisse an den Netzen haben sich seither mehrfach geändert – sie stehen wegen hoher Renditen im Blickfeld internationaler Investoren, wie das Beispiel Thyssengas belegt: Der australische Infrastruktur-Investor Macquarie kaufte aktuell den zweitgrößten deutschen Gas-Fernleitungs-Netzbetreiber Thyssengas nach fünf Jahren zurück. Macquarie, eine australische Investmentbank, hatte Thyssengas 2011 vom ursprünglichen Besitzer RWE übernommen und dann 2016 an DIF, einen niederländischen Infrastrukturinvestor, und EDF Invest für 700 Millionen Euro verkauft. Die jetzigen Eigentümer wollten nun wieder aussteigen. Die Australier griffen jetzt mit einem neuen Infrastruktur-Fonds zum Preis von rd. 1 Mia. € wieder zu.[51]

Die vorgeblich hohen Renditen für die Netzeigentümer wurden im Jahr 2021 zum Streitthema. Der Stromversorger Lichtblick und der Bundesverband der Verbraucherzentralen warfen im September der Bundesnetzagentur „unnötige Milliardengeschenke für die Netzbetreiber“ vor, was sich im Wesentlichen auf die Verzinsung des Eigenkapitals bezog.[52] Bis dahin garantierte die Netzagentur einen Eigenkapitalzins von 6,91 % für Neuinvestitionen und 5,12 % für Altanlagen. Dass der Vorwurf nicht ganz unberechtigt war, macht die Reaktion der Netzagentur deutlich: Sie sah zunächst für die neuen Regulierungsperioden (Gas ab 2023,

50 Die Ruhrgas AG war 2003 an E.ON verkauft worden und wurde zusammen mit anderen Gasbeteiligungen der E.ON 2010 zum Open Grid Europe umbenannt. Das dort zusammengefasste Gastransportsystem wurde 2012 mit Betriebsstellen und Personal von E.ON an ein Konsortium von Infrastrukturfonds verkauft.

51 Börsenzeitung vom 29. Oktober 2021.

52 FAZ vom 6. September 2021.

Strom ab 2024) Sätze von 4.59 % bzw. 3,03 % vor, die sie dann nach Intervention des BDEW endgültig im Bescheid von Oktober 2021 wieder auf 5,07 % bzw. 3,51 % anhob. Besondere Vorschriften der Regulierung betrafen den Netzausbau. Hierfür hatten jetzt die Betreiber von Strom- oder Gas-Fernleitungsnetzen, gleich ob, einen unternehmensübergreifenden nationalen Netzentwicklungsplan (NEP) aufzustellen, der in geraden Kalenderjahren fällig wird und der Regulierungsbehörde zu unterbreiten ist, mit Start zum 1. April 2016.

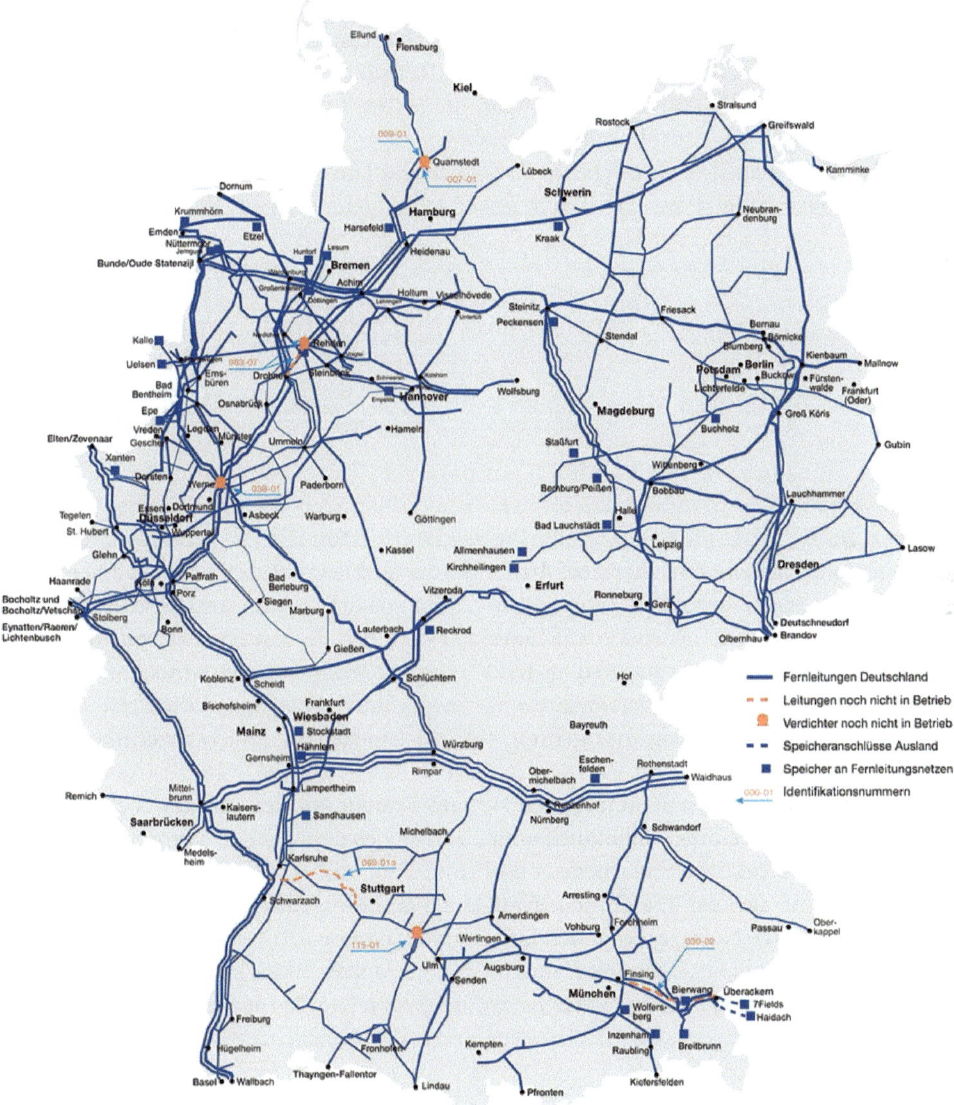

Abb. 4-37: Das deutsche Gas-Fernleitungsnetz im Überblick; Stand Februar 2017; Quelle: Netzbetreiber FNB

Das Erdgasnetz insgesamt setzt sich vereinfacht aus drei Druckstufen zusammen: Hochdruck für den Ferntransport, Mitteldruck für die Regionalverteilung, Niederdruck für den Anschluss der Verbraucher. Den im Jahr 2017 erreichten Stand des deutschen Ferngas-Verbundnetzes zeigt Abb. 4-37, einschließlich der Anschlusspunkte, Verdichter und Speicheranschlüsse. 2007 betrug die Länge der BRD-Pipelines über alle Druckstufen hinweg 340.000 km. Die 16 Fernleitungsnetzbetreiber verfügen gegenwärtig über ein knapp 40.000 km langes Fernleitungsnetz für den überregionalen und grenzüberschreitenden Gastransport. Es schafft Verbindungen zu angeschlossenen Transportsystemen, industriellen Großabnehmern, Kraftwerken und Speichern.

In Deutschland ist zum 1. Oktober 2021 die Zusammenlegung der beiden deutschen Marktgebiete zu einem künftigen Marktgebiet „Trading Hub Europe" erfolgt. Durch seine Lage in der Mitte Europas fällt diesem vergrößerten Marktgebiet die Aufgabe für eine grenzüberschreitende Verbindung der einzelnen nationalen Gasmärkte Europas zu. Das liegt nahe – die Leitungen liegen europaweit, und die Transporte erfolgen schon lange über Grenzen hinweg, und keinesfalls nur in jeweils einer Richtung.

Die großdimensionierten Rohre der Fernleitungsnetzbetreiber haben Durchmesser bis zu 140 cm. Durch sie fließen große Gasmengen bei hohem Druck von bis zu 100 bar. Zur nationalen Verteilung kommt der Erdgas-Transit in angrenzende EU-Staaten hinzu. In Abständen zwischen 100 und 200 km sind Verdichterstationen eingerichtet, die die Druckverluste wieder kompensieren, die beim Transport über weite Entfernungen unvermeidlich sind. Die nachgelagerten Netze der etwa 700 Verteilnetzbetreiber stellen die regionale Gasversorgung für die Endverbraucher sicher.

Für die Speicherung wie für den Transport von Wasserstoff bestehen verschiedene Möglichkeiten, eine besonders naheliegende ist die anteilige Einspeisung in das vorhandene Gasnetz. Bevor Erdgas eingespeist wurde, transportierten die Gasnetze Stadtgas, das im Mittel mehrheitlich aus Wasserstoff (bis zu 50 %) und Methan bestand. Allein von daher bietet die Ein- und Ausspeisung beider Gase zunächst keine grundsätzliche Schwierigkeit.

Schon heute können bis zu 10 % Wasserstoff dem Erdgas beigemischt werden. In einem nächsten Schritt soll diese Beimischung auf 20 % steigen. Wie der Deutsche Verein des Gas- und Wasserfaches e. V. (DVGW) mitteilt, sind mit einer Umrüstung perspektivisch 100 % und damit reiner Wasserstoff erreichbar, zumindest in solchen Abschnitten, in denen Nachfrage besteht.

Das bietet für die Zukunft Aussichten: ein (weitgehend) mit Wasserstoff betriebenes Gasnetz wäre neben dem Stromnetz ein zweites System der universellen Versorgung, das dazu noch mit den umfangreich vorhandenen Speichern ein erhebliches Speichervolumen bereitstellt, s. Abb. 4-38.

Im April 2019 hat der DVGW die Initiative für die gebündelte und umfassende Weiterentwicklung seiner Technischen Regeln ergriffen, soweit sie Erzeugung, Einspeisung, Beimischung, Transport, Verteilung und Speicherung von Wasserstoff in der Erdgasinfrastruktur betreffen. Die einzelnen dazu notwendigen Lösungen werden auf der Ebene von Praxisprojekten erarbeitet. So entsteht über eine schrittweise Erhöhung des H_2-Anteils eine Infrastruktur für den Wasserstoff, die die von Stadtgas und Erdgas her gewohnten hohen Sicherheitsstandards fortschreibt.

Aktuell ist geplant, das existierende Regelwerk für Konzentration von zunächst 20 %, dann 100 % H_2 aufzurüsten. Das geschieht schrittweise: Zunächst werden die in Frage kommenden Regeln identifiziert, dann aus bestehendem Wissen und vorliegender Erfahrung bewertet. Der

Prozess wird da, wo das vorhandene Know-how nicht ausreicht, durch Forschungsvorhaben unterstützt bzw. von parallelen Industrieprojekten begleitet. Für die aktuelle nationale Regelwerksarbeit hat es einen großen Vorteil, dass auf national wie international vorliegendes Wissen aus schon existierenden Wasserstoff-Strukturen und die zugehörigen schon bewährten Regeln zurückgegriffen werden kann. Denn etliche Erfahrungen gibt es bereits.

1938 wurden in der Region Rhein-Ruhr die ersten Wasserstoffleitungen für den industriellen Bedarf gebaut, die zusammen genommen 240 km lang waren, aus regulärem Rohrstahl bestanden und noch immer in Betrieb sind, heute von der Air Liquide Deutschland verantwortet. Sie waren für einen Wasserstoffdruck von 20–210 bar ausgelegt und hatten einen Durchmesser von 250–300 Millimeter.

War es ursprünglich Wasserstoffnachfrage aus der Rhein-Ruhr-Region, so ist seit einigen Jahrzehnten der Wassersstoffbedarf aus dem sogenannten Mitteldeutschen Chemiedreieck um die großen Standorte Bitterfeld, Schkopau und Leuna hinzugekommen, zu quantifizieren mit etwa 3,6 Mrd. m^3/a an H_2. So gibt es inzwischen auch hier ein eigenes Netz. Die vom Unternehmen Linde in der Region betriebenen H_2-Pipelines haben eine Länge von 150 km. Eine dritte kleinere Wasserstoffleitung verbindet in Schleswig-Holstein auf 30 km Länge die Raffinerie in Heide mit dem Chemcoast Park in Brunsbüttel.

Der gelegentlich zu hörende Einwand, dass die abnehmende Industrie einen konstanten Wasserstoffanteil benötige, ist nicht konzeptgefährdend: er lässt sich durch Zwischenspeicher und Dosierung lösen. Was in einigen Fällen verbleibt, sind eher kleinere konstruktive Änderungen an z. B. Motoren und Turbinen. Für die Gebäudeversorgung hat die troz technischer Anpassungen problemlos verrlaufene Umstellung auf Erdgas hierzu schon das historische Beispiel des Übergangs zu einer neuen Gastechnik geliefert.

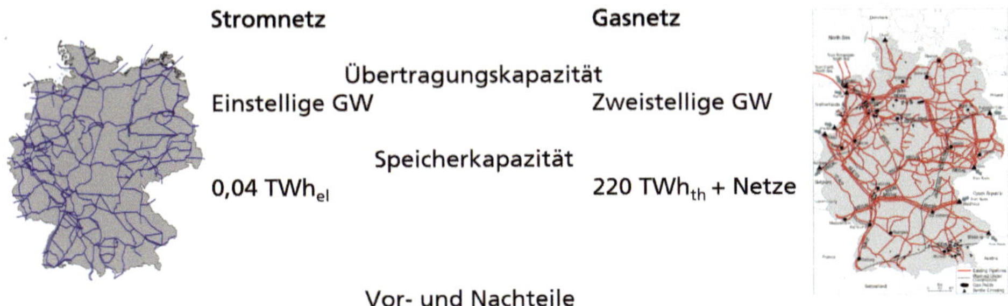

Abb. 4-38: Speichervermögen und Transportleistung im deutschen Gasnetz im Vergleich zum Stromnetz; Quelle: IWES, 20

Es sprechen also keine grundsätzlichen Bedenken gegen die Nutzung des bestehenden Erdgasnetzes, weder gegen die Beimengung von Wasserstoff zum Erdgas noch gegen den Transport von SNG oder ein Gemisch von H_2/SNG. Die Wege einer möglichen Wasserstoffeinspeisung zeigt Abb. 4-39. Auch im Süden sind nach der Simulation noch 30 % des ursprünglich eingespeisten Wasserstoffs nachweisbar. Keine Bedenken bestehen auch gegen die zusätzliche oder temporäre Einspeisung von Biogas – das dann ehemalige Erdgasnetz würde zum universellen Transportnetz für chemische Energie.

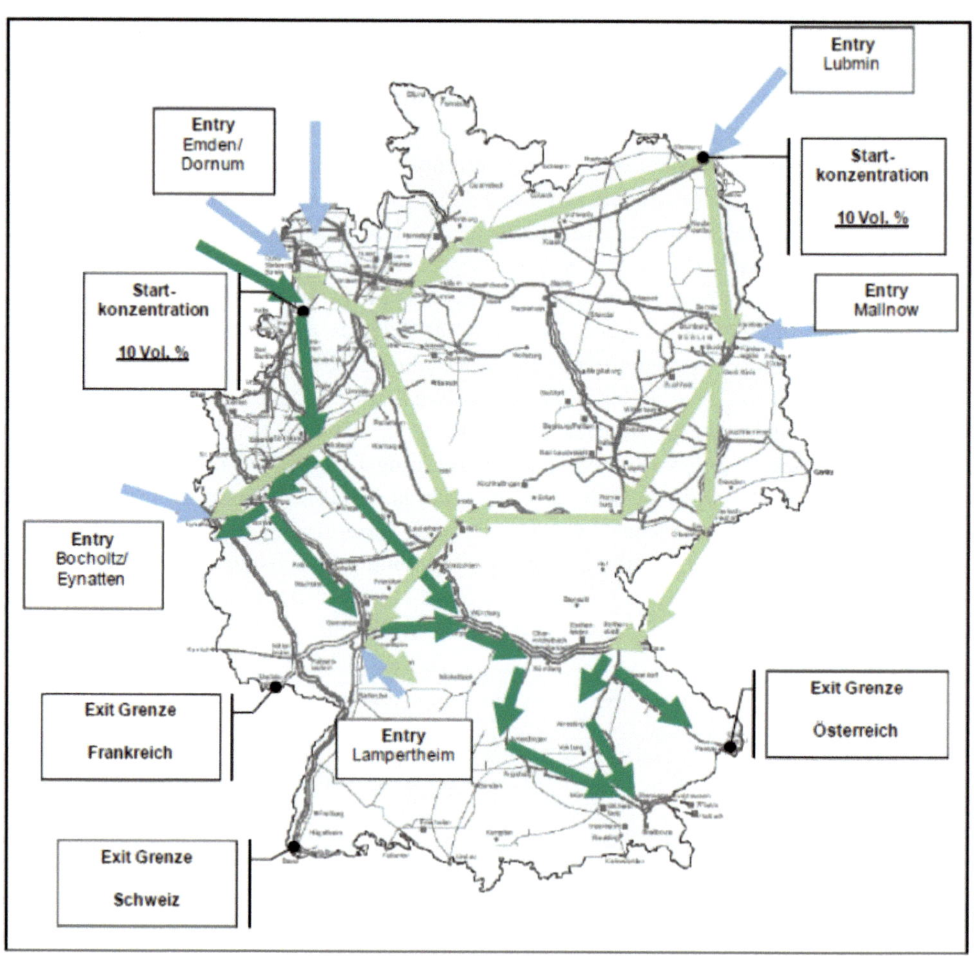

Abb. 4-39: Wege des Wasserstoffs von verschiedenen Einspeisepunkten durch das deutsche Gasnetz, Hellgrün: Ostsee, Dunkelgrün: Nordsee; Hellblau: Entrypunkte; Quelle: NEP der Fernleitungsnetzbetreiber 2012

Gewissermaßen als Bestätigung der oben geäußerten Erwartungen hat im Juli 2020 eine Gruppe von 12 Fernleitungsnetzbetreibern aus neun EU-Staaten ein visionäres Konzept für eine kombinierte Wasserstofftransport-Infrastruktur vorgestellt.[53] Die Forschungsergeb-

53 FNB, Pressemitteilung, 28. Januar 2020.

nisse zeigen, dass die vorhandene Gasinfrastruktur grundsätzlich genutzt und so angepasst werden kann, dass Wasserstofftransport bei zwar erhöhten, aber noch zu vertretenden Kosten möglich ist. Gedacht wird an Pipelines, die ab Mitte der 2020er Jahre über fünf Jahre schrittweise zu einem zunächst 6.800 km langen Wasserstoffnetz ausgebaut werden, das Wasserstoff-Hotspots („Hydrogen Valleys“) miteinander verbindet. Bis 2040 sollen daraus 23.000 km werden. Überwiegend sollen Erdgasleitungen umgenutzt werden, nur einige Verbindungsleitungen wären neu zu errichten.

So würde neben dem alten, jetzt für nachhaltiges Bio-Methan nutzbaren Erdgasnetz ein weiteres Netz verfügbar sein, das für reinen Wasserstoff reserviert ist. Dies Wasserstoffnetz kann dann für den energieeffizienten Transport großer Mengen über kurze wie weite Strecken genutzt werden und auch an Grenzübergangspunkten mögliche Wasserstoffimporte aufnehmen.

Für den Aufbau des Wasserstoffnetzes werden Beträge zwischen 27 und 64 Mia. Euro anfallen, was im Vergleich zu den Gesamtkosten der Energiewende ein eher kleiner Betrag wäre. Die geschätzten Transportkosten könnten zwischen 0,09 € und 0,17 € pro kg Wasserstoff und 1.000 km liegen. Dies würde einen (einigermaßen) wirtschaftlichen Transport über große Entfernungen in Europa möglich machen. Die relativ große Spanne in den Schätzungen führen die Netzbetreiber im Wesentlichen auf Unsicherheiten zurück, die sie bei den Verdichtungskosten sehen.

Was noch zu klären ist bzw. war, war die Trennung bei der Ausspeisung der Gase bei gemischtem Betrieb. Das Fraunhofer-Institut für Keramische Technologien und Systeme (IKTS) hat eine Scheide-Technik entwickelt, mit der sich beide Gase kostengünstig und effizient voneinander trennen lassen. Eine sogenannte Kohlen-Membran-Technologie erlaubt es, die beiden Stoffe gemeinsam durch das Erdgasnetz zu leiten und am Zielort wieder voneinander zu trennen. Im Verfahrensgang wird das Gemisch von Wasserstoff und Erdgas durch röhrenförmige Membran-Module geleitet, s. Abb. 4-40. Die kleineren Wasserstoffmoleküle wandern durch die Poren der Membran und gelangen als Gas nach draußen, die größeren Methanmoleküle hingegen bleiben im Hauptstrom zurück. Der auf diese Weise separierte Wasserstoff hat eine Reinheit von 80 %, was noch nicht ganz ausreicht. Die verbliebenen Erdgasreste werden deshalb in eine zweite Trennstufe geführt und dort ausgefiltert.

Abb. 4-40: Die insgesamt 19 Kanäle in der Kohlenstoff-Membran vergrößern deren Oberfläche und ermöglichen somit einen größeren Stoffdurchsatz; Quelle: Fraunhofer IKTS

Um den Übergang zu einem Wasserstoffnetz zu gestalten, wurde von der Bundesregierung am 10. Februar 2021 ein Gesetzentwurf zur Novellierung des EnWG (EnWG/E) vorgelegt. Die Netzbetreiber sollen demnach überraschend schnell erste Wasserstoffleitungen realisieren können, im ersten Schritt durch Anmeldung bei der Bundesnetzagentur (BNetzA).

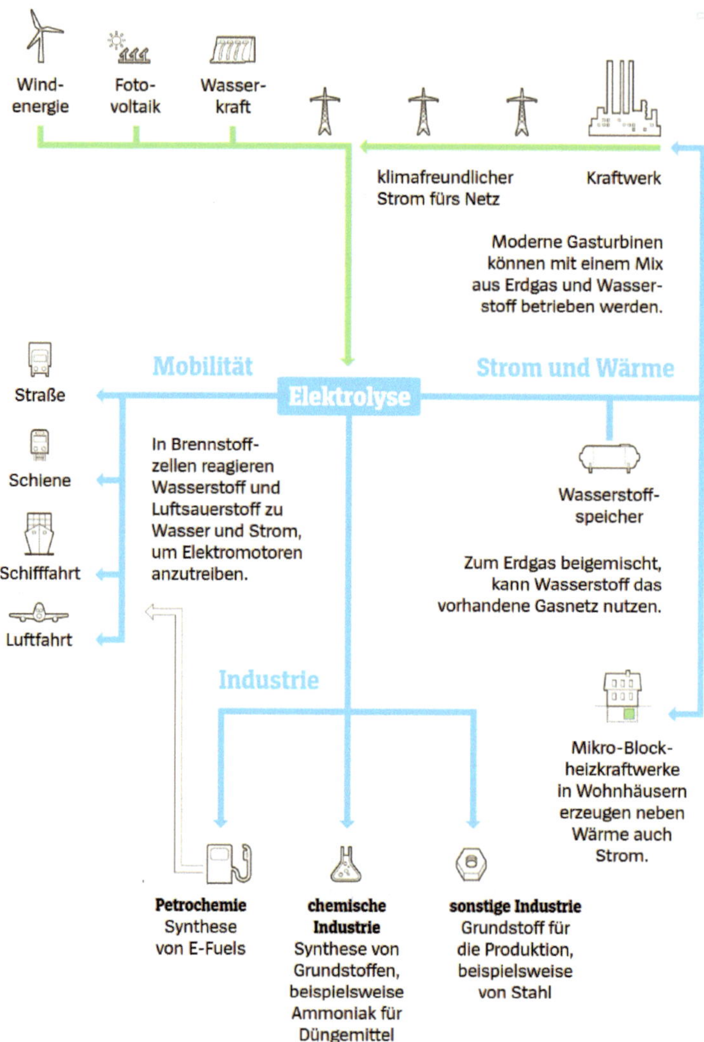

Abb. 4-41: Modell der Übergangstruktur; Quelle: Referentenentwurf BMWi zur Anpassung des EnWG

Ein erster Bericht zum Stand des Wasserstoffnetzes war danach zum 1. April 2022 fällig. Dieser Bericht sollte eine Planungsgrundlage für den Aufbau einer bundesweiten Infrastruktur bis 2035 liefern. Die Standorte von Produktionsanlagen und potenziellen Abnehmern sollen in der Planung so aufeinander abgestimmt sein, dass der Wasserstoff ohne Engpässe frei durch die Leitungen strömen kann.[54] Als Modell dient das Verteilschema der Abb. 4-41.

Die Ergänzung des EnWG bezweckt nach dem Willen der Regierung ausdrücklich den schrittweisen Aufbau einer nationalen Wasserstoffinfrastruktur. Bis zu entsprechenden europäischen Vorgaben sind die getroffenen Regelungen naturgemäß eine Übergangslösung. Die EU-Kommission hatte angekündigt, ihrerseits Vorschläge für ein europäisches Wasserstoffnetz bis Ende 2021 vorzulegen. Das wäre dann die Basis für eine Umsetzung in deutsches Recht, mit der allerdings erst ab 2025 zu rechnen ist.[55]

Die heute bereits existierenden Wasserstoffleitungen sind als industriell genutzte Direktleitungen nicht reguliert. Vor diesem Hintergrund sollen bestehende oder künftige Wasserstoffleitungen nach der Gesetzesbegründung nicht unbedingt reguliert werden. Vielmehr sollen die Leitungsbetreiber hierüber selbst frei entscheiden dürfen. Allerdings unterstellt die Bundesregierung, dass eine fortschreitende Entstehung von untereinander verbundenen Wasserstoffnetzen aus der Sache heraus dazu führen wird, diese später umfassend zu regulieren, zumal man davon ausgeht, dass die EU-Kommission dies vorgeben dürfte.

Begrifflich enthält das EnWG/E einige Anpassungen. In § 3 Nr. 14 der Novelle heißt es jetzt statt „und Gas“ neu „Gas und Wasserstoff”. Damit wird Wasserstoff grundsätzlich als eigenständiger Energieträger anerkannt, gleichberechtigt zum Gas. Die Änderungen sollen allerdings nur auf reine Wasserstoffleitungen angewendet werden. Für Leitungen, die Mischgas von Wasserstoff und Erdgas führen, soll es beim geltenden Recht bleiben.

Für den Ingenieur ist das kaum nachvollziehbar: Selbstverständlich ist netzgestützter Wasserstoff ein Gas bzw. ein Gasbestandteil im Fall des gemischten Betriebes. Möglicherweise könnte eine Fußnote „Gas ist ein gasförmiger Energieträger unabhängig von der chemischen Beschaffenheit“ den gesamten gesetzgeberischen Aufwand reduzieren.

4.3.2.1 Netze für den Wasserstoff

Der Nationale Wasserstoffrat hat in seinem Memorandum vom Juli 2021[56], aus dem im Folgenden zitiert wird, grundsätzlich festgehalten, dass bei der zeitnahen Entwicklung einer marktwirtschaftlich organisierten Wasserstoffwirtschaft in Deutschland dem Transportaspekt eine zentrale Rolle zukommt. Überregionale Wasserstofftransporte verbinden Erzeuger und Verbraucher und machen den deutschen Wasserstoffmarkt zum Teil eines europäischen Wasserstoffnetzes. Mit dem überregionalen Transportnetz verbundene Kavernenspeicher ergänzen das System und machen damit die zeitliche Entkopplung von Erzeugung und Verbrauch möglich. In Deutschland sind es heute 51 unterirdische Erdgasspeicher, die mit rund 230 TWh ca. 30 % des nationalen Jahresverbrauches speichern können. An verschiedenen Orten in Deutschland gibt es zusätzlich weitere geeignete geologische Formationen, wie z. B. Salzkavernen, die für den Ausbau zu Wasserstoffspeichern in Frage kommen.

54 Der Spiegel, Red. Mitteilung, Aufbau H_2-Infrastruktur,. 21. Januar 2021.

55 Nach CMS Hasche Sigle, RA Kanzlei (Hg), Friedrich von Burchard, Wasserstoff – Novellierung des Energiewirtschaftsgesetzes, Blog vom 9. Februar 2021.

56 Nationaler Wasserstoffrat, Wasserstofftransporte, Executive Summary, 16. Juli 2021.

Größere Mengen Wasserstoff können über Fernleitungen oder Schiffe, kleinere Mengen flexibel über Lkw transportiert werden. Für Entfernungen von bis zu rund 10.000 km ist in Europa der Transport in Pipelines, auch in neu zu bauenden, die wirtschaftlichste Lösung. Für einen solchen leitungsgebundenen Transport zitiert der Wasserstoffrat die Studie zum „European Hydrogen Backbone“ (EHB) des Gas for Climate Consortium 2020, in der spezifische Transportpreise von ca. 0,16 €/kg je 1.000 km Transportweg bei nahezu vollständig ausgelasteten Fernleitungen genannt werden. Pionierkunden eines solchen Netzes werden allerdings mit höheren Transportkosten rechnen müssen, denn zu Beginn einer Wasserstoffwirtschaft dürfte die Auslastung gering sein, sodass ggf. eine staatliche Subvention für den Aufbau dieser Infrastruktur notwendig werden könnte. Die in der EHB-Studie ermittelten Transportpreise setzen einen nicht kleinen Anteil umgewidmeter Erdgasleitungen voraus. Ihre Verwendung verringert die Systemkosten und beschleunigt die Realisierung. Auch werden zusätzliche Umwelteingriffe vermieden, was die gesellschaftliche Akzeptanz erhöhen dürfte. Zusätzlich ausgewählte Neubauten werden bestehende Anlagenteile ergänzen, wenn Erdgasleitungen zur Sicherung der Versorgung weiter benötigt werden und nicht bzw. noch nicht umgestellt werden können.

Ein Gutachten des TÜV Nord hat bestätigt, dass Erdgasleitungen grundsätzlich für den sicheren Transport von Wasserstoff geeignet sind. Dies gilt jedoch nicht uneingeschränkt. Bestimmte Komponenten, z. B. die Verdichter und die Mess- und Regelanlagen, müssen auf ihre Integrierbarkeit überprüft und ggf. ausgetauscht werden. Weiteres ist jedoch nicht erforderlich, insbesondere auch nicht die Erneuerung der Innenauskleidung der Rohre. Für den Austausch, speziell der Verdichter, existieren inzwischen schon bewährte Lösungen, die kontinuierlich verbessert werden. Das Gutachten hat weiter bestätigt, dass die Wasserstoffqualität beim Transport in umgewidmeten Erdgasfernleitungen nicht leidet und die Bedingungen der einschlägigen Norm DVGW G 260 (2021)2 erfüllt werden.

Die Verträglichkeit gilt auch lokal für die Verteilnetze. Hier sind beim Bau als Leitungswerkstoff niedriglegierte Stähle und Kunststoffe wie PE und PVC verwendet worden, die grundsätzlich die Materialverträglichkeit für Wasserstoff besitzen. Auch für Verteilnetze gibt es Einschränkungen: Einige Netzbestandteile, z. B. Armaturen, müssen für den Wasserstoffbetrieb nach den Regeln der Technik neu bewertet, ggf. angepasst oder ausgetaucht werden.

Der Brennwert von Wasserstoff liegt, auf das Volumen bezogen, niedriger als der von Erdgas. Seine ebenfalls geringere Dichte hat jedoch in den Fernleitungen den Vorteil, dass höhere Fließgeschwindigkeiten möglich werden. Die Geschwindigkeitsänderung hat wegen der geringeren Dichte des Wasserstoffs einen nur mäßig erhöhten Druckverlust zur Folge, sodass bei der Umstellung einer Ferngasleitung von Erdgas auf Wasserstoff bei vergleichbaren Eintritts- und Austrittsdrücken nahezu die gleiche Energietransportkapazität erreicht werden kann. In der Bilanz ergibt sich so, dass mit einer auf Wasserstoff umgestellten Erdgasleitung bei sonst gleichen Bedingungen 80 bis 90 % der Energie der früheren Erdgasleitung transportiert wird. Das heißt auch, dass der Vorteil der um den Faktor 8 bis 10 größeren Energietransportkapazität gegenüber den Stromleitungen erhalten bleibt.

Neben Wasserstoff und Strom werden auch Biogas/Biomethan und synthetisches Erdgas SNG) an der künftigen Energieversorgung beteiligt sein. Es wird also auch zukünftig auf der Fernleitungs- und Verteilnetzebene Methan fließen, zumal etliche Verbraucher auf dessen stofflichen Einsatz angewiesen sind. Die Planung des zukünftigen Gasnetzes stellt also hohe Ansprüche, nicht nur an Effizienz und Transparenz erfolgen. Die praktizierte Netzentwicklungsplanung Erdgas ist eine gute Ausgangsbasis und ist weiterzuentwickeln. Gleichzeitig hält der Wasserstoffrat im Sinne einer anzustrebenden effizienten Sektorkopplung eine engere Verzahnung der verschiedenen Netzentwicklungspläne für angezeigt.

Für den Transport von Wasserstoff über weite Strecken sieht der Wassersstoffrat verschiedene Optionen mit unterschiedlichen Anwendungsfällen. Sie decken sich mit den oben bereits diskutierten Optionen: Pipelines für den nationalen und regionalen Transport und die lokale Verteilung in H_2-Clustern, Einzelvehikel wie z. B. Schiffe und Züge, Straßentransport vor allem für kleinere Mengen und die Nahverteilung. Im europäischen Umfeld sind Pipelinetransporte die bei weitem beste Option, so der Wasserstoffrat.

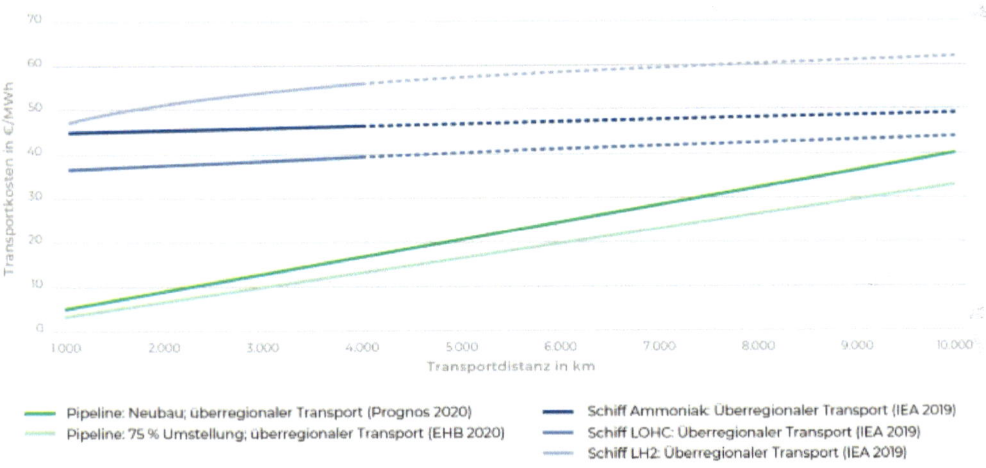

Abb. 4-42: Vergleich ausgewählter Wasserstofftransportoptionen; Quelle: Nationaler Wasserstoffrat. Grundlagen Wasserstofftransport, Abb. 1

Will man die aufgeführten Transportoptionen vergleichen, so müssen zunächst die Investitionskosten in die benötigte Basisstruktur, wie Fernleitungen oder Schiffe kalkuliert werden. Hinzu kommen die Investitionen in betriebsnotwendige Anlagen, wie Verflüssigungs- und Verdampfungs- oder Verdichteranlagen. Schließlich sind die zugeordneten Be- und Vertriebskosten auf allen Ebenen einzubeziehen. Ein Versuch hierzu ist in der nachfolgenden Abb. 4-42 gemacht. Hier sind die Transportkosten für verschiedene Transportoptionen in Abhängigkeit von der Distanz dargestellt. Es wird deutlich, dass für Entfernungen bis zu 10.000 km der „Pipeline: Neubau“ sich günstiger darstellt als ein Transport mittels Schiffen. Wenn bestehende Erdgasleitungen genutzt und auf Wasserstoff umgestellt werden („Pipeline: 75 % Umstellung“), lassen sich die spezifischen Transportkosten weiter verringern. Erkennbar ist auch, dass bei Schiffstransporten hohe entfernungsunabhängige

Kostenbestandteile (Fixkosten) enthalten sind, verursacht durch die Transformation und Rücktransformation des Mediums. Lässt man sie außer Acht, stellt sich der Schiffstransport entfernungsbezogen, also pro km, günstiger dar als der über Pipelines. Der Wasserstoffrat betont allerdings, dass insbesondere beim Schiffstransport in den einschlägigen Studien unterschiedliche Angaben zu finden sind, sodass er die relevanten Kostenkurven nicht abschließend bewerten will.

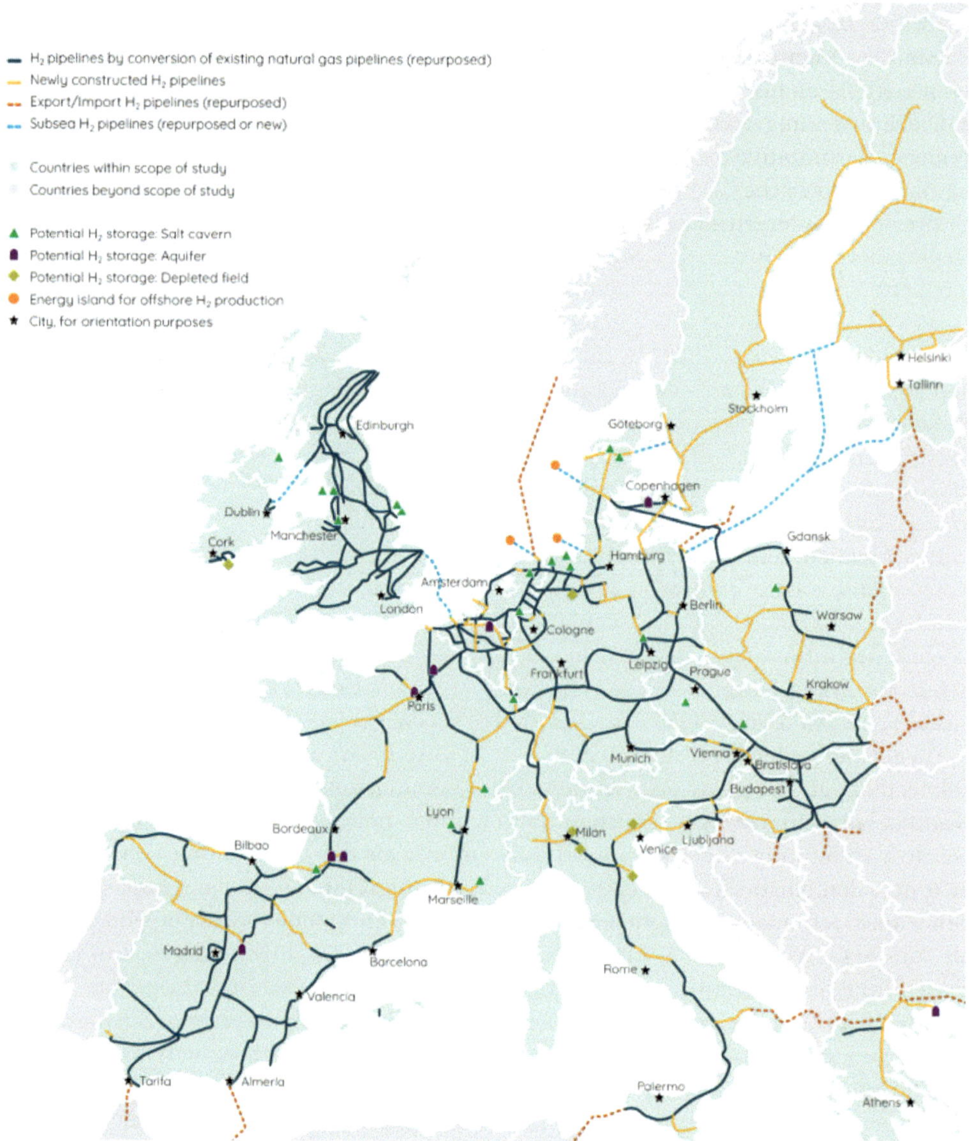

Abb. 4-43: European Hydrogen Backbone 2040; Quelle: European Hydrogen Backbone, Guidehouse April 2022

Das deutsche Wasserstoffnetz wird nicht isoliert existieren, es muss vielmehr eng in eine europäische Infrastruktur eingebunden werden. 11 europäische Netzbetreiber haben unter Einbeziehung des bestehenden Erdgasnetzes mit dem „European Hydrogen Backbone“ einen Entwurf für ein zukünftiges Wasserstoffnetz unter Berücksichtigung der bereits existierenden Leitungen erstellt.[57] Er ist in Abb. 4-43 wiedergegeben. Dies europaweite Wasserstoffnetz kann für Wasserstoffimporte nach Deutschland genutzt werden, und zwar nicht nur aus dem näheren europäischen Umfeld (z. B. Niederlande, UK, Norwegen), sondern auch aus Südwesteuropa und (Süd-)Osteuropa. Selbst Nordafrika, die Ukraine und Russland können angebunden werden. Die von den Fernleitungsnetzbetreibern geschätzten Transportkosten liegen bei 0,16 €/kg pro 1.000 km Leitung.

Die Einrichtung eines solchen umfassenden Netzes bedarf zunächst des politischen Willens, die Initiative dafür könnte von der EU ausgehen. Danach oder besser begleitend ist ein regulatorisches Rahmenwerk zu erstellen.

Vor dem Hintergrund der weiter forcierten Klimaschutzbemühungen und der immer ambitionierteren Ausbauziele müsste die Etablierung des europaweiten Wasserstoffnetzes möglichst schnell in Angriff genommen werden.

Wenn die Absicht besteht, eine bestehende Erdgasinfrastruktur für Wasserstoff zu nutzen, muss als erster Schritt ein unabhängiger Sachverständiger bestellt werden, der den technischen Zustand der Leitung ermittelt. Die Basis hierfür liefert die vorhandene Anlagendokumentation, die durch aktuelle und vor Ort stattfindende Zustandsüberprüfungen ergänzt wird. Der Sachverständige legt anschließend in eigener Verantwortung die technischen, operativen und betrieblichen Maßnahmen für den Weiterbetrieb mit Wasserstoff fest. Was Art und Umfang der Maßnahmen betrifft, so können diese durchaus unterschiedlich sein. Zu den wiederkehrenden Elementen dürften der Austausch von Komponenten, eine Verringerung des Betriebsdruckes, verkürzte Inspektionszyklen und zusätzliche Leckageprüfungen gehören. Zum Grundsatz der Prüfung gehört, dass die umgestellte Infrastruktur die gleichen Sicherheitsstandards erfüllen muss wie im vorher genutzten Erdgasbetrieb. Technische Einzelheiten zur Umstellung von bestehenden Erdgasleitungen sind im Arbeitsblatt G 4095 der DVGW geregelt.

Wegen der anderen physikalischen Eigenschaften von Wasserstoff müssen, wie bereits festgestellt, einige technische Anlagen im Leitungsnetz erneuert bzw. ausgetauscht werden, um Effizienz zu erreichen. Durch seine höhere spezifische Wärmekapazität ist die Verdichtung von Wasserstoff aufwendiger als die Verdichtung von Erdgas und erfordert den Austausch bzw. Neubau der Verdichtereinheiten für die Einspeisung und den Transport, unabhängig vom Verdichtungsprinzip. Kolbenverdichter sind effizienter als rotierende Verdichter. Rotierende Verdichter können jedoch in der Zukunft für den Transport von Wasserstoff grundsätzlich verwendet werden und auf denen aufbauen, die für Erdgas in Gebrauch sind. Wasserstoff wird bereits seit vielen Jahre industriell eingesetzt, und zwar in großen Mengen, sodass technisch ausgereifte Kolbenverdichter heute Pumpmengen von bis zu 1.000.000 Nm^3/h (entsprechend ca. 3,5 GW Energie-Transport-

57 Enagás, Energinet, Fluxys Belgium, Gasunie, GRTgaz, NET4GAS, OGE, ONTRAS, Snam, Swedegas, Teréga (Hg), European Hydrogen Backbone, HOW A DEDICATED HYDROGEN INFRASTRUCTURE CAN BE CREATED, JULY 2020 (Hg).

kapazität) fördern können, z. B. von 50 auf 100 bar mit isothermen Wirkungsgraden von über 80 %. Sie können nach Anpassung kurzfristig auch im Wasserstofftransportsystem eingesetzt werden.

Die heutigen Mengen- Messanlagen müssen ersetzt werden, um Wasserstoff mit der gleichen Präzision wie beim Erdgas zu erfassen. Auch hier gibt es heute bereits technisch ausgereifte Anlagenkonzepte, die schnell eingesetzt werden können.

Dass Wasserstoff andere physikalische Eigenschaften als Erdgas hat, wurde schon mehrfach betont. Die gilt speziell auch für die sicherheitsrelevanten Aspekte beim Transport von Wasserstoff in umgestellten Erdgasleitungen, darunter insbesondere Zündfähigkeit und Leckagen. Wasserstoff ist leichter und in einem weiteren Mischungsverhältnis als Erdgas zündfähig und verhält sich bei möglichen Leckagen sehr speziell, s. auch schon Kap. 2, Das Element Wasserstoff. Eine Sicherheitsanalyse der neu zu errichtenden bzw. umgestellten Fernleitung oder Anlage ist ein absolutes Muss.

Die Leitungen selbst sind hinsichtlich ihrer Materialien und Wandstärken so ausgelegt, dass keine Leckagen auftreten. Ein zündfähiges Gemisch kann somit lediglich in den oberirdischen Einrichtungen entstehen, zumindest theoretisch. Armaturenstationen mit oberirdischen Komponenten werden deshalb durch bauliche Vorkehrungen und Fernüberwachung gegen unbefugtes Betreten und Vandalismus gesichert.

Der Gutachter analysiert auch die Materialeigenschaften der Leitung hinsichtlich der möglichen Auswirkungen des Wasserstofftransports. Hier steht vor allem die Prüfung auf die Risiken einer Materialversprödung an.

Es ist bekannt und auch schon in Kap. 2, Das Element Wasserstoff, erläutert, dass Wasserstoff ggf. zu einer Versprödung der für die Rohrleitungen verwendeten Stahlwerkstoffe führen kann. Wenn bereits Materialfehler bestehen, etwa in der Form von Kerben oder Rissen, kann die Absorption von Wasserstoffatomen die Geschwindigkeit des Risswachstums erhöhen. Um das grundsätzlich zu klären, sind für die Mehrzahl der eingesetzten Stahlwerkstoffe bruchmechanische Analysen nach dem ASME Code durchgeführt worden. Auf der Basis dieser Ergebnisse kann der Gutachter in Abhängigkeit vom Betriebsmodus der gelplanten Leitung weitere Maßnahmen veranlassen, wie z. B. eine Begrenzung der zulässigen Anzahl an Drucklastwechseln. Dann wird ggf. auch die Beigabe von Versprödung reduzierenden Gasen unnötig, zumal das wiederum mit anderen technischen Herausforderungen verbunden wäre.

Die Qualität von in Fernleitungen transportiertem Wasserstoff wird künftig in der neuen G 260 (2021)7 der DVGW geregelt sein. Hier ist die Gruppe A der neuen 5. Gasfamilie einschlägig, die einen Mindestgehalt von 98 % Wasserstoff betrifft. Diese Reinheit ist für den größten Teil der Wasserstoffanwendungen, z. B. als Reduktionsmittel in der Stahlproduktion, auch als Brennstoff für Brennstoffzellen und in der Erzeugung von Prozesswärme, ausreichend und erlaubt mit den verbleibenden 2 % mögliche, zu Beginn des Betriebs noch in den Erdgasleitungen vorliegende Kohlenwasserstoffe. Erste Untersuchungen konnten nachweisen, dass die Wasserstoffqualität von diesen Reststoffen praktisch nicht beeinträchtigt wird.

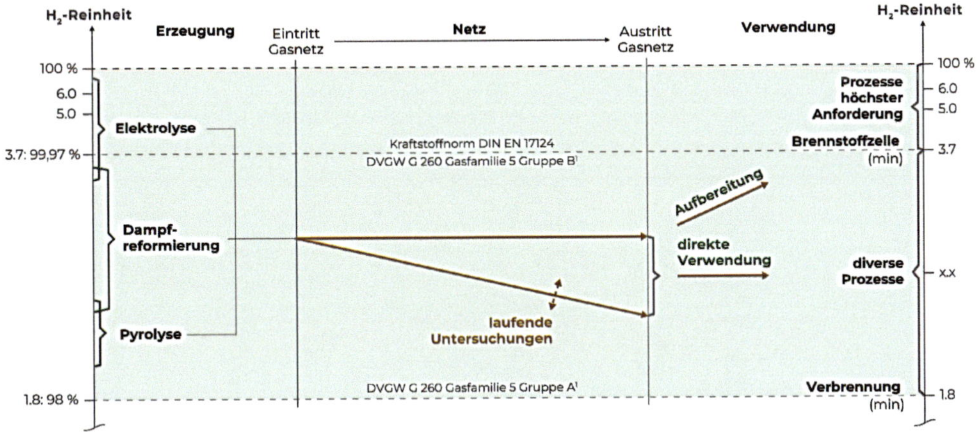

Abb. 4-44: Wasserstoffqualitäten; Quelle: Nationaler Wasserstoffrat. Grundlagen Wasserstofftransport, Abb. 3

Eine Übersicht verschiedener Wasserstoffqualitäten ist in Abb. 4-44 nach Erzeugung einerseits und Verwendung andererseits zusammengefasst dargestellt. Auf der linken Seite sind die typischen Wasserstoffqualitäten aufgelistet, wie sie durch verschiedene Produktionsmethoden hergestellt werden können (ohne Aufreinigungen zu berücksichtigen).

Dieser Teil der Abbildung stellt danach eine Ergänzung zu Kap. 4.1, Gewinnung, dar. Die höchste Reinheitsstufe wird bei der Elektrolyse erreicht, da hier nur die im Wasser gelösten Begleitgase den Wasserstoff verunreinigen können. In Dampfreformierungen oder Pyrolysen von Erdgas produzierter Wasserstoff kann noch deutliche Reste von Kohlenwasserstoffen enthalten. Für den Einsatz in Brennstoffzellen oder für bestimmte stoffliche Anwendungen, etwa in der pharmazeutischen Produktion, ist bei dieser Wasserstoffquelle ggf. eine Aufreinigung auf die erforderliche Qualität nötig. Da der Wasserstoff bereits in der Fernleitung hochrein vorliegt, kann dies relativ leicht mit bekannten Verfahren erfolgen (z. B. über Membranen oder Druckwechseladsorptionsanlagen).

Um den Aufbau eines nationalen Wasserstoffnetzes konstruktiv zu gestalten, haben die Fernleitungsnetzbetreiber, die im FNB Gas zusammengeschlossen sind, schon 2019 in einer Marktabfrage von den künftigen Marktteilnehmern die geschätzten Wasserstofftransportbedarfe ermittelt und in einen Plan für ein Wasserstoffnetz vorgelegt, s. Abb. 4-45. Die Weiterentwicklung läuft im Rahmen des Netzentwicklungsplans Gas 2022 – 2032. Zu den Mitgliedern des FNB GAS zählen aktuell zwölf deutsche Fernleitungsnetzbetreiber.

Gleichzeitig mit der Verfolgung einer Netzplanung für Wasserstoff sollte, so fordert der Wasserstoffrat, die Verzahnung von Strom-, Wärme- und Gasinfrastrukturen im Sinne der Sektorkopplung forciert werden. Dies gelte sowohl für die überregionale als auch für die regionale Planung der Energie-Infrastruktur. Erst gemeinsame Zukunftsszenarien für Strom, Erdgas und Wasserstoff böten die Grundlage für „systemische Optimierungspotenziale“, indem beispielsweise eine systemische Überlastung im Stromnetz durch einen Shift ins Wasserstoffnetz beseitigt wird. Auch die Findung geeigneter Standorte für Elektrolyseure würde in einem gemeinsamen System erleichtert.

Der Wasserstoffrat liefert damit insgesamt eine optimistische Einschätzung der Netzsituation und erklärt die Umstellung auf Wasserstofftransporte zu einer lösbaren Aufgabe.

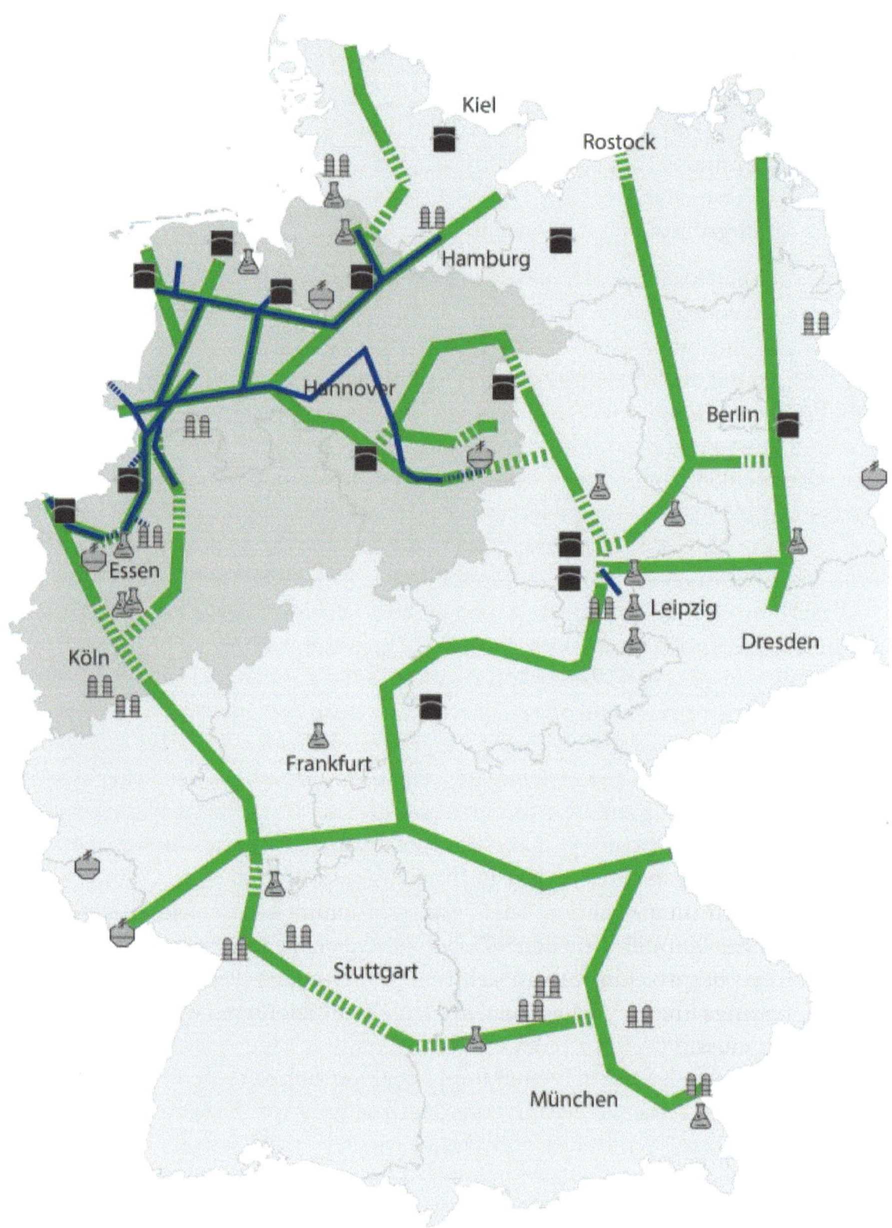

Abb. 4-45: Vision für ein Wasserstoffnetz; Quelle: Fernleitungsnetzbetreiber, NEP Gas 2020; Abb. zugeschnitten

4.4 Speicherung und Transport von Derivaten

Ein weiteres, bisher im Text noch nicht diskutiertes, indirektes Transportmedium für Wasserstoff ist sein Derivat Methanol, das zahlreiche Verwendungsmöglichkeiten hat. Mit Methanol sind Vorteile auf verschiedenen Ebenen verbunden:

- Es ist bei Atmosphärendruck flüssig.
- Es hat eine deutlich geringere Toxizität.
- Transport und Handling sind einfach.
- Die Synthese ist erprobt.
- und nutzt grünen Wasserstoff und CCU.

Wasserstoff hat als Element den Nachteil begrenzter Energiedichte, bei Normalbedingungen nur von 2,8 Wh pro Liter. Durch Kompression der gasförmigen Phase und Tiefkühlung auf unter -250 °C lässt sich der Energieinhalt massiv erhöhen (Tabelle 4-2), durch Übergang zu Wasserstoffderivaten wie Methanol nochmals in etwa verdopppeln. Methanol fndet in diesem Text mehrfach Erwähnung, insbesondere seine Synthese unter dem Stichwort Power to Liqiud (PtL) in Kap. 5.3, Verfahrenstechnik, chemische Prozesse. Hier stehen jedoch Speicherung und Transport im Vordergrund.

Wasserstoff	Wasserstoff	Wasserstoff	Methanol
gasförmig	gasförmig	flüssig	flüssig
Normalzustand 20⁰ C. 1 bar	Komprimiert 20⁰ C. 700 bar	Gekühlt -250,4⁰ C, 2 bar	Normalzustand 20⁰ C. 1 bar
2,8 Wh/l	870 Wh/l	2400 Wh/l	4400 Wh/l

Tabelle 4-2: Energiedichten von Wasserstoff-Modi und Derivat Methanol; Daten-Quelle: M. Richter, in: BWK Bd. 73 (2021), Heft 5-6, S. 51

Auch der nationale Wasserstoffrat hat betont, dass Methanol mit seiner hohen Energiedichte zu einem interessanten Carrier werden kann, das die Transportfrage erleichtert, s. vorstehendes Kapitel. Um den Wasserstoff nach dem Transport wieder zu erhalten, kann man das besprochene Steam Reforming verwenden. Erzeugung und Rückwandlung kosten allerdings Energie, sodass man ggf. auf das effizientere Low Temperature Reforming ausweichen muss.[58]

Die alternativen Transportketten konzentrieren sich auf

- Verdichtung von Wasserstoff und Transport über Pipelines und LKW
- Verflüssigung von Wasserstoff und Transport per Bahn, LKW und Schiff
- Wasserstoffwandlung in leicht lager- und transportierbare Derivate (Bahn, LKW und Schiff)

58 Siehe. M. Richter, in: BWK Bd. 73 (2021), Heft 5-6, S. 52.

Eine Methanolerzeugung vor Ort, Transport per Tanker, Weitertransport per Pipeline und Reformierung beim Verbraucher stellen wohl die günstigere Lösung dar. Wenn Methanol als Endprodukt infrage kommt, verkürzt sich die Kette und die Energiebilanz wird verbessert.

Bei den Derivaten ist auch die Umwandlung von Wasserstoff in Ammoniak zu diskutieren. In diesem Zusammenhang ist hier Ammoniak nur eine Speicher- und Transportform, kein Grundstoff für die Industrie oder Kraftstoff zur Energiegewinnung. Ammoniak ist schon lange ein global gehandeltes Wirtschaftsgut mit bewährten Lösungen für Transport und Lagerung. Die nicht vermeidbaren Verluste bei der Umwandlung müssen jedoch in die Bewertung von Ammoniak als Speicher- und Transportform einbezogen werden, S. Prozesskette in Abb. 4-46.

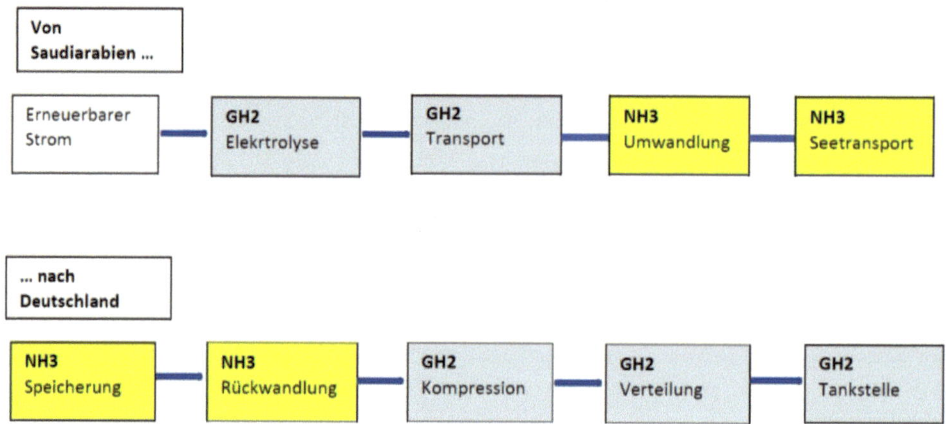

Abb. 4-46: Umwandlungsstufen für den Transport von Ammoniak, hier am Beispiel eines Imports aus Saudi- Arabien; Quelle: Grafik des Autors, Daten Arthur B. Little

Ammoniak ist gewässer- und gesundheitsgefährdend und ein Gefahrstoff. Deshalb müssen beim Transport strenge Sicherheitsvorschriften beachtet und eingehalten werden.

Auch LOHC wollen wir hier zu den Derivaten zählen. Die 2013 in Erlangen gegründete Hydrogenious LOHC Technologies, die die Rechte am Verfahren hält, hatte seine ersten LOHC-Storage und -Release-Anlagen für kommerzielle Nutzungen im Jahr 2018 in die USA ausgeliefert. Eine Demonstrationsanlage war zuvor beim Fraunhofer IAO in Stuttgart in Betrieb. Für 2023/2024 ist der Betriebsbeginn für eine in Kooperation mit Bilfinger entstehende LOHC-Storageplant im Chempark Dormagen bei Köln geplant. Sie erreicht industriellen Maßstab und wird die weltweit größte Anlage dieser Art sein, die etwa 1.800 Tonnen Wasserstoff in Form von LOHC speichern kann.

Für die Speicherung von Wasserstoff gibt es neuerdings eine interessante Variante, die Underground Sun Conversion (USC). Sie basiert auf der Fähigkeit bestimmter Mikroorganismen (Archaeen), H_2 und CO_2 in Methan umzuwandeln. Das Methan, letztlich synthetisches Erdgas, kann anschließend konventionell genutzt und damit auch gespeichert werden, wobei der gesamte Prozess nachhaltig bleibt. Technisch bedeutet dies die Einleitung beider Stoffe in Untergrundspeicher in größerer Tiefe, z. B. erschöpfte Erdgaslagerstätten. Der Patentinhaber RAG Austria betreibt zusammen mit der Schweizerischen EMPA eine Versuchsanlage in Pilsbach (Oberösterreich).

5 Die Technik 2: Wandler für Wasserstoff

5.1 Motorische Nutzung

Unter motorischer Nutzung wird hier die Wärmekraftmaschine in ihren Bauweisen Verbrennungsmotor und Turbine verstanden. Die motorische Nutzung von Wasserstoff hat mit Verbrennungsmotor und Gasturbine eine lange Vorgeschichte. Die Mutter aller Wärmekraftmaschinen, die Kolben-Dampfmaschine, wird hier nicht behandelt – hier lässt sich keine Entwicklungslinie zum Wasserstoff ziehen.

5.1.1 Verbrennungsmotor

Speziell der Verbrennungsmotor hat seine eigene Geschichte, die auf CHR. HUYGENS und das 17. Jh. zurückgeht.[59] Seine „Pulvermaschine" war letztlich eine atmosphärische Dampfmaschine, deren Arbeitsprinzip in der Evakuierung des Zylinders durch die Abkühlung von heißen Pulvergasen bestand. Sie ist die älteste bekannte Vorrichtung, mit der man durch Verbrennung mechanische Energie freisetzen konnte.

Erst 100 Jahre später entstand bei J. E. LENOIR in Frankreich der welterste echte betriebsfähige Verbrennungsmotor, der äußerlich einer liegenden Dampfmaschine ähnelte, s. Abb. 5-1.

Die Besonderheit bei LENOIRS Motor, der 3–4 PS lieferte, war das Betriebsmittel Leuchtgas, das seit den ersten Jahrzehnten des 19. Jahrhunderts in der Breite zur Verfügung stand. Der Motor hatte eine Schiebersteuerung nach Dampfmaschinenart, sodass die Verbrennungsgase im Rückweg durch den fahrenden Kolben ausgeschoben werden konnten, während sich auf der anderen Kolbenseite der Ansaug- und Arbeitsvorgang wiederholte, ein Zweitaktverfahren also. LENOIRS Motor wurde nur in wenigen Einheiten gebaut und kam in einigen Exemplaren in der Praxis zum Einsatz, fast nur in Frankreich. Dort suchten handwerkliche Betriebe nach einer Kraftmaschine kleinerer Dimensionen. Schlechte Füllung, langsame Verbrennung und starkes Nachbrennen begrenzten allerdings den Wirkungsgrad auf 3–4 %.

Die nächste Station in der Entwicklungsgeschichte des Verbrenners war der gasbetriebene Flugkolbenmotor von N. OTTO, der sich offenbar von LENOIR anregen ließ.

Er besaß einen oben offenen Zylinder, in dem ein Kolben geführt wurde, dessen Verlängerung eine Zahnstange bildete, die auf ein Zahnrad arbeitete. Das Zahnrad saß mit Freilauf nach oben auf der Arbeitswelle, die zugleich einen Schieber zur Motorsteuerung antrieb. Der Motor arbeitete wie folgt: Der Kolben hob sich auf 1/12 seiner Länge und saugte dabei Gemisch an. Nach erfolgter Zündung wurde den Kolben weiter nach oben geschleudert. Wenn die kinetische Energie des Kolbens vollständig in potenzielle Energie umgewandelt war, folgte der Arbeitstakt, ausgelöst durch die Druckdifferenz zwischen

59 Christian Huygens, * 14. April 1629 in Den Haag; † 8. Juli 1695 ebenda.

Atmosphäre und reduziertem Innendruck. Das Zahnrad kuppelte in die Schwungradwelle, was dafür sorgte, dass sich die im Kolben gespeicherte Energie auf die Drehung übertragen konnte. Gleichzeitig mit der Abwärtsbewegung wurden die Abgase ausgetrieben. Der Motor erreichte eine Leistung von ungefähr 2,24 kW. Die Wirkungsgrade lagen jetzt über 10 %, deutlich mehr als beim Motor LENOIR'S.

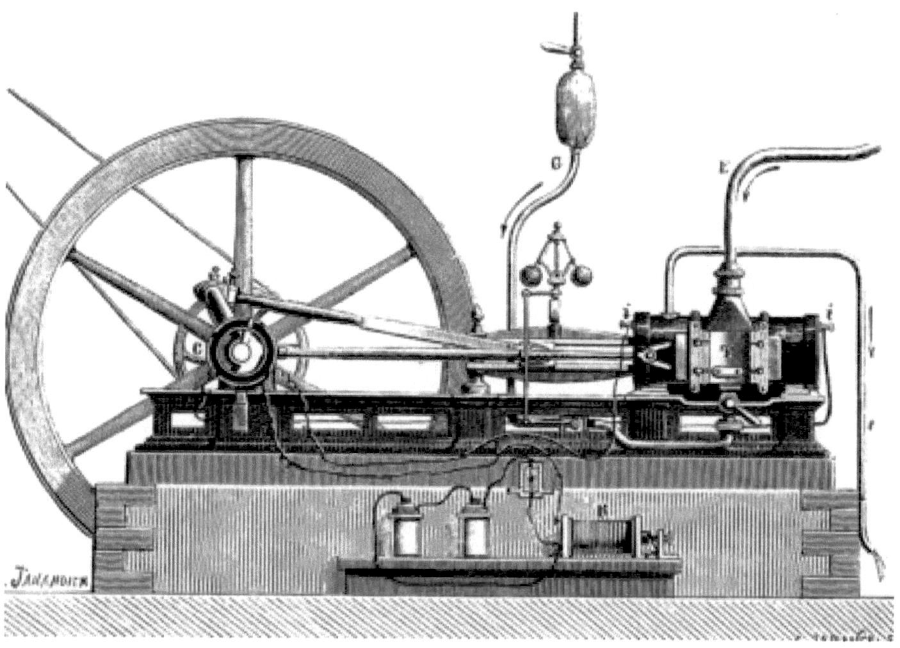

Abb. 5-1: Lenoirs Gasmotor in der Serienfertigung bei G. Lefebvre, Paris, nach dem Patent von 1860; Grafik: Coolspting Power Museum

Der entscheidende Schritt stand allerdings noch aus: die Verdichtung des Arbeitsgases vor der Zündung. Dies gelang OTTO gemeinsam mit C. LANGEN mit dem 1876 vorgestellten Viertaktverfahren, dessen Prinzip OTTO seit 1862 parallel beschäftigte. Sie erreichten schließlich deutlich verbesserte Wirkungsgrade – sensationelle 35 % bei optimalen Bedingungen. Der zweite Vorteil war die verringerte Größe: Der Motor OTTOS wurde handlich und machte ihn so auch für kleinere und mittlere Betriebe interessant. Auch die ersten „Otto-Motoren" nutzten das Leuchtgas als Energiequelle. Der erste Motor mit flüssigem Kraftstoff wie Benzin kam 8 Jahre später auf den Markt (1884). Die Energieflüsse im Otto-Motor zeigt beispielhaft Abb. 5-2.

Der Verbrennungsmotor erfuhr zahlreiche weitere Innovationen, insbesondere bei Kfz-Motoren, z. B.

- Zweitaktmotor System Benz 1881
- Dieselmotor 1895
- Benzineinspritzung 1925

Jedoch ist das nicht das Ende der weiteren Entwicklung der Gasmotoren; zu erwähnen ist für den Kfz-Motor die Verwendung in gasbetriebenen Fahrzeugen, die in den Formen LPG (Autogas) bzw. CNG (Erdgas) einen durchaus relevanten, wenn auch kleinen Marktanteil erreicht haben:

Autogas hat eine durchaus längere Geschichte. 1860 ließ E. LENOIR neben seinem Gasmotor auch ein von ihm angetriebenes Fahrzeug patentieren. Auch S. MARKUS in Österreich und B. SELDON brachten in kleiner Serie Fahrzeuge mit Gasantrieb auf den Markt. Einen entscheidenden Durchbruch für den Antrieb von Fahrzeugen brachten jedoch erst das Viertakt-Prinzip von OTTO und die Möglichkeit, flüssige Treibstoffe zu verwenden.

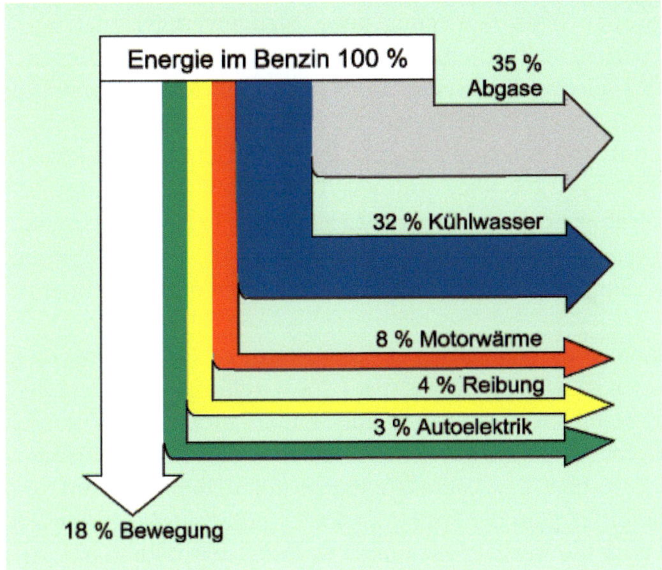

Abb. 5-2: Energieflüsse im Otto-Motor, Beispiel; Quelle Duden Learnattack GmbH, Abruf 21. Mai 2022

Gas für Automobile wurde wieder zu Beginn der 1930er Jahre angeboten, jetzt in der Form von Autogas (LPG)[60] und zunächst in Italien. in Deutschland brauchte es einige Jahre mehr: die erste Gastankstelle für Flüssiggas ging 1935 in Hannover in den öffentlichen Betrieb. Die mit dem Weltkrieg in Deutschland einsetzende Zwangsbewirtschaftung bescherte dem Autogas eine Sonderkonjunktur. Im Dritten Reich änderte sich die längst wieder normalisierte Situation erneut, als 1939 mit Kriegsbeginn der deutsche Stadt-Omnibusbetrieb durch amtliche Verfügung ganz auf Flüssiggas umgestellt wurde. Die Gasspeicher wurden in Anhängern transportiert, auf das Dach oder bei Doppeldecker-Bussen ins Obergeschoss verschoben. Ab 1948 war dann ausreichend Ottokraftstoff

60 Das Kürzel LPG steht für „Liquified Petroleum Gas“ und weist darauf hin, dass LPG ein Flüssiggas ist. Chemisch handelt es sich bei Autogas um ein unter Druck verflüssigtes Gasgemisch aus Propan und Butan, das bei der Erdölförderung anfällt.

verfügbar, und so konnten die Omnibusse relativ bald nach dem Krieg wieder ihre vorherigen Betriebsarten nutzen.

In den 1970er Jahren fand das Prinzip LPG-betriebener Fahrzeuge in den gasreichen Niederlanden weite Verbreitung. Flüssiggas war auch lange Jahre der Treibstoff bei Taxis in Bangkok und Istanbul, ebenso in den 1970er und 1980er Jahren bei den staatlichen Taxis (der Marke Wolga-Gas 23) und den Fahrschulfahrzeugen der DDR. Für private Fahrzeuge fand der Gasantrieb in Österreich Zuspruch und war dort zunächst ebenfalls verbreitet. Wegen der später eingeführten, hohen Besteuerung sank dort jedoch das Verbraucherinteresse wieder.

Die günstige Umweltbilanz im Vergleich zu Benzin- oder Dieselmotoren verschaffte gasbetriebenen Ottomotoren Ende der 1990er Jahre einen neuen Stellenwert. Hierzu trugen auch die subventionierte Besteuerung des Autogases und steigende Preise für Benzin- und Diesel-Treibstoffe bei. In fast allen europäischen Ländern griffen die Autofahrer zu Fahrzeugen mit Autogasbetrieb.

Die Zahl der Tankstellen mit Autogas-Angebot nahm daraufhin in Deutschland schnell zu. Bis 2009 wurden jährlich noch um 1200 neue Autogas-Tankstellen eingerichtet, bis sich 2011 der Zuwachs drastisch reduzierte. Im Herbst 2015 zählt man in Deutschland um 6.750 Autogastankstellen, oder besser Tankstellen mit Autogasangebot. Die Versorgung mit Tankstellen für Autogas ist damit inzwischen genügend hoch, um die Nachfrage zu decken.

Mit Niederlanden ca. 2.100, Belgien ca. 650, Italien ca. 2.000, Polen ca. 5000, Tschechien ca. 700, Slowakei ca. 100, Rumänien ca. 100, Frankreich ca. 1.700, Großbritannien ca. 1.400 sowie Türkei mit ca. 10.000 Autogastankstellen existiert auch außerhalb Deutschlands ein mehr oder weniger flächendeckendes Netz. Anders ist es in Österreich, Schweiz, Portugal und Spanien, die nur über 13, 22, 96 bzw. 32 Gastankstellen verfügen. Beim Verkauf von Autogas liegt weltweit Südkorea mit 22 % an der Spitze der Treibstoffumsätze, gefolgt von Japan mit 9 %, Türkei 8 %, Mexico 8 % und Australien mit 7 %. In Kroatien, Russland, Armenien, China, USA und Kanada ist Autogas immerhin grundsätzlich verfügbar, allerdings nicht verbreitet.

Auch komprimiertes Erdgas wird als CNG im Kraftverkehr verwendet. Die hierfür benötigten Tankanlagen erfordern eine Technik, die mit Drucken von bis zu 250 bar arbeitet.

CNG ist fast ein deutscher Alleingang und auch wird auch hier nur begrenzt genutzt. Die 920 CNG- gegenüber 6700 LPG-Tankplätzen hier in Deutschland sprechen eine deutliche Sprache. Die Speicherung von Erdgas ist allerdings deutlich aufwendiger als die von Benzin, Diesel und auch von Autogas. Die Energiedichte ist bei Atmosphärendruck zu gering; Erdgas wird deshalb stark komprimiert und bei hohem Druck transportiert und gespeichert.

Abb. 5-3 zeigt die Einrichtung eines Tanklagers für CNG. Die Vorratsbehälter sind wie in der Abbildung meist in Röhrenform angelegt, die überdimensionierten Gasflaschen ähneln.

Im Fahrzeug selbst nutzt man Druckgasflaschen, die beim Tanken meist mit 200 – 300 bar aufgeladen werden. Der deshalb stabil auszuführende Druckbehälter hat so trotz eines nur moderaten Fassungsvermögens von z. B. 20 oder 30 kg ein erhebliches Gewicht, das deutlich über dem eines Benzintanks liegt. Auch der Bedarf an Stauraum im üblicherweise gewählten Laderaum ist deutlich größer als der für einen Benzin- oder Autogastank. Da solch ein Erdgastank im Hinblick auf das vorzuhaltende Ladevolumen nicht beliebig groß gewählt werden kann, ist damit die Reichweite des Fahrzeugs begrenzt und deutlich geringer als für Fahrzeuge mit Benzin- oder Autogasantrieb; sie liegt häufig zwischen 300 km und maximal 500 km. Das erklärt auch die relative geringe Verbreitung. Dennoch gibt es deutschlandweit mittlerweile ein ausgebautes Erdgas-Tankstellennetz, sodass eine wirtschaftliche Nutzung möglich ist.

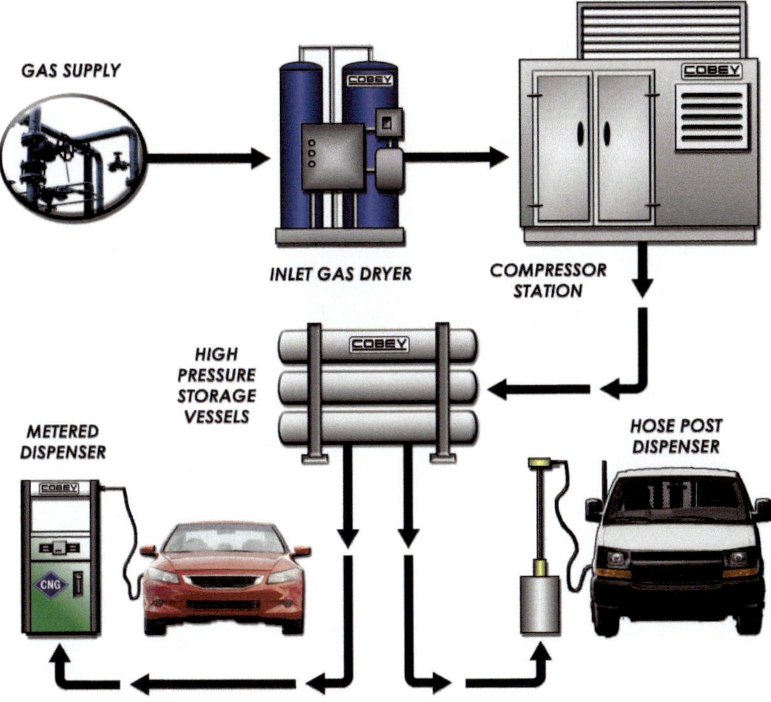

Abb. 5-3: CNG-Tankstelle; Quelle: Sichuan Rongteng Automation Equipment Ltd.

Wichtiger ist dagegen das Kapitel der Großgasmaschinen. Die Energiebereitstellung war und ist eine Triebkraft der technischen Entwicklung. Dies traf vor allem für die Eisen- und Stahlindustrie zu, wo Energie für Verarbeitung und Antriebe in großer Menge gebraucht wird und Träger wie Dampf, Gas und Strom verbreitet zum Einsatz kamen und kommen.

Mit der Großgasmaschine, die die Verwendung überschüssiger Hochofengase erlaubte, begann am Ausgang des 19. Jahrhunderts das Ende des Dampfmaschinen-Zeitalters für die Eisen- und Stahlindustrie. Die Reserven waren nicht gering: Zwischen 1890 und 1900 wurde in der Hüttentechnik nur ein Fünftel des Hochofengases weiter genutzt. Die Einführung und der später weit verbreitete Einsatz von Großgasmaschinen war im ersten Drittel des 20. Jahrhunderts eine der wichtigsten und folgenreichsten Innovationen in der Eisen- und Stahlindustrie. Als Beispiel diene die Abb. 5-4.

Die Großgasmaschine war letztlich eine Weiterentwicklung des Gasmotors. H. JUNKERS war hieran maßgeblich beteiligt. 1890 gründete er mit einem Partner die „Versuchsstation für Gasmotoren von Oechelhaeuser & Junkers" in Dessau. Es entstand der sogenannte Gegenkolbenmotor. Im Verlauf weniger Jahre wurde die Großgasmaschine zum wichtigsten Energieversorger der Hüttenwerke. Sie ist heute noch für den Antrieb von Gebläsen, Dynamomaschinen und Walzenstraßen in Gebrauch, in der Regel ausgeführt als Tandem- oder Zwillingstandemmaschine.

Abb. 5-4: Die Gasmaschinenzentrale der Maxhütte in Unterwellenborn bei Saalfeld wurde in den 1920er-Jahren erbaut. Im Bild Gasdynamo III, als einziger erhalten und noch voll funktionsfähig; Quelle: Michael Goschütz

Stationäre Gasmotoren werden gegenwärtig in vielen Bauformen verwendet, meist mit Erdgas als Betriebsstoff. Viele sind in Blockheizkraftwerken verbaut – vor allem dann, wenn Gasturbinen aus Leistungsgründen nicht infrage kommen. Wenn die Anlagen für Erdgas oder Biogas optimiert sind, erreichen größere Gasmotoren für KWK und Gas-Wärmepumpen Wirkungsgrade zwischen 40 % und 50 %, was hoch ist für eine Wärmekraftmaschine. Für Biogas kommen häufig Zündstrahlmotoren zum Einsatz, die auch mit geringerer Gasqualität auskommen.

5.1.2 Dampfturbine

Eine Revolution im Bereich thermischer Kraftmaschinen bedeutete die Entwicklung und Einführung der Dampfturbine in den 1890er Jahren, verbunden mit den Namen LAVAL und PARSONS, die zugleich für verschiedene Bauweisen stehen. Da sich mit ihr höhere Wirkungsgrade erreichen lassen, fanden sie rasch ihre Einsatzgebiete, zunächst im Bereich der Kraftwerke, dann aber auch im Schiffsmaschinenbau.

Die Dampfturbine von DE LAVAL ist eine Achsialturbine mit partieller Beaufschlagung. In Abb. 5-5 ist die Wirkungsweise einer solchen zu erkennen. Durch eine Anzahl Düsen, die unter spitzem Winkel gegen die Laufradebene geneigt sind, strömt Dampf gegen die Schaufeln des Laufrades b und versetzt dieses in rasche Rotation.

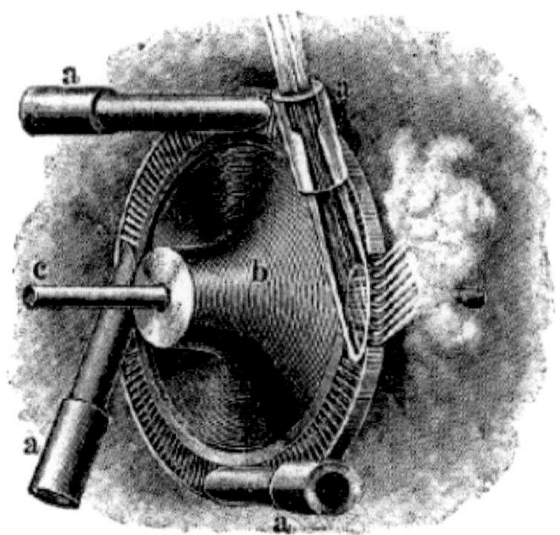

Abb. 5-5: Laufrad und Düsen einer de Lavalschen Dampfturbine, eine der Düsen aufgeschnitten, um die Lavaldüse sichtbar zu machen; Quelle: Meyers Großes Konversations-Lexikon 1905, Art. Dampfmaschine

Die Dampfturbine von PARSON ist dagegen voll beaufschlagt. An die Stelle der einzelnen Düsen der LAVALschen Turbine tritt hier ein vollständiges festes Leitrad. Der Dampf durchströmt nacheinander eine Folge von Leit- und Laufrädern. Während erstere in einem gemeinsamen Gehäuse fest eingebaut sind, sitzen letztere konachsial auf der Turbinenwelle.

Die 1884 patentierte Turbine zeichnet sich technisch dadurch aus, dass sie die erste Dampfturbine war, die als Reaktionsturbine arbeitete. PARSONS Turbine war etwas komplizierter in der Konstruktion, erreichte aber bessere Wirkungsgrade und ließ sich leichter an steigenden Dampfdruck und steigende Leistungen anpassen. Abb. 5-6 zeigt das Prinzip der Schaufelabfolge.

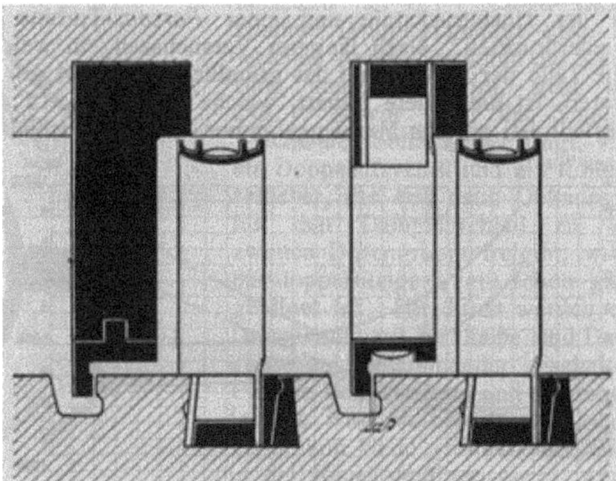

Abb. 5-6: Einzelheiten zur Abfolge der Schaufeln und deren Befestigung bei einer Parsonsturbine von 1906; Quelle: Polyt. Journal 1911, Band 326, S. 385f

Als in der elektrischen Zentrale Elberfeld 1890 eine erste PARSONS-Turbine mit 1000 kW erfolgreich in Betrieb ging, erhielten die vorher verwendeten Kolben-Dampfmaschinen Konkurrenz. Mit dem Jahr 1903, in dem eine erste Großturbine mit 7400 kW aufgestellt wurde, begann dann das Turbinenzeitalter.

Hier standen sich zunächst die beiden erwähnten Bauweisen gegenüber: die einstufige Aktionsturbine von DE LAVAL und die mehrstufige Überdruck-Turbine nach PARSONS. Von diesen extremen Bauweisen her entwickelten sich spätere Bauarten, die von beiden Prinzipien Gebrauch machten, so der Amerikaner CURTIS mit seinem aus mehreren Schaufelkränzen bestehendem Aktionsrad. Ein Problem der Anfangszeit waren die hohen Tourenzahlen, die an die Generatoren-Drehzahl von 3000 U/min anzupassen waren.[61] Abb. 5-7 zeigt eine frühe Turbine nach dem PARSONS-Prinzip, wie sie im Deutschen Museum geöffnet zu sehen ist.

Abb. 5-7: Überdruck-Dampfturbine, ähnlich der Parsons-Turbine, geöffnet; Dampfeintrittsdruck 9 bar, Dampfeintrittstemperatur 1750 C: Hersteller BBC, 1902, Drehzahl 3000 RPM, Leistung 450 kW; Quelle: Deutsches Museum

Aufgrund der überlegenen Technik setzte sich die Parsonsturbine schnell durch, wurde sowohl für den stationären Betrieb zur Stromerzeugung als auch als Antrieb für Schiffe tausendfach gebaut. Spätere Dampfturbinenentwickler wie WESTINGHOUSE, ZOELLY, RATEAU u. a. bauten auf PARSONS Erfindung auf. Kurz vor dem ersten Weltkrieg arbeiten alle neuen Dampfturbinen nach dem Grundprinzip der Parsonsturbine, d. h. nach dem Reaktionsprinzip.

Die Vorteile der Dampfturbinen gegenüber den Kolbenmaschinen waren: einfache und billige Aufstellung ohne umfangreiche Fundamente, leichte Wartung, ferner geringster Raumbedarf, also kleineres Maschinenhaus, Fortfall der Stopfbüchsen, Dichtungen, des ganzen Kurbelmechanismus, der manchmal komplizierten Steuerung und des Schwungrades, und damit ein ruhiger, stoßfreier Gang.

61 Wechselstromfrequenz 50 Hz x 60 = 3000 U/min bei einem zweipoligen Generator.

Vor allem aber erhöhte sich der Wirkungsgrad, s. Abb. 5-8, was sich in deutlich geringerem Kohlverbrauch und niedrigeren Betriebskosten niederschlug.

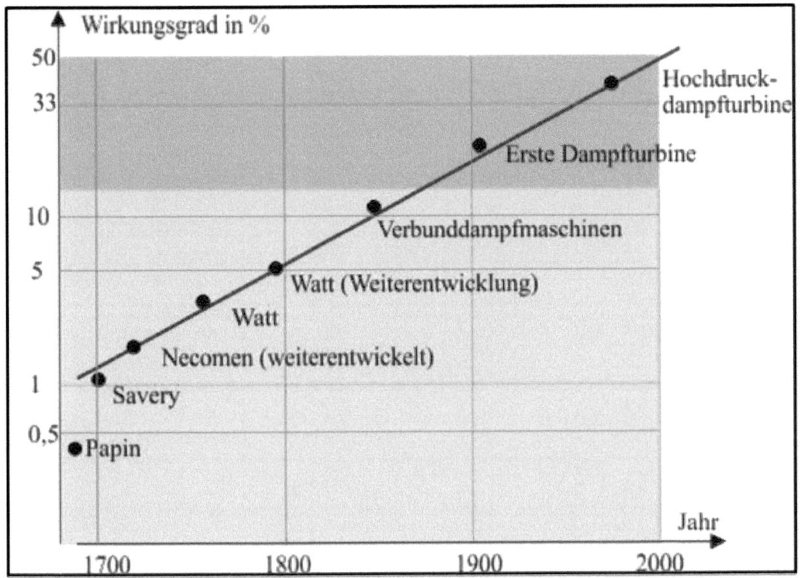

Abb. 5-8: Entwicklung der Wirkungsgrade bei dampfbasierten thermischen Kraftmaschinen; Quelle: LEIFI, Joachim Herz Stiftung, Art. Dampfturbine

Die weitere Entwicklung der Dampfturbinen und überhaupt der Wärmekraftmaschinen war durch Erhöhung des Dampfdrucks und der Dampftemperatur bestimmt. Von WATT im Jahre 1776 mit 0,5 Atmosphären und etwa 1000 °C bis zum im Jahr 1915 nach den Plänen von KLINGENBERG errichteten mitteldeutschen Braunkohle-Kraftwerk Golpa-Zschornewitz mit 15 Atmosphären und 3500 °C war ein weiter Weg zurückgelegt worden. Und er war noch nicht zu Ende, die Bemühungen von W. SCHMIDT und A. BORSIG zu weiterer Druck- und Temperaturerhöhung erbrachten sogar eine temporäre Renaissance der Kolbenkraftmaschine: Im Jahre 1929 wurden zwei Kolbendampfmaschinen mit den Daten 100 atü Eintrittsdampfdruck, 4250 °C Eintrittstemperatur, 6000 PS gebaut (und nach Ohio geliefert). Allerdings wurden bei zunehmender Leistung die Dampfturbinen gegenüber den Kolbenmaschinen so überlegen, dass die weitere Ausstattung der großen Kraftwerke der Dampfturbine vorbehalten blieb.

Deren weitere Entwicklung muss auch im Zusammenhang mit den Veränderungen der übrigen Kraftwerksbestandteile und des gesamten Kreislaufs gesehen werden. Kohle-Staubfeuerung und damit den Übergang zu großen Kesselleistungen gab es in Deutschland ab 1926, später abgelöst durch die Schmelzfeuerung. Kühltürme wurden notwendig, als mit steigender Leistung die Kondensation in Flusswasser oder Grundwasser nicht mehr ausreichte. Sonderentwicklungen von Turbinen, z. B. die Abgasturbine, die Mehrstufigkeit der Turbinensätze und die Einführung der Zwischenüberhitzung müssen ebenfalls genannt werden, dazu auch bei den Generatoren die Kühlung durch Wasser oder Wasserstoff. Vor allem aber die Steigerung der Blockleistungen konventioneller Kraftwerke, über die die Tabelle der Abb. 5-9 Auskunft gibt.

Jahr	Nennleistung (abgerundet) kW	Drehzahl 1/min	Druck at	Frischdampf-temperatur °C	Werk bzw. Standort
1900	1 000	1 500	11,5	300	Elberfeld
1912	8 400	1 500	14	350	Hattingen
1914	20 000	1 000	15	325	Elverlingsen
1917	50 000	1 000	15	325	Goldenberg-Werk
1926	30 000	3 000	20	400	Hattingen
1927	80 000	1 500	35	400	Klingenberg-Werk
1929	85 000	1 500	14,5	360	Zschornewitz
1954	100 000	3 000	110	525	Goldenberg-Werk
1955	150 000	3 000	110	525	Weisweiler
1963	176 000	3 000	200	550	VEW-Westfalen
1965	300 000	3 000	186	525	Fortuna
1973	630 000	3 000	163	525	Niederaußem G

Abb. 5-9: Die jeweils größten Turbinenleistungen konventioneller deutscher Kraftwerksblöcke bis 1973; Quelle: K. Schäff, Die Entwicklung zum heutigen Wärmekraftwerk, VGB 1977, S. 165

Gegenwärtiger Stand ist die Auslegung der Blöcke als Kombikraftwerk Gas / Dampf (GuD), was die Wirkungsgrade noch weiter erhöht. Näheres hierzu beschreibt das Folgekapitel.

5.1.3 Gasturbine

Die erste industriell nutzbare Gasturbine entwickelte H. HOZWARTH. Zu diesem Zweck kombinierte er ab 1905 die aus dem 19. Jh. bekannten Prinzipien der Dampfturbinen mit dem neu erfundenen Otto-Prozess. Das Resultat nannte er selbst „Explosions-Gasturbine".

Den Prototyp seiner Turbine zeigt Abb. 5-10. HOZWARTH berichtete 1912 vor der Schiffbautechnischen Gesellschaft (STG) über die neue Gasturbine und gab Beispiele für ihren möglichen Einsatz in der Schifffahrt.

Zum Druckaufbau war bei HOLZWARTH anders als bei den heute üblichen Gasturbinen kein Verdichter notwendig: Sie war keine im heutigen Sinne aus Verdichter und Gasexpansionsturbine bestehende Gasturbine; vielmehr hat die Holzwarth-Gasturbine, die einzelne Brennräume aufwies, mehr mit dem getakteten Otto-Verbrennungsmotor gemein als mit einer modernen Gasturbine.

Aufbau und Prozess der Holzwarth-Gasturbine sind in der Tat vom Ottomotor abgeleitet, wobei jedoch zur Abführung der mechanischen Arbeit bei der Expansion des Gases kein Kolben, sondern eine Turbine verwendet wird.[62]

Nachdem der Prototyp die Funktionsfähigkeit des Prinzips demonstriert hatte, gewann HOLZWARTH das renommierte Turbinenbauunternehmen BBC in Mannheim und Baden/

62 Prinzip der Holzwarth-Gasturbine. aus: Die Technik, Verlag Technik, 1948, S. 388, abgerufen am 10. Februar 2011.

Schweiz als Partner für die weitere Entwicklung. Gemeinsam mit BBC baute Holzwarth zwischen 1909 und 1913 weitere Maschinen und entwickelte eine marktreife Turbine, wobei die Leistung bis auf etwa 200 PS gesteigert wurde. Nach einer Unterbrechung wegen des Ersten Weltkrieges wurde die Entwicklungsarbeit ab 1918 fortgesetzt – insgesamt also ein langer, mühevoller Weg.[63]

Abb. 5-10: Prototyp der Holzwarth-Gasturbine 1908, Körting Hannover, Original; Quelle: Deutsches Museum

Als Vorteil gegenüber der Dampfturbine sah HOLZWARTH, dass Dampfkessel und Kondensator entfielen. Als Vorteil gegenüber den zu dieser Zeit üblichen Gaskolbenmaschinen von 1.000 PS sah er bei seiner vertikal angeordneten Gasturbine eine Gewichtseinsparung von 80 %. Weitere Vorteile lagen im erschütterungsfreien Lauf der Gasturbine, auch wurde kein Zylinderöl benötigt und eine Auswaschung der Turbinenschaufeln wie bei den Dampfturbinen kam nicht vor.

Die Gasturbine setzte sich zunächst nur langsam durch, mit ersten Anwendungen in der Kraftwerkstechnik und vor allem in der Lufttfahrt. 1939 installierte BBC in einem Kraftwerk im schweizerischen Neuenburg die erste Gasturbine mit 4 MW Leistung.[64] Speziell im Deutschen Reich, aber auch in England entstanden kurz vor und im 2. Weltkrieg die Strahltriebwerke (PABST VON OHAIN, WHITTLE).

A. FRANZ, Junkers-Flugzeug- und Motorenwerke in Dessau, wird gemeinhin als der Schöpfer des Strahltriebwerks in Axialbauweise, des Jumo 004B mit einem Schub von

63 Kruschik, J: Die Gasturbine: Ihre Theorie, Konstruktion u. Anwendung f. stationäre Anlagen, Schiffs-, Lokomotiv-, Kraftfahrzeug- u. Flugzeugantrieb. Springer, Wien 1952.

64 BBC, Werksgeschichte.

8800 N, genannt. Von diesem Triebwerk wurden für den Kriegsgebrauch 6010 Stück hergestellt. Abb. 5-11 zeigt das Gesamtsystem.

Abb. 5-11: Das Triebwerk Jumo 004B, Quelle: Smithsonian's National Air and Space Museum

Nach dem Krieg revolutionierte das Strahltriebwerk die Luftfahrt, zunächst die militärische, dann zunehmend die zivile, und fand schließlich auch Eingang in die Schifffahrt, erstmals im Motor Gun Boat der britischen Royal Navy im Jahre 1947.

Die heutige Gasturbine basiert wesentlich auf der inzwischen bewährten Technik des Flugtriebwerks, die für den industriellen Gebrauch adaptiert wurde. Der Wirkungsgrad moderner Gasturbinen beträgt etwa 35 %. Das scheint wenig. Da jedoch im Kraftwerksbau Gasturbinen häufig mit nachgeschalteten Dampfturbinen gekoppelt werden, lässt sich in diesen GuD ein Gesamtwirkungsgrad von über 50 % bis maximal 60 % erreichen. GuD bedeutet die Nutzung des heißen Abgasstroms einer Gasturbine in einem nachgeschalteten Dampferzeuger, dessen Dampf wiederum eine Dampfturbine antreibt, s. Abb. 5-12.

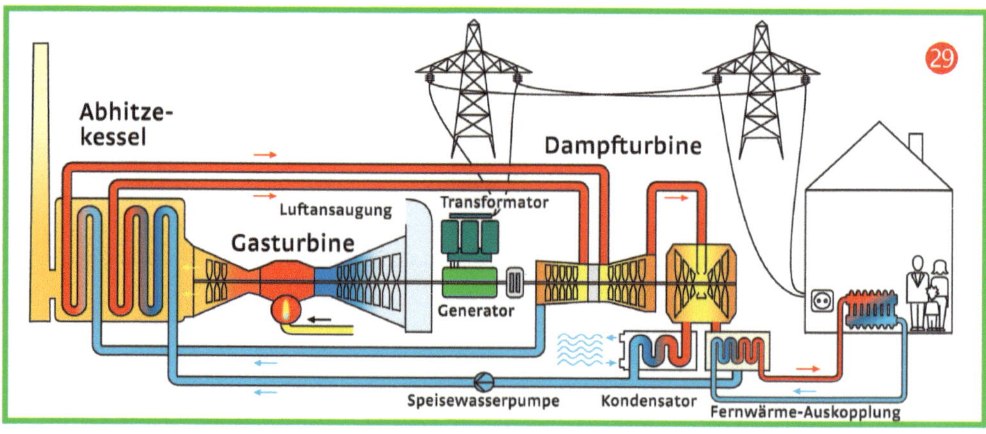

Abb. 5-12: GuD im Prinzip; Quelle: Stadtwerke Düsseldorf AG

5.1.4 Wasserstoffmotoren, Wasserstoffturbinen

H_2-Verbrenner- Motoren sind an mehreren Orten in der Entwicklung. Ein Beispiel ist der Motor des Münchener Start-ups KEYOU, s. Abb. 5-13. TH. KORN, einer der Unternehmensgründer, ist überzeugt, dass „der Wasserstoff-Verbrennungsmotor einem Brennstoffzellen-Elektroantrieb hinsichtlich Robustheit, Lebensdauer, Herstellkosten, einer höheren spezifischen Leistungsdichte und eines geringeren Aufwandes in der Kühlung deutlich überlegen ist“[65]. Entwicklungsbasis für den Motor von KEYOU war ein 7,8-Liter-Motor von Deutz, der üblicherweise Busse und Lkw antreibt. KEYOU hat den Basismotor für seine Zwecke angepasst. Bei Zündsystem, Turbolader, Druckventilen, Kühlsystem und Injektoren wurden Veränderungen vorgenommen. Als ersten Schritt in die Anwendung sieht KEYOU die Ausrüstung von Stadtbussen mit den umgerüsteten Motoren.

Der Vorteil der Wasserstoffverbrennung ist, dass der Kraftstoff kohlenstofffrei ist. Die CO_2-Werte liegen unter 1 g/km. Die direkte Verbrennung ist also ein wesentlicher Beitrag zur emissionsfreien Fortbewegung. Einzig relevant sind die NO_x-Werte, die mit Abgasnachbehandlung vergleichsweise leicht zu eliminieren sind.

Die Konzentration auf großvolumige Motoren hat Vorgänger. In den 1990er-Jahren arbeitete BMW auf der Basis eines V 12-Motors intensiv an der Entwicklung eines Wasserstoff-Verbrennungsmotors für den Pkw-Einsatz. 2009 wurde das Projekt dann aufgegeben. Die Konkurrenz der Batterie für den elektrischen Antrieb von Pkw erschien zu groß. Für Lkw und Busse sieht das jedoch anders aus, auch wenn hier die Brennstoffzelle als alternativer Konkurrent bereitsteht.

Abb. 5-13: Vorerst wird Keyou seine Wasserstoff-Verbrennungsmotoren in Lkw und Bussen einsetzen; Quelle: Keyou, Werkphoto

Eine Chance in der weiteren Entwicklung haben Wasserstoffmotoren durchaus. „Sie sind nicht die effizienteste Lösung für CO_2-neutrale Mobilität, aber sie können schnell auf die Straße“, stellte Bosch-Geschäftsführer ST. HARTUNG im Mai 2021 anlässlich des Wiener Motorensymposiums fest. Auch MAN setzt sowohl auf die Brennstoffzelle wie den Wasserstoffmotor. Die Prognose geht dahin, dass solche Motoren im Jahre 2030 die gleichen

65 Th. Korn, Z. Automobil-Industrie, 2020.

Lebenszykluskosten wie heutige Dieselmotoren haben werden und kostengünstige Brennstoffzellenantriebe auf sich warten lassen.[66]

Ein Beispiel aus dem Anwendungssektor BHKW liefern die Städtischen Betriebe Haßfurt. Die dort praktizierte Umwandlung des aus grünem Strom gewonnenen Wasserstoffs in Wärme und Strom erfolgt hier über einen nur schwach modifizierten Verbrennungsmotor. Im Zukunftspaket 36 der „Nationalen Wasserstoffstrategie" heißt es zwar noch: „Die Förderung von ‚Wasserstoff-ready' Anlagen über das KWK-Gesetz wird geprüft", die Praxis ist jedoch schon weiter. Die Hersteller von motorischen KWK haben nach einer Umfrage des Bundesverbandes Kraft-Wärme-Kopplung mitgeteilt, dass die gasbetriebenen KWK-Anlagen heute schon „Wasserstoff-ready" sind oder für Wasserstoff nachgerüstet werden können.[67]

Die motorische Nutzung von Wasserstoff kann danach als Stand der Technik gelten. Dies gilt eingeschränkt auch für die Gasturbine. Die Hersteller stationärer Gasturbinen, die im Europäischen Verband EU-Turbines organisiert sind, haben sich schon Anfang 2019 zur Zukunft der Stromerzeugung mit erneuerbarem Gas erklärt. Sie haben zugesagt, bei entsprechender Nachfrage bis zum Jahr 2030 Wasserstoff-Gasturbinen liefern zu können.[68]

Die nachfolgende Aufstellung von weiteren Beispielen enthält angesichts ihrer Ausrichtung auf Entwicklung und Erprobung auch Projekte mit mehreren Wandlungspfaden:

- Wind-Wasserstoff-Projekt GmbH Grapzow (motorische Verbrennung)
- Flughafen Berlin-Schönefeld (BHKW)
- Wasserstoffnutzung im Quartier in Esslingen (motorische Verbrennung)
- Reallabor Referenzkraftwerk Lausitz (motorische Verbrennung und Brennstoffzelle)[69]

Auf dem Weg zur Wasserstoff-Gasturbine ist wohl noch weitere Entwicklungsarbeit zu leisten, wie das Beispiel DLR (Deutsches Zentrum für Luft- und Raumfahrt) zeigt. Es hat mit dem Prüfstand 2 (HBK 2) in Köln-Wahn einen seiner Großprüfstände so ausgebaut, dass er Hochdruckbrennkammern aufnehmen kann. Künftig werden hier Triebwerkstechniken für Wasserstoffanwendungen erprobt.

Die Entwicklung einer CO_2-freien, wasserstoffbasierten Energieversorgung durch Gasturbinen geht nach DLR von bereits bewährten Aggregaten aus, deren Brennkammern ausgetauscht werden. Entwicklungsziel ist eine Flexibilität in den Brenngasen, von 100 % Erdgas bis zu 100 % Wasserstoff und für alle Zwischenwerte. In europäischer Zusammenarbeit soll als Nächstes die Wasserstoffverbrennung in bestehenden Kraftwerken erprobt werden, um eine Umstellung von Erdgas auf Wasserstoff schnell und reibungslos vornehmen zu können.[70]

Dem Triebwerksbauer MTU kann der Umstieg nicht schnell genug gehen. Für MTU ist Wasserstoff schon jetzt eine Alternative für den Antrieb von Flugzeugen. „Er sollte als Treibstoff sofort eingesetzt werden", sagte MTU-Technikvorstand L. WAGNER. Der technische Umbruch werde jedoch nicht ohne Fördermittel gelingen. MTU ist der Meinung,

66 vdi nachrichten vom 7. Mai 2021.
67 Bundesverband KWK e. V. (Hg): Wasserstoff-Tag der Berliner Energietage, Berlin 2020.
68 Z. ZfK, 24. Januar 2019.
69 Nach BWK Jahresausgabe 2020, S. 43/44.
70 Energie & Management Nachrichten, 22.12.2020.

dass Wasserstoff sofort in bestehenden Flugzeugen und Triebwerken verwendet werden könnte. Als Alternative käme auch eine direkte Verbrennung von flüssigem Wasserstoff in Gasturbinen infrage. Dazu müsste im Triebwerk lediglich die Brennkammer angepasst werden, was in wenigen Jahren erreichbar sei. Den flüssigen Wasserstoff bereitzustellen, zu handhaben und z. B. im Flugzeug mitzuführen seien die größeren Probleme.[71]

5.2 Brennstoffzellen: Strom und Wärme

Brennstoffzellen gehören zu den Systemlösungen: Sie erzeugen Strom und Wärme, auch wenn meist ihre Stromproduktion im Mittelpunkt steht, wie auch die folgenden Ausführungen zu ihrer Entwicklungsgeschichte darlegen.

Wie schon in Kap. 3, Die frühe Geschichte, erläutert, geht ihre Erfindung auf das Jahr 1839 zurück, als sich der Jurist und Physiker SIR W. R. GROVE mit der Wasserelektrolyse beschäftigte, die Wasserstoff und Sauerstoff ergab, und dabei feststellte, dass dieser Prozess auch umkehrbar war.

Seine „galvanische Gasbatterie" konnte in der heute sogenannten kalten Verbrennung von Wasserstoff und Sauerstoff Strom erzeugen. Sie bestand aus Gefäßen mit Schwefelsäure, in die jeweils zwei Platinelektroden eintauchten, um die Wasserstoff bzw. Sauerstoff gespült wurden, s. die frühere Abb. 3-4.

GROVE konnte einen geringen Stromfluss durch einen äußeren Stromkreis feststellen. Doch der Strom, den sie lieferte, war viel zu schwach für eine praktische Nutzung. Ebenso war auch die Spannung zu klein und so konnte sich die frühe Brennstoffzelle nicht gegen andere Erfindungen durchsetzen. Dies gelang vielmehr dem Elektrodynamo oder später dem Verbrennungsmotor.

Der Begriff „Brennstoffzelle" wurde erstmals 1889 von L. MOND und CH. LANGER benutzt, die die neue Technik intensiv erforschten. 1896 – im Todesjahr GROVES – erkannte dann W. OSTWALD, Direktor des ersten Lehrstuhls für physikalische Chemie an der Universität Leipzig, den eigentlichen Nutzen der Brennstoffzelle und ihre revolutionäre Neuerung. Er erreichte mit seinem Modell sogar einen Wirkungsgrad von über 80 %, und dies bei Zimmertemperatur. Jedoch war der technische und vor allem der chemische Wissensstand Anfang des 20. Jahrhunderts nicht ausgereift genug, um die Brennstoffzelle auch effizient einzusetzen.

In Deutschland wurde die Forschung an Brennstoffzellen zur Tradition. F. FISCHER beispielsweise, der erste Direktor des Mülheimer Kaiser-Wilhelm-Instituts für Kohlenforschung (heute: Max-Planck-Institut für Kohlenforschung) hielt am 30. Mai 1921 auf der Jahresversammlung Deutscher Elektrochemiker einen Vortrag, in dem er die „elektrochemische Verbrennung [von Kohle] unter Stromerzeugung ..." als eines der Hauptarbeitsgebiete seines Instituts bezeichnete. Dazu skizzierte Fischer ein technisches Verfahren, in dem aus Kohle in einem mehrstufigen Prozess elektrische Energie gewonnen werden sollte. Die letzte Stufe war eine Brennstoffzelle, die aus Gas schließlich Strom produzieren sollte. Das

71 dpa-AFX, 05.10.2020.

Verfahren wurde zwar nie verwirklicht, aber in der Brennstoffzelle wurde schon damals eine Zukunft gesehen.

Weiterentwickelt wurde die Brennstoffzelle dann hauptsächlich von den beiden Deutschen E. JUSTI und A. WINSEL[72] und von dem Briten F. TH. BACON, einem Nachfahren des englischen Wissenschaftlers und Philosophen SIR FRANCIS BACON, der 1932 das erste Modell einer modernen Alkali-Elektrolyt-Brennstoffzelle mit Gas-Diffusions-Elektroden baute. 1952 gelang BACON die erfolgreiche Demonstration einer 5-kW-Zelle.

1959 stellte dann H. K. IHRIG von der Allis-Chalmers Manufacturing Comp. einen 20-PS-Traktor vor, der aus einer Säule aus 1.008 Zellen mit 15 kW Leistung betrieben wurde (und heute im Smithsonian Museum steht). Die Firma forschte dann mehrere Jahre auf diesem Sektor und baute u. a. einen brennstoffzellenbetriebenen Gabelstapler und einen Golf-Caddy – die ersten brauchbaren mobilen Anwendungen, für die sich auch die U.S. Air Force interessierte.

Einige Jahre später, 1967, nutzte K. KORDESCH von Union Carbide die Brennstoffzelle für die Fortbewegung im Straßenverkehr. Er fuhr ein nach seiner Konstruktion umgebautes BZ-Motorrad, angetrieben von einer Hydrazin/Luft-Brennstoffzelle. Es konnte mit einer Gallone Hydrazin 320 km weit kommen. 1970 wechselte er, bei Union Carbide früh pensioniert, zur Universität Graz, wo er auch das offiziell erste Brennstoffzellen-Auto baute. Das Fahrzeug, ein umgerüsteter Austin, besaß als Kraftquelle eine 6-kW-Alkaline-Zelle, hatte die Tankflaschen auf dem Dach und wurde von einem 20-kW-Elektromotor angetrieben.

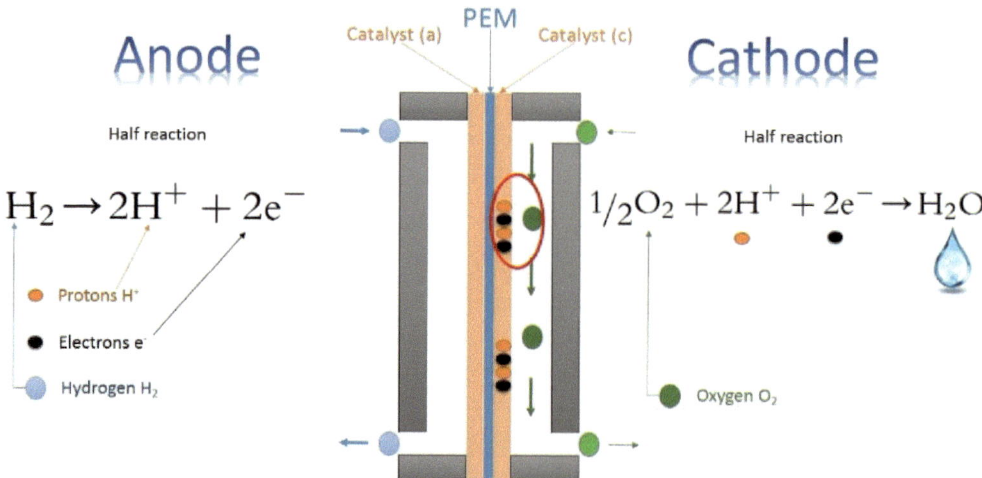

Abb. 5-14: Funktionsprinzip einer Wasserstoff-Sauerstoff-Brennstoffzelle; Quelle: I. Yi mg, htps://i.ytimg.com/vi/-oGF7kIbtqI/maxresdefault.jpg, Abruf 2. September 2022

72 Zur Geschichte s. auch die Darstellung in E. Justi, A. Winsel: Kalte Verbrennung. Wiesbaden, 1962.

Das Arbeitsprinzip einer Wasserstoff-Sauerstoff-Brennstoffzelle zeigt Abb. 5-14. An der Anode wird der Wasserstoff katalytisch ionisiert, an der Kathode in exothermer Reaktion Wasser gebildet. Eine semipermeable Membran trennt die Gase und erlaubt nur die Protonenwanderung (PEM = Proton Exchange Membrane). In der Zelle wird im Betrieb eine Spannung von etwa 0,7 Volt gemessen; höhere Spannungen erhält man durch Reihenschaltung zu einem Stapel (Stack). Die entstehende Wärme wird über einen Kühlkreislauf ausgekoppelt.

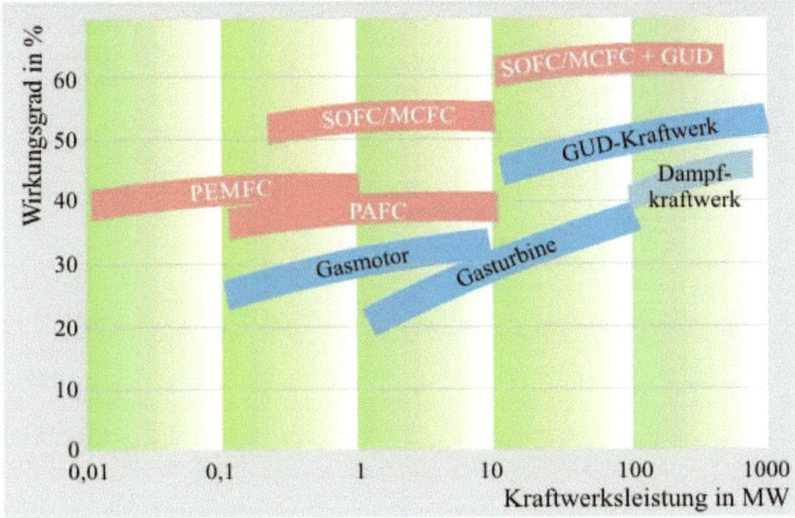

Abb. 5-15: Wirkungsgrade von Brennstoffzellen im Vergleich; Quelle: Joachim Herz Stiftung, LEIFI Physik

Heute stehen verschiedene Typen von Brennstoffzellen zur Verfügung, die sich vor allem in der Wahl des Elektrolyten unterscheiden, was sich insbesondere in den verschiedenen Arbeitstemperaturen spiegelt. Der elektrische Wirkungsgrad liegt im Mittel bei 50 % und damit deutlich über dem der thermischen Kraftmaschinen, s. Abb. 5-15.

Die Darstellung der Abb. 5-16 lässt erkennen, dass das Anwendungsspektrum der Brennstoffzellen breit gefächert ist – es reicht von der mobilen Anwendung in Fahrzeugen über die Hausversorgung mit Strom und Wärme bis hin zu Block- und Heizkraftwerken. Ihre Renaissance hinsichtlich mobiler Anwendung erlebte die Brennstoffzelle ab den 1960er Jahren mit der beginnenden Raumfahrttechnik. Ein Beispiel ist der Brennstoffzellen-Modul des Apolloprogramms. Auch die militärische Verwendung ließ nicht lange auf sich warten: Ingenieure der Howaldtswerke Deutsche Werft (HDW) in Kiel beschäftigten sich schon seit 30 Jahren mit Einsatzmöglichkeiten in der Schifffahrt. Ihnen ging es allerdings nicht um konventionelle Schiffe, sondern um U-Boote. Sie sollten für die Unterwasserfahrt eine Brennstoffzelle erhalten. Damit sollte es möglich sein, deutlich länger zu tauchen als ein konventionelles U-Boot, das seinen Elektroantrieb über Akkumulatoren versorgt. Anfang des Jahrtausends stach schließlich das erste so ausgerüstete U-Boot der Klasse 212 A in See.

	Typ		Elektrolyt	Brennstoff	Effizienz		Anwendung
900 - 1000°C	Festoxid-Brennstoffzelle	SOFC	Zirkondioxid-keramik	Wasserstoff Erdgas	50-60%		BHKW Kraft-Wärme (KWK)
ca. 650°C	Schmelzkarbonat-Brennstoffzelle	MCFC	Karbonat-gemisch	Wasserstoff Erdgas	45-60%	Stationär	BHKW KWK
170 - 250°C	Phosphorsäure Brennstoffzelle	PAFC	Konzentrierte Phosphorsäure	Wasserstoff Erdgas	35-45%		BHKW
120-200°C	Hochtemperatur PEM BZ	HT-PEM		Wasserstoff	35-50%		Kleinstanlagen Off-Grid
70 - 90°C	Direktmethanol-Brennstoffzelle	DMFC	Polymer-membran	Methanol	20-30%		Freizeitbereich Kleinstgeräte
70 - 90°C	Polymerelektrolyt-membran BZ	PEM		Wasserstoff	40-50%	Mobil	KFZ-Antrieb Kleinstanlagen
60 - 100°C	Alkalische Brennstoffzelle	AFC	Kalilauge	Hochreiner Wasserstoff	ca. 60%		Raumfahrt Militär

Abb. 5-16: Bauweisen und Anwendungsbereiche von Brennstoffzellen; Quelle: Siqens GmbH 2022, S. 6

Die Brennstoffzelle gewinnt seitdem kontinuierlich an Bedeutung, längst auch in konventionellen mobilen wie stationären Bereichen.

Zu den mobilen Anwendungen gehören der Bahnverkehr, der Straßenverkehr, der Seeverkehr und perspektivisch der Luftverkehrr. Für die Bahn kommt der Einsatz von Wasserstoff insbesondere auf Strecken infrage, die nicht elektrifiziert sind – und das trifft in Deutschland auf 40 % des Schienennetzes zu. In Norddeutschland hat 2019 die Landesnahverkehrsgesellschaft Niedersachsen (LNVG) gemeinsam mit dem Streckenbetreiber, der Eisenbahnen- und Verkehrsbetriebe Elbe-Weser (EVB) die ersten beiden Züge in Betrieb genommen, die die Kombination Flüssigwasserstoff-Brennstoffzelle für den Antrieb nutzen, bei einer Reichweite von 1.000 km/Tankfüllung. Sie verbinden Buxtehude und Cuxhaven und wurden vom Zughersteller Alstom als welterste Wasserstoffzüge im Werk Salzgitter gebaut. Die LNVG hat nach den ersten positiven Erfahrungen weitere 12 Wasserstoff-Züge gleichen Typs bei Alstom bestellt, die 2021 auf dieser Strecke fahren sollten.[73]

Mit gleicher Technik hat der Rhein-Main-Verkehrsverbund (RMV) zum Fahrplanwechsel 2022/2023 eine Flotte von 27 Zügen bestellt. Der Auftrag hat einen Umfang von rund 500 Mio. Euro.[74] Im Straßenverkehr war lange Zeit umstritten, welchen Antrieb der Pkw der Zukunft haben sollte: Batterie (genauer: Akkumulator) in der Lithium-Ionen-Bauweise oder die wasserstoffbetriebene Brennstoffzelle. Weltweit bieten nur wenige Hersteller Fahrzeuge mit Brennstoffzelle an. In Deutschland brachte bisher nur Daimler mit dem Mercedes GLC F-Cell ein Auto mit Wasserstoffantrieb öffentlich heraus und mit einer Miniserie zeitweise auf den Markt.

Daimler hat sich lange mit der Brennstoffzelle beschäftigt. 1994 wurde mit NECAR 1 in Stuttgart das erste Brennstoffzellenfahrzeug vorgestellt. Weitere Modelle folgten,

73 Süddeutsche Zeitung, 26. April 2019.
74 Ntv, Regionalnachrichten, 21. Mai 2019.

schließlich 2003 die A-Klasse F-CELL Flotte. Breite Aufmerksamkeit fand 2011 die erste Weltumrundung mit Brennstoffzellenfahrzeugen, der F-CELL World Drive. Die Studie F 015 zeigte 2015 mit Luxury in Motion ein auf 1.100 Kilometer ausgelegtes F-CELL Plug-in-Hybridantriebssystem.

Nach langem internen Hin und Her und erst, nachdem die ausländischen Hersteller Toyota (Mirai) und Hyundai (Nexo) ein Auto mit Wasserstoff-Brennstoffzelle auf den deutschen Markt gebracht hatten, zog Daimler Ende 2018 mit dem erwähnten Modell GLC F-Cell in einer Kleinserie nach.

Im Jahr 2020 war die F-Cell-Epoche bei Daimler schon wieder zu Ende. Zur Begründung des Aus erklärt Daimler: „Aktuell ist die Batterie der Brennstoffzelle bezüglich einer großvolumigen Markteinführung überlegen – nicht zuletzt angesichts der weltweit noch geringen Anzahl an Wasserstoff-Tankstellen und der verhältnismäßig hohen Technologiekosten.

Auch in Sachen Energiedichte hat die Batterietechnologie große Sprünge gemacht und damit den Reichweitenvorteil der Brennstoffzellentechnologie im Pkw verringert." Zukünftig wird man danach die Brennstoffzellen-Technik für Busse und Lkw weiterentwickeln. Das wird bei Daimler als der Zukunftsmarkt für die Brennstoffzelle gesehen. Für den Pkw-Sektor kommt hier also das BZ-Geschäftsmodell nicht (mehr) infrage. Für die Brennstoffzellenanwendung hat Daimler einen Partner im Lkw-Bauer Volvo gefunden; Volvo – nicht identisch mit der gleichnamigen Autofirma – ist jetzt für mehr als 600 Mio. € Partner in einem gleichberechtigten Joint-Venture.

Länder	**Publikation (Status quo & Trend)**	**Patente (Status quo & Trend)**	**Demoprojekte (zu BZ-Lkw)**	**Politisches Interesse**	**Flächendeckende Infrastruktur**
USA	+++ & →	+++ & ↓	Wenige	+ (in CA ++)	Schwierig
Korea	0 & ↑	0 & ↑	(keine konkreten Projekte)	0	Neutral
China	++ & ↑	0 & ↑	(keine konkreten Projekte)	0	Schwierig (Fokus Me-tropolen)
Japan	+ & ↓	++ & ↑	keine konkreten Projekte)	0	Einfacher
Deutschland	+ & →	+ & →	Sehr wenige	+	Einfacher
Legende: 0 = keine(s) bzw. nicht sichtbar; + gering bzw. erkennbar; ++ vgl. hoch bzw. deutlich; +++ sehr stark. Die Pfeile geben eine zukünftige Tendenz an.					

Tabelle 5-1: Kritische Entwicklungshemmnisse, über alle analysierten Länder (plus Korea) hinweg; Quelle: Fraunhofer IS / I Fraunhofer IML (Hg), Brennstoffzellen-Lkw: kritische Entwicklungshemmnisse, Forschungsbedarf und Marktpotential, Karlsruhe 2017, Tabelle 6

Auf die inzwischen bewährte motorische Verwendung des Wasserstoffs in (größeren) Fahrzeugen wurde oben schon eingegangen. Die Nutzung der Brennstoffzelle in schweren Fahrzeugen steht in Konkurrenz dazu. Die Durchsicht der Veröffentlichungen zum Thema erbrachte einerseits, dass hier noch erheblicher Entwicklungsbedarf besteht, und dass andererseits große Unterschiede zwischen den untersuchten Ländern existieren, s. auch Tabelle 5-1. Für den Erfolg der Lkw-Brennstoffzellentechnik ist die Etablierung der Wasserstoffinfrastruktur von entscheidender Bedeutung. Deutschland scheint mit der seit 2013 existierenden industriellen H_2-Mobility-Initiative im internationalen Vergleich auf dem richtigen Weg zu sein.

Beispiele aus der Praxis belegen den Ansatz. Am weitesten sind Hyundai und Toyota. Hyundai hat im Oktober 2020 die ersten 7 Fahrzeuge des neuen Modells Xcient Fuel Cell an Schweizer Kunden ausgeliefert. In Jahr 2021 sollen 43 weitere noch folgen, und bis 2025 sollen es 1600 Fahrzeuge werden. Der Xcient Fuel Cell ist weltweit der erste elektrische Schwerlast-Lkw, der mit einem Wasserstoff-Brennstoffzellen-System für mehr Reichweite auf dem Markt ist. Hyundai tritt damit in den europäischen Nutzfahrzeugmarkt ein.

Auch Toyota und seine Nutzfahrzeugtochter Hino entwickeln elektrifizierte Lösungen für den Lkw. Die ersten Brennstoffzellen-Lkw, Gesamtgewicht 25 Tonnen, sollten im Frühjahr 2022 in den Praxistest gehen. Der Brennstoffzellen-Lkw von Mercedes-Benz, im September 2020 vorgestellt, soll ab 2023 die Erprobung bei den Kunden beginnen. Basis für Zuladung und Reichweite sind laut Daimler Trucks zwei spezielle Flüssigwasserstofftanks mit je 40 Kilogramm Fassungsvermögen und ein Brennstoffzellensystem mit zweimal 150 Kilowatt. MAN wollte Im Sommer 2021 zwei Prototypen Wasserstoff-Lkw mit jeweils verschiedener Brennstoffzellen-Ausstattung in den Probeverkehr bringen. Werkseigene Fahrer sollen die Trucks über viele Fahrkilometer testen, um das Feintuning vorzunehmen. Bis etwa 2024 soll eine Demoflotte für den realen Einsatz bei Transportunternehmen aufgebaut werden.

Die Prüfung des Einsatzes von Brennstoffzellen in der Seefahrt ist noch nicht sehr weit fortgeschritten, wird jedoch in Studien und geförderten Projekten zunehmend thematisiert.[75] Ballard Power Systems haben im Jahr 2020 ein Brennstoffzellen-Modul für den maritimen Primärantrieb angekündigt. Das neue Modul FCwave leistet 200 kW und soll nach Ballard bis zu einer Leistung von mehreren Megawatt aus mehreren Modulen zusammenschaltbar sein. Das Modul kann als Einzelaggregat u. a. in Passagier- und Autofähren sowie Schub- und Fischerboote eingebaut werden. Als Lebensdauer des Moduls gibt Ballard „mehr als 30.000 Stunden“ an, für die Systemeffizienz ≥ 55 % und als spezifisches Gewicht 4,4 kg pro kWh.

Kleinere Schiffe mit Brennstoffzellenantrieb wie Fähren oder auch Yachten fahren bereits. Das norwegische Reederei Norled hat im Jahr 2021 die weltweit erste BZ-Fähre auf einer landesinternen Route in Betrieb genommen. Abb. 5-17 zeigt die Fähre mit Namen Hydra in der Erprobung.

Doch um z. B. den dann elektrischen Antrieb eines großen hochseetauglichen Kreuzfahrtschiffes tatsächlich über Brennstoffzellen versorgen zu können, reicht der Entwicklungsstand nicht aus.

75 Z. B. Studie „Strombasierte Kraftstoffe für Brennstoffzellen in der Binnenschifffahrt“, erstellt im Auftrag der NOW GmbH von Ludwig Bölkow Systemtechnik GmbH, DNV GL SE und dem Ingenieurbüro für Schiffstechnik.

Abb. 5-17: Die Norled-Fähre „MF Hydra“ ist mit zwei Brennstoffzellen von Ballard Power Systems ausgerüstet; Quelle: Norse Group/Westcon.no

Der Fokus der Entwickler der deutschen Meyer-Werft liegt gegenwärtig auf partiellen Lösungen. Etwa darauf, die Stromversorgung an Bord über Brennstoffzellen vorzunehmen und die entsprechende Technik in den nächsten Jahren auf Neubauten von Kreuzfahrtschiffen und Fähren auszurollen. G. UNTIET, Entwicklungsleiter der Meyer-Werft, war jedoch schon 2016 überzeugt, dass sich neben den Treibstoffen LNG (verflüssigtem Erdgas), Methanol und Ethanol die Brennstoffzelle in mittlerer Zukunft für den Schiffsantrieb durchsetzen wird.[76] Dass Kreuzfahrt-Passagiere auf den Weltmeeren einen emissionsarmen Elektroantrieb auf ihrem Traumschiff nutzen können, wird danach erst in 4–8 Jahren möglich sein. Bei systematischer Weiterentwicklung können jedoch Brennstoffzellen die Schifffahrt nachhaltig umgestalten.

Ein Einzelprojekt ragt allerdings heraus: Die Gesellschaften MSC, Fincantieri und Snam haben nach aktueller Mitteilung eine Kooperation zum Bau des weltweit ersten wasserstoffbetriebenen Kreuzfahrtschiffes vereinbart.[77] Die Absichtserklärung enthält sowohl einen Zeitplan wie technische Einzelheiten. Danach werden die drei Unternehmen bis zur Jahresmitte 2022 wichtige Einflussfaktoren und Randbedingungen für die Entwicklung von wasserstoffbetriebenen Kreuzfahrtschiffen untersuchen. Dazu gehören z. B. die Anordnung der Schiffsräume zur Unterbringung von H_2-Technik und Brennstoffzellen, die technischen Systemparameter des Antriebs, die Berechnung der verbleibenden Treibhausgasemissionen sowie eine technisch-wirtschaftliche Analyse und Konzeption der Wasserstoffversorgung und der Tankinfrastruktur.

Die Verwendung von Ammoniak als primärer Energieträger für die Brennstoffzelle stellt eine interessante Alternative dar, die im Projekt ShipFC entwickelt wird, an dem 13 europäische Verbundpartner mitwirken, darunter das Fraunhofer-Institut für Mikrotechnik und Mikrosysteme IMM. Gegenüber Wasserstoff hat Ammoniak einige Vorteile, s. auch Kap. 4.4, Speicherung und Transport von Derivaten. Während Wasserstoff entweder als Flüssigkeit bei -253 °C oder als Gas bei Drücken um 700 bar gespeichert werden muss, wird

76 Vgl, Brennstoffzellen für grüneren Antrieb. Wirtschaftswoche, 16. September 2016.

77 Vgl. MSC, Fincantieri und Snam kooperieren für den Bau des weltweit ersten wasserstoffbetriebenen Kreuzfahrtschiffes, Kreuzfahrt.news, 26. Juli 2021.

Ammoniak (NH_3) dagegen flüssig bei verträglichen -33 °C gelagert. Auf dem Schiff wird das Ammoniak in die Gase Stickstoff (N_2) und Wasserstoff (H_2) gespalten, die anschließend in die Brennstoffzelle geleitet werden. Verbleibende Reste werden katalytisch aufbereitet. Einen ersten kleinen Testtyp wollte das Team gegen Ende 2021 fertigstellen. Schon Ende 2022 sollte ein Prototyp in der geplanten Größe als Versorgungsschiff Viking Energy fertiggestellt sein. In der zweiten Jahreshälfte 2023 soll dann das Schiff der norwegischen Reederei Eidesvik als weltweit erstes Schiff mit ammoniak-basierter Brennstoffzelle in See gehen.[78]

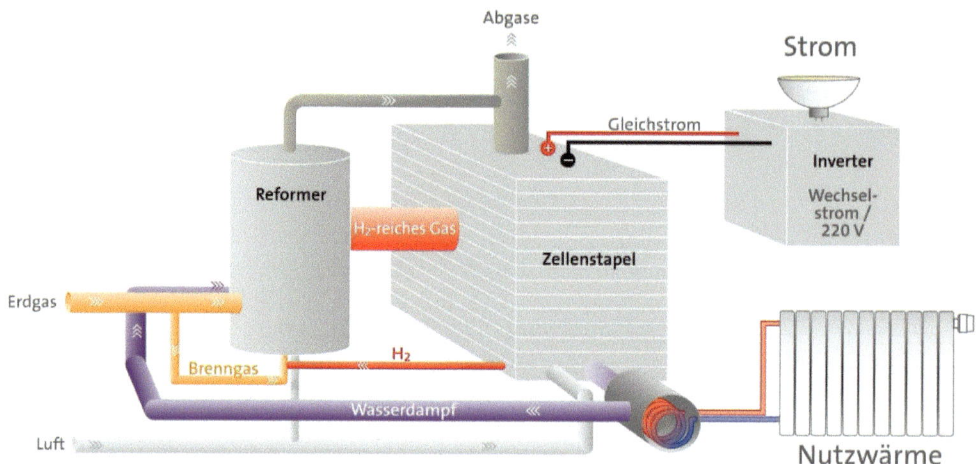

Abb. 5-18: Aufbau einer Brennstoffzellenheizung; Quelle: ASUE, Arbeitsgemeinschaft für sparsamen und umweltfreundlichen Energieverbrauch e.V.

In der Haustechnik hat sich die Brennstoffzellenheizung etabliert, um Strom und Wärme gleichzeitig zu erzeugen; das Bau- und Verwendungsprinzip zeigt Abb. 5-18. Aus der Abbildung wird zugleich ersichtlich, dass beim heutigen Stand der fehlenden Wasserstoffinfrastruktur der Brennstoff aus Erdgas gewonnen werden muss.

Dies führt zugleich zur Aufklärung eines grundsätzlichen Missverständnisses: Nur der auf Wasserstoff als Brennstoff gestützte Brennstoffzellen-Modul ist emissionsfrei, prozessgemäß auch CO_2-emissionsfrei. Die Nutzung anderer Brennstoffe sowie auch vorgelagerte Prozesse der Wasserstoffherstellung sind es im Allgemeinen nicht. In welchem Maße, hängt vom gewählten oder verfügbaren Primärstoff ab, meist Methanol oder Erdgas, Abb. 5-18 zeigt eine Brennstoffzellenheizung auf Erdgasbasis. Erst der zunehmend regenerativ erzeugte (grüne) Wasserstoff löst das Problem.

78 Quelle: Fraunhofer IMM | Solarserver, 2. März 2021.

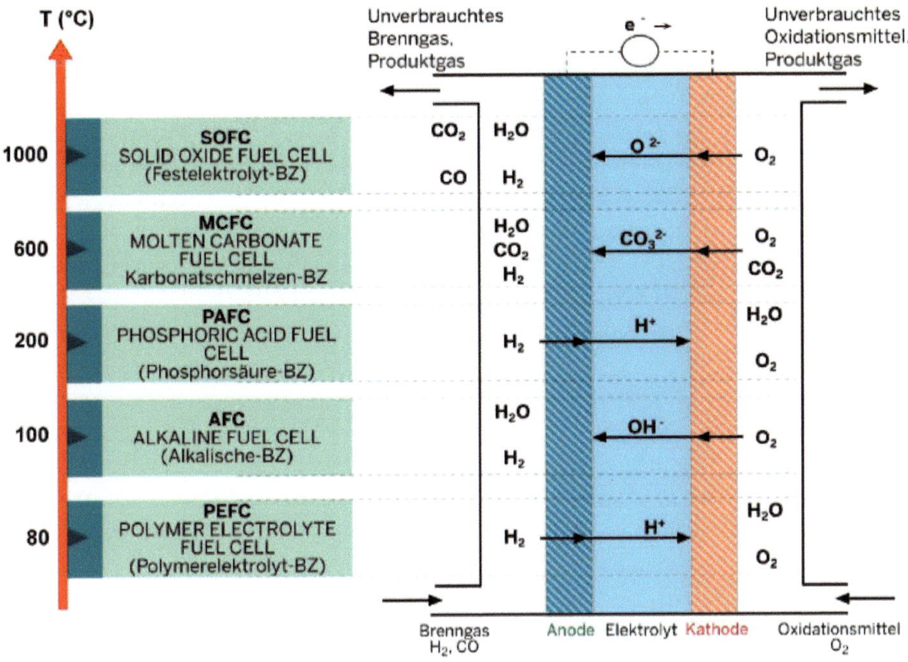

Abb. 5-19: Typabhängige Emissionen bei Brennstoffzellen; Quelle: Energieagentur NRW

Brennstoffzellenheizungen besetzen z. Z. nur einen begrenzten Markt. Sie haben bei allen theoretischen Vorzügen einen Nachteil: Sie sind (noch) sehr teuer. Neben Hausanlagen sind Brennstoffzellensysteme auch in der Leistungsklasse von 100 kW bis zu mehreren MW verfügbar. Sie dienen dann z. B. der Energieversorgung von Wohn- oder Gewerbequartieren. Beispiele im Rahmen der allgemeinen Energieversorgung sind noch die Ausnahme. Auf Island jedoch wird die Brennstoffzelle im Rahmen der dort eingeführten Wasserstoffwirtschaft bald flächendeckend eingesetzt sein.

In summa:

- Brennstoffzellen bereiten den Weg in eine CO_2-ärmere und mit Brenngas Wasserstoff in eine CO_2-freie Energiewirtschaft, wenn die Wirtschaftlichkeit noch weiter verbessert wird.
- Dies gilt auch für die mobile Antriebstechnik, hier in Konkurrenz zum BEV oder zur Direktverbrennung von Wasserstoff.
- Brennstoffzellen sind zudem ein zentraler Anwendungsfall einer künftigen Wasserstoffwirtschaft
- und je nach Anwendungsfall auch ein Beispiel für Systemlösungen (KWK oder PtX).

5.3 Verfahrenstechnik: Chemische Prozesse

Wasserstoff ist ein industrieller Grundstoff. Verfahren wie die Ammoniaksynthese nach Haber-Bosch, die Kohlehydrierung nach Bergius-Pier / Fischer-Tropsch und die Methanolsynthese verwenden Wasserstoff als Teil des Verfahrens, s. Kap. 3, Die frühe Geschichte.

Die Frage, ob und wie weit klassische Prozesse durch die freie Verfügbarkeit von grünem Wasserstoff modifiziert werden können oder sollten, liefert einen Einstieg in eine wasserstoffbasierte Verfahrenstechnik. Ein Beispiel ist hier die Herstellung synthetischer Treibstoffe im Rahmen von PtX. „Grüner" Wasserstoff kann als Rohstoff für solche oder andere Synthesen oder auch als Reduktionsmittel dienen, zum Beispiel in der Stahlerzeugung, wo es den Koks ersetzt. Generelles Ziel ist die Dekarbonisierung. Einige prozessbedingte industrielle CO_2-Quellen – wie etwa die Emissionen der Zementindustrie – lassen sich nach derzeitigem Stand langfristig, wenn überhaupt, nur durch Änderungen der Prozesse selbst dekarbonisieren.

Im Folgenden sind Beispiele vertieft behandelt. Allgemein gilt: Wenn eine Dekarbonisierung nicht möglich ist, müssen die CO_2-Emissionen des Industriesektors auf anderen Wegen neutralisiert werden.

Power-to-Liquid

Unter Power-to-Liquid versteht man die Verwendung regenerativen Stroms zur Erzeugung stofflicher Brenn- oder Kraftstoffe in flüssiger Form (daher Liquid). Erstes und entscheidendes Zwischenprodukt ist auch hier der Wasserstoff, dem weitere Verarbeitungsschritte nachgeschaltet sind.

Für ein Power-to-Liquid-Speichersystem braucht es folgende Stufen:

- Einspeichern: über Elektrolyse (Alkalische Elektrolyse/AEL), Membran-Elektrolyse (PEM), Hochtemperatur-Elektrolyse (HATES)
- Fischer-Tropsch-Synthese **oder** Methanolsynthese
- Speichern: in oberirdischen Mineralölspeichern, Pipelines, Tankstellen
- Ausspeichern für Verwendung in: Flugzeugturbine, Blockheizkraftwerk, Gasturbine, GuD-Kraftwerk, Dieselgenerator, Ottomotor, Dieselmotor, allen konventionellen Verkehrsantrieben, Brennstoffzelle (nach Reformierung /oder mit Methanol), oder Verwendung als stoffliche Nutzung

Sowohl die Fischer-Tropsch-Synthese wie auch die Methanolherstellung sind bewährte Verfahren, die schon seit Jahrzehnten existieren. Die Fischer-Tropsch-Synthese ist ursprünglich ein im Jahre 1926 publizierter Weg der Kohleveredelung zur Herstellung von Kohlenwasserstoffen, entwickelt von F. FISCHER und H. TROPSCH nach der Reaktion

$$n\,CO + (2n + 1)\,H_2 \longrightarrow CnH_2n{+}2 + n\,H_2O,$$

wie bereits in Kap. 3, Die frühe Geschichte, im Detail erläutert.

Die Weiterentwicklung des Verfahrens erfolgte zunächst in den Sasol-Werken in Südafrika; im Rahmen des neue erwachten Interesses an klimaneutralen Treibstoffen wurde im Jahre 2014 vom jungen Unternehmen Sunfire in Dresden eine erste Power-to-Liquid-Demonstrationsanlage eröffnet. Dort laufen folgende Prozessschritte ab:

- Stromeintrag: Der im Prozess verwendete Strom muss über die öffentlichen Netze aus regenerativen Energiequellen bezogen werden. Auch die direkte Verbindung einer Sunfire-Anlage mit einem Stromerzeuger ist denkbar und in eher zivilisationsfernen Regionen zu bevorzugen.
- Elektrolyse: Wasserdampf wird in Wasserstoff und Sauerstoff aufgespalten. Anders als bei bekannten Verfahren wird die Abwärme der nachfolgenden Prozessschritte zur Erzeugung des Dampfes genutzt. Die Elektrolyse erreicht dann einen Wirkungsgrad deutlich über 90 %
- Konvertierung: Kohlendioxid wird mit Wasserstoff aus der Dampfelektrolyse zu Kohlenmonoxid reduziert. Kohlendioxid kann durch Rückführung aus der Atmosphäre, aus Biogasanlagen oder anderen Prozessen flexibel gewonnen werden.
- Fischer-Tropsch-Synthese: Synthesegas (CO und H_2) wird zu Treibstoffen und anderen Rohprodukten für die Chemieindustrie umgewandelt. In der Synthese wird Wärme freigesetzt, die für die Dampfelektrolyse verwendet wird.

PtL auf der Basis von Fischer-Tropsch, hier alternativ mit Wasserstoffherstellung über eine Festoxid-Elektrolyseurzelle, zeigt Abb. 5-20.

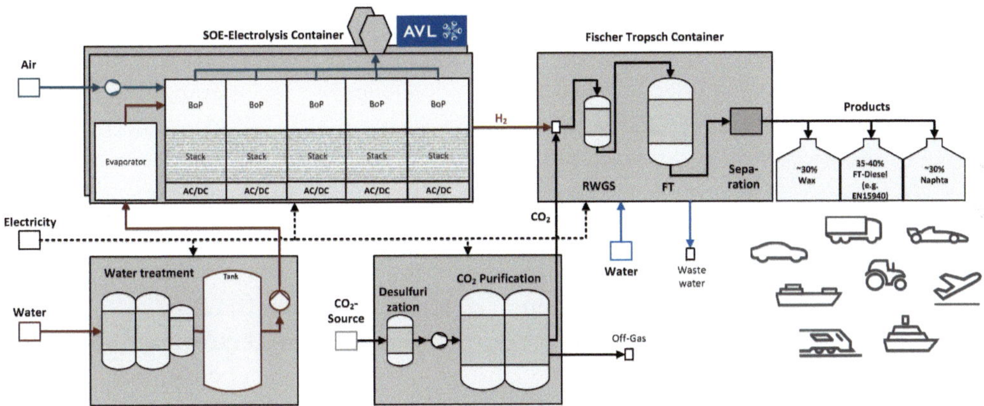

Abb. 5-20: PtL auf der Basis von Fischer-Tropsch, hier mit Wasserstoffherstellung über eine Festoxid-Elektrolyseurzelle; Quelle: Innovation Flüssige Energie, IWO / AVL List GmbH

Für die Methanolsynthese werden konventionell CO-haltige Synthesegase aus der Erdgasreformierung verwendet. Eine „klimaneutrale" Synthese nutzt dagegen sauberes H_2 aus der Elektrolyse und extern zugeführtes CO_2. Die dabei hauptsächlich ablaufenden Reaktionen sind:

$$CO_2 + 3\,H_2 \longrightarrow CH_3OH + H_2O$$
$$CO_2 + H_2 \longrightarrow CO + H_2O$$

Die Vorteile der Methanolsynthese liegen in der Einfachheit des Prozesses sowie einer höheren Produktselektivität und eben in der Anschlussfähigkeit an den Grünstrom, s. Abb. 5-21.

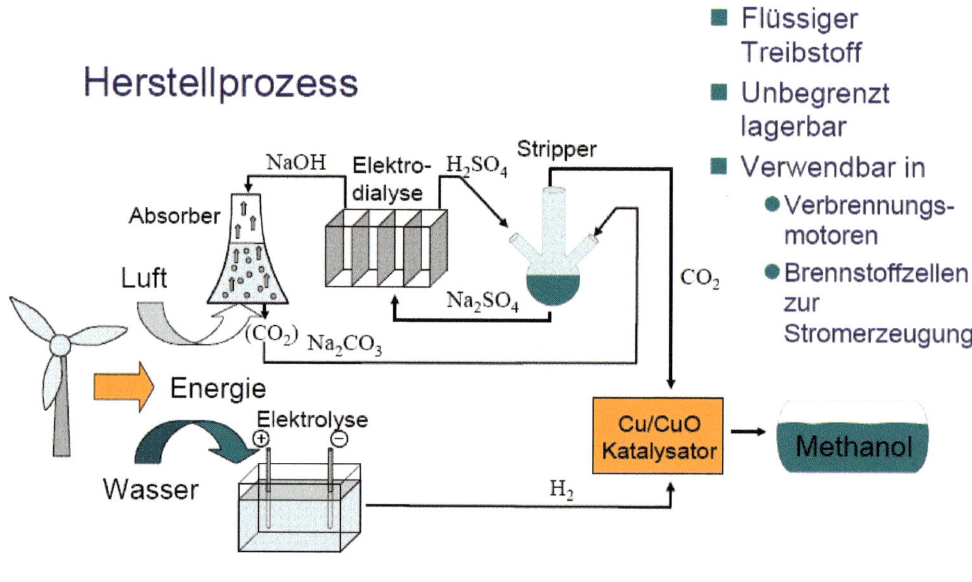

Abb. 5-21: PtL über die katalytische Methanolsynthese; Quelle: Solarenergie Förderverein Deutschland e. V., nach Specht

Die Kosten zur Herstellung von Fischer-Tropsch-Produkten aus Power-to-Liquid werden bei Strombezugskosten von 5 €-ct/kWh und einem Wirkungsgrad von ca. 70 % (Verhältnis des Heizwertes der gewonnenen Stoffe zum elektrischen Aufwand) mit 10–15 €-ct/kWh chemischer Energie angenommen, abhängig von der Anlagengröße, entsprechend 90–135 €-ct/l.

Für Methanol gibt es schon lange einen Markt. Methanol hat gegenüber dem ggf. konkurrierenden Erdgas eine höhere Wertigkeit und lässt sich leicht vermarkten. Eine Beimischung zu Benzin in Höhe bis zu 10 % ist bereits heute möglich und teilweise üblich. Eine kommerzielle Umsetzung beginnt langsam. Eine schon länger bestehende und betriebene Anlage in Island z. B. erzeugt gegenwärtig konkurrenzfähig Methanol aus mittels Geothermie gewonnenem grünen Strom und fossilem CO_2; sie produziert 5 Mio. l/a an Treibstoff.

- PtL kann einen wichtigen Beitrag zur Klimaneutralität liefern.[79]

79 Zur Problematik s. auch „E-Benzin in Pkw macht keinen Sinn“, Interview mit Prof. Th. von Unwerth, in VDI nachrichten vom 29. Mai 2020.

- PtL ist jedoch kein Weg zur CO_2-Reduktion – das in der Herstellung aufgenommene CO_2 wird in der Verbrennung wieder freigesetzt.

Stahlerzeugung

Die weltweite Stahlerzeugung ist für rund 7 % aller CO_2-Emissionen verantwortlich. Vor diesem Hintergrund wird die Nutzung von Wasserstoff in der Eisen- und Stahlerzeugung auf der Basis der sog. Direktreduktion zumindest europaweit in mehreren Projekten verfolgt, insbesondere in Schweden und Deutschland.

Bei der Direktreduktion handelt es sich um unterschiedliche Verfahren der Stahlherstellung, die zur Reduktion von Eisenerz zu Eisenschwamm dienen. Der erzeugte Eisenschwamm ist ein poröses und schwammartiges Produkt mit hohem Eisenanteil, der im Anschluss in einem Elektrolichtbogenofen zu Stahl geschmolzen wird. Die Direktreduktion stellt so eine Variante in der Primärstahlherstellung dar.

In den Anlagen der Direktreduktion wird meist Erdgas oder Kohle als Reduktionsmittel eingesetzt, das unter Luftabschluss mit den Eisenerzen reagiert. Die Eisenerze werden häufig vor der Direktreduktion im Zuge der Erzaufbereitung von Verunreinigungen getrennt und als feine Erze direkt verwendet oder in Pelletanlagen zusätzlich aufbereitet. Ob die Erze in feiner Form oder als Pellet eingesetzt werden, hängt von der verwendeten Direktreduktionsanlage ab. Als Alternative werden Erze vereinzelt auch in Sinteranlagen aufbereitet.

Ein wesentlicher Vorteil der Direktreduktion im Vergleich zum Hochofen liegt darin, dass kein Koks benötigt wird. Somit entfällt bei dieser Variante der Stahlherstellung die Koksofenanlage, was mit einer Verringerung des Energieverbrauches verbunden ist. Abhängig vom eingesetzten Reduktionsmittel lässt sich die Direktreduktion in zwei unterschiedliche Varianten unterteilen. Bei der Feststoffreduktion dient vorwiegend Kohle als Reduktionsmittel, wohingegen bei der Gasreduktion hauptsächlich Erdgas eingesetzt wird. Erdöl kommt meist nur vereinzelt als zusätzlicher Energieträger zur Anwendung. Bei beiden Verfahrensvarianten kommen unterschiedliche Anlagenausführungen zum Einsatz.[80]

Auf Erdgasbasis sind Direktreduktionsverfahren seit vielen Jahrzehnten bewährt und etabliert. Auch die wasserstoffbasierte Direktreduktion wurde schon 1999 in einem Beispiel erprobt (Otto et al. 2017). Großtechnisch bekannter sind jedoch die Festbettverfahren, die für 82 % der globalen Eisenschwammerzeugung stehen. Für diese kann die technische Machbarkeit eines reinen Wasserstoff-Betriebs ebenfalls angenommen werden.

Die erdgasbasierte Direktreduktions-Route produziert, auf die Mengeneinheit Stahl bezogen, weniger CO_2 als die Hochofen-Route emittiert und kann damit bereits gegenwärtig als Pfad hin zu einer CO_2-neutralen Stahlherstellung gelten, ohne sofort auf erneuerbaren Strom und Wasserstoff angewiesen zu sein.

Eine fortschreitende Substitution von Erdgas durch Wasserstoff käme dann dem Ziel der 95-%-THG-Minderung sukzessive näher, ohne die wirtschaftliche Belastung der Unternehmen zu groß werden zu lassen. Die erdgasbasierte Direktreduktions-Route ist damit eine typische Brückentechnik.

80 Enargus, Projektträger Jülich | Forschungszentrum Jülich GmbH.

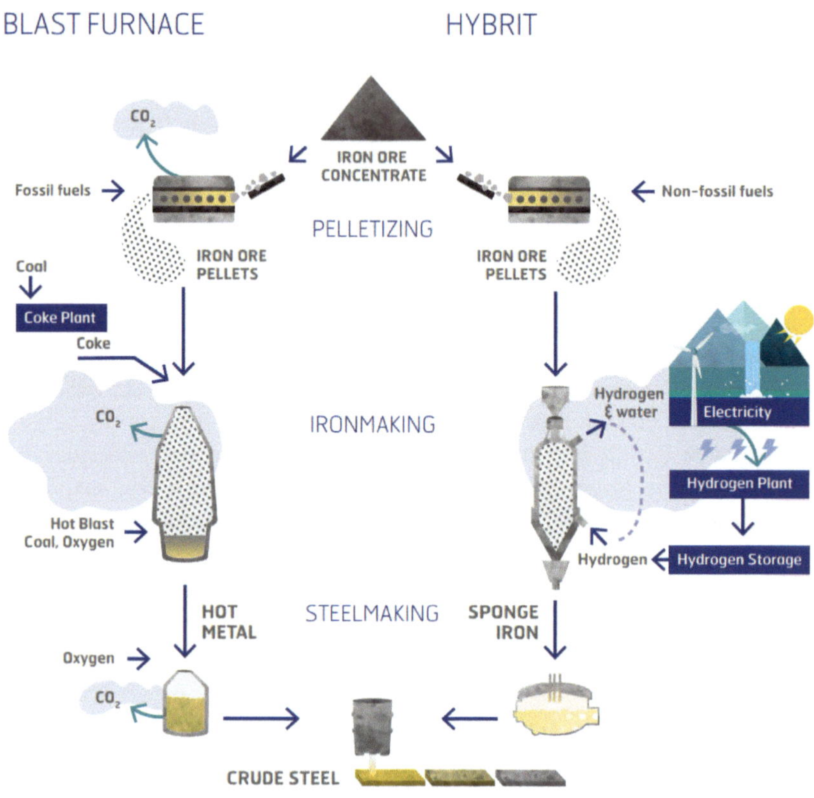

Abb. 5-22: Der HYBRIT- Prozess im Vergleich zum konventionellen Ablauf; Quelle: © HYBRIT

In Schweden wird gemeinsam von der dortigen Stahlindustrie und der schwedischen Regierung das HYBRIT-Verfahren entwickelt. Der nach eigener Darstellung revolutionäre Prozess ist ein ökonomischer und wettbewerbsfähiger Weg, Kohle und überhaupt fossile Brennstoffe zu ersetzen, die bislang die Stahlerzeugung beherrschten. Die Kohlenstoffbilanz einer Tonne Stahl liegt für das HYBRIT-Verfahren bei 25 kg anstelle von 1,8 Tonnen CO_2 bei konventioneller Erzeugung.

Der HYBRIT-Prozess umfasst dabei alle Vorgänge bis zum fertigen Stahlerzeugnis, einschließlich Abbau und Verarbeitung des Eisenerzes, s. Abb. 5-22. Im Ergebnis kann nahezu vollständig auf fossile Brennstoffe verzichtet werden, bis auf einen kleinen Anteil Kohle, der den Kohlenstoffgehalt des Stahls reguliert und damit seine physischen und korrosiven Eigenschaften gewährleistet.[81] HYBRIT kann bei vollständiger Einführung in Schweden die CO_2-Emissionen des Landes voraussichtlich um zehn Prozent reduzieren.

Auch in Deutschland laufen Bemühungen, Wasserstoff bei der Stahlherstellung einzusetzen. ThyssenKrupp Steel hat am 11. November 2019 als weltweit erstes Unternehmen

81 HZwei Blog, 2. November 2020.

Wasserstoff in einen aktiven Hochofen eingeleitet (eingeblasen). Der Wasserstoff ersetzt dabei den Kohlenstaub, der klassisch als zusätzliches Reduktionsmittel zugeführt wird. Ziel ist, die CO_2-Emissionen zu reduzieren – das Reaktionsprodukt ist nun H_2O statt CO_2.

Das Projekt arbeitet mit öffentlicher Förderung des Landes NRW. Die wissenschaftliche Begleitung liegt beim Betriebsforschungsinstitut des VDEH (Verein deutscher Eisenhüttenleute). Air Liquide unterstützt es durch die Bereitstellung von Wasserstoff. In der ersten Versuchsphase interessierte vor allem die Anlagentechnik unter den Gegebenheiten der Wasserstoffinjektion. Für die Erprobung stand eine der 28 Blasformen des Hochofens 9 am Duisburger Standort zur Verfügung. Das auf rund 1.000 m^3 H_2 /h geplante Einblasvolumen wurde bei den Versuchen erreicht.

Die erhobenen Daten erlauben nun die Optimierung der Wasserstofftechnik mit jedem weiteren Versuch. In der zweiten Versuchsphase ist die Ausweitung auf alle 28 Blasformen des Hochofens vorgesehen. Der Wasserstoff für die erste Versuchsphase wurde noch mit Lkw angeliefert. Die für die zweite Phase benötigten größeren Mengen werden über eine neu gebaute Pipeline zur Verfügung stehen. „Darauf folgt dann der nächste entscheidende Schritt zur Klimaneutralität: Der Bau von Direktreduktionsanlagen, die rein wasserstoffbasiert und komplett ohne Kohle betrieben werden können.“[82]

Zementindustrie

Die Herstellung von Zement ist nach Zahlen der Internationalen Energieagentur (IEA) für rd. 7 % der weltweiten CO_2-Emissionen verantwortlich, deutlich mehr als die CO_2-Emissionen des Güterverkehrs auf der Straße ausmachen.

Zementherstellung ist ein altbekannter Prozess, der beim Rohstoff Kalkstein (Calciumkarbonat) beginnt und durchaus Komplexität hat. J. BLACK (1728-1799), der Entdecker des Kohlendioxids aus dem schottischen Edinburgh, konnte zeigen, dass beim Brennen von $CaCO_3$ ein neues, leichteres weißes Pulver (CaO) und CO_2 entstehen.

Das Verständnis der Probleme in der Zementproduktion wird leichter, wenn man sich die Vorgänge im Detail anschaut. Die Herstellung von Zement umfasst Teilschritte, die in Abb. 5-23 vereinfacht dargestellt sind.

Die erste Phase ist der Abbau der Rohstoffe Kalkstein, Kreide, Ton bzw. Mergel im Steinbruch. Es folgt eine Vorzerkleinerung mit einem Brecher. Danach werden die Rohstoffe im festen Verhältnis zum sogenannten Rohmehl vermischt. Bauxit, Sand oder Eisenoxid oder andere Zusätze werden oft als Ergänzungsstoffe zugefügt. Das Rohmehl wird in Mühlen weiter zerkleinert, danach getrocknet und dann über einen Vorwärmer, in der Abbildung ein Zyklonvorwärmer, geführt, bis es schließlich staubförmig den Drehrohrofen erreicht, das Herz der Anlage. Der Ofen erzeugt bei Temperaturen von 1250 °C bis 1450 °C aus dem Rohmehl den sogenannte Zementklinker, der in der Form von nussgroßen, graugrünen Elementen den Ofen verlässt.

Die erforderliche Energie liefert klassisch ein am Drehrohrende installierter Brenner. Verbrannt werden Kohlestaub oder andere nichtregenerative Brennstoffe. Die heißen Abgase werden im Gegenstrom zum Feststoff durch das Drehrohr und den Vorwärmer geführt und verbessern so die Energiebilanz. Der am Ende des Vorgangs aus dem Drehrohrofen

82 Dr. Arnd Köfler, Produktionsvorstand von thyssenkrupp Steel, Pressemitteilung, 3. Februar 2021.

austretende Klinker muss gekühlt werden, bevor weitere Schritte wie Homogenisieren, Mahlen, Lagern, Abfüllung und Transport anschließen.

Der chemisch zentrale Vorgang ist das Brennen im Drehofen. Die Öfen werden auf mehr als 1.400 °C erhitzt. Im Inneren der Öfen spaltet sich der Kalkstein, das CO_2 trennt sich vom Calciumkarbonat:

$$CaCO_3 \longrightarrow CaO + CO_2,$$

was rein stöchiometrisch erklärt, dass bei der Herstellung einer Tonne Zement mindestens eine halbe Tonne CO_2 entsteht und freigesetzt wird.[83]

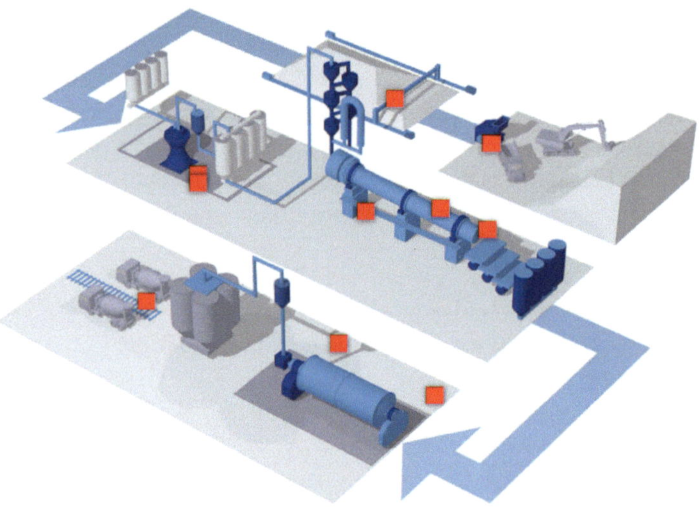

Abb. 5-23: Schematische Darstellung der Zementherstellung; Quelle: Heinze GmbH | NL Berlin | BauNetz

Die Situation ist schwierig, denn nur rund 45 % der Zement-Emissionen gehen auf den Wärmebedarf des Prozesses zurück. Hier kann man fossile durch erneuerbare Energien ersetzen, auch z. B. Wasserstoff einsetzen. Doch der mit 55 % größere Teil der Emissionen ist prozessinhärent und nur durch

- CCS mit allen seinen Problemen,
- eine grundsätzliche Prozessumstellung einschließlich einer Veränderung des Ausgangsmaterials oder
- eine Nutzung des entstehenden CO_2 in anschließenden Hydrierungsprozessen
- beeinflussbar.

Zu CCS wurde bereits in Kap. 4.1.3, Blauer Wasserstoff, das norwegische Großprojekt Longskip (engl. Longship) aufgeführt, das zurzeit in der Realisierung ist. Dass CO_2 hier

83 Angaben der European Cement Association.

in einem alten maritimen Ölfeld (Troll) fern der Küste gespeichert werden soll, hat wohl mit dazu beigetragen, die Proteste der Umweltschützer in Grenzen zu halten, sie sogar zur Zustimmung zu bewegen. Auch spielt die spezielle Geologie eine Rolle: Das unter hohem Druck gespeicherte CO_2 reagiert mit den Mineralstoffen des Sandsteins, karbonisiert und wird damit zu festem Gestein. Das vom Parlament im Dezember 2020 verabschiedete Projekt ist ein staatliches Programm im Umfang von 2,9 Mia. $, an dem sich Industriepartner beteiligen, darunter der Zementhersteller Norcem, norwegische Tochter der deutschen Heidelcement, und die Müllverbrennungsanlage Varne bei Oslo, die zum finnischen Energiekonzern Fortum gehört. Die Einlagerungen sollen 2024 beginnen.[84]

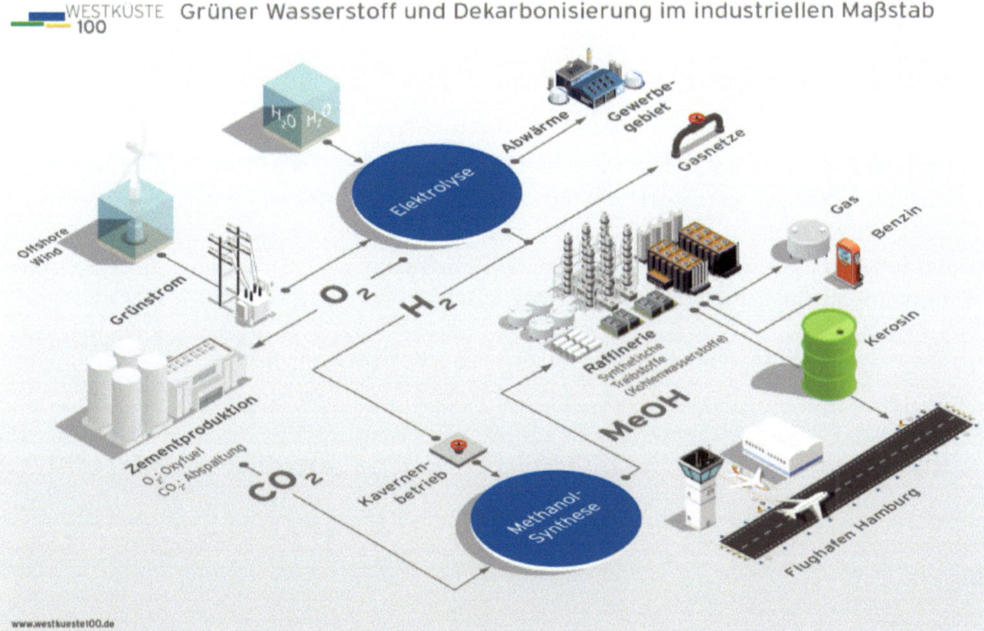

Abb. 5-24: Grüner Wasserstoff und Dekarbonisierung im industriellen Maßstab; Quelle: www.westkueste100.de, Abruf 6. Juli 2022

Nutzung des CO_2 ist der Ansatz des österreichischen Herstellers Lafarge, der sich mit OMV, VERBUND und Borealis auf eine branchenübergreifende Zusammenarbeit im Projekt „Carbon2 ProductAustria", kurz C2PAT, geeinigt hat.

Ziel ist nach eigener Darstellung die Schaffung einer sektorübergreifenden Wertschöpfungskette sowie die Errichtung einer Anlage im industriellen Maßstab bis 2030, welche eine Abscheidung von nahezu 100 % des jährlichen CO_2-Ausstoßes in einem ihrer Zementwerke und dessen Weiterverwendung zum Ziel hat.

Eine andere Verbundlösung zeigt das geplante Reallabor Westküste 100 in Abb. 5-24: Der über WEA erzeugte Grünstrom wird genutzt, um in der Raffinerie Heide per Elektrolyse

84 M. Schulze, Der Königsweg für den Beton, vdi nachrichten vom 14. Januar 2022.

grünen Wasserstoff zu erzeugen. Vom Elektrolysebetrieb ausgehend wird ein verzweigtes Wasserstoffnetz zwischen der Raffinerie, den Stadtwerken, einem Kavernensystem und dem bestehenden Erdgasnetz auf Basis einer neuen Pipelinetechnik aufgebaut. Man wird prüfen, ob der bei der Elektrolyse ebenfalls produzierte Sauerstoff im „Oxyfuel-Verfahren" in den Verbrennungsprozess eines lokalen Zementwerkes eingespeist werden kann, womit gleichzeitig die Stickoxid-Emissionen (NO_x) des Werkes deutlich reduziert werden würden. Das im Zementwerk entstandene Kohlendioxid (CO_2) wiederum soll im Gegenzug als Rohstoff zusammen mit dem grünen Wasserstoff in der Raffinerie zur Herstellung von synthetischen Kohlenwasserstoffen) eingesetzt werden. Das wäre ein wichtiger Beitrag zur Dekarbonisierung der Zementindustrie. Das Reallabor Westküste 100 hat 2020 seine Förderzusage vom BMWi erhalten und wird fünf Jahre bis zum Konzeptergebnis brauchen.

Es zeigt wie das Projekt von Lafarge: Für die Kernprozesse der Zementindustrie

- gibt es nur Verbundlösungen einschließlich CCS,
- die zudem sehr langfristig angelegt sein müssen.

Etwas anders sieht es aus, wenn man die Verarbeitungskette des Produktes Zement näher betrachtet. Hier hat das Unternehmen ARAMCO ein Verfahren entwickelt, Beton mit CO_2 auszuhärten. Bis zu 200 kg CO_2 können pro t Zement gespeichert und der Umwelt damit entzogen werden. Damit folgt auf die CO_2-Quelle der Produktion eine Senke in der Weiterverarbeitung. Auch dies ist ein Beitrag zur Lösung.

6 Perspektiven der Anwendung

Übergeordnetes Ziel der Anwendungen von Wasserstoff muss die Verringerung der Treibhausgasemissionen in der Volkswirtschaft sein. Der Beitrag der einzelnen Sektoren hierzu ist unterschiedlich, s. Abb. 6-1.

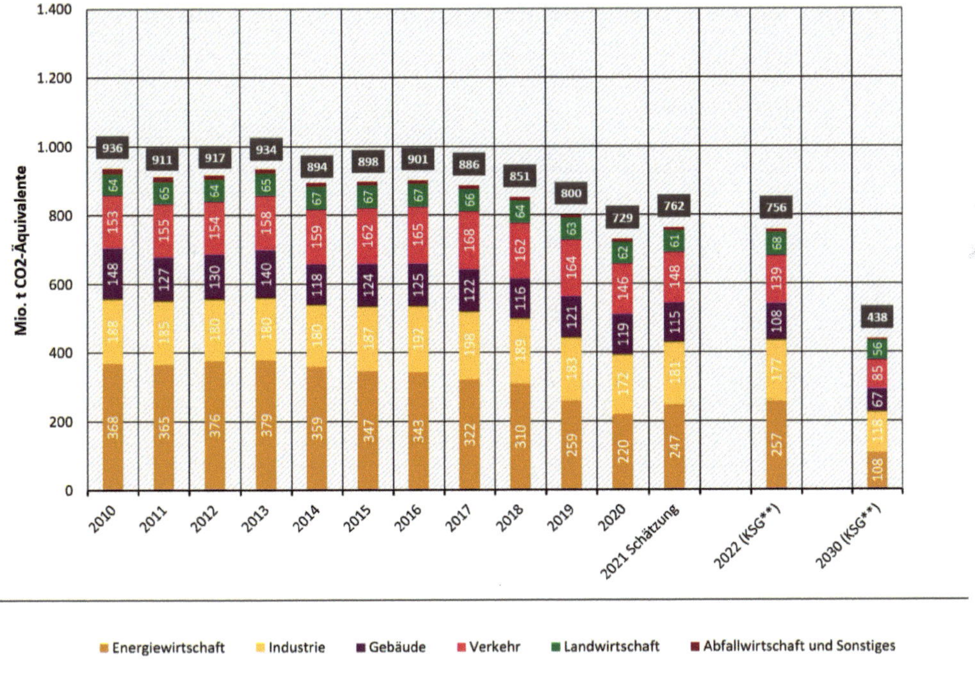

Abb. 6-1: Entwicklung der Treibhausgasemissionen in Deutschland in der Abgrenzung der Sektoren des Klimaschutzgesetzes (KSG); Quelle: UBA, Treibhausgasemissionen 2021, begleitender Bericht, 19 März 2022

Aus der Abbildung ordnen sich die Verursacher nach ihren Tendenzen so:

Die nachfolgende Abb. 6-2 schließt zusätzlich noch die bis 2030 festgelegten Obergrenzen für die Emissionen ein, die sich aus dem Klimaschutzgesetz von Dezember 2019 ergeben.

Die Veränderungen aus der Novelle 2021 sind zwar noch nicht berücksichtigt, jedoch fällt schon hier auf, dass für die Landwirtschaft und die Abfallwirtschaft und die Sonstigen nur geringe Reduktionspotentiale vorgesehen sind.

Als besonders geeignete Handlungsfelder verbleiben Energiewirtschaft, Industrie, Verkehr und Gebäude. Sie stehen im Mittelpunkt dieses Kapitels.

Korrespondierend zur Entwicklung der Emissionen zeigt Abb. 6-3 die Anteile der Erneuerbaren Energien in den Sektoren, wobei der kräftige Anstieg beim Strom und die nur geringe Durchdringung bei Verkehr und Wärme auffallen. Der Ausreißer beim Strom für 2021 geht auf das Konto geringeren Windertrags in diesem Jahr, sowohl onshore wie offshore.

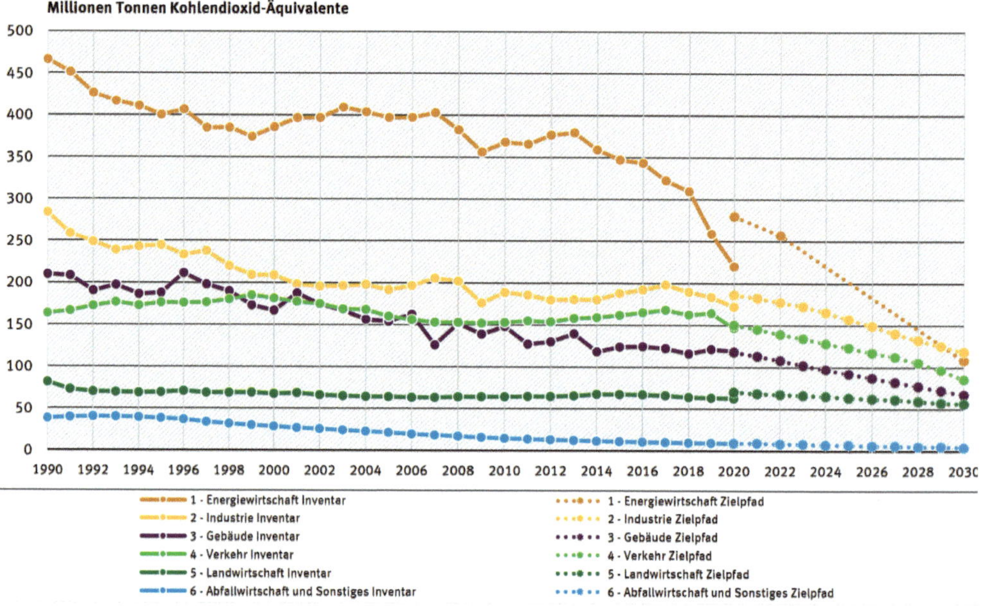

Abb. 6-2: Entwicklung der Emissionen bis 2030 nach Sektoren und die 2019 beschlossenen Jahresemissionsgrenzen bis 2030; Quelle: Bundesregierung 2019, UBA (2020a), UBA (2020b)

Die heutige Stellung und vor allem die zukünftige Rolle von Wasserstoff in Energiewirtschaft, Industrie, Mobilität und im Gebäudebestand werden sehr unterschiedlich wahrgenommen bzw. bewertet, sind zudem auch Gegenstand politischen Streites, gelegentlich auch von Glaubenskriegen. Wir halten uns hier in den erwähnten Sektoren im Wesentlichen an die Fraunhofer-Studie aus dem Jahr 2019[85] und ergänzen fallweise.

In der aktuellen Diskussion des Jahres 2023 stehen die Mobilität bzw. der Verkehr und die Gebäude im Mittelpunkt der Auseinandersetzungen.

85 Fraunhofer-Institut für System- und Innovationsforschung, Fraunhofer-Institut für Solare Energiesysteme (Hg), Eine Wasserstoff-Roadmap für Deutschland, Karlsruhe und Freiburg, 2019.

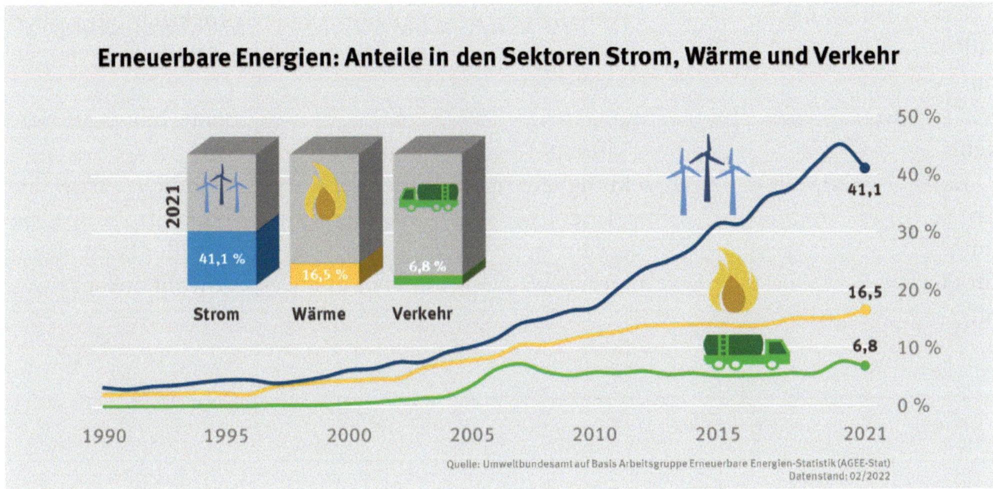

Abb. 6-3: Erneuerbare Energien, Anteile nach Sektoren, Datenstand 02/2022; Quelle: UBA, Arbeitsgruppe EE Statistik

6.1 Energiewirtschaft

Energiewirtschaft steht für die wirtschaftlichen Strukturen zur Gewinnung und Bereitstellung von Energie in allen ihren Formen. Sie sind von der Energiewende am stärksten betroffen und unterliegen mit dem gleichzeitigen Übergang zu nicht-fossilen Quellen und dem Ausstieg aus der Kernenergie massiven strukturellen und existenzkritischen Veränderungen.

Die Beiträge der verschiedenen Energieträger zum nationalen Energiemix haben sich zu den Erneuerbaren Energien hin verschoben. Am Primärenergieverbrauch machen sie allerdings mit Stand vom 1.-3. Quartal 2021 nur 16,9 % aus; es dominieren die fossilen Energien, sogar mit neuerlichem Anstieg in 2021. Mineralöl und Erdgas liegen mit 35,6 bzw. 25,0 % an der Spitze.[86]

6.1.1 Umweltbilanz Energiewirtschaft

Die Energiewirtschaft trägt trotz erfreulicher Reduzierungen noch immer erheblich zu den Emissionen bei, s. Tabelle 6-1. Die Tabelle zeigt die Verteilung über die Kohlendioxidemissionen und die Schadstoffklassen für die jüngere Vergangenheit.

86 Daten nach AG Energiebilanzen e. V.; gegenüber der vorstehenden Abb. 6-2 veränderte Datenbasis; dort „Mineralöl“ unter „Verkehr“.

Jahr	CO_2 in Mt	Stickstoff-oxide NO_X, berechnet als NO_2 in kt	Schwefeldioxid SO_2 in kt
2010	352	297	230
2011	349	300	228
2012	359	315	233
2013	362	315	227
2014	343	303	210
2015	330	297	198
2016	327	293	180
2017	306	278	170
2018	290	265	160

Tabelle 6-1: Verteilung der Emissionen über das Schadstoffspektrum 2010 – 2018; Quelle: Energiedaten nach Quellkategorien, BMU 2020

6.1.2 Energiewirtschaftliches Programm

Die Stromerzeugung der weiteren Zukunft wird in Deutschland nach dem Klimapaket der Bundesregierung regenerativ sein, mit den Quellen Photovoltaik, Wind, Biomasse, im Übergang auch erdgasbetriebene Kraftwerke. Die Grenzen der erlaubten Emissionen sind zwar im Klimapaket von 2019 und der Novelle von 2021 als Zahlwert bürokratisch festgeschrieben. Hier wird allerdings die Expertenmeinung nach ELSNER, FISCHEDICK und SAUER bevorzugt, die sich flexibel am Machbaren orientiert und für die Auslegung des Flexibilitätsportfolios zugrunde gelegt werden kann.[87] Danach ist für das Jahr 2050 ein Nettostrombedarf zwischen 400 und 800 TWh pro Jahr zu erwarten. Der Anteil an Windenergie und Photovoltaik wird je nach Szenario mit 45 bis 95 % angenommen. Je mehr Einspeisung aus Wind und Photovoltaik vorliegt, desto seltener benötigt man zusätzliche Stromerzeugung und desto häufiger gibt es Phasen von Überschuss aus der Erzeugung von Windenergie und Photovoltaik gegenüber der Stromnachfrage.

In den Szenarien, die einen sehr hohen Wind- und PV-Anteil von rund 90 % am Stromverbrauch unterstellen, wird zusätzliche Stromerzeugung nur zu etwa der Hälfte der Zeit gebraucht. In der anderen Hälfte der Zeit muss die nicht benötigte elektrische Energie gespeichert oder in andere Energieträger überführt (Beispiele: Power-to-Heat, Power-to-Gas) oder vernichtet bzw. abgeregelt werden. Klassische Grundlastkraftwerke werden in den von ELSNER, FISCHEDICK, SAUER untersuchten Szenarien 2050 nicht mehr benötigt, auch keine Gaskraftwerke.

87 Elsner, P., Fischedick, M., Sauer, D. U. (Hrsg.): Flexibilitätskonzepte für die Stromversorgung 2050, Technologien – Szenarien – Sytemzusammenhänge, November 2015.

6.1.2.1 Flexible Stromerzeugung

Auch in den Szenarien mit sehr hohem Wind- und PV-Anteil lassen sich mehrwöchige Dunkelflauten, in denen wegen geringer regenerativer Einspeisung ein nennenswerter Bedarf an zusätzlicher Stromerzeugung entsteht, nicht vermeiden. Solche Extremsituationen bestimmen einerseits, welche Art von Flexibilitätstechniken erforderlich ist, und anderseits, welcher Umfang an installierter Leistung tatsächlich nötig ist.

Im Vergleich zum Jahr 1990 stoßen die von ELSNER, FISCHEDICk und SAUER betrachteten Stromsysteme zur Jahrhundertmitte 80 % weniger CO_2 aus. Werden die Emissionen noch weiter reduziert, etwa auf 90 % Reduktion, hat das Mehrkosten von 7 bis 15 % zur Folge, je nach zugrunde gelegtem Szenario. Eine völlig CO_2-freie Stromversorgung wäre sehr aufwändig und würde zu einem weiterem Kostenanstieg von nochmals 15 bis 30 % führen.[88]

In der zitierten Untersuchung zeigte es sich über alle Parametervariationen hinweg, dass Power-to-Heat (PtH), regelbare Kraft-Wärme-Kopplungsanlagen (KWK) mit stetigem Wärmebedarf (industrielle KWK) und Demand-Side-Management (DSM) robuste und kostengünstige Flexibilitätstechniken sind. In der Heizwärmeversorgung entstehen für Power-to-Heat und flexible KWK zusätzliche Abnehmer. Strom aus erneuerbaren Energien, der zur Erzeugung von Kraftstoffen oder Einsatzstoffen für die Industrie eingesetzt wird, kann weitere Synergiepotenziale schaffen, auch wenn er über die bloße Verwertung von Überschussstrom hinausgeht.

6.1.3 Die Rolle des Wasserstoffs

Wasserstoff spielt in der Projektion von ELSNER, FISCHEDICK und SAUER nur im Zusammenhang mit Speicherung eine Rolle: „Um mehrwöchige Dunkelflauten zu überbrücken, sind Langzeitspeicher (Wasserstoff- oder Methanspeicher) oder flexible Kraftwerke erforderlich. Langzeitspeicher kommen dabei in erster Linie bei ambitionierten Klimaschutzzielen sowie hohen Anteilen von Wind und Photovoltaik zum Einsatz, während bei weniger stringenten CO_2-Minderungszielen stattdessen bevorzugt Erdgaskraftwerke eingesetzt werden." Die Ein und Ausspeicherung von Strom in die / aus den Langzeitspeicher(n) ist unterschiedlich teuer und läuft mit sehr verschieden Wirkungsgraden, s. Abb. 6-4.

Wasserstoffspeicher kommen danach für die Rückverstromung durchaus infrage, stehen jedoch in Konkurrenz, z. B. von Methanspeichern.

Nach der Fraunhofer-Studie Wassersoffroadmap für Deutschland von 2019 werden die Bedarfe für die (Rück-)Verstromung von Wasserstoff für das Europa von 2050 im Bereich von wenigen TWh bis zu 70 TWh/Jahr unterstellt. Als hierfür zu installierende Anlagenkapazität für Europa nennt die Studie eine Gesamtleistung von 100 GW, was nicht ganz zum geringen Bedarf zu passen scheint.

Die Fraunhofer-Studie schätzt Wasserstoffimporte für Deutschland eher zurückhaltend ein und begründet dies mit seiner zentralen Lage und den vergleichsweise guten Möglich-

---

88 In diesen Kosten sind allerdings nach Elsner, Fischedick, Sauer noch keine Abgaben für CO_2-Emissionen enthalten. Abhängig von der Entwicklung der CO_2-Zertifikatspreise im EU-ETS könnten die Mehrkosten für den umfangreicheren Klimaschutz ganz oder teilweise aus diesen Einnahmen kompensiert werden.

keiten zum Stromaustausch mit den Nachbarländern, insbesondere mit Frankreich, das seine Stromerzeugung aus Kernenergie weiter ausbaut.

Wasserstoff wird in den untersuchten Szenarien der Fraunhofer-Studie meist nur wenige Stunden zur Deckung der Stromnachfrage in Zeiten mit sehr geringer regenerativer Einspeisung eingesetzt (Wind- und Dunkelflauten). Der Schluss liegt nahe, dass die Rückverstromung von Wasserstoff auch bei sehr ambitionierten Klimazielen zumindest in den nächsten zehn Jahren nur eine begrenzte Rolle im Energiesystem spielen und der Stromsektor danach in naher Zukunft kein großer Impulsgeber für die Wasserstoff-Nachfrage sein wird. Erst danach könnte es nach der Fraunhofer-Studie im Stromsektor zu einer möglichen Diffusion kommen, die allerdings aus heutiger Sicht keine zusätzlichen Maßnahmen erfordert, solange dort ein den Klimazielen angepasster hoher CO_2-Preis den notwendigen Wandel erzwingt.

	Roundtrip Wirkungsgrad	Investition, leistungsbezogen (€/kW$_{el}$)[41]	Investition, kapazitätsbezogen (€/kWh$_{el}$)[41]	Speicherdurchsatzkosten (€/MWh)		
				bei 4 x 1 h [42] pro Tag	bei 1 x 8 h pro Tag	bei 2 x 3 Wochen pro Jahr
Wasserstoffspeicher mit Wasserstoffturbine	45 %	575	0,45	100	30	140
Methanspeicher mit Gasturbine	30 %	1.175	0,15	200	70	160
Methanspeicher mit GuD	42 %	1.500	0,15	180	70	200
Adiabater Druckluftspeicher	68 %	650	23	60	40	3.100
Pumpspeicher	79 %	850	9	60	30	500
Generische Batterie	90 %	45	150	30	50	8.400

Abb. 6-4: Erwartete technische und ökonomische Daten von Stromspeichern im Jahr 2050; Quelle: Elsner, Fischedick, Sauer, Tab. 12

Technisch erfordert Rückverstromung Erzeugungskapazitäten, die auch bei geringer Auslastung ökonomisch betrieben werden können. Wasserstofffähige Gasturbinen bieten sich hier an. Die Industrie bereitet sich darauf vor, s. Kap. 5.1.3, Gasturbine. Wenn Brennstoffzellen mit niedrigeren spezifischen Investitionen verfügbar werden, können auch diese im Bereich der Spitzenlastdeckung eingesetzt werden.

Konventionelle erdgasbetriebene Gasturbinen vertragen Beimischungen von Wasserstoff bis zu einem gewissen Prozentsatz. Gasturbinen für den Einsatz von reinem Wasserstoff sind für Leistungen ≤ 100 MW bereits heute bei mehreren Herstellern verfügbar. Aktuell ist der Einsatz von Wasserstoff in Gasturbinen schon aus Gründen der Verfügbarkeit des Mediums jedoch auf Einzelfälle beschränkt. Auf die Selbstverpflichtung der europäischen Turbinenhersteller, bis 2020 eine partielle und bis 2030 auch eine volle Wasserstoffverträglichkeit ihrer Produkte zu ermöglichen, wurde bereits in Kap. 5.1.3. Gasturbine, hingewiesen. Allerdings besteht noch Entwicklungsbedarf zur Kostensenkung, zum Betrieb in höheren Leistungsklassen und zur Toleranzbreite für Wasserstoff-Beimischungen.

Solange für die Versorgung mit Wasserstoff (noch) keine Netze aufgebaut sind oder vorhandene Leitungen genutzt werden können, muss Wasserstoff in der unmittelbaren Nähe der Stromerzeuger verfügbar sein (oder müssen die Stromerzeuger umgekehrt in die Nähe der Elektrolyseure wandern). Hier besteht nach der Fraunhofer-Studie der größte Entwicklungsbedarf, ggf. einschließlich der Entwicklung eines Demonstrationsvorhabens mit lokalem Speicher bis 2035.

6.1.4 Wasserstoffproduktion

Wasserstoff wird vor allem außerhalb der Stromerzeugung eine Rolle spielen, und hier eine zunehmend wichtigere. Mit der Produktion von Wasserstoff, seiner Speicherung und Verteilung gewinnt der Energiesektor neue Aufgaben hinzu (während er die Energieerzeugung aus fossilen Quellen verliert). Er erfüllt hiermit die Funktion eines Dienstleisters.

Die Wasserstofferzeugung mittels Elektrolyse wird meist als die zentrale Kopplungstechnik zwischen elektrischen Energiesystem und den Anwendungssektoren gesehen. Deshalb wird in diesem Abschnitt diese Technik an erster Stelle behandelt. Neben der Elektrolyse werden im Zeitraum bis 2050 nach der Fraunhofer-Studie jedoch mindestens zwei weitere Verfahren aktuell werden, die bei der CO_2-armen Wasserstoffherstellung eine Alternative darstellen. Sie werden anschließend beschrieben.

Elektrolyse

Wenn man die Elektrolyse als die zentrale Technik zur Wasserstofferzeugung begreift, ist der zukünftige Bedarf an Elektrolyse im Wesentlichen aus dem zukünftigen Wasserstoffbedarf bestimmbar.

Aus nationaler Sicht gibt es hierzu drei Szenarien:

- die benötigte Menge an Elektrolyseuren wird in Deutschland errichtet und betrieben,
- die Wasserstoff-Erzeugung durch Elektrolyse erfolgt im Ausland an geeigneten EE-Standorten; der Wasserstoff wird anschließend importiert.
- Als Variante kann ein Sowohl-als-auch gelten.

Das Bundesministerium für Verkehr und Infrastruktur (BMVI) hat 2018 eine Studie „Industrialisierung der Wasserelektrolyse in Deutschland“ veröffentlicht, die u. a. die in Deutschland maximal benötigte Elektrolyse-Leistung beschreibt, wenn auf Importe weitgehend verzichtet wird. Für das Jahr 2030 nennt die Studie eine Spanne von 7 bis 71 GW und für das Jahr 2050 von 137 bis 275 GW. Auch wenn Wasserstoff-Importe unterstellt werden, sind noch im gewissen Umfang Elektrolyse-Kapazitäten in Deutschland gefragt. Die Fraunhofer-Studie sieht dagegen für das Jahr 2050 nur einen Bedarf in der Größenordnung von 50 bis 80 GW installierter Elektrolyse-Leistung, entsprechend einer Wasserstoffkapazität von 1000 bis 1600 t/h. Weitere und breiter gestützte Aussagen zu den benötigten Mengen werden weiter unten im Anschluss an die Behandlung der einzelnen Sektoren unter Kap. 6.5, Wasserstoffbedarf, nachgetragen.

In jedem Fall ist danach eine Elektrolyse- und Zulieferindustrie notwendig, die bereits in den 2020er-Jahre eine Elektrolyseurkapazität von mehreren GW pro Jahr errichten und betreiben kann. In den folgenden Jahrzehnten muss sich dann die Elektrolyseurkapazität weiter erhöhen. Hierin nicht eingeschlossen sind die bei fortgeschrittener deutscher Technik zu erwartenden bzw. erhofften Exporte.

Zur Wasserstoff-Erzeugung durch Elektrolyse sind mehrere Verfahren nutzbar, wie in Kap. 4.1, Gewinnung, bereits vorgestellt. Die alkalische Wasserelektrolyse mit flüssiger Kalilauge und die saure Membran- oder auch PEM-Elektrolyse erzeugen Wasserstoff bei niedrigen Temperaturen (50 bis 80 °C). Die Hochtemperatur- oder auch Dampfelektrolyse mit Festoxid- Elektrolyten aus keramischen Materialien wird dagegen bei ca. 800 °C betrieben. An technischer Reife werden den drei Verfahren nach der Fraunhofer-Studie zugeordnet:

- Alkalische Elektrolyse: TRL 9[89]
- PEM-Elektrolyse: TRL 6-8
- Hochtemperatur-Elektrolyse: TRL 4-6

Die deutsche Elektrolyse-Industrie dient heute noch im Wesentlichen zur Versorgung der ganz anders gelagerten Chlor-Alkali-Elektrolyse mit einem weltweiten Absatz (und damit einer Produktionskapazität) von weniger als 100 MW pro Jahr. Power-to-Gas, Sektorenkopplung und industrielle Wasserstoffanwendungen verändern inzwischen die Nachfrage, sodass auch große und international tätige Firmen wie Siemens, Asahi Kasei und Thyssenkrupp hier ein lohnendes Betätigungsfeld sehen und ihre eigenen Anlagen entwickeln. Hinzu kommen kleinere Unternehmen wie Enertrag mit Enwicklungen für den Eigenbedarf. Verstärkt ist Investoren-Interesse zu beobachten. Vielfältige F&E-Programme tragen hier zur Popularisierung bei. Auch in der Reallabor-Initiative des BMWi sind mehrere 100 MW Elektrolyse-Leistung für Deutschland geplant

Für die Zukunft werden in Deutschland und Europa noch weit größere Kapazitäten erwartet, s. Tabelle 6-2.

Dennoch: Die Fertigung von Elektrolyseuren ist derzeit Manufakturbetrieb. Es gibt kaum Standardprodukte in dem noch kleinen Markt. Miniserien und häufig Einzellösungen auch bei den Zulieferern sind typisch. Das hat hohe Bezugspreise und oft langen Lieferzeiten zur Folge. Die deutschen Akteure stehen jedoch international recht gut da, da in allen drei Techniken in Deutschland geforscht wird, Produktentwicklung bei den Herstellern stattfindet und auch viele Zulieferer in Deutschland angesiedelt sind. Die Branche und ihre Zulieferketten sind zwar überschaubar, dabei jedoch international ausgerichtet. Unter den Herstellern für große Nennleistungen finden sich auch die beiden Unternehmen Siemens Energy und ThyssenKrupp, die dort einen Zukunftsmarkt sehen.

89 Der so genannte Technology Readiness Level (TRL) gibt auf einer Skala von. 1 bis 9 den wissenschaftlich-technischen Status einer Technik an.

Hersteller	**Jährliche Produktionskapazität in MW / a**	
	2021	**2025**
Cummins	100	1000
TM Power	50	1500
John Cockerill	350	2500
McPhy	100	1800
Mel	20	2300
Plug Power	k. A.	3000
Siemens Energy	10	1000
Sunfire	47	1500
thyssenkrupp	1000	6000
Neue Akteure	k. A.	1700
insgesamt	**1677**	**22200**

Tabelle 6-2: Die Produktionskapazität für Elektrolyseure wird stark ansteigend erwartet; Datenquelle: DLR / BWK 9-10, 2022

Elektrolyseure sind also verfügbar und auch großtechnisch realisierbar. Dennoch besteht weiterer Forschungsbedarf. Hierbei geht es weniger um die gut bekannten Grundlagen, sondern meist um kontinuierliche, industrielle Weiterentwicklung. Bei allen drei Techniken sieht die Fraunhofer-Studie die Notwendigkeit einer energetischen und ökonomischen Optimierung der Anlagenkomponenten, u. a. bei der „Leistungselektronik (robuste und kostengünstige Gleichrichter und Transformatoren für eine dynamische und flexible Betriebsführung) und bei der Gasaufbereitung (Gasanalytik, Wasserstoff-Trocknung und Wasserstoff-Verdichtung). Ferner gibt es Entwicklungsbedarf bei der Qualitätssicherung und Zertifizierung in der Produktion von Komponenten für die Elektrolyse. Hinsichtlich einer Hochskalierung von Markt und Leistung der Einzelanlagen müssen Konzepte für marktgerechte Produktionstechnologien und Qualitätssicherung entwickelt werden."[90]

Aus technischer wie auch ökonomischer Sicht sind bei der alkalischen Elektrolyse eine Erhöhung der Strom- und damit Leistungsdichten bei Beibehaltung des hohen Wirkungsgrades und der langen Lebensdauer zu fordern. Auch eine Verringerung der Herstellkosten wäre dringlich. Entwicklungsparameter wären die Optimierung der Zellgeometrie, die Elektrolytführung, der Aufbau einer seriellen Elektroden- und Stackfertigung, die Überarbeitung der Katalysatoren und die Optimierung der Elektrodenstruktur. Auch müssten neue Basis-Konzepte entwickelt werden, wie es mit der alkalische Membranelektrolyse gelungen ist. „Bei der PEM-Elektrolyse besteht Bedarf nach alternativen Membranmaterialien für

90 Zitiert aus Fraunhofer, Wasserstoffroadmap für Deutschland, S. 19.

erhöhte Betriebstemperaturen (höhere Leistungsdichten bei geringem Gas-Crossover). Ferner muss der Bedarf an Edelmetallen deutlich gesenkt werden (Reduzierung der Katalysatorbeladung hinsichtlich Iridium und Platin, damit die Materialverfügbarkeit nicht kritisch wird) und (es müssen) passende Recyclingkonzepte entwickelt werden."[91]

Auch ein verbessertes Verständnis der Alterungsmechanismen zur Erhöhung der Lebensdauer und die Entwicklung großdimensionierter PEM-Stacks stehen an, ebenso Fortschritte bei Hochdruckelektrolyseuren für dezentrale Anwendungen. Zu den Entwicklungsthemen der Hochtemperatur-Elektrolyse gehören

- Erhöhung der Langzeitstabilität,
- Verbesserung der Zyklenfestigkeit,
- automatisierte Verfahren zur kostengünstigen Zellherstellung,
- Entwicklung von Stacks hoher Leistung.

Auch müssen geeignete und dynamisch betreibbare Wärmemanagementsysteme entwickelt werden. Für alle drei Techniken besteht Entwicklungsbedarf hinsichtlich der Großproduktion bei Einhaltung der Qualitätslevels.

Die Förderung des BMBF im Rahmen des Wassesrtoffleitprojektes H_2Giga weist in diese Richtung. Hierzu hat sich jüngst ein Verbund um den Konsortialführer SCHÄFFLER gebildet, der das Vorhaben „Stack Scale up – Industrialisierung PEM-Elektrolyse" vorantreibt.

Der Betrieb einer Wasserstoffpipeline ist pro Einheit günstiger als der eines Stromkabels. Standorte für die Elektrolyseure sollten deshalb den Quellen des Grünstroms folgen, um unnötige Transportverluste zu vermeiden. Transportiert wird dann der produzierte Wasserstoff. Das erste industrielle „Hybridkaftwerk" von Enertrag gibt das Muster vor: Seit 2011 produziert es in Prenzlau, Landkreis Uckermark, grünen Strom, den ein Elektrolyseur vor Ort in Wasserstoff umwandelt. Abb. 6-5 zeigt einen Ausschnitt der Anlage.

Die für eine großindustrielle Elektrolyse benötigten Strommengen machen die Standortwahl zu einem wichtigen Entscheidungskriterium. Im Standortmarketing der Region liest sich das schlagwortartig bei Enertrag so: „Wasserstoff aus OWE (Ostwestfalen) als Eckpfeiler der Dekarbonisierung."[92]

Abb. 6-5: Das Hybridkraftwerk in Prenzlau 2011; Quelle: Enertrag

91 ebenda

92 Z. BWK, 9 – 10 2021, S. 49.

Offshore-Windkraft liefert die besten Erträge. Küstennahe Standorte sind jedoch weitgehend belegt, sodass Windparks auf See in Zukunft in größere Wassertiefen ausweichen müssen. Hierfür sind jüngst schwimmende Anlagen für die Stromerzeugung in Vorschlag gebracht worden, die in der Kette Schwimmende WEA – Floating Production and Storage Unit mit Elektrolyseur – Tankschiffe oder Pipelines zu verbrauchsnahen Häfen arbeiten, s. Abb. 6-6.

Solche schwimmenden Anlagen haben einige Vorteile:

- Sie ermöglichen den Zugang zu höheren Winderträgen.
- Sie erleichtern die Standortwahl bzw. verringern die Standortprobleme.
- Sie legen die Offshore-Elektrolyse nahe bzw. erzwingen sie sogar.

Schwimmende WEA sind (neben den extrem teuren künstlichen Inseln) der praktisch einzige Zugang zu größeren Wassertiefen ab 60 m. Gerade hier, wo die Aufstellung von Anlagen auf dem Meeresboden nicht mehr möglich ist, finden sich jedoch mit 80 % die größten Windressourcen. Hinzu kommt, dass einige Länder wie Japan oder Nordamerika zum Teil stark abfallende Küsten haben.

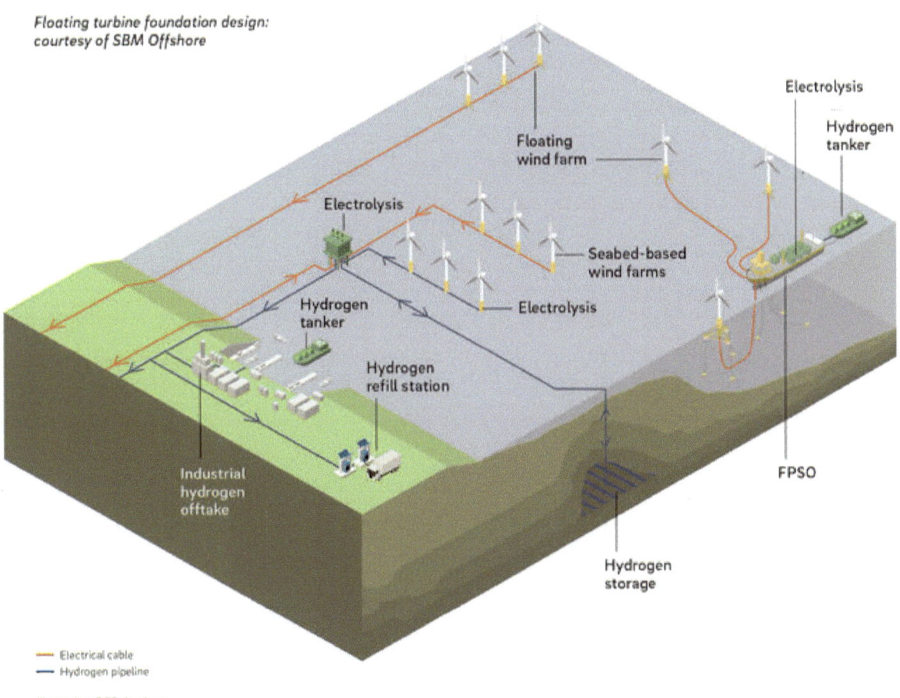

Abb. 6-6: Die Offshore-Produktion von Wasserstoff über eine schwimmende Anlage mit Floating Production and Storage Unit; Quelle: Roland Berger / DOB-Academy

Zusätzlich zählt, dass die offene See wesentlich geringere Einschränkungen bei der Standortwahl fordert, da hier die Konkurrenz anderer Flächennutzungen weitgehend entfällt.

Die Offshore-Elektrolyse hat nach den Analysen der Roland Berger Unternehmensberatung etliche Vorteile gegenüber einer Onshore-Verarbeitung des erzeugten Stroms: Der wesentlich günstigere Transport per Pipeline oder Schiff überkompensiert die höheren Betriebskosten. Pipelines sind außerdem zuverlässiger als Kabel und schneller installierbar. Eingeschränkt gilt das auch für den Schiffstransport.

Die Direktnutzung und die Weiterverarbeitung von Wasserstoff hat derzeit quantitativ für das Energiesystem nur geringe Bedeutung. Für diesen kleinen Bedarf von weltweit ca. 70 Mio. t/a zzgl. 48 Mio. t/a als Beiprodukt wird der Wasserstoff nahezu ausschließlich aus fossilen Quellen, i. e. Erdgas und Kohle als blauer Wasserstoff hergestellt. Zur Erreichung des Klimaschutzziels von 95 % Treibhausgasminderung bis zum Jahr 2050 ist jedoch aus heutiger Sicht der Einsatz von Wasserstoff aus nicht-fossilen Quellen unumgänglich.

Das in den quantitativen Prognosen präferierte Verfahren hierfür ist die oben beschriebene Wasserelektrolyse und damit als Anlagentechnik der Elektrolyseure. Elektrolyseure sind entweder national zu errichten oder ihr Output muss ganz oder teilweise aus Importen gedeckt werden.

Die Fraunhofer-Studie hat die Wertespektren für die Elektrolyse-Kapazität für die Regionen Deutschland und EU nach Tabelle 6-3 ermittelt und für die Ausarbeitung der Wasserstoff-Roadmap verwendet.

Europa	**2020**	**Wasserstoff-nachfrage**	**2050**	**Elektrolyse-kapazität**
	Unterer Wert	30 GW	Unterer Wert	341 GW
	Oberer Wert	140 GW	Oberer Wert	511 GW
Deutschland				
	Unterer Wert	20 GW	Unterer Wert	50 GW
	Oberer Wert	20 GW	Oberer Wert	80 GW

Tabelle 6-3: Bandbreiten für die Wasserstoffnachfrage und die zugehörige Elektrolysekapazität bis 2050, oben jeweils Europa, unten Deutschland; Quelle: Eigene Darstellung, Daten von ISI und ISE, Freiburg, 2019

Importe sind hier nicht enthalten, die angenommene Wasserstoff-Nachfrage berücksichtigt jedoch auch die Direktverwendung von Wasserstoff, z. B. für Heizung und FCEV, sowie die Weiterverarbeitung zu synthetischen Brenn- und Kraftstoffen. Vor dem Hintergrund solcher Annahmen ist die errechnete Elektrolysekapazität mit der Bandbreite von 50–80 GW eher spekulativ.

Alternativen zur Elektrolyse

Wie in Kap. 4.1, Gewinnung, erläutert, sind zwei andere Verfahren der H_2-Herstellung bekannt, die CO_2-arm betrieben werden können: Einmal die konventionelle bislang zur Wasserstoff- Produktion verwendete Reformierung, jetzt jedoch mit einer anschließenden

Abtrennung und Speicherung bzw. Nutzung von CO_2 mit dem Ergebnis Blauer Wasserstoff (s. Kap. 4.1.3), sowie zweitens die Methanpyrolyse. Bei der ersteren entsteht viel CO_2 (ca. 10,6 t CO_2 äq /t Wasserstoff, STERNBERG 2017), deutlich mehr als für die Wasserstoff-Erzeugung mittels Windstrom-Elektrolyse. CO_2 kann bei beiden Prozessvarianten (i. e. Steam Methane Reforming, SMR bzw. autotherme Reformierung, ATR) abgetrennt werden. Bei SMR-Prozessen erreicht man Abscheideraten von ca. 90 %. Solche SMR-Anlagen mit nachgelagerter CO_2- Abtrennung sind mit einem Ausstoß von 0,5 Mio. t Wasserstoff pro Jahr in Betrieb. Die ermittelten Kosten für die Separierung liegen bei etwa 53 US$ pro Tonne CO_2. Die ATR-Technologie ergibt höhere CO_2-Abscheideraten, weil hier das CO_2 konzentrierter vorliegt. So erlaubt die ATR-Technologie auch eine kostengünstigere CO_2-Abtrennung. In England sind nach Mitteilung der IEA die Projekte HyNet und Wasserstoff 1 geplant (Stand 2019). Offen und problematisch ist jedoch die umweltgerechte und sichere Speicherung einerseits beziehungsweise die Nutzung / Weiterverwendung des abgeschiedenen CO_2. Vor allem die Verpressung in Land- oder Meeresböden ist umstritten, teilweise auch gesetzlich verboten. Einige Länder verfolgen diesen Weg jedoch konsequent, z. B. Norwegen, s. Kap. 5.3, Verfahrenstechnik, Chemische Prozesse.

Das andere Verfahren, die Methanpyrolyse oder Methanspaltung mt dem Ergebnis Türkiser Wasserstoff (s. Kap. 4.1.4, Türkiser Wasserstoff), erfordert deutlich weniger Energie und liefert dazu um ca. 50 % geringere CO_2 -Emissionen. In den letzten Jahren wurden verschiedene Techniken entwickelt. Die deutschen Unternehmen BASF, Thyssenkrupp und Linde nutzen die thermische Spaltung, das US-Unternehmen Monolith dagegen die Plasmapyrolyse. Gegenwärtig errichtet Monolith Materials eine 125 MW-Anlage, die Kohlenstoff aus Erdgas gewinnen wird. H_2 fällt dabei gewissermaßen als Nebenprodukt an.[93] Das Institute for Advanced Sustainability Studies (IASS) und das Karlsruhe Institute for Technologie (KIT) haben mit der Verwendung von flüssigem Metall als Wärmeträger einen dritten Weg in Erprobung. Der australische HAZER®-Prozess verwendet schließlich eine katalytische Methanpyrolyse; sie hat allerdings das Problem, Katalysator und Kohlenstoff nach der Reaktion wieder sauber zu trennen (Fraunhofer-Studie).

Vor dem Hintergrund noch notwendiger Entwicklung wird für die Pyrolyse ein Reifeindex (TRL) von 4-5 geschätzt (Dechema 2017). Auch hier verbleibt allerdings das Problem der CO_2-Endlagerung oder -Verwendung.

Die Anwendung der Plasmolyse auf Schmutzwasser verspricht höhere Wasserstoffausbeuten und günstigere Herstellkosten. Wasser ist eine sehr stabile Verbindung. Bisherige Elektrolyse-Verfahren benötigen deshalb durchschnittlich 43 kWh Energie, um aus destilliertem Wasser 1 kg Wasserstoff zu erzeugen. Organische Verbindungen in industriellen Abwässern, Gülle oder Gärrestwasser bergen ein großes und zugleich leichter erschließbares Energiepotenzial.

Das Start-up Graforce in Berlin hat hieraus die Konsequenz gezogen, ein entsprechendes Verfahren für Schmutzwasser entwickelt und inzwischen in der Praxis erprobt. Schmutzwässer, z. B. Schlammwasser einer Kläranlage, oder Gülle von Biogasanlagen, enthalten große Mengen an H_2-lastigen Stickstoff- und Kohlenstoffverbindungen. Bei der Schmutzwasser-Plasmalyse werden also keine Wassermoleküle, sondern Stickstoff-

93 Z. BWK, B. 75 (2021), Nr. 7 / 8, S, 51.

und Kohlenwasserstoffverbindungen, wie z. B. Ammonium (NH_4), in Wasserstoff und Stickstoff aufgespalten. Mit einer bei der Graforce entwickelten Membran-Technologie werden die entstehenden Gase separiert und in Gasbehältern gespeichert. Anschließend kann der Wasserstoff transportiert oder direkt in der Kläranlage in Wasserstoff-BHKW zur CO_2-freien Strom- und Wärmeerzeugung verwendet werden.

Bei dem Verfahren wird im Reaktor ein starkes elektrisches Feld mit mehreren Tausend KV erzeugt. Dieses wiederum entlädt sich in Blitzen, die ein physikalisches Plasma entstehen lassen. Dabei bildet sich Wasserstoff, der mittels einer speziellen Membran vom übrigen Gasgemisch abgetrennt wird. Diese beiden Reaktionen sind im sogenannten Plasmalyzer vereinigt, s. Abb. 6-7.

Der energetische Aufwand, um Wasser in Wasserstoff und Sauerstoff zu spalten, ist mit 20 kWh / kg H_2 bei der Plasmalyse weit geringer als bei der Elektrolyse mit den erwähnten 43 kWh / kg H_2. Entsprechend niedriger sind die Herstellkosten für den Wasserstoff: 4,00 € / kg H_2 gegenüber 8,60 € / kg H_2.

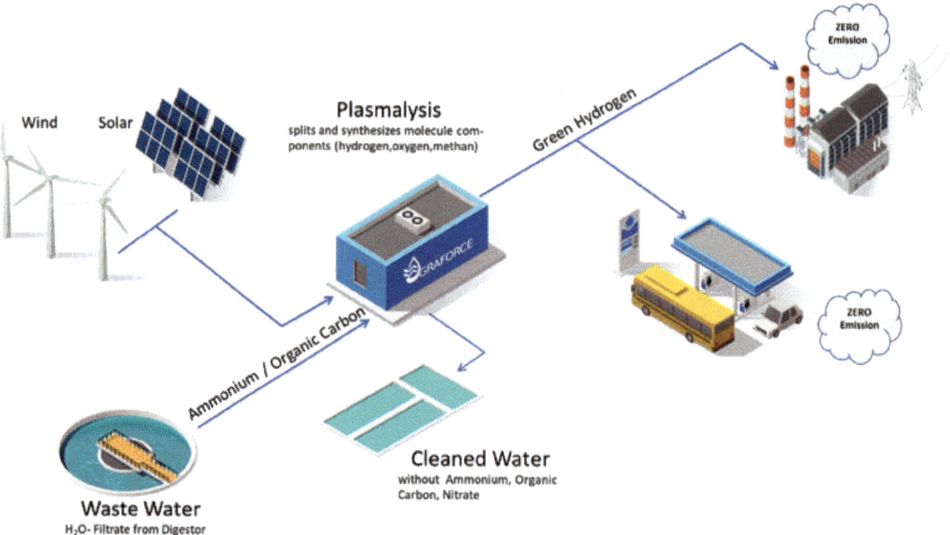

Abb. 6-7: Die Schmutzwasser-Plasmalyse von Graforce; Quelle: Graforce

6.1.5 Wasserstofffabriken

Das Fraunhofer-Institut für Fabrikbetrieb und -automatisierung IFF sucht ökonomisch angepasste Lösungen zur Produktion und Verteilung von grünem Wasserstoff. Mit der sogenannten „Wasserstofffabrik der Zukunft" versuchen sie dort ein universelles Konzept zu etablieren, um grünen Wasserstoff jeweils dezentral und modular zu produzieren und zu verteilen. Aktionsfelder sind die gesamte Wertschöpfungskette und das gesamte Verwenderspektrum Industrie, Gewerbe und Verkehr. Zur Umsetzung des Konzeptes „Wasserstofffabrik der Zukunft" werden im IFF modular erweiterbare Teilkomponenten entwickelt, die in geeigneter Zusammenstellung und Vernetzung in Gewerbe- oder Industrieparks verwendet werden können. Für die Erzeugung des Wasserstoffs werden elektro- oder biochemische Verfahren eingesetzt, abhängig von den Verhältnissen vor Ort. Denn „Es ist nicht überall möglich, Wind- und Photovoltaik-Anlagen zu bauen“ (IFF). Unter den Projekten zur Wasserstofffabrik der Zukunft ragen heraus:[94]

Ankopplung der Wasserstoffproduktion an eine Biogasanlage:
IFF setzt auf standortabhängige Konzepte, wozu auch Biogasanlagen für die Produktion des Wasserstoffes gehören können. Eine Pilotanlage mit diesem Ansatz entsteht bei Gommern in Sachsen-Anhalt. Hier arbeiten die Partner IFF, MicroPro GmbH und Streicher Anlagenbau GmbH & Co. KG am Projekt HyPerFerMen, dessen Gegenstand die regenerative Wasserstoffproduktion aus Biomasse ist. Ein spezielles Gärungsverfahren (ähnlich dem der Biogasproduktion) und der Einsatz bestimmter Mikroorganismen sollen hier einstufig Wasserstoff aus organischen Reststoffen produzieren. Das entstehende Gasgemisch aus 50 bis 60 % H_2 und CO_2 mit wird anschließend durch CO_2-Abtrennung problemlos aufgereinigt.

Die hier experimentell verwendete fermentative Erzeugung von Biowasserstoff könnte bei positivem Ausgang ein neuer Weg für die dezentrale Produktion des Energieträgers Wasserstoff werden.

Mobile Wasserstofftankstelle für Industrie- und Gewerbeparks:
Eine der erwähnten Teilkomponenten ist das Kleinverteilsystem Mobile Modular H_2 Port (MMH_2P), das vom IFF in Zusammenarbeit mit der Anleg GmbH entsteht. Das MMH_2P ist eine mobile und modulare Wasserstofftankstelle, gedacht für Fahrstrecken unter 200 Kilometer. Es besteht aus erweiterbaren Druckspeichersysteme mit Kompressoren, die auf einem kleinen Anhänger montiert sind. Das betankte System soll Kleinmengen Wasserstoff an Verbraucher abgeben. Das Projekt wird vom Bundesministerium für Bildung und Forschung (BMBF) gestützt und gefördert.

Desinfektion mit Ozon:
Dem IFF sind Systemlösungen und damit eine systemisch integrierte Wasserstoffproduktion wichtig. In Beispielen heißt das, bei der Elektrolyse neben dem Primärziel Wasserstoff auch den Sauerstoff zu nutzen – z. B. für Schweißgeräte oder für Ozonbeigaben in Kläranlagen. Sie dienen dazu, Mikroverunreinigungen wie Pharmaka, Pflanzenschutzmittel oder Kosmetika aus dem Abwasser herauszulösen. Ein Anwendungsgebiet findet sich auch in der Landwirtschaft, wo Sauerstoff für die Entschwefelung von Biogasanlagen Verwendung finden kann.

In der Industrie sind größere Elektrolyseanlagen in Vorbereitung oder Planung. So richtet sich RWE darauf ein, ab 1924 aus dem neuen Elektrolyse-Standort Lingen Wasserstoff an Raffinerien und andere Verbraucher zu liefern. Die 100 MW-Anlage, die mit den Partnern BP, Evonik, Nowega und OGE errichtet wird, wäre die erste Wasserstoffproduktion im industriellen Maßstab in Deutschland. Für 2026 ist bereits die nächste Ausbaustufe mit dann 300 MW vorgesehen. Der Strom für die Anlagen stammt aus Offshore-Windparks in der Nordsee – es handelt sich in der Tat um grün produzierten Wasserstoff.

---

94 Forschung Kompakt / 02. April 2020.

Für den Betrieb solcher Wasserstofffabriken gibt es Hindernisse, die mit dem Strombezug zusammenhängen. Die EU plant, im Rahmen der Ausgestaltung von RED II (Renewable Energy Directive II) neue Regeln zu erlassen, wonach Wasserstoffproduzenten nur auf solche Ökostromanlagen zurückgreifen dürfen, die praktisch zeitgleich und in Nachbarschaft errichtet werden, ausschließlich für den Bedarf der Wasserstofffabrik produzieren und damit „zusätzlich" sind.

Die nicht ganz unverständliche Begründung hierfür ist die Furcht davor, dass die potenten Elektrolyse-Betreiber den gesamten Grünstrom-Markt leerkaufen könnten. Das wiederum möchte die Industrie nicht hinnehmen und hofft darauf, auch Strom aus dem Netz auf der Basis zertifizierter Grünstromnachweise beziehen zu dürfen.[95]

Was die Enge am Grünstrommarkt betrifft, so gibt es diese tatsächlich. Die Nachfrage von Unternehmen, sich grünen Strom über langfristige Lieferverträge (PPAs, Power Purchase Agreements) zu sichern, steigt beachtlich.[96]

6.1.6 Roadmap für die Energiewirtschaft

In der Roadmap der Abb. 6-8 sind die wichtigsten Schritte dargestellt, die nach der Fraunhofer-Studie in der Zukunft gegangen werden sollten, um eine technisch sichere, effiziente und im Umfang ausreichende Wasserstoffproduktion zu gewährleisten.

	2020	2030	langfristig
F & E	Erhöhung Stromdichte für NT Verfahren	Reduzierung PGM Bedarf für Kats in der PEM Elektrolyse	Erhöhte Betriebstemperaturen für NT-Elektrolyse
	Optimierung Materialien HT-Elektrolyse	Erhöhung Lebensdauer HT Elektrolyse	
	Materialentwicklung, u.a. für Elektroden und Elektrolyte	Scale-Up Konzepte	
	Prozess und Katalysatorentwicklung Scale-Up Konzepte	Verfahren zur Nutzung von CO_2 aus der CO_2-Abscheidung	
Markt	Kontinuierliche Marktnachfrage in Deutschland von 100 MW/a Entwicklung einer stabilen internationalen Marktnachfrage	Kontinuierliche Marktnachfrage in Deutschland bis 500 MW/a	Marktnachfrage in Deutschland bis zu 1 GW/a Entwickelter globaler Markt im zweistelligen GW-Bereich
	Identisch zum Markt für konventionelle Elektrolyseverfahren		
	Verstärkte Nachfrage nach CO_2-armen Wasserstoff vor allem in der chem. Industrie		Sukzessive Verdrangung von CO2-armen Wasserstoff durch CO2 freien Wasserstoff aus Elektrolyse
Technologie	Kontinuierliche industrielle Weiterentwicklung und Kostenreduktion durch Skaleneffekte		
	≤ 800 €/KW CAPEX (0	≤ 650 €/KW CAPEX (0)	≤ 500 ENW CAPEX (0)
	Prototypenbau und Felderfahrung	Scale-Up auf große Leistungsklassen Konkurrenzfähige Produkte zur konv. Elektrolyse	
	Erprobung von Verfahren zur CO_2-armen H_2-Erzeugung	Großtechnisch verfügbare Verfahren und Produkte Aufbau einer CO_2-Logistik	
Politik	Schaffung von Instrumenten zur Nachfrageerhöhung nach grünem Wasserstoff, u.a. Umsetzung RED II		
	Reallabore zur Validierung von Geschäftsmodellen	Aufbau von Wasserstoffregionen als Keimzellen Anpassung/Ausbau Netzinfrastruktur for synthetische Energietrager	
	Anpassung regulatorischer Rahmen im Energiesektor, u.a für Strombezug	Regulatorischer Rahmen u.a. für Strombezug von Elektrolyseuren, angepasst an die Erfordernissen der Energiewende	

Abb. 6-8: Roadmap für die Wasserstofferzeugung; Quelle: Eigene Darstellung, Datenquelle Fraunhofer-Institut für System- und Innovationsforschung, Fraunhofer-Institut für Solare Energiesysteme (Hg), Eine Wasserstoff-Roadmap für Deutschland, Karlsruhe und Freiburg, 2019, Abb. 4

95 D. Wetzel, Nicht gut genug, in: Welt am Sonntag, 3. Oktober 2021.

96 H. Ch. Neidlein, Es kann so nicht weitergehen, in: vdi nachrichten vom 24. September 2021.

6.2 Industrie

Deutschland hat seine wirtschaftliche Stärke nach 1945 aus dem Wiederaufbau der Industrie gewonnen. Noch 1979 lag ihr Anteil am BSP bei 71 % (unter Einschluss des Bausektors und des Energiesektors) gegenüber dem Sektor Dienstleistungen mit 28 %, s. die wirtschaftlichen Kennziffern in Tabelle 6-4.

Im Jahre 2018 hatte sich das Verhältnis umgekehrt: Industrie 30,7 %, Dienstleistungen 68,6 %. Deutschland ist zur Dienstleistungsgesellschaft geworden. Rechnet man die Energiewirtschaft und den Bausektor heraus, so sinkt der Wert noch deutlich weiter.

Allerdings ist zu differenzieren: Deutschland ist nach wie vor industrieaffin. Abgewandert ist die Produktion, das Know-how bleibt und wächst weiter. 180 250 Anmeldungen zählte das Europäische Patentamt (EPA) im Jahr 2020 weltweit. Deutschland verteidigte mit 25 954 Anmeldungen seinen zweiten Platz hinter den USA; dahinter folgen Japan und China. Allerdings zeigen sich deutliche Unterschiede zwischen einzelnen Ländern. Während das Patentaufkommen aus den USA, Deutschland und Japan coronabedingt sank, legte China fast zehn Prozent zu und demonstriert damit seinen wirtschaftlichen Weltmachtanspruch. Innerhalb Europas nimmt Deutschland eine klar dominierende Position ein. Es verzeichnet weit mehr als doppelt so viele Anmeldungen wie die europäische Nummer zwei, Frankreich.

BIP (jn US$)	1979, 1 Mrd.
Zuwachsrate (in %)	3
Anteil Landwirtschaft am BSP	1
Anteil Industrie am BSP	71
Anteil Dienstleistung am BSP	28
Arbeitslosigkeit (in %)	7,8
Inflationsrate (in %)	2,1
Staatseinnahmen (in US$)	708,831 Mrd.
Staatsausgaben (in US$)	736,277 Mrd.

Tabelle 6-4: Wirtschaftsdaten der (alten) Bundesrepublik 1979: Quelle: Daten TLG, München; eigene Darstellung

Dazu passt, dass die deutsche Bundesregierung Wasserstoff nicht nur als „Schlüsselrohstoff für eine erfolgreiche Energiewende“ versteht, sondern sich dazu eine Strategie verordnet hat, die Deutschland zur weltweit führenden Wasserstoff-Nation machen soll. Sie sieht darin auch die Chance, dass Wasserstoff „zu einem zentralen Geschäftsfeld der deutschen industriellen Exportwirtschaft“ werden kann.

Wasserstoff kommt in der Industrie schon heute zum Einsatz. Er wird in großen Mengen von der chemischen Industrie verbraucht. Die Grafik der Abb. 3-9 zeigte bereits das große Spektrum der Anwendungen, welche Kraft- und Schmierstoffe sowie welche chemischen

Produkte mit Wasserstoff hergestellt werden. Und dies schon seit langer Zeit, sodass Erfahrungen im Umgang mit Wasserstoff vorliegen.

Der Industriesektor trägt als großer Energieverbraucher trotz seines gesunkenen Anteils am BSP mit etwa 24 % noch bedeutend zu den Treibhausgasemissionen Deutschlands bei (2020) und liegt damit an zweiter Selle der Wirtschaftssektoren nach der Energiewirtschaft.

6.2.1 Umweltbilanz Industrie

Die Bemühungen des Sektors um Reduktion der Emissionen sind durchaus anerkennenswert: Die THG-Emissionen sanken von 284 Mio. t CO_2-Äqivalenten im Jahr 1990 auf 188 Mio. t CO_2 -Äqivalente im Jahr 2019, s. auch Abb. 6-1. Zwischen 1990 und 2020 gingen damit die Emissionen des Sektors um 37 % zurück.

Ein größerer Teil dieses Rückgangs entfällt auf die 1990er Jahre, als sich die Wirtschaft der ehemaligen DDR an die neuen Bedingungen des Marktes anpassen musste, was bedauerlicherweise meist auf Stilllegungen hinauslief. Die Industrieemissionen sanken auch im Jahr 2020 deutlich, im Vergleich zum Vorjahr um 5 % beziehungsweise 9 Mio.t CO_2 -Äquivalente. Hauptgrund hierfür war allerdings ein Rückgang der Produktionsmengen aufgrund der Corona-Pandemie, also kein endogener Fortschritt. Das dürfte nicht von Dauer sein: In der Hochrechnung für das Jahr 2021 steigen die Emissionen vor allem in der Energiewirtschaft sowie in der Industrie gegenüber dem Vorjahr wieder an.[97]

Füe die Treibhausgasemissionen des Industriesektors sind im Wesentlichen die energieintensiven Bereiche Stahl, Chemie, Nichteisenmetalle, Zement, Kalk, Glas und Papier verantwortlich; hinzu kommt die Eigenstromversorgung der Industrie. Die Emissionen entstehen auf verschiedenen Wegen: Zwei Drittel werden durch die direkte Energiebereitstellung in der Industrie (also Industriefeuerungen im verarbeitenden Gewerbe) verursacht; ein Drittel der Industrieemissionen ist mit den Prozessen verbunden. Die prozessbedingten Emissionen entstehen bei der Herstellung, vor allem bei der Produktion von Grundstoffen wie Roheisen und Zement sowie in der Grundstoffchemie.

Neben den direkten Treibhausgasemissionen ist der Industriesektor auch Verursacher indirekter Emissionen. Sie entstehen durch Strombezug und Fernwärmeabnahme und tauchen in der Umweltbilanz der Energiewirtschaft auf (Quellprinzip der Zuordnung). Eine bessere Energieeffizienz der Industrie erbringt daher einen positiven Beitrag für die Emissionsbilanz des Sektors Energiewirtschaft.

Um die Klimaziele von Paris zu erreichen, steht die Industrie vor der Notwendigkeit weiteren erheblicher CO_2-Einsparungen. Die einzelnen Industriebranchen sind dabei mit unterschiedlichen und zum Teil großen Herausforderungen konfrontiert, die sich zum Teil auch aus den besonderen Marktstrukturen und spezifischen Produktionstechniken ergeben. Häufig können notwendige Temperaturniveaus oder Wärmedichten beim Einsatz von erneuerbaren Energien nicht erreicht werden oder es entstehen prozessinhärente THG-Emissionen, die bei Beibehaltung heutiger Abläufe nur bedingt, nur teilweise oder auch gar nicht vermieden werden können. Auch wenn prinzipiell wirksame Vermeidungsstrategien wie die Abscheidung und -Speicherung von CO_2 (CCS) bzw. CO_2-Nutzung (CCU) oder

97 Öko-Institut (Hg), Hochrechnung der deutschen THG-Emissionen 2021, Freiburg, 5. August 2021.

Speicherung als Biomasse zur Verfügung stehen, so ist deren Verwendung doch mit Problemen der Akzeptanz oder einer nicht-nachhaltigen Verfügbarkeit verbunden oder ist aufgrund gesetzlicher Einschränkungen nicht umsetzbar – was sie meist als Lösungen ausschließt und ggf. Exporte nötig macht.

6.2.2 Wasserstoff für die Industrie

Vor diesem durchaus problematischen Hintergrund kann regenerativ gewonnener Wasserstoff einen entscheidenden Beitrag liefern, eine transformierte Industrieproduktion zumindest weitgehend CO_2-neutral zu halten. Seine Rolle wird gelegentlich sogar als die eines „deus ex machina" verstanden. Große Potenziale liegen in der Stahlindustrie und der chemischen Industrie, wie bereits an Beispielen in Kap. 5.3, Verfahrenstechnik, chemische Prozesse, erläutert.

Neben der Stahlindustrie und der ebenfalls erwähnten Zementherstellung gibt es viele weitere Beispiele aus der chemischen Industrie. Der Ersatz von fossil erzeugtem Wasserstoff, wie etwa in der Ammoniakherstellung benötigt, durch die Verwendung von grünem Wasserstoff gehört hierzu, wie auch alle Hydrierverfahren. Langfristig kann regenerativ gewonnener (grüner) Wasserstoff als Rohstoff für Synthesen dienen und so z. B. Erdgas als Rohstoff verdrängen.

Neben solchen Einsatzmöglichkeiten etwa in der Stahlindustrie und Chemie kann regenerativ erzeugter Wasserstoff überall da einspringen, wo Wärme benötigt wird. Beispiele sind etwa die Erzeugung von Prozessdampf oder generell die Herstellung aller Temperaturniveaus, die über Wärmepumpen nicht erreichbar sind. Schmelzen gleich welcher Art sind hier gute Beispiele.

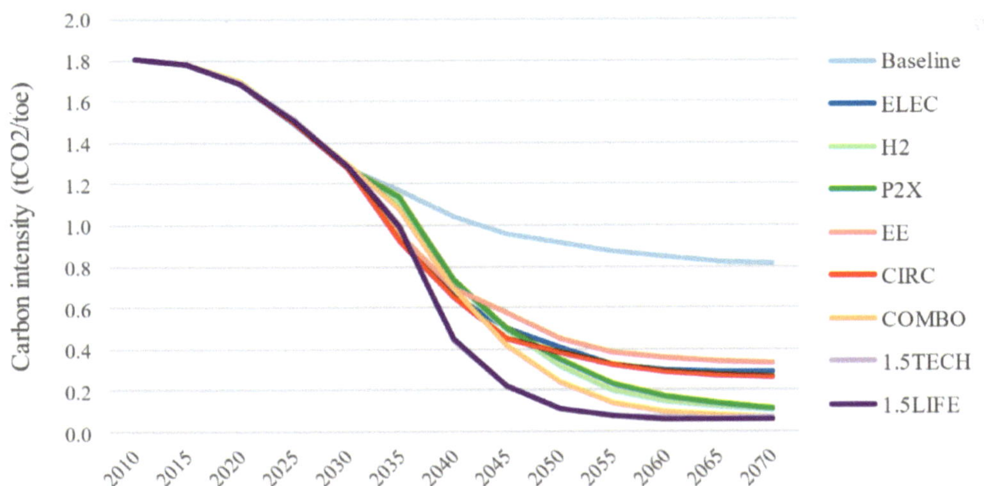

Abb. 6-9: THG-Minderungszenarien der EU-Kommission für die Industrie: Quelle: EUROPEAN COMMISSION IN-DEPTH ANALYSIS IN SUPPORT OF THE COMMISSION, COMMUNICATION COM (2018) 773, Brussels, 28 November 2018, Fig. 70

Besonders groß sind die Möglichkeiten, wenn Wasserstoff in synthetisches Erdgas überführt wird, das als direktes Erdgassubstitut leicht verwendbar ist. Die Umstellung erfordert für die Wärmeversorgung der Prozesse auf Seiten der industriellen Anlagentechnik praktisch keine Veränderung. Probleme liegen hier in den benötigten Mengen und beim Preis des grünen Wasserstoffs bzw. des synthetisch gewonnenen Methans.

In der 2018 veröffentlichten Langfriststrategie der EU finden sich für die Industrie mehrere ambitionierte Szenarien zur THG-Minderung bis zum Jahr 2050, s. Abb. 6-9. Die Abbildung zeigt, dass das Wasserstoffszenario einen sehr guten Beitrag zur Absenkung der Emissionen leisten kann, wobei die Umsetzung nach den Vorstellungen der Kommission auf Substitution und Innovation zugleich setzt. Den Wasserstoffbedarf für eine fast CO_2-neutrale Industrie errechnete der Bericht zu etwa 340 TWh. Die THG in der Industrie vollständig auf 0 zu bringen, wird allerdings nicht möglich sein. Hier müssen Kompensationsmaßnahmen greifen, wie sie sich mit CO_2-Entzug aus der Atmosphäre oder vermehrter Aufforstung darstellen ließen.

Nachstehend geht es vor allem um die Möglichkeiten des Wasserstoffs in den Teilsektoren Stahl, Chemie und Raffinerien, denn hier liegen hohe Reduktions- bzw. Einsparungs-Potenziale.

Wasserstoff und Stahlerzeugung

Die Herstellung von Stahl ist einer der CO_2-intensivsten industriellen Prozesse in Deutschland. Gegenwärtig wird die Stahlproduktion nahezu vollständig über den klassischen Hochofen oder in Elektrostahl-Verfahren realisiert (Hochofen- oder Elektrostahl-Route). Besonders die Hochofenroute mit ihrem Kokseinsatz produziert große Mengen an CO_2, die üblicherweise vor Ort direkt in die Atmosphäre entlassen werden.

Eine der Möglichkeiten ist die Separierung, Abscheidung und Weiterverwendung, bekannt und in Kap. 5.3 schon angesprochen als Carbon Capture and Usage (CCU). Einer breiteren Verwendung von CCU-Techniken steht aktuell noch Einiges im Weg, insbesondere die hohen Aufwendungen für die Abscheidung und Reinigung des Gases, aber auch der infolge der geringen Verwendungsbreite der Produkte nur eingeschränkte Markt. Eine solar- bzw. windgestützte Umsetzung bzw. Wandlung von CO_2 in Chemikalien, Werk- und Brennstoffe erscheint jedoch grundsätzlich möglich, allerdings auch nur langfristig.[98] Mit anderen Worten: Für die Stahlindustrie ist dies Potential gegenwärtig eher hypothetischer Natur.

In der Alternative Direktreduktionsroute (DRI) dient Erdgas oder eben auch Wasserstoff dazu, das Eisenerz im unmittelbaren Kontakt zu reduzieren, sodass CO_2-Emissionen verfahrensinhärent unterbleiben, s. auch Kap. 5.3, Verfahrenstechnik, Chemische Prozesse. Die Entwicklung des Verfahrens zur Marktreife dauert, jedoch sollte sie bis 2040 erreicht sein. Eine vollständige Umstellung der Produktionsstandorte ist jedoch auch dann nicht denkbar, vielmehr bis 2050 geplant. Hier spielt auch eine Rolle, dass mit Wasserstoff produzierter Stahl auf absehbare Zeit noch (viel) zu teuer und damit gegenüber dem Ausland

98 Freudendahl, D., Fraunhofer-Institut für Naturwissenschaftlich-Technische Trendanalysen in: Europäische Sicherheit & Technik, Dezember 2016.

nicht konkurrenzfähig ist. Am Beispiel wird deutlich, welche Probleme sich stellen, wenn die Fortschritte in den Transformationen nicht synchron erfolgen.

Theoretisch konkurrierend sind direktelektrifizierte Verfahren. Die langen Lebenszyklen heutiger Direktreduktionsanlagen von über 20 Jahren blockieren jedoch den Einstieg in eine zweite Technik, sodass nach der Fraunhofer-Studie ein Umstieg von wasserstoffbasierten auf direktelektrifizierte Verfahren als unwahrscheinlich gilt.

Die Werte für den in der Direktroute anfallenden spezifischen Wasserstoff-Bedarf je Tonne Rohstahl lassen sich nur grob angeben. Für die Errechnung des Wasserstoffbedarfs der Stahlindustrie in Tabelle 6-5 wurde ein spezifischer Wert von 1900 kWh H_2 je Tonne Rohstahl angenommen. Für die Stahl-Bedarfsmengen wurde in der Fraunhofer-Studie unterstellt, dass die heutige Hochofen-Produktion in Deutschland (29,5 Mt/a Rohstahl) bzw. der EU (98,1 Mt/a) in gleicher Höhe verbleibt und bis 2050 vollständig in die Direktreduktionsroute abwandert. Für 2030 wurde angenommen, dass in Deutschland 17 % und in Europa 11 % der Stahlkapazität mit einer Beimischung von 35 % Wasserstoff zum Erdgas auf Direktreduktion umgestellt sind.

Das ist mit Sicherheit ein Maximalwert. Steigendes Stahlschrottaufkommen wird dazu führen, dass der Marktanteil der primären Route sinken wird. Entsprechend wird davon ausgegangen, dass der Anteil der schrottbasierten Elektrostahl-Route in Deutschland auf 67 % (UBA) und in der EU auf 77 % (FLEITER et al.) ansteigt, sodass sich geringere Potenziale für die Primärstahlerzeugung über die wasserstoffbasierte DRI ergeben.

Diese Mengen Wasserstoff werden an nur wenigen Standorten benötigt. Einzeltransporte wie derzeit bei ThyssenKrupp sind natürlich keine Lösung, ein komplettes Wasserstoffnetz für Deutschland ist aber auch nicht Voraussetzung. Wie sich die Wasserstofflogistik im Einzelnen darstellt, ist eine Frage, an der alle Wirtschaftssektoren mitwirken müssen.

Parameter	**Region**	**2030**	**2050**
Wasserstoff-Nachfrage in TWh	Deutschland	6	38–56
	EU	11	84–187

Tabelle 6-5: Abschätzung des Wasserstoff-Nachfrage in der Stahlindustrie für Deutschland und EU, Jahre 2030 und 2050; Quelle: Eine Wasserstoff-Roadmap für Deutschland, Fraunhofer-Institut für System- und Innovationsforschung ISI, Karlsruhe; Fraunhofer-Institut für Solare Energiesysteme ISE, Freiburg, Karlsruhe 2018

Der fortgeschrittene Entwicklungsstand heutiger Direktreduktionsanlagen und der Umfang der noch notwendigen Untersuchungen legen die Errichtung großskaliger Demonstrationsanlagen nahe. Dabei geht es auch um die Auswirkungen variierender Wasserstoff-Beimengungen zum Reduktionsgas auf den Reduktionsprozess selbst und die erreichbare Produktqualität. Weiterführender Forschungsbedarf existiert bei der Umsetzung einer dynamischen Anlagenfahrweise sowie hinsichtlich der Stahl- und Schlackenqualität. Zum einen ist die Einbindung in eine volatile Elektrizitätsversorgung und das daraus abgeleitete Lastmanagement-Potenzial zu bewerten. Zu anderen sollte geklärt werden, ob und inwieweit zukünftige Schlacken neuartige Produktionsrouten eröffnen könnten.

Wasserstoff in der übrigen Industrie
Die heutige Wasserstoff-Nutzung in der Industrie ist durch die Verwendung in der chemischen Industrie und in der Raffinerietechnik geprägt. In der chemischen Industrie ist speziell die Herstellung von Ammoniak, aber auch Methanol zu nennen, für welche der Wasserstoff stofflich genutzt wird. An zweiter, in den letzten Jahren sogar an erster Stelle, liegt der Verbrauch in Raffinerien. Der hier genutzte Wasserstoff wird nahezu ausschließlich auf Basis von Erdgas erzeugt oder er fällt als Nebenprodukt chemischer Prozess an.

Die zukünftige Nachfrage nach grünem Wasserstoff ergibt sich zunächst aus der Substitution von nicht nachhaltig produziertem Wasserstoff in heutigen Anwendungen, dann aber auch durch Erschließung neuer Anwendungsfelder. Allein in der Grundstoffindustrie ist die Umstellung der Wasserstoff-Erzeugung auf strombasierte Technik nach einer Einschätzung des VCI allerdings mit einem sehr hohen Strombedarf von langfristig etwa 630 TWh /a verbunden (VCI 2021).[99] Das liegt in der Größenordnung des gesamten offiziell geschätzten Strombedarfs für Deutschland im Jahre 2030 und macht solche Prognosen eher fraglich, s. Kap. 8, Zusammenfassung.

Was den ersten Punkt Substitution betrifft: Schon die sukzessive Substitution der Erzeugung von Wasserstoff aus Erdgas und Erdölderivaten durch carbonfreie Technik hat in der deutschen Chemie-Industrie und Raffinerietechnik ein Reduktionspotenzial von 10 bis 15 Mt CO_2/a (Fraunhofer-Studie).

Ein Folgepotenzial für die CO_2-Emissionsminderung bieten die Verwendung von Wasserstoff zur Vergasung kohlenstoffhaltiger Abfälle mit dem Ergebnis von Synthesegas statt üblicher Abfallverbrennung sowie wasserstoffbasierte Verfahrensentwicklungen zur Herstellung von Olefinen, Aromaten und letztendlich Polymeren, die auf eine Schließung des Kohlenstoffkreislaufes hinauslaufen. Auch für die Aufarbeitung der Produkte der Kunststoffpyrolyse und damit für die Nutzbarmachung von auf diesem Wege recyceltem Kohlenstoff wird Wasserstoff benötigt.

Die chemische Nutzung von Abfällen ermöglicht gegenüber der Abfallverbrennung die Bereitstellung von Rohstoffen für die chemische Industrie und bietet damit ein erhebliches Potenzial zur Vermeidung von CO_2-Emissionen. Eine besondere Bedeutung kommt diesen Verfahren vor dem Hintergrund des Exportverbotes für Kunststoffabfälle, dem steigenden Druck der Verbraucher nach recycelten Produkten und dem zunehmend schlechten Image von Kunststoffen wegen der Vermüllung der Ozeane zu, da das werkstoffliche Recycling nicht für alle anfallenden Abfallströme möglich ist. Ein in diesem Kontext interessantes Verfahren des chemischen Recyclings ist neben den erwähnten Vergasungsverfahren zur Gewinnung eines wasserstoff- und CO-reichen Synthesegases für die Erzeugung von chemischen Produkten die Pyrolyse zur Gewinnung von Flüssigprodukten (Pyrolyseöle) für den Einsatz in der petrochemischen Industrie. Dieser zusätzliche Wasserstoffbedarf muss in der Technikentwicklung adäquat berücksichtigt werden (VCI).

Über die Einsatzmöglichkeiten von Wasserstoff in

- Zementherstellung,
- Ammoniaksynthese,

99 W. Große Entrup, Hauptgeschäftsführer des VDC, in: vdi Nachrichten vom 28. Mai 2021.

- Methanolsynthese,
- Power-to-Liquid (E-Fuels)

wurde bereits in Kap. 5.3, Verfahrenstechnik, Chemische Prozesse, berichtet. Hier ist die Zukunftsfrage nachzutragen.

Die Zementherstellung wird ein Problemfeld bleiben, da der mit 55 % größere Teil der Emissionen prozessinhärent ist und dem Wasserstoff keine Chance bietet. Möglicherweise gehört die Zementproduktion zu dem oben schon angesprochenen unvermeidbaren Bodensatz von CO_2-Emissionen, der durch externe Senken zu kompensieren wäre. Die große Alternative, Zement in der Breite durch andere Werkstoffe wie Holz, Metall etc. zu ersetzen, wird als wenig realistisch eingeschätzt.

Für die Ammoniak- und Methanolproduktion wird durch das Wirtschafts- und Bevölkerungswachstum bis 2030 in der chemischen Industrie mit einer globalen Nachfragesteigerung an Wasserstoff um ca. 31 % gerechnet, wie die IEA im Jahr 2019 ermittelte. Sollten sich Ammoniak und Methanol zusätzlich als Energieträger durchsetzen, ist mit einer deutlich höheren Nachfragesteigerung zu rechnen. Eine verstärkte Nutzung von Methanol als stofflicher Energieträger hätte den Vorteil, dass bestehende Infrastrukturen in der Energieversorgung aber auch in der Chemieindustrie genutzt werden könnten. Ammoniak wird wegen seiner Transport- und Speicherfähigkeit und der Perspektive, es zukünftig in Kraftwerken und Motoren zu nutzen und dafür den chemisch gebundenen Wasserstoff zurückzugewinnen, als einer der Energieträger der (weiteren) Zukunft gehandelt.

Eine Besonderheit ist die Organisation von Prozessen in Stoffverbünden, von der die Industrie nicht nur im Fall von Ammoniak Gebrauch macht. So kann grauer Wasserstoff in der Ammoniakerzeugung nicht vollständig durch grünen Wasserstoff ersetzt werden, da das Koppelprodukt CO_2 für die Produktion von Harnstoff benötigt wird.

Wasserstoff für E-Fuels

Die Herstellung von E-Fuels gehört zu den Synthesetechnologien, etwa in der Form der Fischer-Tropsch-Synthese zur Produktion von Benzin, Diesel und Kerosin aus Wasserstoff und CO_2. Das Verfahren ist bekannt, s. Kap. 3, Die frühe Geschichte. Die PtL-Prozesse müssen weiterentwickelt und an die heutigen Rahmenbedingungen (z. B. Kopplung mit Elektrolyse etc.) angepasst werden.

Nach heutigem Stand sind E-Fuels zu teuer, jedoch wird hier eine deutliche Degression erwartet, s. Abb. 6-10. Die großtechnische Umsetzung erfordert hohe Investitionen, zudem belasten schlechte Wirkungsgrade eine Produktion in Deutschland. Dennoch wagt eine Projektgesellschaft unter Führung des KIT am Standort der Mineralölraffinerie Oberrhein (Miro) den Anlauf zu einem größeren Pilotvorhaben. Dort sollen synthetische Kraftstoffe auf der Basis regenerativer Quellen mit einem Jahresvolumen von zunächst 50 Tt produziert werden.

Die Kfz- Hersteller im grünen Bundesland sind davon allerdings nicht so begeistert: Sie haben sich auf Elektrofahrzeuge auf der Basis von Lithium-Jonen-Akkumulatoren festgelegt, die als CO_2-frei in ihre Flottenbilanz eingehen. Synthetische Kraftstoffe gelten dagegen zurzeit politisch (noch) nicht als nachhaltig, sodass Fahrzeuge mit e-Fuels auf die Flottenverbräuche nicht angerechnet und als Verbrenner geführt werden. Hinzu kommt der gegenwärtig noch der erwähnte sehr hohe Preis der alternativen Kraftstoffe.[100] Deshalb werden derzeit weltweit Standorte mit günstigen Potenzialen an erneuerbaren Energien und hoher Verfügbarkeit untersucht, z. B. in Südamerika (Chile).

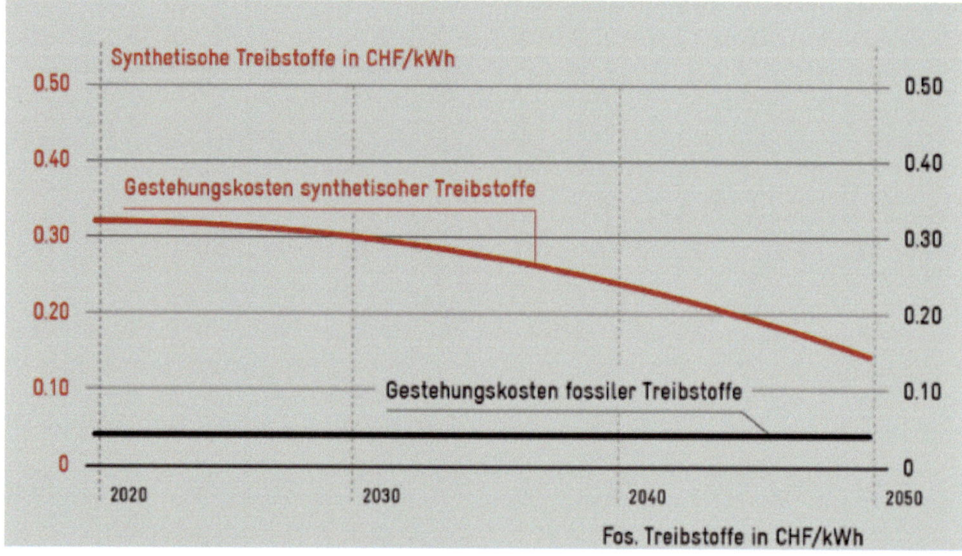

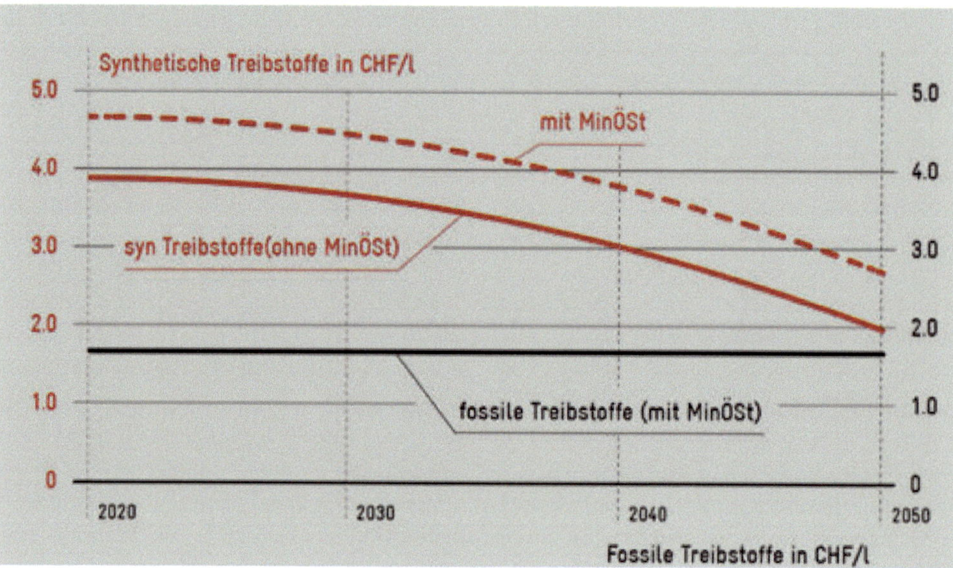

Abb. 6-10: E-Fuels werden langfristig konkurrenzfähig. Gestehungskosten synthetischer Treibstoffe links, resultierende Säulenpreise für synthetische Treibstoffe rechts; Quelle: Christian Bach. EMPA, 19.08.2020

100 B. Freytag, O. Schmale: Grünes Benzin aus Karlsruhe, in: FAZ vom 20. Januar 2021.

Der Kraftstoff der Zukunft muss eben nicht notwendigerweise aus Deutschland oder Europa kommen. E-Fuels aus grünem Strom benötigen bei einer Herstellung in südlichen Ländern bzw. Äquatornähe nur etwa ein Viertel der Energie, die in Europa bei einer großindustriellen Erzeugung nötig wäre.

Ein Pilotprojekt von Porsche, Siemens Energy und ExxonMobil macht das vor: In Chile entsteht eine Anlage, die aus windkrafterzeugtem Strom und aus der Luft gefiltertem CO_2 synthetischen Kraftstoff herstellt. Für 2023 ist ein Ausstoß von 130 Tl vorgesehen, bis 2026 dann ein Volumen von 550 Mio. l.[101]

Hinzu kommen die Lohnkostenvorteile in Entwicklungsländern. Hinzu kommt auch die Einsparung der hohen Nutzungsgebühren der europäischen Netze, sodass generell der Import naheliegt. Ein nationales Wasserstoff-Produktionsvolumen für E-Fuels bzw. PtL wird damit hier nicht angesetzt, auch nicht für das Jahr 2050.

E-Fuels stehen in einer Konkurrenz zu Bio-Fuels, nachhaltigen Treibstoffen auf der Basis von Biomasse. Für das Produkt beider Herstellungswege wird in der besonders engagierten Luftfahrt neuerdings und irritierend die gleiche Kurzbezeichnung SAF (Sustainable Aviation Fuel) verwendet, s. auch Kap. 6.3.3, Wasserstoff für den Verkehr?

SAFs müssen (zumindest zukünftig) großtechnisch hergestellt werden und sind damit ein wasserstoffbasiertes industrielles Produkt.

6.2.3 Gesamtbedarf und Roadmap

In einer Envis-Szenariobetrachtung[102]wurde modelliert, dass der Bedarf der deutschen Industrie auf insgesamt 450 TWh im Jahr 2050 hinauslaufen könnte, bei einem gesamteuropäischen Wasserstoffbedarf von 2.015 TWh im gleichen Jahr.[103] Da perspektivisch die Wasserstoffelektrolyse als alternativlos angesehen wurde, um H_2 grün herzustellen, fokussierte sich die vorliegende Studie im nächsten Schritt auf die elektrolysebasierten H_2-Erzeugungspotenziale und berechnete den damit verbundenen Strombedarf. Das Ergebnis in Abb. 6-11 zeigt die beiden bei Enervis verwendeten Modelle und im Vergleich konkurrierende Analysen von dena und Agora.

Der ablesbare nationale Bedarf an elektrischer Energie von um die 1000 TWh für die Wasserstofferzeugung im Jahre 2050 zeigt schon hier, ohne dass die Bedarfe der anderen Sektoren berücksichtigt werden, die Grenzen der deutschen Energiepolitik auf.

Die Daten der in Abb. 6-12 nachstehenden Roadmap, die bis 2050 reicht, stammen aus den Untersuchungen der beiden schon zitierten Fraunhofer-Institute.

---

101 Z. Chemietechnik, 4. September 2021.

102 Enervis-Studie Wasserstoffbasierte Industrie in Deutschland und Europa. Potenziale und Rahmenbedingungen für den Wasserstoffbedarf und -ausbau sowie die Preisentwicklungen für die Industrie., erstellt im Auftrag der Stiftung Arbeit und Umwelt der IG BCE.

103 Die Annahmen dazu orientierten sich an den Projektionen der Studie Fuel Cells and Hydrogen Joint Undertaking (FCH JU) „Hydrogen Roadmap Europe“ (2019). Das FCH JU ist ein gemeinschaftliches Projekt der Europäischen Kommission, der europäischen Wasserstoffwirtschaft.

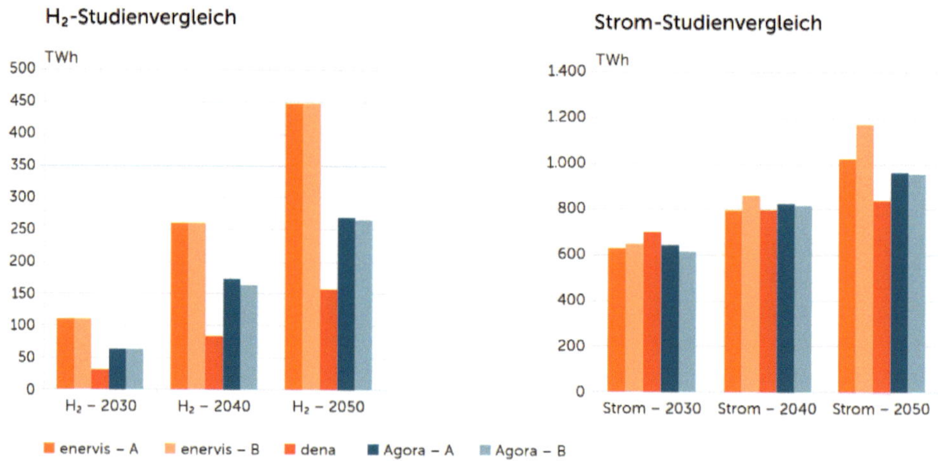

Abb. 6-11: Studienvergleich zu Wasserstoff- und Strombedarfsannahmen; Quelle: Envis-Studie, Abb.

Bereiche	Sektoren	2020	2030	langfristig
F & E	Stahl	Kinetik der M2-Direktreduktion Lastmanagement Stahl- und Schlackenqualität		
	Chemie und Raffinerie	Entwicklung Methanpyrolyse	Luftabscheidung CO2	
		Flexibilisierung Chlor Alkali Elektrolyse Weiterentwicklung Fischer-Tropsch-Synthese & Methanolsynthesen		
		Grospeicherung	Modularisierung und Flexibilisierung	
			Umwidmung von Erdgasnetz & Verbinden Produktion und Grospeicher	
		Entwicklung Logistiklösungen für den Import von Wasserstoff	Ammoniak als Brennstoff in Motoren	
		Einkopplung von EE-H_2 in bestehende Prozesse		
Markt	Stahl		6 Mt DRI Rohstahl (16 TWh H_2)	20-30 M DR Rohsta (30-56 TWh H_2)
	Chemie und Raffinerie	Hohe MW H_2-Erzeugungskapazität	GW H_2-Erzeugungskapazität	
		und Einsatz EE-H2 für Hydrocracking	Methanol-to-Olefines	
		EE-H_2 für Ammoniak		
	PtG/e-fuels		PtG/L CO_2-neutral und industrieller Maßstab	5-10 GW el. Leistung
Technologie	Stahl	DRI mit Erdgas	DRI mit Erdgas -Gemisch	DRI mit regenerativem H_2
	Chemie und Raffinerie	Förderung modularer Demoanlagen	Upscaling der Demoprojekte zu Reallaboren	
			elektrisch beheizte Reformierung von CO_2 und H_2O aus Erdgas	
			Bau industrieller Erzeugungsanlagen	Grotechnische Umstrung Ersatz bestehender Prozesse
		Methanpyrolyse	ektrochemische Bereitstellung von Synthesegas aus CO_2 und H_2O	
			Umwidmung von Erdgasnetz & Verbinden Produktion und Großspeicher	
			CO_2-Logistik	
			CO_2-Kreislauf schließen	Luftabscheidung CO_2
Politik	Marktanreize	CO_2.Förderung / CO_2-Preis (Pfad)	Nischenmärkte schaffen, z.B. öffentliche Beschaffung	
		Preisakzeptanz nachhaltiger Produkte (Öko-Label)		
	Infrastruktur	Schaffung einer Wasserstoff-Importinfrastruktur	Netzausbau für Strom und/oder H_2	Infrastruktur für CO_2
	Rahmen	Anerkennung Wasserstoff in THG Quote		
		Oberbrückung der OPEX zwischen grauen und grünen blauen Technologien		
		Investitionssicherheit schaffen	IPCB Wasserstoff	
		International einheitliche Regulations, Codes & Standards zu H_2, dessen Produktion, Nutzung & Anrechnung		

Abb. 6-12: Roadmap für die Industrie; Quelle: Eigene Darstellung, Daten aus Eine Wasserstoff-Roadmap für Deutschland, Karlsruhe und Freiburg, 2019, Abb.6

6.3 Verkehr

Der Verkehrssektor stand nach der Energiewirtschaft und der Industrie mit rund 20 % CO_2-Austoß im Jahr 2019 an dritter Stelle der Verursacher von Treibhausgasemissionen, s. Abb. 6-13.

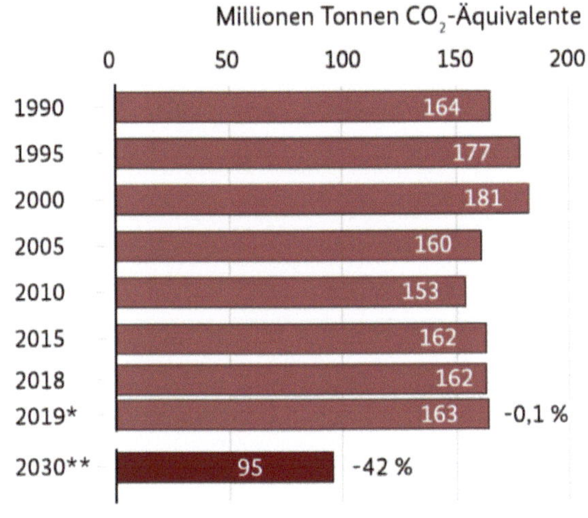

Abb. 6-13: Die unbefriedigende Emissionsentwicklung im Sektor Verkehr; Quelle: UBA (2020 a, b)

Die Entwicklung der CO_2-Emissionen im Sektor Verkehr bleibt unbefriedigend. Hier zeigt sich nämlich praktisch keine Veränderung gegenüber 1990, s. Abb. 6-13 (und auch schon die früheren Abb. 6-1 und Abb. 6-2). Woran das liegt, macht die Entwicklung in den Teilsektoren deutlich.

Umweltbilanz Straße

Der Teilsektor Straße nimmt mit fast 94 % eine eindeutige Spitzenposition ein, wie nachstehende Tabelle 6-6 ausweist. Die übrigen Teilsektoren sind demgegenüber fast zu vernachlässigen.[104]

Innerhalb des Teilsektors Straße lassen sich rd. 59 % der Emissionen der privaten Pkw-Nutzung zuordnen. 2019 waren 47,7 Millionen Pkw gemeldet – davon 66 % Benziner, 32 %t Diesel, 2 % mit alternativen Antrieben.

Pkw belasten einheitsbezogen heute Umwelt und Klima weniger als am Ende des 20. Jahrhunderts. Der Gesetzgeber hat stufenweise Abgasvorschriften für neu zugelassene Pkw verschärft, woraufhin Autohersteller ihre Motoren und Abgastechnik verbesserten. Auch verpflichtete er dazu, die Qualität der Kraftstoffe zu verbessern.

---

104 Dass Biokraftstoffe hier außen vorbleiben, ist nachvollziehbar: Ihre Gesamt-Emissionsbilanz ist 0.

Im Ergebnis sind die auf die Verkehrsleistung bezogenen spezifischen Emissionen an Schadstoffen und des Treibhausgases Kohlendioxid gegenüber 1995 gesunken, s. Abb. 6-14. Die spezifischen Kohlendioxid-Emissionen nahmen allerdings nur um 4,7 % ab.

Subsektor	**Anteil Emissionen**
Straßen-Nutzfahrzeuge einschl. Busse	35,3 %
Nationaler Luftverkehr	1, 4 %
Küsten- und Binnenschifffahrt	1,2 %
Übrige Emissionen	0,9 %
Dieselloks	0.6 %
Straßen-Pkw	60,6 %

Tabelle 6-6: Verteilung der Emissionen im Verkehr auf die Teilsektoren (ohne CO_2 aus Biokraftstoffen); Datenquelle: Faktencheck – Verkehr

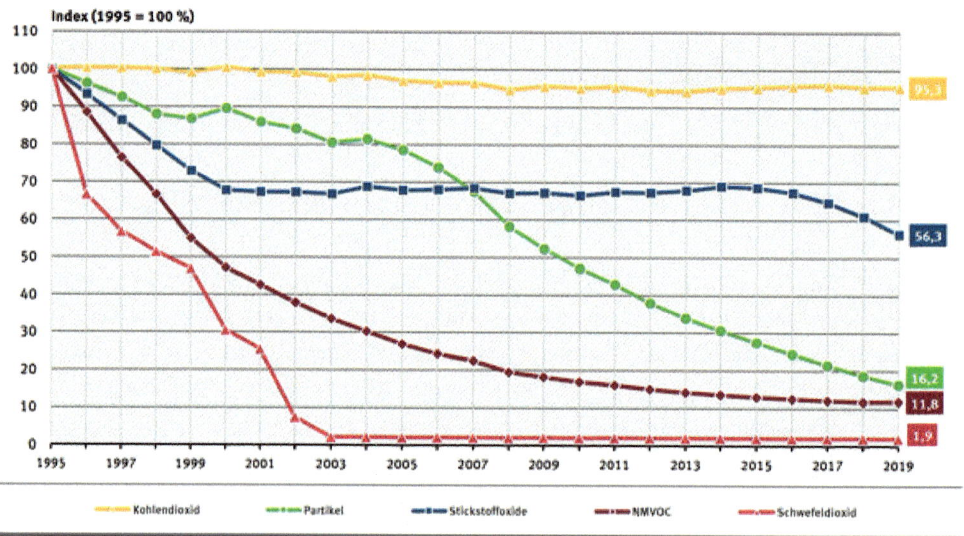

Abb. 6-14: Spezifische, auf den Fahrkilometer bezogenen Emissionen der deutschen PKW; Quelle: UBA TREMOD

Der CO_2-Ausstoß des PKW-Sektors ist seit 1990 jedoch insgesamt nicht gesunken. Dafür gibt es zwei Gründe: Die Fahrzeugmotoren sind zwar – auch aufgrund der immer strengeren Abgasvorschriften – deutlich energieeffizienter geworden, aber Gewicht und Motorleistung haben stark zugenommen. Die oft im Straßenbild zu sehenden SUV sind dafür ein augenfälliger Beweis. Das bedingt die nur mäßige Reduktion in den spezifischen Emissionen. Was die Gesamtfahrleistung der Pkw im Jahr angeht, so zeichnet Abb. 6-15 ein deutliches Bild: eine Steigerung um 31,5 % seit 1991. Durch die Vergrößerung der Fahrleistungen werden die geringen spezifischen Einsparungen wieder kompensiert.

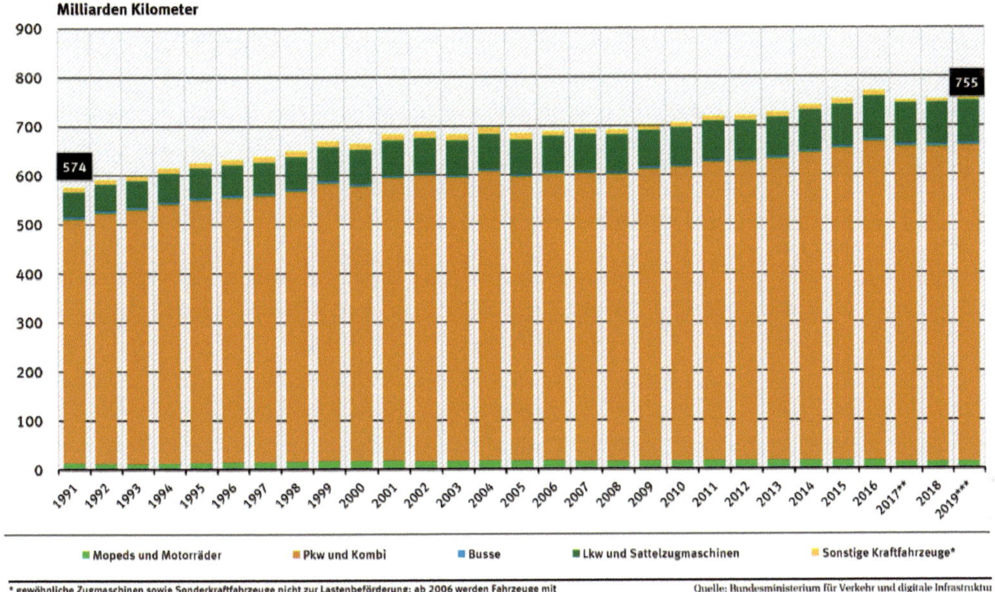

Abb. 6-15: Fahrvolumen nach Kfz-Arten: Quelle: Bundes-Ministerium für Verkehr und digitale Infrastruktur

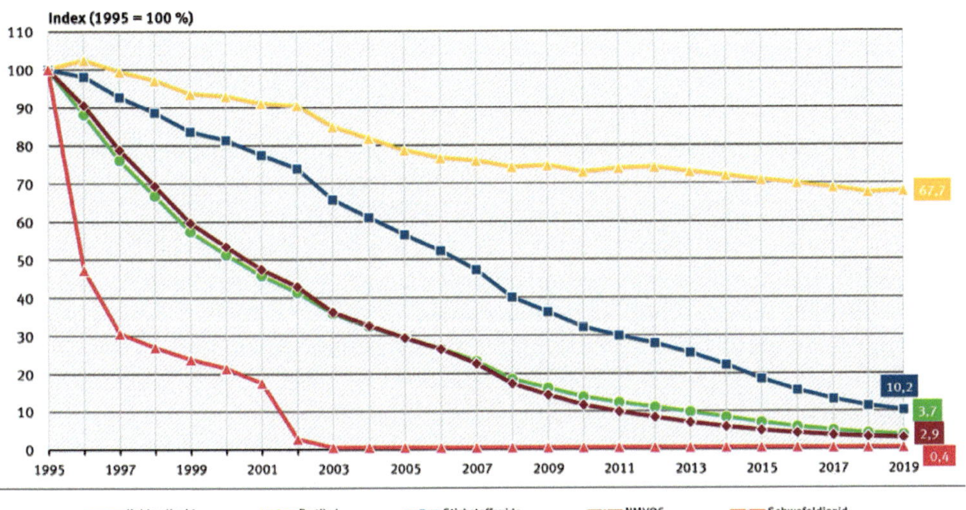

Abb. 6-16: Spezifische Emissionen Lkw in der zeitlichen Entwicklung; Quelle: Umweltbundesamt; TREMOD

Der Güterverkehr auf der Straße zeigt eine ähnliche, noch deutlichere doppelte Tendenz: Einerseits sind die spezifischen Emissionen erfreulich stark gesunken, nämlich um fast ein Drittel, s. Abb. 6-16. Andererseits stiegen die Gesamt-Fahrvolumina der Lkw von 1991 bis 2019 nach Abb. 6-15 um ca. 50 %, die Gesamtverkehrsleistung unter Einbeziehung der transportierten Ladung von 1991 bis 2017 sogar um 74 % (auf 696 Mia. tkm)[105].

So gilt für den Güterverkehr noch mehr als für den Pkw-Verkehr: die spezifischen Fortschritte werden durch die vergrößerten Volumina kompensiert.

6.3.1 Umweltbilanzen Luftverkehr, Seeverkehr

Zwischen 1995 und 2019 stieg der Energieverbrauch des personengebundenen Luftverkehrs um rund 11 %. Dies lag vor allem an der Zunahme des Energieverbrauchs im internationalen Luftverkehr um rund 83 %. Der Energieverbrauch für innerdeutsche Flüge stieg dagegen bis 2011 nur leicht an und sank danach etwas ab. Er macht ohnehin nach Tabelle 6-6 nur 1,4 % der nationalen Emissionen aus. Auch im Verbrauch für die Luftfracht gab es im gleichen Zeitraum erhebliche Zuwächse, nämlich um fast 87 %.[106]

Der Energieverbrauch im Luftverkehr ist unmittelbar mit den CO_2-Emissionen korreliert, da bislang ausschließlich fossile Treibstoffe verwendet werden, i. A. Kerosin. Die Zunahmen im Verbrauch zeigt Abb. 6-16 im Vergleich zu den übrigen Verkehrsträgern. EU-weit ist der Luftverkehr für mehr als 3 % der Treibhausgas-Emissionen verantwortlich.[107] Sein nationaler Anteil ist jedoch vergleichsweise gering, s. oben und Tabelle 6-6. Dort waren allerdings nur die innerdeutschen Flüge berücksichtigt worden.

Für die CO_2-Emissionen der globalen Luftfahrt schätzt die DLR, dass die Zahl von 32,6 Milliarden Tonnen rund 1,5 % der gesamten menschlichen CO_2-Emissionen entspricht.[108] Werden die Nicht-CO_2-Effekte mit einbezogen, errechnet sich der Anteil des Flugverkehrs an allen menschlichen Aktivitäten, die die globale Erwärmung vorantreiben, nach DLR auf 3,5 %.

Kerosinkosten bilden eines der größten Einsparpotenziale im Luftverkehr. Entsprechend ist es seit Langem Ziel der Flugzeughersteller, verbrauchsärmere Triebwerke zu entwickeln, was sich unmittelbar in einer CO_2-Reduktion niederschlägt.

Die Entwicklung der Mantelstromtriebwerke ist hier eines von vielen Beispielen. Durch die ICAO (International Civil Aviation Organization) werden inzwischen hier Vorgaben gemacht, die durch die Hersteller umzusetzen sind.

Parallel hierzu ist die Entwicklung neuer Kraftstoffe angelaufen, die auch auf die Gewinnung der Kraftstoffe aus regenerativen Energiequellen zielt; hier müssten jedoch die politischen Rahmenbedingungen angepasst werden.[109]

Dazu passt, dass ein Zusammenschluss großer US-Fluggesellschaften das freiwillige Ziel der Branche zum Einsatz von nachhaltigem Kraftstoff hochschrauben will. Bis zum Jahr 2030 sollen fast 12 Milliarden Liter nachhaltigen Flugkraftstoffs (SAF, Sustainable Aviation Fuel) verwendet werden. Schon im März 2021 hatte sich der Branchenverband Airlines for America das Ziel von

105 BMU (Hg), Klimaschutz in Zahlen 2020, S. 17.

106 BMU (Hg), Umweltbelastungen durch Verkehr, 10. Juni 2021.

107 Deutsche Emissionshandelsstelle (DEHSt) im Umweltbundesamt, Fact Sheet, Stand: September 2020.

108 Studie unter der Leitung der Manchester Metropolitan University, an der auch das Deutsche Zentrum für Luft- und Raumfahrt (DLR) beteiligt war, 2020.

109 Nach Aviation Management, Studiengang Aviation Business an der HTW Saar.

knapp 8 Milliarden Liter bis 2030 gesetzt. Der beschrittene Weg läuft auf eine rasche Ausweitung der Produktion und des Einsatzes von „kommerziell nutzbarem“ SAF hinaus.[110]

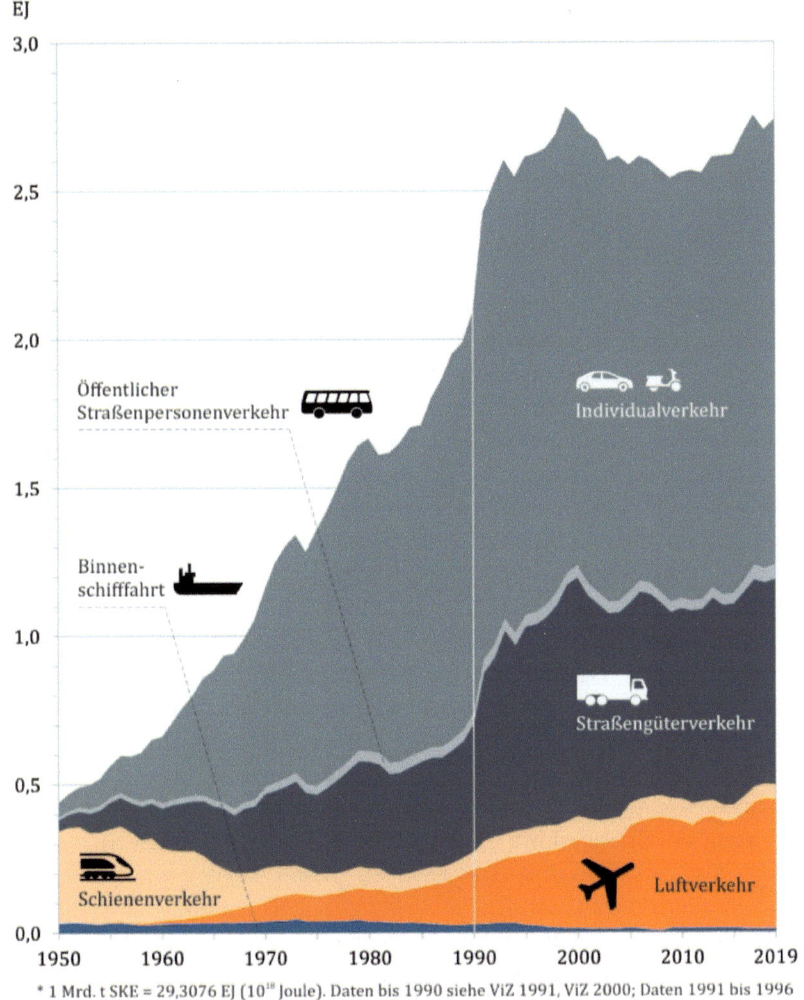

Abb. 6-17: Entwicklung des Endenergieverbrauchs nach Verkehrsträgern; Quelle: Bundesministerium für Verkehr und digitale Infrastruktur, Verkehr in Zahlen 2020 / 2021

Auch Airbus weitet seine SAF-Aktivitäten aus, neuerdings auf Auslieferungen ab dem Werk Hamburg. Bereits seit Dezember 2019 betankt Airbus seine Beluga-Transportmaschinen auf Flügen ab Hamburg erfolgreich mit SAF. Airbus bietet als erster Flugzeughersteller seinen

110 Ntv, 10. September 2021.

Kunden die Möglichkeit, bei der Übergabe neue, mit nachhaltigem Treibstoff betankte Maschinen zu erhalten, allerdings in einer Beimischung von meist nur 10 %.[111]

SAF wird in seiner Ursprungsdefinition aus Rohstoffen wie Altspeiseöl und Tierfett hergestellt und ist damit ein Bioprodukt; es macht derzeit nur einen sehr kleinen Teil des gesamten Kraftstoffverbrauchs im Flugverkehr aus. Es wird nicht von den Fluggesellschaften selbst hergestellt, sondern von unabhängigen Zulieferern.

Ein Beispiel hierzu ist Atmosfair gGmbh, eine gemeinnützige Klimaschutzorganisation aus Berlin, die am 4. Oktober 2021 den Betrieb aufnahm.[112] Das Unternehmen stellt im räumlichen Verbund mit einer Biogasanlage des regionalen Energieversorgers EWE Rohkerosin her. Zum Flugtreibstoff Jet A1 wird es in der Raffinerie Heide nördlich von Hamburg weiterverarbeitet, die es an den Hamburger Flughafen liefert. Die Anlage ist bewusst auf Resteverwertung konzipiert: der für die Wasserstoffherstellung benötigte Strom stammt aus alten Windrädern, die längst aus der Förderung nach dem EEG herausgefallen sind und deren Betreiber jetzt an Atmosfair liefern. Die Biogasanlage, die das CO_2 zur Verfügung stellt, verarbeitet Abfälle der Lebensmittelindustrie aus der Region.

Die Anlage hat Demonstrationscharakter für eine industrielle Produktion. Sie liefert zunächst nur eine Tonne Treibstoff pro Tag. Ziel ist u. a., großskalierte Anlagen dieser Art in südlichen Ländern zu errichten, wo die Energiekosten für grünen Strom deutlich niedriger sind.

Emissionen durch die Schifffahrt entstehen in erster Linie beim Seebetrieb von motorgetriebenen Schiffen durch Ausstoß von Treibhausgasen und Schadstoffen in die Atmosp häre. Schiffsemissionen enthalten einen Mix von Schadstoffen, neben CO_2 auch SO_2, NO_X, Ruß und Feinstaub.

In der Schifffahrt standen zunächst die Schwefel- und Partikelemissionen bzw. deren Reduzierung im Vordergrund. Hierfür hat die von der IMO (International Maritime Organization) initiierte Internationale Vereinbarung von 1973 zur Verhütung der Meeresverschmutzung durch Schiffe (MARPOL) die Grundlage gelegt. Sie besteht aus 20 Artikeln mit einerseits allgemeinen Verpflichtungen der Vertragsstaaten und andererseits Verfahrensweisen und grundsätzlichen Regeln. Anlage VI enthält Vorgaben zur „Verhütung der Luftverunreinigung durch Seeschiffe“. Mit ihr wurde eine stufenweise Reduzierung des Schwefelgehalts von Schiffskraftstoffen bzw. im Abgas vereinbart, zunächst auf 4,5 % m/m (Massenhundertteile im Schiffskraftstoff) vor dem 1. Januar 2012, dann auf 3,5 % ab dem 1. Januar 2012 und letztlich auf 0,5 % ab dem 1. Januar 2020. Für die neu und zusätzlich eingeführten Schwefelemissions-Überwachungsgebiete waren strengere Vorschriften einzuhalten. So galten bzw. gelten für die Nord- und Ostsee sowie entlang der Nordamerikanischen Küste und der US-Karibik Grenzwerte von 1,5 % bis 2010, 1,0 % ab 1. Juli 2010 und 0,1 % ab 1. Januar 2025. Normales Schweröl enthält im Schnitt 2,7 % Schwefel, sodass die Vorgaben beträchtliche Auswirkungen hatten.

Die IMO hat daneben eine stufenweise Reduktion der Stickoxidemissionen (NO_X) vorgesehen (MARPOL Anlage VI). Danach gilt für Schiffsmotoren, die ab 2011 konstruiert werden, dass diese Emissionsminderungen um 20 % unter der so genannten Tier I-Norm[113] liegen müssen. Für besondere Überwachungsgebiete liegen die Vorgaben für Schiffsneu-

111 Pressemitteilung Airbus, Juli 2020.

112 ntv.de, Elmar Stephan, dpa, 3. Oktober 2021.

bauten bei der fortgeschriebenen Norm Tier III, was einer Emissionsminderung von 80 % im Vergleich zu Tier I entspricht. Solche Überwachungsgebiete sind die Küstenzonen Nordamerikas und der US-Karibik. Hier sind die Grenzwerte für Neubauten ab 2016 verpflichtend. Die Ausweisung von Schutzgebieten für die Nord- und Ostsee ist beschlossen, mit Grenzwerten nach Tier III für Schiffneubauten ab 2021.

Für Partikelemissionen sind in den MARPOL-Anlagen bisher keine direkten Grenzwerte enthalten; sie sind indirekt über die Vorgaben zum Schwefelgehalt im Kraftstoff berücksichtigt, da hierdurch einen Großteil der Partikelemission verursacht wird.

Auch für CO_2-Emissionen enthält MARPOL keine Vorgaben. Jedoch gibt es seit dem 1. Januar 2018 eine Erfassungs- und Berichtspflicht der EU zur Verifizierung von CO_2-Emissionen von Schiffen über 5.000 Bruttotonnen (BRZ) auf Fahrten von und zu EU-Häfen. Indirekt angesprochen werden jedoch CO_2-Emissionen über einen Energie-Effizienz-Design-Index (EEDI), der im Jahr von der IMO 2011 beschlossen wurde und auf eine Effizienzverbesserung von neugebauten Schiffen zielt (30 % Effizienzsteigerung bis 2025).

Weltweit ist die Schifffahrt für den Ausstoß von etwa 1 Mrd. t CO_2 verantwortlich, entsprechend 3 % der gesamten vom Menschen verursachten CO_2-Emissionen. Um die Schadstoffemissionen in der Schifffahrt zu reduzieren, gibt es mit den Abgasnachbehandlungsanlagen und dem Einsatz von schwefelreduzierten bzw. emissionsarmen Treibstoffen wie Liquefied Natural Gas (LNG) inzwischen bewährte technische Möglichkeiten.

Die Luftbelastung durch die Schiffsemissionen wird in Hafenstädten besonders deutlich. Selbst in Hafenstädten, wo die Reedereien inzwischen gezwungen sind, weniger umweltschädliche Kraftstoffe zu verwenden, können noch hohe Emissionen der Schiffe gemessen werden. Um die Emissionen während der Hafenliegezeiten zu senken, ist Landstromversorgung vor allem für Fähr- und Kreuzfahrtschiffe eine geeignete Maßnahme, s. auch weiter unten. Damit sind jedoch Investitionskosten für die Häfen, Standardisierungsmaßnahmen sowie weitere Versorgungsfragen verbunden.

Weltweit und europaweit gibt es keine einheitlichen Regelungen zur Emissionsbegrenzung der Schifffahrt, wie oben erläutert. Nationale, europäische und internationale Organisationen bemühen sich um eine Regulierung und Kontrolle der weltweit durch Schiffe emittierten Stoffe. Im Jahre 2006 veröffentlichte die EU eine „Strategie zur Reduzierung atmosphärischer Emissionen von Seeschiffen". Darin wurde erklärt, dass die Emissionen der Seeschiffe Luftschadstoffe, Treibhausgase und Stoffe enthalten, die die Ozonschicht abbauen. Mehr ist jedoch auf politischer Ebene nicht geschehen.

Jedoch gibt es inzwischen viele Beispiele möglicher Emissionsreduktionen, die von den Reedern und den Häfen in eigener Verantwortung ergriffen wurden:

- alternative Treibstoffe auf See,
- Abgasnachbehandlung (SCR) und
- die Landstromversorgung.

113 In den USA legt die EPA (Environment Protection Agency) als übergeordnete Behörde die Abgasbestimmungen fest. Im Jahr 1994 führte sie mit Tier I die erste nationale Abgasnorm ein, 2004 bis 2009 folgte Tier II und seit 2017 wird bis 2025 Tier III eingeführt.

Für den Ersatz von Schweröl und Schiffsdiesel gilt Liquefied Natural Gas/LNG als gute Lösung. Schritt für Schritt errichten die Häfen sukzessive die dafür nötige Infrastruktur und die Reeder statten vermehrt neue Schiffe mit einem LNG- bzw. Dual-Fuel-Motor aus.

Dies beruht jedoch auf einem Missverständnis: LNG ist nur dann eine nachhaltig gute Lösung, wenn LNG per Elektrolyse (Power-to-Gas) aus grünem Strom gewonnen werden kann. Dass schon im Jahr 2013 bereits über 100 Handelsschiffe mit LNG-Antrieb ausgestattet waren, ist also nur ein kleiner Fortschritt – ihr LNG ist genau das, was der Begriff besagt: Erdgas.

Maersk, die weltgrößte Containerreederei geht voran und stellt seine Flotte auf grünes Methanol um. Aus fossilen Brennstoffen sollte die Branche laut Maersk-Chef SKOU sogar ganz aussteigen. Grüner Treibstoff werde noch eine Zeit lang teurer sein als fossiler, sagte SKOU im Interview mit dem „Spiegel". Deshalb solle Schiffsdiesel zunächst mit einer globalen CO_2-Steuer von bis zu 150 $/t belegt werden. Perspektivisch müsse man „neue Schiffe mit fossilen Antrieben komplett verbieten", so SKOU, „sobald CO_2-neutrale Schifffahrt genauso teuer ist wie die mit herkömmlichen Treibstoffen, also etwa ab 2035".[114]

Die meisten Schiffe betreiben ihre Hauptmaschinen oder/und ebenfalls schwerölbetriebene Nebenmaschinen auch im Hafen weiter, um die Bordstromversorgung sicherzustellen. Mit der oben bereits erwähnten Landstromversorgung (engl. Cold Ironing), können Schiffe während ihres Aufenthalts im Hafen am Liegeplatz Strom von Land beziehen, s. Abb. 6-17.

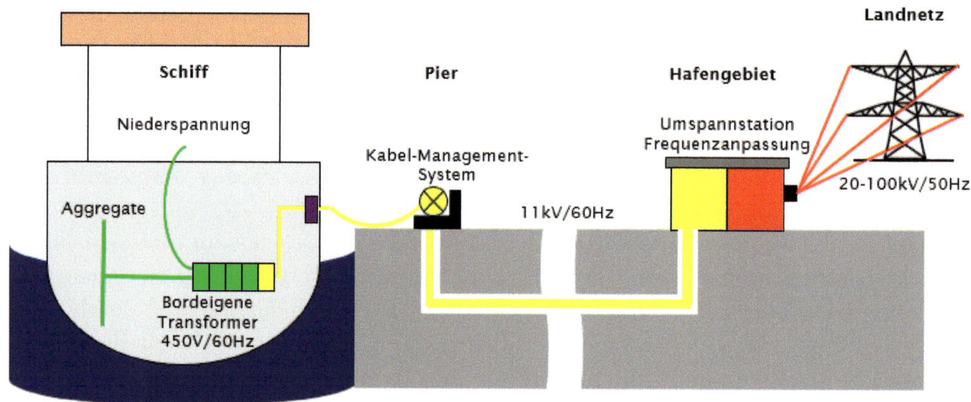

Abb. 6-18: Prinzip der Landstromversorgung; Quelle: FIS, Forschungsinformationssystem Mobilität

Häfen bieten zur Durchsetzung des Landstromanschlusses folgende Optionen:

- Bereitstellung billigen Stroms,
- Kooperation mit Gegenhäfen zum Beispiel im Fährverkehr,
- Auflagen zur Nutzung von Landstrom,
- emissionsabhängige Hafengebühren.

114 NTV, „Keine fossilen Antriebe mehr": Maersk will Verbrenner-Verbot bei Containerriesen, 9.9021.

In der Binnenschifffahrt gelten andere Voraussetzungen und Bedingungen, die von denen der Seeschifffahrt auch im Punkt Schadstoffemissionen abweichen. Als Treibstoff wird ausschließlich der weniger schädliche Schiffsdiesel verwendet. Auch ist die Eignerstruktur kleinteiliger und weniger innovationsfreudig. Vergleiche der Landverkehrsträger zeigen, dass die Binnenschifffahrt bei den ausgestoßenen Luftschadstoffen seit Jahren Nachholbedarf hat.

6.3.2 Wasserstoff für den Verkehr?

Angesichts der unbefriedigenden Entwicklung der Emissionen insbesondere des Straßenverkehrs ist eine Steigerung der Effizienz und ein Shift in den eingesetzten Techniken dringend erforderlich. Die oft propagierte Vorrangstellung des ÖPNV gegenüber der Individualmobilität kann hier einen Beitrag leisten, jedoch von eher minorer Art. Gleiches dürfte für die im Grunde durchaus wünschenswerte Verlagerung des Güterverkehrs auf die Schiene und / oder die Binnenschifffahrt gelten. Dem ersten Umstiegsziel laufen individueller Bedarf und Nutzermentalität zuwider, dem zweiten der logistische Aufwand und die ökomischen Interessen der Wirtschaft. Es verbleibt damit der Komplex technischer Veränderungen, um massentaugliche Effekte zu erreichen. Hierzu gehört der Einsatz des Trägers Wasserstoff an vorderer Stelle, aber auch die Forcierung von BEV, diese vorzugsweise für den Kurzstrecken- und Pendlerverkehr. Als dritte Möglichkeit steht der Einsatz synthetischer Kraftstoffe bereit.

Bei Fraunhofer werden für den Einsatz von Wasserstoff die hohen Unsicherheiten bezüglich der Kostenentwicklung hervorgehoben, die sich sowohl auf die Kosten der Wasserstoff-Herstellung wie auch der Brennstoffzelle selbst, der Wasserstofftanks und des Transportes beziehen. Dass gegenüber der batterieelektrischen Mobilität die Kombination Wasserstoff-Brennstoffzelle in der Bilanz Well-to-Wheel deutlich geringere Wirkungsgrade aufweist, spielt zusätzlich mit hinein. In Kap. 6.2.2, Wasserstoff für die Industrie, wurde der Schluss gezogen, dass das Argument „geringer Wirkungsgrad" entfällt, wenn die Erzeugung an günstigere Standorte verlagert, der hier benötigte Wasserstoff also importiert wird. Importe werden ohnehin notwendig, da die Gesamtmenge des benötigten Wasserstoffs aus deutscher Herstellung nicht gedeckt werden kann, s. Kap. 6.5, Wasserstoffbedarf.

Häufiger, aber durchaus kontrovers wird die Ansicht vertreten, dass Wasserstoff gerade für Langstrecken-Pkw eine relevante Bedeutung haben kann / sollte. Vor dem Hintergrund der Produktionsziele asiatischer Hersteller kann man das vertreten, s. Kap. 5.2, Brennstoffzellen und z. B. Kap. 7.11 /12, Wasserstoff in Japan/ China[115]. Entsprechend wird in der Fraunhofer-Studie für 2050 ein Anteil von bis zu 20 % Brennstoffzellen-Fahrzeugen am Gesamt-Pkw-Bestand unterstellt, begründet damit, dass sich die Kosten der verschiedenen Techniken für Langstrecken-Pkw angleichen und sich die Reichweiten-Vorteile und die einfache Betankung langfristig durchsetzen.

Die Anzahl der schweren Lkw und Sattelzüge mit über 26 t zulässigem Gesamtgewicht liegt in Deutschland bei ca. 230.000 Fahrzeugen und ist damit deutlich geringer als die der zugelassenen Pkw mit 47 Mio. Ihr Anteil an den Emissionen liegt jedoch auf EU-Ebene mit 26,2 % gegenüber dem Pkw mit 60,7 % unverhältnismäßig hoch. Mit der Einwirkung

115 China plant bis 2025 einen Bestand von 40.000 Brennstoffzellen-Pkw; die deutsche Bundesregierung fördert deren Weiterentwicklung: NOW, September 2020.

auf dieses beschränkte Marktsegment lassen sich also schnelle und deutliche Wirkungen erzielen. Die hier gegebenen Möglichkeiten

- Einsatz von Wasserstoff mit Brennstoffzellen,
- Einsatz von Wasserstoff in der Direktverbrennung,
- Nutzung von synthetischen Kraftstoffen,
- Batterieelektrischer Antrieb

wurden bereits in Kap. 5. 1 und Kap. 5.2 besprochen und diskutiert, mit deutlichem Prä für die Umstellung auf Wasserstoff. Der ebenfalls CO_2-neutrale Einsatz von synthetischen Kraftstoffen wird einerseits davon abhängen, ob es gelingt, die Herstell- bzw. Vertriebskosten deutlich zu reduzieren, dies ggf. durch Importe aus sonnenreichen und windreichen Ländern, s. Kap. 6.2.2, Wasserstoff für die Industrie, und andererseits von der Bereitschaft der EU, synthetische Kraftstoffe als nachhaltig einzustufen.

Die Direktverbrennung von Wasserstoff und die H_2-Brennstoffzelle liegen nach einer Studie der e-mobil BW in Vor- und Nachteilen nahezu gleichauf. MAN setzt jedoch auf die Brennstoffzelle als komplementäre Technik zum batterieelektrischen Antrieb.[116]

Die Ausführungen hier gelten für den deutschen und allgemein europäischen Markt. In den Entwicklungs- und Schwellenländern sieht das anders aus: Die Anzahl der konventionell angetriebenen Fahrzeuge wird dort weiter steigen. Weltweit gilt daher (leider): „Soll Mobilität für alle zugänglich sein, so wird sie in den nächsten Jahrzehnten mit Emissionen behaftet sein."[117]

Der Einsatz von Wasserstoff im Schienenverkehr ist näher an der Realität. Erste umgesetzte, jedoch kleinere Projekte wurde bereits in Kap. 5.2, Brennstoffzellen: Strom und Wärme, kurz erwähnt. Inzwischen ist hier mit der Deutschen Bahn der größte deutsche Schienenverkehrsbetreiber aktiv geworden: Der Konzern will im Raum Tübingen im Jahr 2024 einen Betrieb auf Probe beginnen. Hierfür rüstet die Bahn ihr Instandhaltungswerk Ulm um und entwickelt auch eine mobil einsetzbare H_2-Tankstelle.

„Die klimafreundliche Verkehrswende ist möglich", sagte Bahn-Vorstandsmitglied S. JESCHKE.[118]

Die Bahn will bis 2050 Jahren klimaneutral werden. Das erfordert erhebliche Veränderungen. Unter anderem müssen 1300 Dieseltriebzüge ausgetauscht werden, die die nicht elektrifizierten Netzteile befahren. Das sind 13.000 Kilometer Schienenweg oder 39 % des Netzes ohne Oberleitung, dessen Elektrifizierung nur sehr langsam voranschreitet. Was u. a. daran liegt, dass solche Strecken ohne Stromanschluss nicht besonders stark genutzt werden und von daher unökonomisch sind. Wasserstoffzüge erscheinen der DB als mögliche Lösung für diesen Problembereich. Konkurrierend testet die Bahn hier allerdings auch Diesel-Hybrid-Loks mit Batterie. Auch reine Batteriezüge könnte es geben: Bis zum Abschluss der Erprobungen ist Wasserstoff also nur eine Option, wenn auch eine vielversprechende.

116 P. Kellerhoff, Wasserstoff für den LKW, in: vdi nachrichten vom 24. Juli 2021.

117 Prof. Dr. Ing, A. Albers, in: Mobilität der Zukunft, Kiwanis Magazin, Sommer 2021, S. 21.

118 Redaktionsnetzwerk Deutschland, 23. November 2020.

Auch im internationalen See- und Flugverkehr geht die Transformation nur langsam voran. Hier sind aufgrund hoher Anforderungen an die Energiedichte die erneuerbare Flüssigkraftstoffe die erste Wahl bei der Ablösung der fossilen Kraftstoffe, wie schon in Kap. 6.3.2, Umweltbilanz Luftverkehr, Seeverkehr diskutiert.

Das ist im Seeverkehr gegenwärtig noch eine Frage von R&D und einzelnen Projekten, von denen sich einige auf Methanol als regenerativ hergestellten und leicht speicherbaren Treibstoff konzentrieren. Das Fraunhofer-Institut für Keramische Technologien und Systeme IKTS will so gemeinsam mit der Meyer Werft im EU-Projekt HyMethShip eine Senkung der Emissionen um bis zu 97 Prozent erreichen.

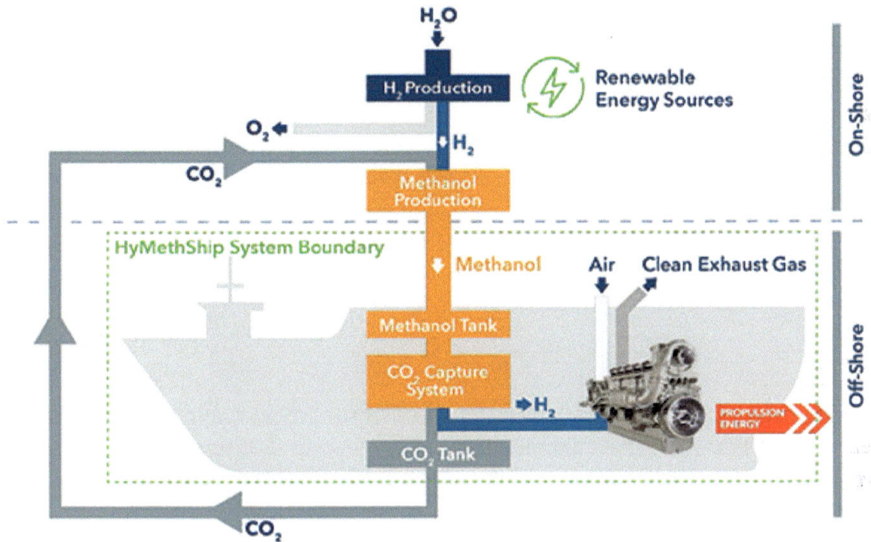

Abb. 6-19: Das Projekt HyMethShip; © LEC GmbH

Das Prinzip des Antriebs: An Land tankt das Schiff Methanol. An Bord wird es mit Wasser umgesetzt. Dabei entsteht der benötigte Wasserstoff, der nach Abtrennung des CO_2 per Membran im Schiffsmotor direkt verbrannt wird und damit den Vortrieb besorgt – und zwar mit deutlich mehr Wasserstoff als im Methanol gespeichert, da auch das Wasser noch Wasserstoff zuliefert. Das verbleibende CO_2 wird an Bord in Tanks eingelagert, aus denen es an Land abgepumpt wird und so erneut für die Methanol-Herstellung genutzt werden kann – also ein geschlossener Kreislauf für das CO_2. Die für den Prozess nötige Wärme liefert der Schiffsmotor als Abwärme, was die Effizienz des Antriebs noch weiter verbessert. Die Prozess- und Reaktorauslegung steuern Fraunhofer-Experten bei; sie haben auch die nötigen Trenn-Membranen entwickelt. Abb. 6-19: zeigt das Arbeitsschema.

Im Kap. 5.2, Brennstoffzellen: Strom und Wärme, wurden einige Anwendungsbeispiele für den Einsatz der Brennstoffzelle in der Schifffahrt und damit den elektrischen Antrieb gegeben. Auch dieser Weg der Wasserstoffanwendung hat Zukunftschancen. Die norwegische Reederei Havila will eines ihrer im Dienst befindlichen Kreuzfahrtschiffe umrüsten und mit Wasserstofftanks, Brennstoffzellen und elektrischem Antrieb versehen. 2024 sollen die ersten Testfahrten beginnen.

Ob es tatsächlich angezeigt ist, Wasserstoff als Gas oder flüssig an Bord zu lagern, ist allerdings umstritten. Die norwegische Reederei Eidesvik geht einen anderen Weg und stattet seine Vikng Energy im Rahmen eines Umbaus mit einem 2 MW-Hauptantrieb aus, der von einer Ammoniak-Brennstoffzelle versorgt wird. Das leicht speicherbare Ammoniak wird an Bord in Wasserstoff und Stickstoff gespalten, wobei allerdings die Gefahr der Emission von Stickoxiden besteht. Das kooperierende Fraunhofer IMM wird einen Katalysator beisteuern, der dies verhindert. Wasserstoffderivate wie Ammoniak oder Methanol sollten sich nach der Erwartung der Beteiligten als die bessere Lösung für den Schiffsbetrieb erweisen.[119]

Die Beispiele zeigen weit auseinander liegende Lösungen. Da auch die Treibstoffform LNG für den künftigen Schiffsbetrieb forciert wird, was zwar CO_2 reduziert, aber keinesfalls vermeidet, sprechen die Reeder inzwischen von einem „Irrgarten".

Die Frage ist offen, welchen wasserstoffbasierten Energieträger man langfristig unter den fünf Varianten

- flüssiger Wasserstoff,
- komprimierter gasförmiger Wasserstoff,
- Ammoniak,
- LOHC (Liquid Organic Hydrogen Carrier),
- Methanol

favorisieren wird.

Vor diesem Hintergrund sind Prognosen für den Wasserstoffbedarf der Schifffahrt zur Mitte des Jahrhunderts so unsicher, dass keine Zahlen genannt werden können.

Auch in der Luftfahrt hat der Einsatz von Wasserstoff Perspektiven. Komprimiertes Wasserstoffgas kann entweder zur direkten Verbrennung in den Turbinen verwendet werden oder dient in einer Brennstoffzelle zur Stromerzeugung mit nachgeschaltetem elektrischen Antrieb. Bei der Verbrennung können modifizierte Triebwerke den Wasserstoff zusammen mit der Umgebungsluft zum Vortrieb nutzen, s. auch Kap. 5.1.2, Gasturbine. Hinzu kommt die Perspektive nachhaltig gewonnenen, synthetischen Kerosins.

Der elektrische Vortrieb eignet sich logischerweise besonders für Propellerflugzeuge. Der Verzicht auf Turbinen und die Verwendung von elektrischen Motoren macht die Flugzeuge leiser. Elektrische Propellermaschinen erzeugen auch keine Kondensstreifen mehr. Experten rechnen allerdings vor, dass diese Technik teurer als die Verbrennung von Wasserstoff in Turbinen ist; auch würde die mitzuführende Brennstoffzelle für zusätzliches Gewicht sorgen.[120]

Für beide Konzepte gibt es noch technische Herausforderungen, die vor einer erfolgreichen Verbreitung der Technologie zu lösen wären. Immerhin planen die Entwickler und Hersteller erste Projekte, so z. B. DLR, mit ihrem neuen Testfeld BALIS, s. Abb. 6-19, und vor allem Airbus.

---

119 vdi nachrichten vom 28. März 2021.

120 Chr. Lutz / T. Grosche, 10. Oktober 2021.

Der Weg zur Umsetzung ist nicht einfach. Zunächst ist da die Infrastruktur am Flughafen, die tiefgreifende Umrüstung erfordert. Wasserstoffgeeignete Tanks müssten neu installiert werde, was aufwändig ist: Wasserstoff braucht mehr Volumen als Kerosin und muss entweder stark komprimiert oder auf unter minus 200 Grad gekühlt werden. Die Leitungen und der Betankungsvorgang müssten auf Wasserstoff umgestellt werden. In einer Übergangsphase könnte es sogar notwendig werden, zwei Systeme, eines für Kerosin und ein anderes für Wasserstoff vorzuhalten, was sicherlich ein Kostentreiber wäre.

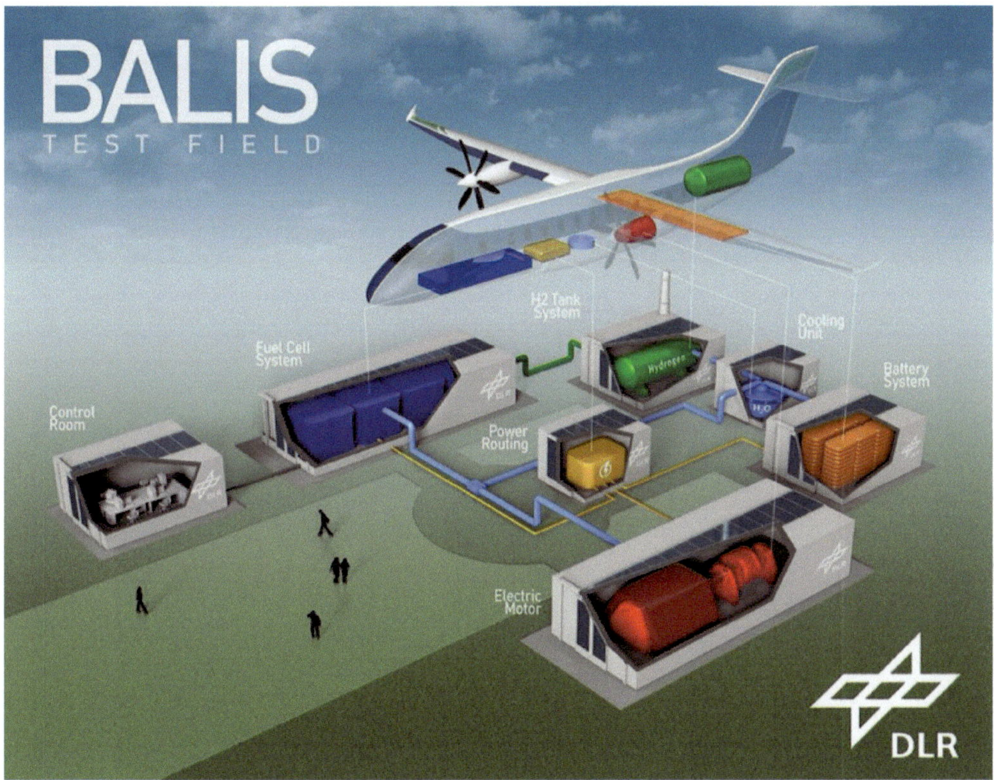

Abb. 6-20: Das Deutsche Zentrum für Luft- und Raumfahrt (DLR) baut seit dem 6. Oktober 2021 auf dem Innovationscampus Empfingen im Nordschwarzwald ein weltweit einzigartiges Testfeld für Brennstoffzellen-Antriebe für unterschiedliche Verkehrsträger auf; Quelle: DLR

Vergleichbare Fragen stellen sich auch für das Fluggerät selbst. „Am Ende wird es eine Frage des Platzes sein", vermutet Experte GROSCHE, „denn die Tanks werden aufgrund der höheren Beanspruchungen kugel- oder zylinderförmig sein." Heutige Modelle führen das Kerosin in den Tragflächen mit, um mehr Raum für Fracht und Passagiere freizuhalten. Damit sind grundsätzliche Neukonstruktionen nötig, die ihre Grenzen haben: Nach GROSCHE sind die Reichweiten von heutigen Langstrecken-Flugzeugen wie dem Airbus A350 oder der Boeing 747 mit Wasserstoff gleich welcher Form nicht erreichbar.

Darin sind sich die Experten einig. M. AIGNER von der DLR hat betont, dass drei Viertel der Emissionen auf Flügen entstehen, für die purer Wasserstoff keine Option ist. Den Durchbruch zu emissionsfreien Fliegen sieht er allein in nachhaltig produzierten flüssigen Kohlenwasserstoffen, also SAF.[121]

Abb. 6-21: Zur Definition von SAF; Quelle: A.T. Kearney GmbH

Für SAF ist inzwischen eine unglückliche doppelte Definition verbreitet, wie oben schon angesprochen. Hierunter versteht man heute sowohl die in Kap. 6.3.2, Umweltbilanz Luftverkehr, Seeverkehr behandelten Bio-Quellen (Speiseöl, Pflanzenöl, Feste Siedlungsabfälle, Holzabfälle, und eigens angebaute Biomasse) als auch grünstrombasierte PtL-Lösungen, s. Abb. 6-21. Berichte über die Verwendung von SAF sind deshalb mit Vorsicht zu lesen.

Bio-Kerosin hat bisher einen Marktanteil von 0,1 % am Luftverkehrsverbrauch und damit noch kein Gewicht. Jedoch sind Bio-Raffinerien in Entwicklung und Bau (in Deutschland z. B. die Rheinland-Raffinerie in Wesseling, in den Niederlanden eine in Rotterdam). Unbestritten ist allerdings, dass die Verfügbarkeit der Ausgangsstoffe begrenzt ist, sodass sich hochskaliertes SAF langfristig auf grünstrombasierte Prozesse konzentrieren müsste.[122]

Bei Airbus sind SAF-basierte Flugtests mit kommerziellen Maschinen im Oktober 2021 angelaufen, die bis Mitte 2023 fortgesetzt werden sollen. Während Flugzeuge mir 50 % Beimischung von SAF bereits zertifiziert sind, geht es hier um den vollen Ersatz des

121 Interview mit M. Aigner, DLR-Institut für Verbrennungstechnik, in: vdi nachrichten, 3. Dezember 2021.

122 M. Schulze, Grün im Tank, in: vdi nachrichten vom 3. Dezember 2021.

herkömmlichen Kerosins. Die Ingenieure lösen zurzeit das Problem, dass die unterschiedliche Zusammensetzung Dichtungsprobleme in Motoren und Leitungen verursachen kann, indem dem SAF aromatische Verbindungen beigemischt werden, die die Eigenschaften von Kerosin imitieren. Bei Neubauten kann der Antrieb so konstruiert werden, dass dies kein Problem mehr ist. Die Branche geht davon aus, dass sie bis 2030 ihre Flotten komplett mit nachhaltigem Treibstoff betreiben kann. Im Jahr 2022 will Airbus die Tests auch auf ihren Helikopter H160 ausweiten.[123]

	H_2-Bedarf D 2030	**H_2-Bedarf D 2050**
Pkw	1 – 7 TWh (∅ 3 TW h)	70 – 130 TWh (∅ 80 TWh)
Lkw	0 – 2 TWh (∅ 1 TWh)	130 – 160 TWh (∅ 140 TWh)
Gesamt	1 – 9 TWh (∅ 4 TW h)	200 – 290 TWh (∅ 220 TWh)

Tabelle 6-7: Wasserstoffnachfrage für den Straßenverkehr in Deutschland 2030 und 2050; Quelle: Fraunhofer, Eine Wasserstoff-Roadmap für Deutschland, Tab. 4

Im Kurz- und Mittelstreckenluftverkehr könnte allerdings auch der direkte Einsatz von Flüssigwasserstoff um 2035 herum zu CO_2-Emissionseinsparungen führen. Der nationale und innereuropäische Luftverkehr könnte ab ca. 2035 beginnen, auch Flüssigwasserstoff als Energieträger zu verwenden, was bis 2040 zu einem Verbrauch von 400.000 Tonnen Wasserstoff (13 TWh) führen könnte.

Schifffahrt und Luftverkehr bleiben damit spekulativ. Bezieht man sich demgemäß für Deutschland allein auf den Straßenverkehr, lässt sich ein Wasserstoffbedarf nach Tabelle 6-7 abschätzen.

Derzeit ist die Zahl an (importierten) Brennstoffzellen-Fahrzeugen bei Pkw in Deutschland gering; bei Lkw ist die Brennstoffzellenversion erst in der Entwicklung, s. Kap. 5.2, Brennstoffzellen: Strom und Wärme. Entsprechend ist das öffentliche Tankstellennetz sehr übersichtlich: es beschränkte sich bis Ende 2021 auf ca. 100 Stationen. Der Tankstellenausbau gewinnt jedoch an Tempo, mit dem Ziel von 400 deutschen HRS (HRS = Hydrogen Refueling Station) bis 2023 bzw. 1000 bis zum Jahr 2030. Der Zuwachs ist weniger den noch kaum existierenden Lkw, sondern den Bussen zu verdanken. Bei diesen findet derzeit in Deutschland schon eine Reihe von Flottentests statt oder ist in Vorbereitung. Einige Stadtwerke führen Brennstoffzellen-Busse bereits in ihren Einsatz-Flotten, z. B. Regionalverkehr Köln, Stadtwerke Wuppertal, Wiener Stadtwerke etc. In diesen Fällen wurden flotteneigene, nichtöffentliche Tankstellen eingerichtet.

Für Pkw, Busse und Bahn ist nach der Fraunhofer-Studie für Deutschland der Technologieindex TRL[124] von 8 bis 9 erreicht, bezogen auf Brennstoffzellen-Fahrzeuge und Schienenverkehr. Global gesehen liegt der Wert mit TRL 7 bis 8 etwas darunter. Brennstoffzellen-Schiffe dagegen liegen in der Entwicklung mit einem TRL von 4 bis 6 (weit) unter diesen Werten, s. oben. Dies gilt auch für den Luftverkehr.

123 FAZ, red. Artikel, Hubschraubertests, 1. November 2021.

124 TRL = **T**echnologa **R**eadiness **L**evel, eingeführt von der NASA in den 1970er Jahren.

Unter optimistischen Rahmenbedingungen nimmt die Fraunhofer-Studie unter Bezug auf NPM (2019)[125] für 2030 ein Potenzial von 1,0 bis 1,8 Mio. Brennstoffzellen-Pkw in Deutschland an. Kleinserien für den Lkw-Verkehr kommen schon jetzt auf den Markt; ihr Einsatz wird bis 2030 deutlich zunehmen. Gleiches gilt für die Anwendung der Brennstoffzellen-Technik im regionalen Zugverkehr und im öffentlichen Nahverkehr.

International werden Asien und die USA wichtige Märkte für Brennstoffzellen-Fahrzeuge. China und Kalifornien nennen jeweils eine Million Brennstoffzellen-Pkw im Bestand bis 2030, gefolgt von 800 T Fahrzeugen in Japan im Jahr 2030. Südkorea prognostiziert 1,8 Mio. Brennstoffzellen-Pkw im Jahr 2030. Hierzu s. auch Kap. 7.9, 7.10, 7.11, Wasserstoffstrategien in USA, Japan, China. Ob die deutsche Autoindustrie diese Chance wahrnimmt, steht dahin. Die aktuell einseitige Ausrichtung auf BEV verspricht hier nichts Gutes. Einzig BMW zeigt sich hier technikoffen.[126]

Die Einführung synthetischer Kraftstoffe für Pkw und Lkw, aber auch für Schiffe und Flugzeuge würde einen neuen Akzent setzen. Wie oben beim Straßenverkehr und in Kap. 6.2.2, Wasserstoff für die Industrie, besprochen, wird dies allerdings aus Kapazitäts- und Kostengründen wohl die Notwendigkeit von Kraftstoff-Importen bedingen.

6.3.3 Roadmap für den Verkehr

Im Rahmen der künftigen Entwicklung gibt es nach der Fraunhofer-Studie etliche Schwerpunkte, von denen hier einige herausgegriffen sind:

- Die Weiterentwicklung und Förderung der Brennstoffzelle.
- Die Wege zu nachhaltigen Kraftstoffen müssen intensiv verfolgt werden.

In der Technik liegt der Schwerpunkt bei Fahrzeugen und Betankungsanlagen. Hierzu gehört:

- Die Erprobung kryogener Speicher, ebenso von LOHC und Leitungssystemen hierfür.
- Kommerzialisierung von BZ-gestützten Bussen, Pkw, Zügen und Lkw ab 2025.
- Neukonzeption von Brennstoffzellen-Fahrzeugen.
- Förderung der nachhaltigen synthetischen Kraftstoffe und der zugehörigen Antriebstechnik für Schiffe und Flugzeuge.

Bei der Märkte-Entwicklung sollte der Aufbau der zum jeweiligen Marktsegment passenden Infrastruktur sowie die Markteinführung von Fahrzeugen im Mittelpunkt stehen, also:

- Aufbau von Wasserstoff-Verteilnetzen auch zur Versorgung der Tankstellen.
- 2025 bis 2030 Einrichtung eines Schwerlast-Tankstellennetzes.
- Abbau der regulatorischen Hemmnisse für die Wasserstoff-Technik.
- Wichtig: Die Anreize für den Einsatz emissionsfreier Mobilität müssen verfahrensunabhängig sein; die einseitige Festlegung auf die Batterie muss aufhören.

---

125 Die Nationale Plattform Zukunft der Mobilität (NPM) ist der zentrale Debattenraum für Politik, Wirtschaft und Zivilgesellschaft zum Wandel der Mobilität.

126 BMW-Chef Oliver Zipse in der Jahrespressekonferenz 2021.

Die Politik sollte der Wirtschaft Unterstützung beim Export geben und die Industrie bei der Reaktion auf die Tendenzen der asiatischen Märkte konstruktiv begleiten. Hierzu gehört:

- Anerkennung von Wasserstoff als Kraftstoff gemäß RED II.[127]
- Vereinfachung von Genehmigungsverfahren (u. a. in Errichtung / Betrieb von HRS).
- Regenerative, synthetische Kraftstoffe, sog. Synfuels, müssen als emissionsfrei gelten.
- Ausweitung der erlaubten Fahrzeugabmessungen.
- Unterstützende Regelung für emissionsfreie Antriebe im öffentlichen Beschaffungswesen zur Serieneinführung von wasserstoffgestützten Fahrzeugen.

		2020	2030	langfristig
F& E	Transport	H2-Speicher: Technologie- und Produktionsforschung		
		Nationales Kompetenzzentrum Speicher		
	Tankstellen	Gaskompressoren, Kompression von IH_2		
		Kühlung, Onsite H_2-Erzeugung an Tankstellen		
	Fahrzeug	Nationales Kompetenzzentrum	Edelmetallarme Katalysatoren	
		Brennstoffzellen-Produktion	Protonenleitende Membran	
		Systemkomponenten		
		Nationales Kompetenzzentrum	Flurförderfahrzeuge	
		Systemtests		
Markt	Transport	H_2-Verteilnetze für HRS-Belieferung	Pilot „Rheintalschiene"	H_2-Pipelines für Lkw H_2-Tankstelleninfrastruktur
	Tankstellen	200 Tankstellen	Vollständige H_2-tankstellen-Infrastruktur für Lkw-Fernverkehr 1000 Tankstellen	5000 Tankstellen
	Fahrzeug	Kleinserien Pkw	1,8 Mio. Pkw	10 Mio. Pkw, 0,1 Mio. Lkw im Bestand
		Demonstration Schiff	Pilot Schiffshafen	
			Pilot Flughafen	
Technologie	Transport	Pilotbetrieb H_2-Pipelines		
		Demonstration kryogener Speicher / LOHC		
	Tankstellen		H_2 Tankstellen für IH_2 und LOHC	Technologie Automatische Betankung mit Roboter
	Fahrzeuge	Serienmodelle Pkw	Serienmodelle Lkw	
		Serienmodelle Bus	Serienmodelle Zug	
				Wechsel vom Plattformkonzept zu Brennstoffzellen-Fahrzeugchassis
Politik	Maktanreize	H_2 ist Kraftstoff	Regelwerke Emissionen an Flughäfen / Schiffshäfen	
		ÖPNV, Kommunaler Zugverkehr	Emissionsabhängige Maut für LKW	
	Infrastruktur	Fortlaufende Unterstützung Tankstellenaufbau		
		Vereinfachtes Genehmigungsverfahren	Europäische Koordination	
	Fahrzeuge	Anpassung Lkw Weights & Dimensions 2015/719	Öffentliche Beschaffung	

Abb. 6-22: Roadmap Verkehr; Quelle: Eigene Darstellung, Daten aus Fraunhofer-Institut für System- und Innovationsforschung, Fraunhofer-Institut für Solare Energiesysteme (Hg), Eine Wasserstoff-Roadmap für Deutschland Karlsruhe und Freiburg, 2019

Ende des Jahrzehnts 2020–2030 sollten Regularien zur Begrenzung der CO_2-Emissionen im kommunalen ÖPNV, im Zugverkehr sowie sukzessive an Flughäfen und Schiffshäfen in Kraft sein. Die Lkw-Maut muss emissionsfreie Antriebe günstiger stellen, so ist auch die Forderung der Verbände.

Die vorstehende „Roadmap" fasst die hier gegebenen Anregungen über der Zeit verkürzt zusammen.

127 RED = Erneuerbare-Energien-Richtlinie.

6.4 Gebäude

In Deutschland gibt es 17 Mio. Wohngebäude; 60 % der Wohnfläche stellen Ein- und Zweifamilienhäuser, 40 % der Geschosswohnungsbau. 47 % der Wohnflächen in EFH bzw. 42 % in MFH sind mit Gas versorgt.

Der Gebäudesektor steht für fast 40 % des Energieverbrauchs in Deutschland. Bald 60 % der Gebäudeenergie werden zum Heizen verbraucht, weitere 12 % für Warmwasser – hier liegen deshalb auch große Einsparpotenziale. Ehrgeiziges Ziel der Bundesregierung ist eine Fast-Klimaneutralität im Gebäudebestand bis zum Jahr 2050. Um das zu erreichen, muss der Bedarf an fossiler Primärenergie um beachtliche 80 % gesenkt werden (BMWi).

Vor diesem Hintergrund war die Verbesserung der Effizienz über Jahre hinweg, insbesondere die fortgesetzte Dämmung der Gebäude, das erklärte Ziel. Mit einem durchaus zweifelhaften und letztlich enttäuschenden Ergebnis, zu dem der Bundesverband deutscher Wohnungs- und Immobilienunternehmen (GdW) in seiner Jahrespressekonferenz 2020 Stellung nahm:

Danach waren die Wohnungsunternehmen seines Verbandes in den vergangenen Jahren durch die öffentlichen Vorgaben gezwungen, viele ihrer Wohnungen zu sehr hohen Kosten energetisch zu sanieren. Sie haben in den letzten 10 Jahren über 340 Mrd. Euro für die energetische Modernisierung aufgebracht. In den davorliegenden 20 Jahren, also von 1990 bis 2010, war der spezifische Energieverbrauch der Haushalte um insgesamt 31 % zurückgegangen. Nun aber stagnierte er seit 2010 trotz der massiven Investitionen.

Mit anderen Worten: Die teuren Maßnahmen zur Steigerung der Effizienz von neuen und bestehenden Wohnungen haben nicht zum gewünschten Ergebnis geführt. Dies entnimmt man auch der Abb. 6-22, für die das BMWi als Herausgeber steht. Auch im hier nicht erfassten Jahr 2019 lag der Raumwärmebedarf immer noch bei 130 kWh/m^2 a.

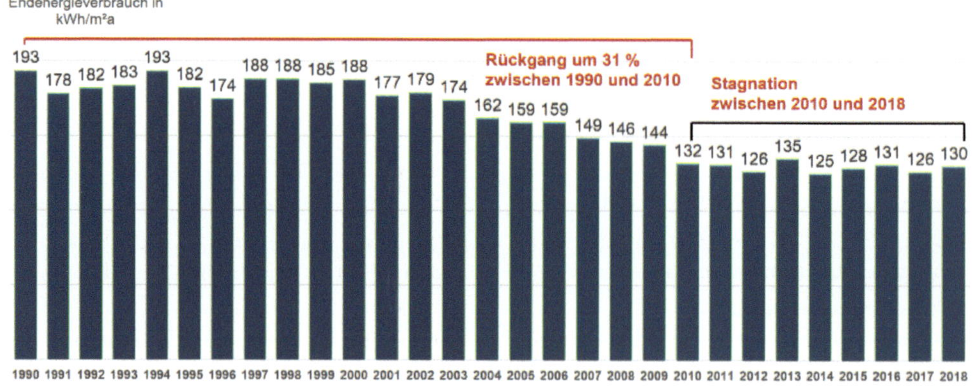

Abb. 6-23: Raumwärmeverbrauch der privaten Haushalte in Deutschland 1990 bis 2018 temperaturbereinigt je qm bewohnte Wohnfläche; Quelle: BMWi; Zahlen und Fakten, Daten aus der Energieforschung, Berlin 2019

Der GdW-Präsident stellte deshalb erneut die in Deutschland üblichen Verfahren zur Messung der Energieeffizienz von Gebäuden in Frage. Die bisher geltende Energieeinsparverordnung und auch das künftig geltende Gebäude-Energiegesetz (GEG) mit dem bisher relevanten theoretischen Verbrauchswert eines Gebäudes sei untauglich. Deutschland müsse zu einem System der reinen CO_2-Messung und -Bepreisung wechseln. Dann werde es auch belohnt, wenn ein Wohnungsunternehmen beispielsweise in einem Quartier eine eigene klimaneutrale Wärme- und Stromerzeugung installiere, etwa mit Wasserstoff- und Brennstoffzellentechnik.

Wie effizient dann die Gebäude sind, in denen die Energie verbraucht wird, wäre dann zweitrangig. „Wir müssen weg von immer teureren energetischen Sanierungen und immer mehr Dämmung hin zu dezentraler, CO_2-armer Energieerzeugung und digitaler Vermeidungstechnik."[128]

Der Verfasser ergänzt hier, dass er schon länger darauf verwiesen hat, eine weitgehende Elektrifizierung des Wärmemarktes sei unter Verwendung von Wärmepumpen auch ein sinnvoller Ansatz.[129] Wie weiter unten sichtbar wird, wird diese Ansicht heute von vielen Experten geteilt, bis hin zum Exzess der Ausschließlichkeit, was wiederum zu einem Streitpunkt geworden ist.

Besonders das Wirtschaftsministerium hat die Meinung vertreten, dass die Wärmepumpe die Lösung aller Probleme sei, was sicherlich sehr einseitig ist, wie sich weiter unten noch zeigen wird.

6.4.1 Umweltbilanz Gebäudesektor

Dass etwa 40 Prozent aller CO_2-Emissionen in Deutschland auf die Bereitstellung von Warmwasser und Raumwärme für Gebäude entfallen, liegt nach verbreiteter Diagnose vor allem daran, dass in vielen Bestandsgebäuden ineffiziente, klimaschädliche Gas- und Ölheizungen im Einsatz sind.

Die Entwicklung der Emissionen bis zum Jahr 2020 und die Zielpfade bis 2030 zeigt Abb. 6-24. Die Novelle des KSG von 2021 hat den Zielpfad für Gebäude unverändert gelassen, s. Abb. 6-24. Danach hat das Gebäudewesen noch einen langen Weg vor sich, zumal die Jahre bis 2019 durch Stagnation gekennzeichnet waren, wie oben schon dargelegt. Nach einem langen und eher kalten Winter 2020 / 2021 rechnet die Denkfabrik Agora im Gebäudebereich sogar mit steigenden Emissionen. Es war schon vorher der einzige Sektor gewesen, der sein Klimaziel trotz des allgemein durchschlagenden Coronaeffektes nicht erreicht hatte. Aufgrund des angestiegenen Heizbedarfs Anfang des Jahres 2021 errechnete Agora eine abermalige Zielverfehlung für das Jahr 2021 um rund 7 Mio. t CO_2. Das noch im Jahr 2023 zu erwartende neue Gebäude-Energien-Gesetz (GEG) wird von einer Neufassung der Zielpfade bis zur Vorgaben für die Heiztechnik eine ganze Reihe von tiefgreifenden Veränderungen vorgeben.

---

128 Aus dem Bericht von Gedaschko, A., Präsident des GdW, anlässlich der Jahrespressekonferenz des GdW am 1. Juli 2020.

129 F. D. Erbslöh, Der Weg zur Energiewende, Tübingen 2021, S. 462.

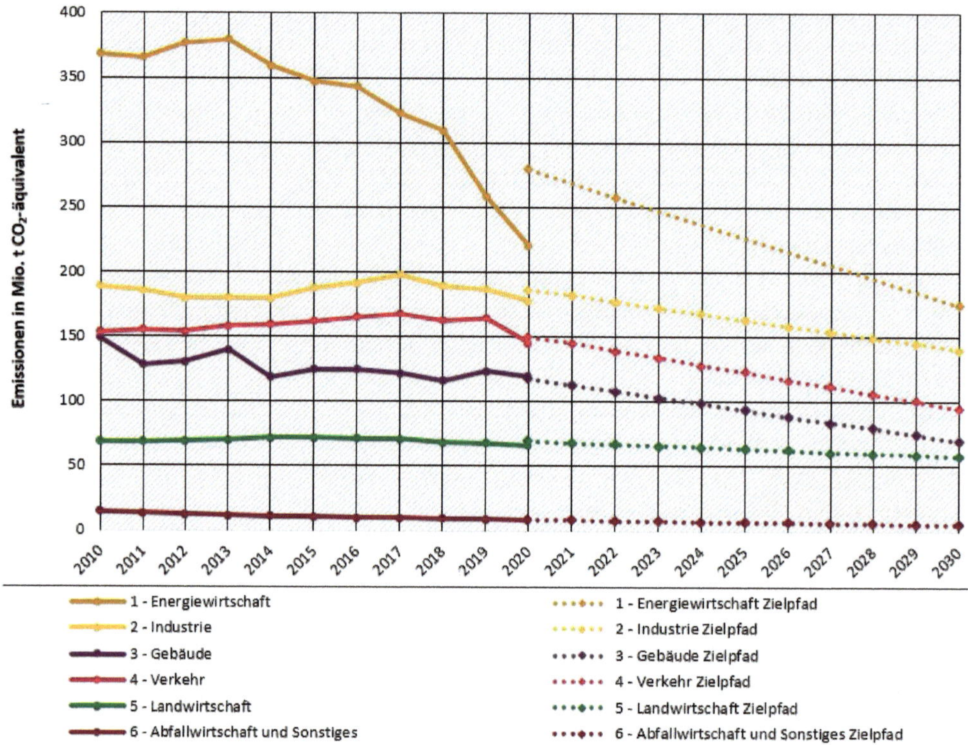

Abb. 6-24: Entwicklung und Zielpfade der Treibhausgas-Emissionen in Deutschland, Kurve 3: Sektor Gebäude; Quelle: UBA 11.3. 2021

6.4.2 Wasserstoff oder Wärmepumpe für den Gebäudesektor?

Wasserstoff kann auch zur Versorgung von Gebäuden ohne größere technische Probleme genutzt werden. Die Anwendungen Stromversorgung, Raumheizung, Warmwasser, Kochen/Backen laufen auf die Energieformen Strom und Wärme hinaus. Beides liefert die Brennstoffzelle, s. Kap. 5.2, Brennstoffzellen: Strom und Wärme.

Dafür gibt es drei Ansätze: Zum einen kommt eine leitungsgebundene Wasserstoff-Versorgung aus erneuerbaren Energiequellen für eine dezentrale Strom- und Wärmeerzeugung über ein Wasserstoff-Netz in Frage. Zum anderen wäre die Wasserstoff-Beimischung im vorhandenen Erdgasnetz denkbar. Als Drittes wäre eine dezentrale Erzeugung des Wasserstoffs vor Ort zu nennen, mit einer verkürzten Wandlungskette gegenüber dem ersten Fall.

Der erste Fall würde die Umnutzung der bestehenden Infrastruktur bedingen, die mit überschaubaren Änderungen möglich ist, s. Kap. 4.3.2, Transport über Leitungen. Die zweite Variante erlaubt die Nutzung vorhandener Infrastruktur ohne weitere Eingriffe. Zudem kann hier die etablierte erdgasbasierte Brennstoffzellentechnologie eingesetzt werden. Der dritte Ansatz, also die Vor-Ort-Erzeugung grünen Stroms mit Vor-Ort-Elektrolyseur und Vor-Ort-Energiezwischenspeicherung, würde eine Energieautarkie ermöglichen. Technische Lösungen in der Form von kleinen PtX-Anlagen für die Erzeugung bzw. Metallhydrid- oder Drucktanks für die Speicherung sind gegeben. Solche Systeme sind allerdings aufwändig und teuer und lohnen sich vielleicht nur für größere Quartiere.

Um ambitionierte Klimaziele zu erreichen, scheint es jedoch nach mehrheitlicher, vom Autor geteilten Meinung sinnvoller, bei Neubauten die Wärmepumpen ins Zentrum zu rücken.[130]

Dabei ist eine ganzheitliche Modernisierung der Weg der Wahl, da die Wärmepumpen nur optimal arbeiten, wenn sie für die jeweiligen Anforderungen ausgelegt sind und auch nicht jedes Temperaturniveau erreichen können. Obwohl die Analysen von ISE gezeigt haben, dass Wärmepumpen auch in wenig sanierten Gebäuden vorteilhaft betrieben werden können, bleibt dieser Aspekt dauerhaft zu beachten.

6.4.2.1 Exkurs: Wärmepumpen

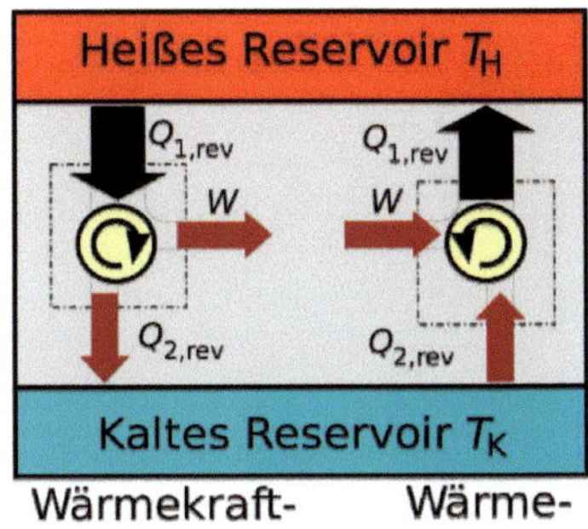

Abb. 6-25: Der Carnot-Prozess ist die theoretische Fundierung sowohl der Wärmekraftmaschine als auch der Wärmepumpe, hier dargestellt im TS-Diagramm; Quelle: https://commons.wikimedia.org/wiki/File:Carnot-Prozess.svg

Die Entwicklung der Wärmepumpentechnik geht bis ins 19. Jahrhundert zurück. Der Franzose S. CARNOT veröffentlichte 1824 seine Darstellung thermodynamischer Kreisprozesse und schuf damit die Grundlagen für die Wärmekraftmaschinen – die genauso für ihre Umkehrung, die Kältemaschinen und die Wärmepumpen gelten, s. die Darstellung beider Prozesse im sog. TS-Diagramm der Abb. 6-25, die deutlich macht, dass eine Wärmepumpe nichts anderes ist als eine rückwärts laufende Kraftmaschine (oder ein Kühlschrank, bei dem Innen- und Außenseite vertauscht sind). Von 1837 stammt das erste Patent auf eine brauchbare Apparatur.

Nach dem Krieg gab es dann Anwendungen im Salinenwesen, konkret 1925/26 in der deutschen Saline Reichenhall. Ende der 1920er Jahre entstanden in der Schweiz in Zürich erste größere wärmepumpengestützte Anlagen zur Wärmeversorgung von Gebäuden, 1938 schließlich auch im Rathaus der Stadt.[131]

---

130 Nach Fraunhoferinstitut ISE erreichen Wärmepumpen auch in Altbauten gute Effizienzwerte.

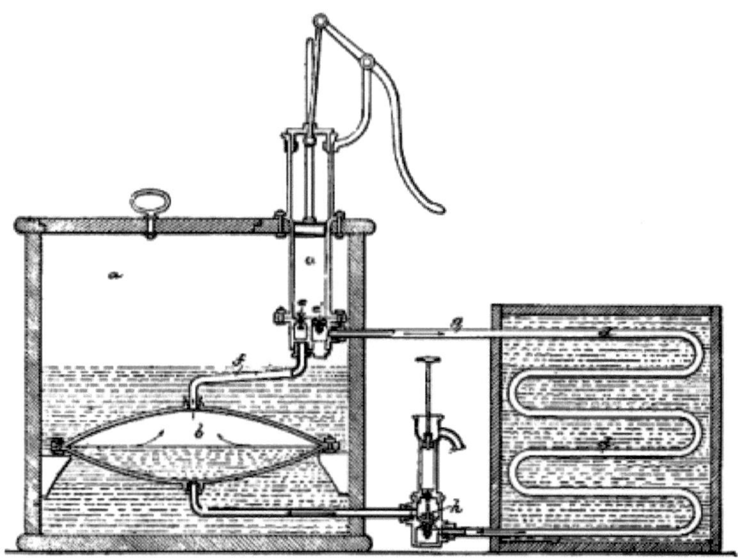

Abb. 6-26: Aus Perkins Patentschrift von 1837; Quelle: The Repertory of Patent Inventions in Arts, Manufactures an Agriculture, New Serie -Vol. VII. January-June,1837

Im 2. Weltkrieg erhielt das Prinzip „Kältemaschine als Heizanlage“ neuen Auftrieb vor dem Hintergrund der Knappheit an Brennstoffen. Das erste Modell mit einem in die Erde versenkten Wärmetauscher entstand 1945 in den USA. 1969 nahm K. O. WATERKOTTE die erste Erdwärmepumpe in Deutschland in Betrieb. Sie versorgte eine Niedertemperatur-Fußboden-Flächenheizung – seinerzeit eine Novität. Nachdem das Gesetz zur Förderung der Modernisierung von Wohnungen und zur Einsparung von Heizenergie 1978 den Einbau von Wärmepumpen auch wirtschaftlich interessant machte, war in Deutschland schließlich ein Durchbruch erreicht: die Wärmepumpe wurde zum Standardangebot im Heizungsmarkt.

Der Absatz von Wärmepumpen ist über die letzten Jahre deutlich gestiegen, mit rd. 86.000 allein für Heizungswärmepumpen im Jahr 2019. Hinzu kommen noch rd. 16.500 Warmwasserwärmepumpen.

Insgesamt liegt die Anzahl der Anlagen in der oberflächennahen Geothermie (also zum Beispiel Erdwärmesonden oder -kollektoren in Verbindung mit Wärmepumpen) im gleichen Jahr bei rd. 1,2 Mio., – mit ca. 15 TWh gelieferter Wärme eine beeindruckend hohe Zahl gegenüber den 37 Tiefengeothermie-Anlagen und deren Wärmelieferung von 1,15 TWh. Abb. 6-26 beschreibt die massive Zunahme in den letzten 15 Jahren.

Anders als die Tiefengeothermie ist die oberflächennahe Erdwärmegewinnung weitgehend akzeptiert. Dies gilt zumindest für geringe Teufen wie bei den Wärmetauschern für den Betrieb von Wärmepumpen (Sonden und Kollektoren). Geht man tiefer, können unter besonderen Umständen Schäden im Untergrund auftreten, siehe weiter unten.

131 Nach Wirth, E.: Entwicklungsgeschichte Wärmepumpe, in: Schweizer Bauzeitung, 15. Oktober 1955, S. 547f.

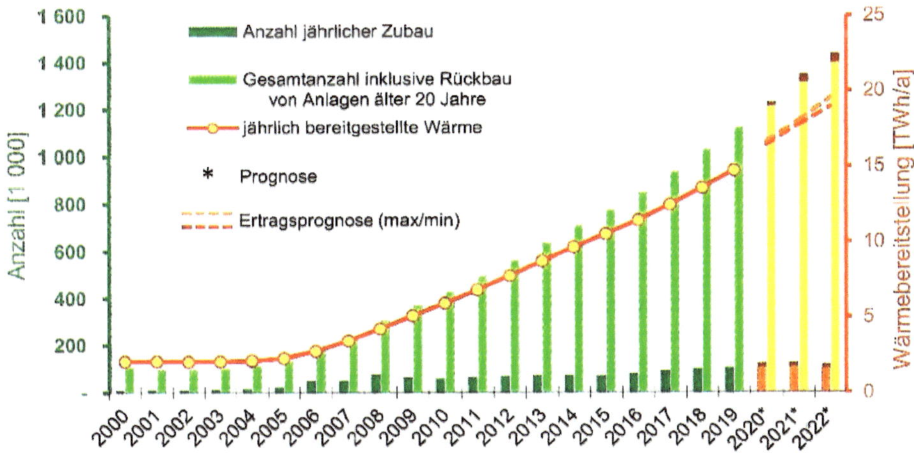

Abb. 6-27: Energiegewinnung über Wärmepumpen; Quelle: BWK Jahresausgabe 2020, S. 83

Dass Wärmepumpen das Klima schonen, ist lange bekannt. Nur ein Viertel der benötigten Heizenergie muss idealerweise extern zugeführt werden – rund dreiviertel der Energie stammen aus der Umwelt. Die eigentlichen Wärmequellen sind Luft, Erdreich und Grundwasser. Um die kostenlose Umweltwärme nutzbar zu machen, wird nur ein begrenztes Energieaufkommen in der Form von Strom oder Gas für Antrieb und Pumpe benötigt. Je nach angezapfter Wärmequelle (Luft, Erde oder Wasser) unterscheidet sich die Technik. Auch Rechtsvorschriften und Kosten variieren entsprechend.

Die Wärmepumpenheizung kann theoretisch und praktisch emissionsarm arbeiten. Sie bezieht Wärme niedriger Temperatur aus der umgebenden Luft oder aus dem Boden und hebt sie mit der Wärmepumpe CO_2-frei auf ein höheres Temperaturniveau.

Vorausgesetzt ist dabei jedoch, dass die Betriebsenergie für die Wärmepumpe nicht aus fossilen Brennstoffen stammt. Die Verwendung von regenerativ erzeugtem Strom macht die Wärmepumpenheizung heute zu einem extrem umweltfreundlichen Wärmelieferanten. Betreibt man die Wärmepumpe elektrisch aus dem Netz, so ist bei dem gegenwärtigen Strommix der ökologische Vorteil deutlich geringer.

Eine Wärmepumpen-Heizungsanlage enthält nach Abb. 6-28 im Wesentlichen vier Komponenten:

- die Wärmequelle,
- den Solekreislauf,
- die eigentliche Wärmepumpe,
- die Wärmeverteilung.

Wie die Abbildung andeutet, unterscheidet man bei Wärmepumpen verschiedene Bau- bzw. Funktionsarten:[132]

- Luft-Luft-Wärmepumpe,
- Luft-Wasser-Wärmepumpe,
- Sole-Wasser-Wärmepumpe (Erdwärme),
- Wasser-Wasser-Wärmepumpe,
- Brauchwasser-Wärmepumpe.

Luft-Luft-Wärmepumpe:
Eine Luft-Luft-Wärmepumpe baut auf einer Lüftungsanlage auf, genauer auf deren Abluft, der sie Wärmeenergie entnimmt, um auf höherem Temperaturniveau die Frischluft für die Wohn- oder Betriebsräume aufzuheizen. Diese Wärmepumpenform ist auch als „Lüftungswärmepumpe" bekannt; sie wird – da sie nur geringe Energiemengen transferieren kann – meist in Passivhäusern verwendet, die nur geringe Wärmeverluste haben und auf eine klassische Heizung verzichten können.

Luft-Wasser-Wärmepumpe:
Bei einer Luft-Wasser-Wärmepumpe wird die Energie der Außenluft entzogen und in das normalerweise wassergeführten Heizsystem übertragen. Die Anlagen sind ohne große bauliche Eingriffe einsetzbar und somit kostengünstig; auch ist die Genehmigung wesentlich einfacher. Ein Nachteil ist die starke Abhängigkeit von der Umgebungstemperatur und die im Vergleich zu Sole-Wasser- oder Wasser-Wasser-Wärmepumpen geringere Effizienz. Ursprünglich recht laut, stehen heute geräuscharme Ausführungen mit 35 db zur Verfügung, sogar unabhängig davon, ob sie innen oder außen installiert sind.

Sole-Wasser-Wärmepumpe (Erdwärme):
Bei der Sole-Wasser-Wärmepumpe dient Erdreich als Wärmequelle, wobei die Wärmetauscher nach zwei Varianten unterschieden werden. Die eine Variante benutzt Erdsonden, die bis 100 m tief unter die Oberfläche reichen und damit von einer höheren Eingangstemperatur ausgehen können – mit dem Nachteil eines hohen Aufwandes für die Herstellung der Bohrung. In der anderen Variante werden flache Kollektoren benutzt, die in ca. 1 m Tiefe verlegt werden, wo die Temperaturen normalerweise oberhalb der Frostgrenze liegen.

Um den quantitativ notwendigen Wärmeübergang zu sichern, sind allerdings größere Bodenflächen erforderlich. Die Sole als das spezifische Wärmeträgermedium im Solarkreislauf zwischen Erdwärmesonde/Erdwärmekollektor und Wärmepumpe ist im Regelfall ein Gemisch aus Wasser und Frostschutzmittel (Methanol, Ethanol oder Glycerin) und wird über eine „Solezirkulationspumpe" gefördert.

132 Unter Verwendung von Kloth, Ph.: Die Wärmepumpe – alle Arten, Vorteile und Nachteile, https://www.energieheld.de/, Abruf 5. Mai 2020.

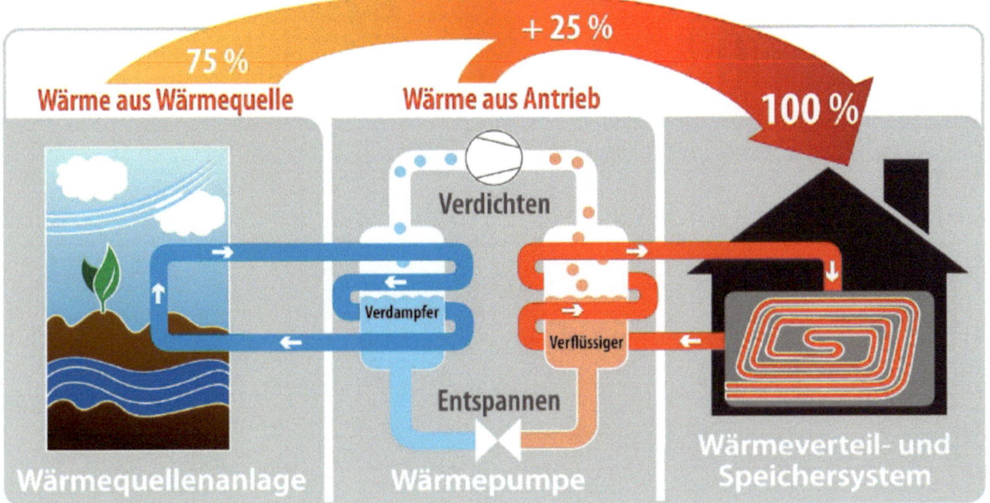

Abb. 6-28: Funktionsschaltbild einer Wärmepumpe mit alternativen Wärmequellen; Quelle: Ritter Energie- und Umwelttechnik

Wasser-Wasser-Wärmepumpe:

Wasser-Wasser-Wärmepumpen ziehen die Energie aus einem Wasserreservoir, meist aus dem Grundwasser, das den Vorzug praktisch konstanter Temperatur über das Jahr hat, und stellen sie dem Heizsystem des Gebäudes zur Verfügung. Die Bauart verzichtet auf eine Sole und einen gesonderten Wärmetauscher im Erdreich und benutzt das über eine Brunnenpumpe geförderte Grundwasser für den Zuführungskreis.

Brauchwasser-Wärmepumpe:

Die Brauchwasser-Wärmepumpe verbessert die Effizienz der Warmwasserbereitung. Sie verwendet auf der Eingangsseite die Abwärme einer klassischen Verbrennungsheizung und unterstützt auf diese Weise die Aufheizung des Trinkwassers. Alternativ kann auch die warme Luft des Heizungskellers die Energie zuliefern. Naturgemäß setzt die Brauchwasser-Wärmepumpe das Vorhandensein einer konventionellen Heizung voraus.

Zur Beurteilung des Leistungsvermögens einer Wärmepumpe dient zunächst die sogenannte Leistungszahl, im Englischen Coefficient of Performance (COP):

$$COP = \frac{Nutzen}{Aufwand} = \frac{gelieferte \quad Wärme}{zugeführte \quad Betriebsenergie}$$

COP ist ein Momentanwert. Aussagekräftiger ist eine Betrachtung der sogenannten Jahresarbeitszahl (JAZ), bei der sowohl die gelieferte Wärme wie auch die verbrauchte Betriebsenergie auf das volle Jahr bezogen sind.

Die JAZ liegt bei gut konstruierten Pumpen in einem Bereich von 3,0 bis 4,5; sie liefern damit das rd. Drei- bis Vierfache der Energie, die aus dem Strom- oder Gasnetz zu beziehen und zu bezahlen ist. Tabelle 6-8 zeigt die je nach Wärmepumpentyp unterschiedlichen Werte der JAZ.

Wärmepumpen-Typ	JAZ im Vergleich
Wasser-Wasser-Wärmepumpe	5
Sole-Wasser-Wärmepumpe (mit Erdsonden)	4 bis 4,5
Sole-Wasser-Wärmepumpe (mit Flächenkollektor)	3,5 bis 4
Luft-Wasser-Wärmepumpe	2,5 bis 3,5

Tabelle 6-8: Kennzahlen für die Jahresarbeitszahl unterschiedlicher Wärmepumpenheizungen im Vergleich; Quelle: Energieexperten.org

Noch wichtiger ist die für die Energieeffizienz und den Klimaschutz maßgebliche System-Jahresarbeitszahl (SJAZ), die alle Verlustquellen einschließlich der Pumpen in den Wärmequellenkreisläufen berücksichtigt und so die Nutzenergien des Wärmepumpensystems voll bilanziert.

Der Antrieb für den Verdichter ist in der Regel ein Elektromotor. Gasmotoren und sogenannte „thermische Verdichter“, die mit Erdgas, Fern- oder Abwärme angetrieben werden, sind seltener anzutreffen.

Die beiden Positionen „Heizwärme durch Wärmepumpen oder Wasserstoff“ stehen sich durchaus konfrontativ gegenüber, wobei die beteiligte Wirtschaft lebhaft mitwirkt, vertreten durch den Bundesverband Wärmepumpen e. V. (BWP) einerseits und die Initiative Zukunft GAS e. V. andererseits.

Die Plattform Erneuerbare Energien Baden-Württemberg (EE-BW) weist darauf hin, dass grüner Wasserstoff eher Nachteile hat: Grüner Wasserstoff wird per Elektrolyse aus Ökostrom erzeugt und ist teuer. Deshalb sei es unwahrscheinlich und auch energiepolitisch nicht akzeptabel, dass einzelne Gebäude über die Gasverteilnetze mit Wasserstoff versorgt werden können, denn man benötige mehr als drei kWh erneuerbaren Strom, um eine kWh grünen Wasserstoff zu produzieren. Für die Gebäudeheizung brauche es günstigere regenerative Lösungen.

Der Bau neuer Erdgasleitungen und Erdgasheizungen in Wohngebieten, wie er heute vielerorts zu beobachten ist, könne so eine teure und letztlich klimaschädliche Fehlinvestition werden. Energie- und Infrastrukturprojekte sind immer langfristige Entscheidungen, wie man am Beispiel konventioneller Kraftwerke sehen kann, die auf 40 Jahre abgeschrieben werden. Bei Photovoltaikanlagen ist es ähnlich: sie produzieren 30 Jahre und länger Ökostrom. Auch bei Heizungen liegt die übliche Betriebsdauer bei 20 bis 30 Jahren. Entscheidungen von heute wirken sich also langfristig aus und blockieren das Ziel, in 20 Jahren klimaneutral zu werden. „Wer heute noch eine fossile befeuerte Einzelheizung kauft oder eine Gasleitung in ein Wohngebiet legt, trifft eindeutig eine Fehlentscheidung, selbst wenn er plant, diese später mit grünem Wasserstoff zu betreiben“ erklärt DÜRRPUCHER, Vorsitzender der Plattform EE BW, „Erstens: Erdgas wird durch den CO_2-Preis teurer und die negativen Klimaeffekte durch Erdgasförderung und Leckagen sind stärker zu berücksichtigen. Zweitens: Grüner Wasserstoff ist im Gebäudesektor anderen Energieträgern unterlegen. Eine Wärmepumpe etwa macht aus einer Kilowattstunde Strom drei bis vier Kilowattstunden Wärme. Power-to-Heat ist damit um den Faktor neun effizienter.

Drittens: Grüner Wasserstoff ist und bleibt ein knappes Gut. Entsprechend wird sich der Preis entwickeln".[133]

Diese Einschätzung wird durch die Studie „Wasserstoff im zukünftigen Energiesystem: Fokus Gebäudewärme"[134] des Fraunhofer IEE gestützt, die untersucht hat, ob zukünftig Wasserstoff oder Wärmepumpen die bessere Lösung der Gebäudewärmeversorgung seien. Das Ergebnis ist eindeutig: Wasserstoff sollte nur dann und dort zur Wärmeerzeugung eingesetzt werden, wenn und wo keine wirtschaftlichen Alternativen zur Verfügung stehen. Denn die benötigte erneuerbare Energiemenge zur Bereitstellung von Niedertemperatur liege nach IEE um den Faktor 9 über einer strombasierten Lösung mit Wärmepumpen, was ohne Angabe der Quelle offenbar von DÜRR-PUCHER zitiert wurde.

Die Wissenschaftler des Fraunhofer IEE kommen in Ihrer Studie, erstellt im Auftrag des verbandsnahen IZW e. V. Informationszentrum Wärmepumpen und Kältetechnik, zu dem Ergebnis, dass für eine Versorgung der dezentralen Gebäudewärme der Einsatz von Wasserstoff nicht notwendig sei. Auch in Deutschland als einem dicht besiedelten Land bestehe ein ausreichendes Potenzial für Strom aus Windenergieanlagen und Photovoltaik, um die erwartete hohe künftige Nachfrage aus den Sektoren Elektromobilität, Industrieprozesswärme und Gebäudewärme zu befriedigen – eine Feststellung, die vom Autor als sehr problematisch und wissenschaftlich kaum haltbar angesehen wird.

Abseits von der Frage der Strombilanz und der grundsätzlichen Sinnhaftigkeit bestehen für die Wärmepumpentechnik als solche mittlerweile in der Tat umfassende Lösungen, die einen schnellen Markthochlauf selbst für den Einsatz in unsanierten Bestandsgebäuden und auch für Luft-Wasser-Wärmepumpen ermöglichen würden. Doch auch wenn die Versorgung aus Windenergieanlagen und Photovoltaik im Mittel ausreicht, so bleibt doch die Frage der bei kalter Dunkelflaute auftretenden Engpässe. Sie müssten durch den Einsatz von Großspeichern bzw. eine Tolerierung von nichtregenerativen Strombudgets überbrückt werden.

Einige andere Studien der letzten Jahre kommen im Grundsatz oder teilweise zu ähnlichen Ergebnissen. So hat z. B. Agora Energiewende den Komplex in ihrer Studie „Wert der Effizienz im Gebäudesektor in Zeiten der Sektorenkopplung" untersucht. Ihr Ergebnis war schon 2018, dass ein Gebäudesektor mit mittlerer Sanierungsrate und hohen Anteilen von Wärmepumpen hinsichtlich der Kosten das günstigste System darstelle, während sich ein Szenario mit Power-to-Gas nicht nur in der Energiebilanz, sondern auch in Hinblick auf die Systemkosten als deutlich ungünstiger stelle.

Viele Prognosen gehen von Kompromissen aus und rechnen beispielsweise damit, dass die Gasheizungen durch eine Mischung aus lokalen Wärmepumpen und regionalen Wärmenetzen ersetzt werden. Eine Verbreitung des Gedankens ‚Wärme über Netze' liegt ohnehin nahe. Auch das Szenario „Klimaneutrales Deutschland 2045" von der Stiftung Klimaneutralität und Agora Energiewende / Agora Verkehrswende unterstellt, dass Wasserstoff nicht direkt in den einzelnen Gebäudeheizungen eingesetzt wird. Nur für Wärmenetze sieht auch dieses Szenario die Direktnutzung von Wasserstoff vor.

---

133 Dürr-Pucher auf Plattform EE BW, Sektorenübergreifende Energiewende, 12. Juli 2021.

134 Studie im Auftrag des IZW e. V. Informationszentrum Wärmepumpen und Kältetechnik Postfach 3007 D-30030 Hannover Veröffentlichung im Mai 2020.

Die Gemeinde der Verbraucher zeigt sich nicht so optimistisch. Wärmepumpen sind schließlich nicht gänzlich neu, und Erfahrungen liegen vor, darunter auch viele negative. Das Geothermie Zentrum Bochum registriert unzureichende Leistung der Wärmepumpen und nennt als Gründe für „vor allem die genutzte Wärmequelle und das vorhandene Wärmeverteilsystem".

Allgemein gilt für die Auslegung: Die Ausgangstemperatur des primären Wärmetauschers muss möglichst hoch, die für das Heizsystem benötigte Vorlauftemperatur möglichst niedrig sein. Geeignet für einen Wärmepumpenbetrieb sind vor allem perfekt gedämmte Neubauten mit großflächigen Fußbodenheizungen. Da ideale Bedingungen selten sind, wird in vielen Anlagen zur Erreichung eines vertretbaren Wohnklimas auch an kalten Tagen der Einbau und die Nutzung einer Zusatzdirektheizung (PtH) notwendig.

In älteren Häusern mit traditionellen Radiatoren sind Wärmepumpen nach allgemeinem Einvernehmen wenig effizient. „Daneben spielen jedoch ebenfalls die Komplexität der Anlage, der Anlagenstandort, das Nutzerverhalten und die Qualität der Installation eine wichtige Rolle", berichten die Heizungsbauer.[135]

Ein Maß für die Effizienz ist die Jahresarbeitszahl, das oben beschriebene Verhältnis von erzeugter Wärmeenergie zur eingesetzten elektrischen Energie. Das Bundeswirtschaftsministerium sieht erst Anlagen mit mindestens Faktor 3,5 als „nennenswert energieeffizient" an. Die seit 2008 stark erhöhten staatlichen Subventionen werden für Bodenwärmepumpen auch erst ab einer Jahresarbeitszahl von 4 gewährt.

Eine Studie des Freiburger Fraunhofer-Zentrums für Solare Energiesysteme berichtet aus der Praxis, dass im Mittel, je nach System, nur eine JAZ von 2,5 bis 4 erreicht wird, in guten Einzelfällen auch mehr als JAZ 5, in schlechten nur JAZ 2. „De facto handelt es sich bei solch niedrigen Jahresarbeitszahlen um eine verkappte Stromheizung und eine offensichtliche Verschwendung von kostbarer Primärenergie", urteil der Bund der Energieverbraucher, spricht gar von „Klimakillern im Schafspelz".

In jedem Fall erscheint es notwendig, die zitierten Studien und Szenarien auf die realen Erfahrungswerte von Wärmepumpen hin zu überarbeiten.

Auf der anderen, zum Wasserstoff tendierenden Seite kann unterstellt werden, dass aus Sicht der Hauseigentümer bzw. Anwender Bedarf für Wasserstoff im Gebäudesektor besteht, wenn die vorhandene Gasinfrastruktur und die Hausinstallation einwandfrei funktioniert, zur Nutzung mit Wasserstoff mit vertretbarem Aufwand zu ertüchtigen ist (was nach Kap. 4.3.2, Transport über Leitungen, zu unterstellen ist), und weiter genutzt werden kann und soll. Auch lässt sich annehmen, dass aus Sicht der Netzbetreiber bzw. Energieversorger ein Bedarf für die Wasserstoff-Nutzung im Gebäudesektor besteht, um ein konstruktives Erzeugungs- und Verbrauchsmanagement unter Nutzung aller verfügbaren Pfade zu betreiben. Denn wenn der Zubau von Windenergie in Deutschland weiter stocken sollte und am Ende ohnehin an Grenzen stößt – was sich andeutet – könnte es notwendig und sinnvoll sein, im Winter den fehlenden Strom über die Wasserstoffschiene über Brennstoffzellen-KWK-Geräte bereitzustellen. Auch die Eigenversorgung mit Strom aus hauseigenen Brennstoffzellen-KWK-Geräten stellt eine Erleichterung für das öffentliche

135 Z. B. Managermagazin, Arvid Kaiser, 20.02.2013.

Netz dar, das deutlich weniger beansprucht würde (und die zusätzlichen Strommengen für den Betrieb von Wärmepumpen gar nicht erst aufbringen muss).[136]

Die Gaswirtschaft geht hier weiter und argumentiert ökonomisch aus der Sicht der Verbraucher.[137] Sie betont, dass eine Realisierung von Klimaneutralität im Wohngebäudebereich bis 2050 technisch möglich ist, aber auch seitens der Eigentümer / finanzierbar bleiben muss. Sie geht deshalb von der Weiterverwendung der bestehenden Gasinfrastruktur aus und sieht das Gas – welcher Art und Zusammensetzung auch immer – als den Träger der Wärmeversorgung.

„Eine entscheidende Rolle spielt dabei der Einsatz klimaneutraler Energieträger sowie der Einsatz von Energieträgern mit sehr geringen CO_2-Anteilen. Neben einer klimaneutralen Erzeugungsstruktur von Strom und Fernwärme betrifft dies vor allem die Zusammensetzung des Gasmixes aus CO_2-armen und -neutralen Gasen sowie die Option der Verwendung von Wasserstoff. Nur durch einen ausgewogenen Maßnahmenmix aus Sanierung und dem Einsatz klimaneutraler Energieträger ist das Ziel der Klimaneutralität auch finanziell realisierbar.

Insgesamt spielt Wasserstoff für diese Entwicklungen eine wesentliche Rolle. Bis 2050 wird Wasserstoff Erdgas nahezu komplett substituieren, wenn auch nicht auf dem Level der bisherigen Energiemengen, und sowohl im Gasmix mit Biomethan oder direkt bezogen werden. Dabei werden vielfach effiziente Technologien wie Brennstoffzellen und Gas-Wärmepumpen, aber auch Brennwertkessel eingesetzt. Zudem findet Wasserstoff in der Fern- und Nahwärme- und zu Teilen auch bei der Stromerzeugung Anwendung. Ein deutlich wahrnehmbarer Wasserstoffaufwuchs beginnt ab ca. 2030. Im Jahr 2035 werden knapp 60 TWh im Markt gesehen, die 2045 auf 215 TWh und bis 2050 auf 239 TWh ansteigen. Dies ist ein Anteil von 63,5 % des gesamten Endenergiebedarfs im Wohngebäudebereich.“[138]

Eine weitere Voraussetzung für die Erreichung des Ziels ist nach den Ergebnissen der Studie, dass die Eigentümer eine echte Wahl der Maßnahmen haben, sie also den individuell für sie optimierten Anpassungsplan wählen und auch verfolgen können. Unter den Annahmen der Studie sinken die CO_2-Emissionen von 2020 bis 2050 um 132 Mio. t, entsprechend einer Einsparung in Höhe von 97 %. 55 % der CO_2-Einsparungen bis 2050 entfallen dabei auf die eingesetzten Energieträger, weitere knapp 25 % auf den Austausch ineffizienter und nicht sanierungsfähiger Bestandsgebäude durch effizienteren Neubau. Gut 20 % werden durch Heizungswechsel oder eine Gebäudehüllensanierung erreicht.

Die Studie spart strombasierte Technologien zur Wärmeversorgung nicht gänzlich aus, sieht deren Möglichkeiten jedoch auf den Neubauanteil beschränkt und betont, dass die eingesetzte Technik und insbesondere der Anteil elektrischer Wärmepumpen von der Effizienz des Gebäudes abhängig sind. Die Studie nimmt an, dass bei wachsendem Anteil an Niedrigstenergiehäusern 2.0 elektrische Systeme wie Zusatzheizungen im Rahmen der

136 Unter Verwendung von Fraunhofer-Institut für System- und Innovationsforschung, Fraunhofer-Institut für Solare Energiesysteme (Hg), Eine Wasserstoff-Roadmap für Deutschland, Karlsruhe und Freiburg 2019, Kap. Gebäude, ergänzt vom Autor.

137 Klimaschutz im Wärmemarkt: Wie können wir Klimaneutralität im Bereich der Wohngebäude erreichen? Im Auftrag des Zukunft GAS e. V., Eine Studie der nymoen strategieberatung gmbh, Berlin, den 19. Mai 2021.

138 Klimaschutz im Wärmemarkt, Summary.

Lüftungsanlagen eine stärkere Rolle spielen werden, da hier nur geringe Wärmebedarfe nötig sind.

Der Einsatz effizienter strombasierter Technik in Bestandsgebäuden ist nach dem Befund der Studie eher selten, da eine effizienzorientierte Sanierung der Gebäudehülle Voraussetzung für den Einbau der neuen Technik ist. Mit dieser Voraussetzung steigt der Aufwand, der einschließlich des Heizungsumbaus für die Mehrheit der Eigentümer nicht mehr finanzierbar bzw. im Vergleich der verschiedenen Maßnahmen zueinander unattraktiv ist.

Die letzte Feststellung ist vor dem Hintergrund der berichteten Einschränkungen der Heizqualität beim Betrieb mit Wärmepumpen durchaus nachvollziehbar. Die Wärmepumpe ist eben keine Komfortheizung wie eine Gasheizung.

Die Argumente der Gasseite sind gewichtig: „Der schnellste und volkswirtschaftlich effizienteste Weg zu mehr Klimaschutz im Gebäudesektor führt über die Dekarbonisierung von Heizgas", sagt GÖßMANN, Vorsitzender der FNB. Eine umfassende Elektrifizierung scheitere vorläufig schon am Stromnetz. Dafür müsse es doppelt so hohe Spitzenlasten verkraften wie bisher. Gleichzeitig seien im Wohnungsbestand extrem hohe Investitionen erforderlich. Die Wärmedämmung müsse (noch weiter) verbessert und das Heizungssystem in der Regel auf Fußbodenheizung oder Flächenheizkörper umgestellt werden. Auf die Verbraucher käme eine Kostenlawine zu, die sozial nicht zu verkraften wäre.[139] Die Argumentation muss ernst genommen werden.

6.4.3 Zukunft offen

Es bleibt bisher unentschieden, wie die künftige Wärmeversorgung von Gebäuden tatsächlich aussehen wird. Die beiden beschriebenen Positionen stehen sich bislang unversöhnt gegenüber. Eine Entwicklungsperspektive nach Art einer Roadmap wie in den vorigen Kapiteln ist deshalb hier nicht angebbar.

Nach wie vor werden Erdgasleitungen von den Versorgern neu verlegt und an bestehende Leitungen neue Gaskunden angeschlossen, oft auch mit dem Hinweis auf spätere Umstellung auf Wasserstoff. Einige Versorger liefern seit Dezember 2021 bereits testweise Wasserstoff und begleiten Kunden bei Anpassungen, wie z. B. der E.ON Regionalversorger Avacon in Sachsen-Anhalt.[140] Auch wird weiterhin der Einbau von Gas-Brennwertkesseln staatlich gefördert.[141] Die in Vorbereitung befindliche Novelle des Gebäudeenergiegesetzes wird hier jedoch erhebliche Veränderungen bringen.

Schließlich ist auch wahrzunehmen, dass das existierende Gasnetz eine gewaltige volkswirtschaftliche Investition darstellt, s. Abb. 6-29. Die Investitionen in weiteren Ausbau halten an, begleitet von öffentlicher Förderung. Falls die Wärmepumpe das Rennen gewinnt, drohen große Verluste und vermutlich viele Insolvenzen.

---

139 Interview in FAZ vom 29. November 2021.

140 FAZ vom 29. November 2021.

141 Die staatliche Förderung für den Gas-Brennwertkessel läuft über die Bundesförderung für effiziente Gebäude (BEG). Voraussetzung für die Förderung ist, dass das Heizungssystem „Renewable Ready" ist und es sich damit um eine Hybridheizung handelt.

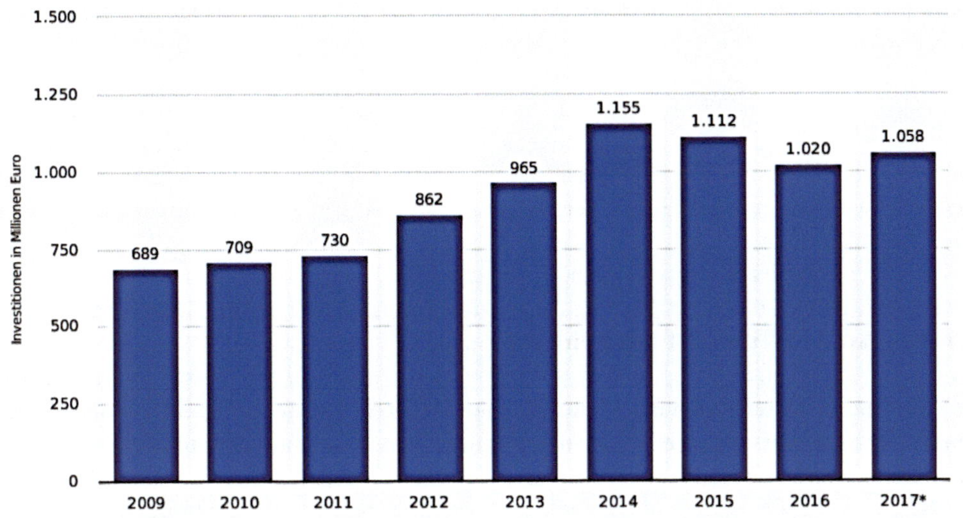

Abb. 6-29: Investitionen der Gasverteilnetzbetreiber in die Netzinfrastruktur in Deutschland 2010 bis 2020 in Mio. Euro; Quelle: Statista 2021

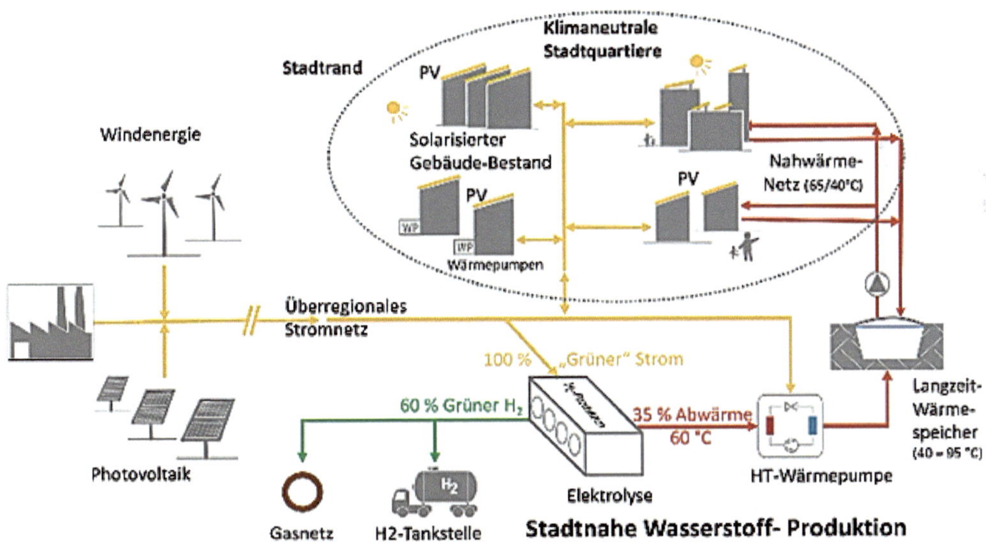

Abb. 6-30: Eine „Stadtnahe Wasser Stoff-Produktion" in Verbindung mit Wärmenetz; Quelle: vdi nachrichten vom 9. Februar 2021

Möglicherweise wird es beides geben: Elektrisch angetriebene Wärmepumpe und Brennwertheizung mit Wasserstoff. Dafür steht die Meinung eines führenden Heizgeräteherstellers, der mit beiden Systemen am Markt vertreten ist: Wärmepumpen sind nach BOSCH nur in hochgradig gedämmten Immobilien effizient, vor allem also im Neubau. Das beschränkt die Absatzmöglichkeiten stark – und vermutlich stärker, als es den Planern der Energiewende in politischen Raum lieb sein kann:

- „In Deutschland gibt es rund 21 Millionen Gebäude," sagt J. BROCKMANN, Leiter des Geschäftsbereichs Bosch Thermotechnik. „Davon lassen sich nur rund zehn Prozent mit vertretbarem Aufwand so sanieren, dass für sie eine Wärmepumpe infrage kommen."[142]

Vieles bleibt derzeit unentschieden. Intelligente Lösungen sind gefragt, die auf ein „Sowohl - als auch" hinauslaufen. Abb. 6-30 zeigt ein Beispiel.

6.5 Wasserstoffbedarf und Preise

Die quantitativen Prognosen aus verschiedenen Studien, wie sie in Tabelle 6-9 wiedergegeben sind, enthalten naturgemäß Unsicherheiten und Abweichungen, unterscheiden sich z. T. auch in den angenommenen Basis- und Nutzungspfaden.

Studie	Szenario	Beschreibung	Wasserstoff-Nachfrage 2050	Nachfrage PtG und PtL in 2050
NOW (2018a)	S85 S90 S95	80-95-%-CO2-Reduktionsziel in 2050, Stromimport generell möglich sowie Import synthetischer Kraftstoffe ab 2025	S85: 402 TWh S90: 522 TWh S95: 433 TWh	S85: 126 TWh gesamt S90: 230 TWh gesamt S95: 645 TWh gesamt
Dena 1 (2018)	EL95 TM95	EL95: Elektrifizierungsszenario mit 95-%-Reduktion TM95: Technologiemix-Szenario mit 95-%-Reduktion	TM80: 169 TWh H2 TM95: 169 TWh H2	EL95: 321 TWh PtG und 43 TWh PtL TM95: 630 TWh PtG und 108 TWh PtL
Dena 2 (2018)			bis zu 908 TWh_{th}	
N4Climate NRW	95-%-Pfad	95-%-Reduktion	600 TWh	
BMU Klimaschutzss zenarien			110–380 TWh	
Aurora			150–500 TWh	ohne bzw. mit Verkehrs- und Wärmesektor
Fraunhofer ISI		Metastudie 2021	400 - ≤ 800 TWh	

Tabelle 6-9: Auflistung der Szenarien, mit Kurzbeschreibung sowie Angaben zu PtG und PtL zur Nachfrage in Deutschland im Jahr 2050; Quellen: Fraunhofer-Institut für System- und Innovationsforschung ISI, Karlsruhe Fraunhofer-Institut für Solare Energiesysteme ISE 2019, Aurora Research Energy 2020 und ISI Metastudie von 2021.

Deutlich wird das besonders bei den von Aurora Research Energy unterstellten Szenarien, die in einem Fall eine erhebliche Rolle des Wasserstoffs im Verkehrs- und Wärmesektor

142 D. Wetzel, M. Fabricius, in: Die Welt, 19. März 2021.

unterstellen, im anderen dagegen hier keine Zukunftslösung für den Wasserstoff sehen. Auch die große Bandbreite von 110 bis 380 TWh/a für den langfristigen Bedarf bis zum Jahr 2050, wie sie sich aus den deutschen Studien BMU Klimaschutzszenarien und BDI Klimapfade ergibt, zeigt dies. Vor diesem Hintergrund wird die große Unsicherheit erkennbar, die sich dann noch deutlicher in der vergleichenden Metastudie des ISI von 2021 widerspiegelt. Andere Berechnungen bzw. Auswertungen kommen im Grunde zu vergleichbar breiten bzw. divergierenden Ergebnissen, wie Tabelle 6-10 zeigt. Hier ist zugleich noch die Elektrolysekapazität mit aufgeführt.

Die konkret geplanten Elektrolyseprojekte gehen inzwischen (2021) in Europa auf über 500 GW Leistung hinaus, mit einem besonderen Schwerpunkt in Deutschland.

Kennzahlen	**2030 Szenario A**	**2030 Szenario B**	**2050 Szenario A**	**2050 Szenario B**
Wasserstoffnachfrage in TWh – Deutschland	4	20	250	800
Wasserstoffnachfrage in TWh – EU	30	140	800	2350
Elektrolyse-Kapazität in GW – Deutschland	1	5	50	80
Elektrolyse-Kapazität in GW – EU	7	35	341	511

Tabelle 6-10: Alternative Berechnungen des Wasserstoffbedarfs in Deutschland und der EU; Quelle: Statista 2021

Entscheidend für die Umstellung auf eine Wasserstoffwirtschaft ist die Frage, wie weit sich die Kosten für grünen Wasserstoff auf ein konkurrenzfähiges Niveau herabdrücken lassen. Hierzu wurde jüngst eine Studie von Aurora Energy Research veröffentlicht, auf die wir uns hier beziehen.[143]

Den größten Einfluss auf Absatz- und Preisprognosen haben nach Aurora der Verkehrs- und der Wärmebereich. „Wird hier weitestgehend auf die direkte Nutzung von Strom statt Wasserstoff gesetzt, brauchen wir im Jahr 2050 nur rund 150 TWh Wasserstoff.[144] Eine Nachfrage von rund 500 TWH würde die Kosten pro MWh auf das Zwei- bis Dreifache steigen lassen. Das widerspricht eigentlich der klassischen Ökonomie, die bei Skalierung üblicherweise von einer Kostensenkung ausgeht. Aurora Energy Research begründet dies mit dem speziellen Preismechanismus an den Strom-Großhandelsplätzen: Bei niedriger Nachfrage könne die Wasserstoffproduktion verstärkt in Zeiten hoher Regenerativstrom-Einspeisung erfolgen, wenn die Strompreise zumeist niedrig sind. Gebe es dagegen generell eine höhere Nachfrage, müsste Wasserstoff auch dann erzeugt werden, wenn das Strompreisniveau hoch sei. Das treibe in der Konsequenz die Wasserstoffpreise nach oben. Es steht dahin, wieweit sich die beiden gegenläufigen Effekte gegenseitig austarieren.

143 Aurora Energy Research, Studie zu Kosten für grünen Wasserstoff, 08. Juli 2021.
144 A. Esser von Aurora Energy Research.

Kohlenstoffarmen oder -freien Wasserstoff kann man kommerziell unter anderem durch Elektrolyse von Wasser als grünen Wasserstoff oder durch Reformierung aus Erdgas mit CO_2-Abscheidung als blauen Wasserstoff herstellen. Letzterer ist mit Kosten von etwa 2,5 Euro pro Kilogramm derzeit noch deutlich günstiger als der grüne Wasserstoff. Um das Ziel der Parität zu erreichen, fördern deshalb viele Regierungen in Europa die Elektrolyseprojekte auf verschiedenen Wegen – mit Zuschüssen, Vergütungen oder Steuerbefreiungen. Die Forschung sucht nach Möglichkeiten, über Verfahrensänderungen und allgemein verbesserte Technik die Kosten zu senken.

Die 2020 veröffentlichte Studie von Aurora Energy Research hat sich auch der Frage angenommen, ob und wie sich die künftige Nachfrage auf den Preis für Wasserstoff auswirken wird. Den Maßstab für den Preis setzt dabei der „blaue Wasserstoff" mit Kosten von derzeit etwa 2,5 €/kg.[145]

„Die Kosten für grünen Wasserstoff und damit seine Konkurrenzfähigkeit zu blauem Wasserstoff sind von verschiedenen Faktoren abhängig", sagte Lisa Langer, Commercial Manager bei Aurora Energy Research. „Die Investitionskosten für die Anlagen sinken bereits rapide, Hauptkostentreiber bei der Herstellung von Wasserstoff mit Elektrolyseuren sind künftig die Stromkosten. Deshalb ist es entscheidend, das Geschäftsmodell zu optimieren."

Als Einflussfaktoren auf den H_2-Preis stellten sich heraus:

- Quelle des Stroms, mit den Alternativen Netzanschluss oder Inselbetrieb aus regenerativ arbeitender Energiequelle,
- Anpassung des Elektrolyseurs an die individuellen Gegebenheiten vor Ort.

Die Studie kam zu dem Schluss, dass beim Inselbetrieb mit vor Ort erzeugtem grünem Strom die niedrigsten Gesamtkosten für Wasserstoff anfallen, denn dieses Geschäftsmodell vermeidet u. a. die Gebühren für den Netzanschluss. Am günstigsten schneiden dabei in Norwegen installierte Elektrolyseure ab, wenn man sie über Onshore-Windkraftanlagen betreibt. Neben niedrigen Herstellkosten hat die direkte Koppelung von WEA und Elektrolyseur auch den Vorzug, dass im Produktionszyklus keinerlei CO_2 entsteht. Hier produzierter Wasserstoff ist nachhaltig.

Die Analyse zeigt, dass die Betreiber vor Ort noch weitere Möglichkeiten zur Senkung der Kosten haben. Hierzu gehört bei den Inselanlagen auch die Möglichkeit der Verwendung von Stromspeichern, die eine Versorgung der Elektrolyseure unabhängig von den wechselnden Windverhältnissen ermöglicht, die Spitzen kupiert und die Flauten überbrückt: die Anlagen können so auf kleinere Leistung ausgelegt werden.

Die Studie kommt schließlich zu dem recht optimistischen Ergebnis, dass 2030 Kostenparität erreicht ist und grüner Wasserstoff sogar für weniger als 2,50 Euro pro Kilogramm und damit günstiger als blauer Wasserstoff produziert werden kann.

---

145 Aurora Energy Research ist ein Beratungsunternehmen, das unabhängige datengetriebene Analysen zu europäischen und globalen Energiemärkten anbietet, um Informationen über die globale Energiewende durch Prognosen, Berichte, Foren und Beratungsdienste bereitzustellen. Aurora wurde 2013 von Professoren und Ökonomen der University of Oxford gegründet und hat Büros in Oxford und Berlin.

Elektrolyseure als solche sind in ihrem Entwicklungsstand noch nicht ausgereizt, s. Kap. 6.1.4, Wasserstoffproduktion. Eine höhere Effizienz würde sich hier auszahlen, das optimistische Scenario zur Realität zu bringen. Kurz- bis mittelfristig ist es deshalb wichtig, die Material- und Verfahrensentwicklung für Elektrolyseure, insbesondere mit Blick auf die automatisierte Herstellung und die Kopplung mit Strom aus erneuerbarer Energie, zu forcieren.

6.6 Wasserstoffwirtschaft

Die Potenziale für erneuerbare Energien sind in Deutschland limitiert, was als gemeinsames Verständnis von Wirtschaft, Wissenschaft und Bundesregierung zu verstehen ist. Vor diesem Hintergrund ist eine externe Produktion von Wasserstoff eine ökonomisch (und auch politisch) attraktive Option, insbesondere wenn sie in sonnen- und windreichen Ländern mit geeigneten und verfügbaren Flächen stattfinden kann. So würde die klimaneutrale Energieversorgung des Industriestandortes Deutschland unter Wahrung der Interessen der ausgesuchten Partnerländer gesichert.

Der Aufbau einer Wasserstoffwirtschaft inklusive der erforderlichen Logistik muss daher von Beginn an auf die Kooperation mit Partnerländern innerhalb und außerhalb der EU ausgerichtet werden. Eine abgestimmte und zielgerichtete Zusammenarbeit im Rahmen der europäischen Wasserstoffstrategie, der schon bestehender Energiepartnerschaften sowie der Entwicklungszusammenarbeit ist hierfür die Grundlage. Sie bildet die Voraussetzung für die zügige Initiierung konkreter Projekte zur Erprobung von Technologien zur großskaligen Produktion sowie zum Transport von Wasserstoff.[146] Gegenstand muss dabei die gesamte Wirtschaftskette sein, von der Erzeugung grünen Stroms im Ausland bis zur Verteilung im Empfängerland.

Die Lösung, der deutschen Wirtschaft die in Tabelle 6-9 und Tabelle 6-10 dargestellten großen Verbrauchsmengen zur Verfügung zu stellen, wäre also der Import von Wasserstoff über diejenigen Mengen hinaus, die national nicht bereitgestellt werden können. Aurora Energy Research bemerkt hierzu allerdings in ihrer Preisstudie: „Sobald der Bau neuer Fernleitungen oder ein Transport per Schiff nötig ist, wird der interkontinental importierte Wasserstoff teurer als der aus heimischer Produktion."[147] Das ist sicherlich richtig, jedoch ist damit nur der interkontinentale Transport erschwert – was bleibt, ist der gesamte eurasische Raum. Ein Sonderfall ist möglicherweise Saudi-Arabien, das den Ersatz seiner Erdöl- durch Wasserstoffexporte mit großen Subventionen begleiten würde. Im Grundsatz gilt jedoch für die Wirtschaftsexperten: „Teure Schiffstransporte grenzen den Importradius für Wasserstoff weitgehend auf Pipelinelösungen ein", wie die Studie des Wuppertal-Instituts für den Landesverband Erneuerbare Energien NRW e. V. (LEE-NRW) feststellt.[148] Dass das nicht unbedingt für Derivate gilt, sei jedoch kritisch angemerkt.

146 DLR, Wasserstoff al Fundament der Energiewende, Köln, September 2020.

147 A. Esser, Aurora Research, Pressemitteilung.

148 Wuppertalinstitut / DIW: Bewertung der Vor- und Nachteile von Wasserstoffimporten im Vergleich zur heimischen Erzeugung, Studie für den LV Erneuerbare Energien NRW e. V. (LEE-NRW), 3. November 2020.

Der eurasische Raum ist durch Gasnetze, die zumindest in Europa im Verbund arbeiten, gut erschlossen, s. Kap. 4-3.2, Transport über Leitungen. Durch Gasnetze im Übrigen, die zunehmend weniger Erdgas transportieren und sukzessive auf (gasförmigen) Wasserstoff umgestellt werden können bzw. werden müssen. Investitionen in größerem Umfang sind also nicht notwendig, die Transportkosten sind die aus dem Erdgasgeschäft bekannten Leitungsgebühren.

Das Exportpotential von über Pipeline angebundenen Ländern ist jedoch naturgemäß begrenzt – es wird dort einen Eigenbedarf geben und ggf. zusätzlicher Investitionen bedürfen, und aller Voraussicht nach werden auch andere (Industrie-)Länder Wasserstoff nachfragen, die in ähnlicher Situation wie Deutschland sind.

Neben Wasserstoff (in welchen Aggregatzustand auch immer) können auch seine Derivate wie Methanol und Power-to-Liquids ein Transportgut sein und gehandelt werden. Sie zu importieren kann einen Teil zur Schließung der Wasserstofflücke beitragen. In Formen, die gut verschiffbar sind, muss man sie auch nicht vom Seetransport ausschließen, wie das oben für den elementaren Wasserstoff geschehen ist.

Es gibt zusätzlich die Möglichkeit, statt der im Inland fehlenden Mengen an Wasserstoff den Strom für seine Herstellung zu importieren. Dann verbleiben alle Elektrolyseure und die damit verbundene Wirtschaftsleistung im Land, s. Abb. 6-30, und der Wasserstoff könnte verbrauchsnah produziert werden. Vielleicht ist dies die elegantere Lösung. Das Ausland, insbesondere Frankreich, hat wegen der Nutzung der Kernenergie mehr Möglichkeiten als Deutschland, grünen Strom in großem Umfang zu erzeugen.

Wissenschaftler und Politiker standen lange in der Diskussion, ob die EU die Kernenergie als „grüne Investition" anrechnen könne. Eine entsprechende Absichtserklärung hat die Kommission am Jahresende 2021 veröffentlicht und 2. Februar 2022 Atomkraft und Gas offiziell in ihre Taxonomie aufgenommen, die festlegt, welche Finanzinvestitionen als klimafreundlich gelten. Bei der Präsentation in Brüssel sagte Finanzkommissarin Mairead McGuinness, dass es sich um ein Instrument für den Finanzsektor, „nicht für die Energiepolitik" handle.

Trotz heftiger Kritik nahm die Kommission einen entsprechenden Rechtsakt an. Die Taxonomie sei ein „Wegweiser für private Investoren", so McGuinness, und damit „kein EU-Energiepolitikinstrument". Gas und Kernkraft würden einen Beitrag zum „schwierigen Übergang zur Klimaneutralität" leisten, so die Kommissarin weiter. Man habe ein „gutes Gleichgewicht" zwischen grundlegend unterschiedlichen Meinungen gefunden, so McGuinness. Beim Übergang müssten „wir auch nicht perfekte Lösungen akzeptieren", sagte sie weiter.

Mit der Taxonomie legt die EU-Kommission fest, welche Finanzinvestitionen als klimafreundlich gelten, um mehr Geld in nachhaltige Technologien und Unternehmen zu lenken und so wesentlich zur Klimaneutralität Europas bis 2050 beizutragen. EU-Berechnungen zufolge braucht es dazu pro Jahr 350 Milliarden Euro aus privaten Investitionen.

Der nun angenommene Rechtsakt sieht vor, dass Investitionen in neue Gaskraftwerke bis 2030 als nachhaltig gelten, wenn sie unter anderem schmutzigere Kraftwerke ersetzen und bis 2035 komplett mit klimafreundlicheren Gasen wie Wasserstoff betrieben werden. Im ursprünglichen Entwurf war die Beimischung von klimafreundlichen Gasen schon ab 2026 vorgeschrieben. Das bedeutet, dass Gaskraftwerke nun unter Umständen länger höhere Anteile an verschmutzendem Erdgas nutzen können. Neue Atomkraftwerke sollen bis 2045 als nachhaltig klassifiziert werden, wenn ein konkreter Plan für die Endlagerung radioaktiver Abfälle ab spätestens 2050 vorliegt.

Die EU-Länder haben vier Monate Zeit erhalten, sich zu äußern. Einige wie z. B. Österreich wollen gegen den Rechtsakt klagen. Da jedoch die Mehrheit sich positiv einstellt, kann man vom Bestand des Rechtsaktes ausgehen. Stromimporte aus Frankreich bzw. der EU sind somit naheliegend.

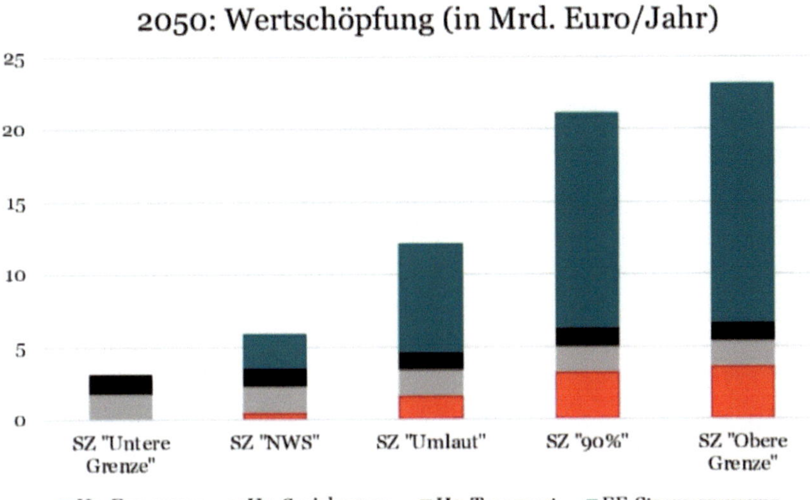

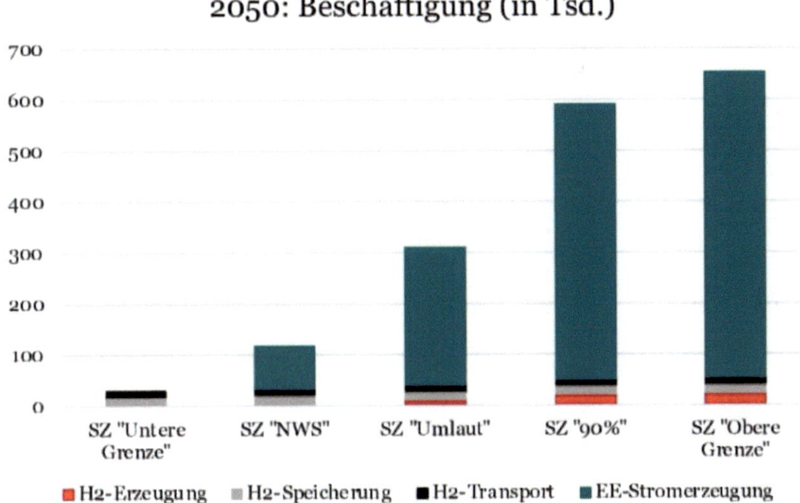

Abb. 6-31: Prognose der Wertschöpfungs- und Beschäftigungseffekte durch die inländische Herstellung von grünem Wasserstoff bei unterschiedlichen H_2-Importquoten; Quelle: Wuppertalinstitut, Grüner Wasserstoff aus Deutschland beflügelt Klimaschutz und Volkswirtschaft, Abb. 30

Deutschland ist mit dem Ausland und war vor allem mit Russland durch ausgedehnte und technisch (bis vor Kurzem) gut funktionierende Gasleitungen verbunden, s. Abb. 6-32. Die Hauptverbindungen haben große Kapazitäten:

- NORTH STREAM 1, Kapazität: 55 Mrd. Kubikmeter pro Jahr. Partner: Gazprom, Winter shall, E.ON, Gasunie, Engie.
- NORD STREAM 2, Kapazität: 55 Mrd. Kubikmeter pro Jahr. Partner: Gazprom, Shell, OMV, E.ON.
- BROTHERHOOD (DRUSCHBA), Kapazität: 132 Mrd. Kubikmeter pro Jahr (Deutschland anteilig). Partner: Gazprom, UkrTransGaz.
- JAMAL, Kapazität: 33 Mrd. Kubikmeter pro Jahr, Partner: Gazprom, PGNiG, Gas-Trading

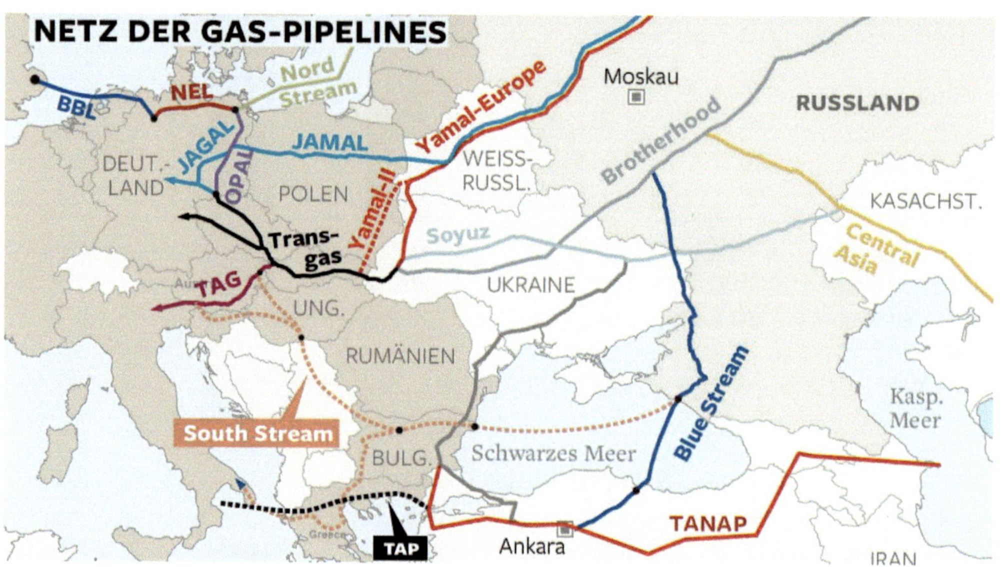

Abb. 6-32: Russisches Erdgas auf dem Weg nach Europa; Quelle: heise online, Onno. Lizenz: CC BY 3.0

Mit dem Fortschritt zur Karbonfreien Energieversorgung wird nach Stand Anfang 2022 der Bedarf an Erdgas zunächst langsam, dann drastisch sinken – die Importe aus Russland verlieren an Bedeutung und werden schließlich ganz versiegen. Dass sich hier mit den Konsequenzen des Ukraine-Krieges und dem de-facto-Lieferstopp für Gas und Öl die Randbedingungen fundamental verändert haben, macht die Zukunft der Leitungen allerdings zur Spekulation. Über eine neue Funktion der existierenden Leitungen lässt sich erst nachdenken, wenn die geopolitischen Bedingungen das wieder erlauben, zumal die jüngsten Zerstörungen an den Ostseepipelines hier im Wege stehen, s. Abb. 6-33.

Unter dieser Prämisse wäre der Transport von Wasserstoff aus den Weiten Russlands über eben diese Leitungen eine Lösung für die getätigten Investitionen. Russland verfügt über ausreichend Fläche und Wirtschaftskraft, grünen Strom aus Photovoltaik und Wind zu erzeugen, Elektrolyseure zu installieren und zu betreiben, ggf. in deutsch-russischer Partnerschaft. Das hätte den Charme einer Win-win-Situation:

Abb. 6-33: Zerstörungen an Nordstream 1und 2 im September 2022; Quelle: Swedish Coast Guard (Foto)

- Deutschland erhält ohne größere Investitionen den benötigten Import-Wasserstoff,
- Russland kann weiter Gas exportieren, jetzt in der Form von Wasserstoff,
- Russland wird zu einem Partnerland der Energiewende und verbessert seine Ökobilanz.

Das klingt spektakulär und ist es zunächst auch. Ganz neu ist der Vorschlag jedoch nicht: V. GRIMM und K. WESTPHAL haben sich schon im Mai 2021 dafür eingesetzt, Russland in den Kreis der Wasserstoffexporteure aufzunehmen. Auch wenn sie eher den blauen Wasserstoff und damit die Weiternutzung der Erdgasvorkommen im Sinn hatten, gebührt beiden Respekt für ihre innovativen Vorschläge.[149]

Es gibt auch bereits ein konkretes Beispiel, dass die Energiewirtschaft für solche grenzüberschreitenden Wasserstoffkooperationen aufgeschlossen ist:

Eine internationale Industriepartnerschaft (Bayerngas GmbH, bayernets GmbH, Eco-Optima LLC, Open Grid Europe GmbH und RAG Austria AG) hat das Projekt „H_2EU+Store" entwickelt mit dem Ziel, die externe Produktion von grünem Wasserstoff für Europa zu beschleunigen.

Mit „H_2EU+Store" sollen in der Ukraine die notwendigen Anlagen für eine erneuerbare Strom- und Wasserstoffproduktion (also Windenergieanlagen und Elektrolyseure) errichtet werden. Weiterer Teil des Projektes ist der Ausbau der H_2-Speichervolumina in Österreich und Deutschland sowie Anpassungen / Umstellungen auf Wasserstoff für den Gastransport / die Übergabe nach Zentraleuropa, s. Abb. 6-33. Eine gemeinsame Absichtserklärung hat im Mai 2021 die weiteren Schritte festgelegt. Die Partner handeln zunächst aus eigenem Antrieb, vertrauen jedoch auf öffentliche Förderung aus nationalen und Mitteln der Europäischen Union. Auch hier gilt, dass mit Russlands Invasion das Projekt bis auf Weiteres in den Sternen steht.

Wie bekannt, sind nicht nur die Herstellkosten für den Endpreis – und die Konkurrenzfähigkeit – entscheidend. Hinzu kommen die je nach Transportmodus unterschiedlichen Wandler-, Speicher-, Verdichtungs-, Rückwandlungs-, Transport- und Verteilkosten.

149 V. GRIMM , K. WESTPHAL: Kauft Wasserstoff aus Russland, in : FAZ Wirtschaft, 2. Mai 2021.

Abb. 6-34: Wasserstoff aus der Ukraine nach Zentraleuropa; Quelle: RAG Austria AG

Bei Importen über große Entfernungen ergibt sich für die unterschiedlichen Modi etwas überraschend kein allzu großer Unterschied. Am günstigsten liegt erwartbar der Gasmodus mit Transport via Pipeline. Für den etwas teureren Flüssigwasserstoff-Transport zeigt Abb. 6-35 die Aufgliederung künftiger Importkosten von Saudi-Arabien nach Europa, die bis 2050 einen deutlichen Preisverfall andeutet.

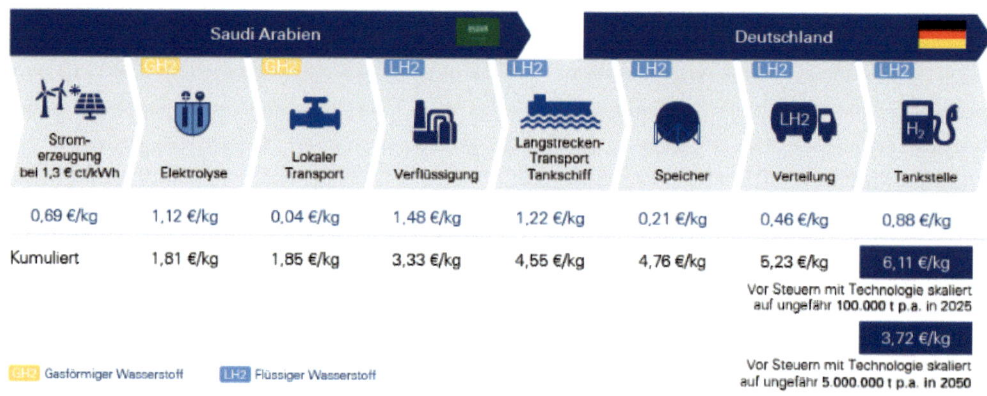

Abb. 6-35: Importkosten für grünen Wasserstoff für LH_2 aus Saudi-Arabien, Jahre 2025 / 2050; Quelle. Arthur B. Little, Wasserstoff–Strategie, 2020

Inzwischen ist sogar das entfernte Australien als Importpartner im Gespräch. Auf der Basis solcher Überlegungen ist im Juni 2021 eine deutsch-australische Wasserstoffallianz verkündet worden.[150] Der BDI kooperiert zum Thema mit acatech (Deutsche Akademie der Technikwissenschaften) und auf australischer Seite mit der University of New South Wales und wollte im Jahr 2022 zu Ergebnissen kommen, wie der Ex- und Import von erneuerbarem Wasserstoff oder wasserstoffbasierten Energieträgern technisch und wirtschaftlich machbar ist.[151]

Das Spektrum möglicher Importpartner ist groß, wie der Wissenschaftliche Dienst des Bundestages bestätigt:[152]

- Besonders geeignete Herkunftsländer (Perspektive 2030):
  Höchste Eignung: Island, Kanada, Marokko, Norwegen, Tunesien, Türkei.
  Gute Eignung: Ägypten, Algerien, Argentinien, Australien, Brasilien, Chile, Indien, Kasachstan, Katar, Kenia, Neuseeland, Oman, Russland, Saudi-Arabien, Südafrika, Ukraine, USA, VAE.
  Weitere geeignete Länder: Äthiopien, China, Iran, Mexiko, Namibia, Nigeria.
- Absolutes Exportpotenzial (Perspektive 2050):
  Höchstes Potenzial: Ägypten, Algerien, Argentinien, Australien, Kanada, Kasachstan, Russland, Saudi-Arabien.
  Gutes Potenzial: Äthiopien, Brasilien, Chile, Iran, Island, Kenia, Marokko, Mexiko, Namibia, Nigeria, Norwegen, Oman, Südafrika, USA.
  Weiteres Potenzial: China, Indien, Katar, Neuseeland, Tunesien, Türkei, Ukraine, VAE.

Chile und Argentinien liegen mit 64 €/MWh bzw. 86 €/MWh für die Herstellung von flüssigem Wasserstoff bzw. synthetischen Kraftstoffen am kostengünstigsten. Die Transportkosten nach Deutschland sind dabei entscheidend und überkompensieren ggf. die Standortvorteile.[153]

---

150 Bundesregierung, gemeinsame Presseerklärung, 13. Juni 2021.

151 Hydrogen Dialogue aktuell, in: vdi nachrichten vom 18. Juni 2021; BWK Bd. 73 (2021(, Heft 3 – 4, S. 38.

152 Internationale Wasserstoffproduktion aus erneuerbaren Energien zur energetischen Bedarfsdeckung in Deutschland, WD 5 – 3000 – 016/20.

153 vdi nachrichten vom 4. Juni 2021.

7 Wasserstoff als Teil der Energiewende

Eine Vision vom Wasserstoff als künftigem Energieträger gibt es seit Langem. Schon JULES VERNE, den wir hier noch einmal zitieren, machte sich hierzu Gedanken; er bezeichnete in seinem Roman „Die geheimnisvolle Insel“ im Jahr 1870 Wasser als „Kohle der Zukunft“ und legte seinen Roman-Ingenieur Cyrus Smith die Worte in den Mund: „Die Energie von morgen ist Wasser, das durch elektrischen Strom zerlegt worden ist. Die so zerlegten Elemente des Wassers, Wasserstoff und Sauerstoff, werden auf unabsehbare Zeit hinaus die Energieversorgung der Erde sichern.“

In der Erklärung vom Dienstag, 22. Mai 2007 „zur Schaffung einer umweltfreundlichen Wasserstoffwirtschaft und zur Initiierung einer dritten industriellen Revolution in Europa ...“ hat das EU-Parlament die ersten Akzente für Europa gesetzt.

Japan war 2017 das erste Land weltweit, das eine nationale Wasserstoffstrategie beschloss. Andere Nationen folgten, Deutschland allerdings erst im Juni 2020 mit der sogenannten Nationalen Wasserstoffstrategie. Die Bundesregierung verfolgt damit nach eigener Aussage insbesondere folgende Ziele:

- „Wasserstofftechnologien als Kernelemente der Energiewende etablieren, um mit Hilfe erneuerbarer Energien Produktionsprozesse zu dekarbonisieren,
- die regulativen Voraussetzungen für den Markthochlauf der Wasserstofftechnologien zu schaffen,
- deutsche Unternehmen und ihre Wettbewerbsfähigkeit stärken, indem Forschung und Entwicklung und der Technologieexport rund um innovative Wasserstofftechnologien forciert werden,
- die zukünftige nationale Versorgung mit CO_2-freiem Wasserstoff und dessen Folgeprodukten sichern und gestalten“.

Im Jahr davor, also 2019, war Wasserstoff im sog. Klimapaket der Bundesregierung auch schon zum Thema geworden, tauchte jedoch nur im Unterkapitel „Sektor Verkehr“ auf. Hier hatte die Koalition die Nutzung von Wasserstoff in Brennstoffzellen im Sinn. Für eine „großvolumige Skalierung der Elektrolyse- und Raffinerieprozesse zur Erzeugung von strombasierten klimaneutralen Gasen und Kraftstoffen“ werde man die nötigen Rahmenbedingungen schaffen. Zum Einsatz sollten Brennstoffzellen vor allem im Schwerlast-, Luft- und Schiffsverkehr, in der Chemie und in der Industrie kommen. Eine Wasserstoffeinspeisung ins Gasnetz anstelle von Erdgas war noch kein Thema.

Immerhin wurde die wachsende Rolle des Wasserstoffs im Unterkapitel „Sektor R&D“ erkannt. „Die Bundesregierung wird bis Ende des Jahres eine Wasserstoffstrategie vorlegen“, hieß es da. Der Weg zum wesentlichen Bestandteil der Energiewende war also lang für den Wasserstoff, wie auch die Energiewende selbst Zeit brauchte.

7.1 Der Weg zur Energiewende

Die spezifisch deutsche Form der Energiewende („The German Energiewende") geht auf das Jahr 2000 zurück, in dem der sogenannte Atomkonsens geschlossen wurde. In der Vereinbarung zwischen den Energieversorgungsunternehmen und der Bundesregierung und vom 14. Juni 2000 heißt es einleitend:

„Der Streit um die Verantwortbarkeit der Kernenergie hat in unserem Land über Jahrzehnte hinweg zu heftigen Diskussionen und Auseinandersetzungen in der Gesellschaft geführt. Unbeschadet der nach wie vor unterschiedlichen Haltungen zur Nutzung der Kernenergie respektieren die EVU die Entscheidung der Bundesregierung, die Stromerzeugung aus Kernenergie geordnet beenden zu wollen.

Vor diesem Hintergrund verständigen sich Bundesregierung und Versorgungsunternehmen darauf, die künftige Nutzung der vorhandenen Kernkraftwerke zu befristen. Andererseits soll unter Beibehaltung eines hohen Sicherheitsniveaus und unter Einhaltung der atomrechtlichen Anforderungen für die verbleibende Nutzungsdauer der ungestörte Betrieb der Kernkraftwerke wie auch deren Entsorgung gewährleistet werden."

Im Einzelnen wurde für die 19 Reaktoren, die seinerzeit am Netz waren, jeweils eine „Regellaufzeit" von 32 Jahren vereinbart. Für das seit 1968 betriebene älteste Kraftwerk Obrigheim wurde eine Sonderfrist von zusätzlich zwei Jahren bis Ende 2002 gewährt. Das jüngste Kraftwerk, Neckarwestheim II, durfte mindestens bis 2021 laufen. Ausschlaggebend für die realfaktische Abschaltung war aber die noch zu produzierende Menge an Energie. Für alle laufenden Reaktoren gemeinsam wurde eine noch erlaubte Menge von 2500 TWh festgelegt; der Energieversorger RWE erhielt für sein stillgelegtes, eigentlich nie in Betrieb gegangenes Kraftwerk Mülheim-Kärlich zusätzlich 107,25 TWh gutgeschrieben. Die vereinbartet Restmengen durften frei von älteren auf jüngere Meiler übertragen werden. Deren Produktionszeit konnte sich nach damaligem Stand damit bis etwa 2020 verlängern.

Mit dem Regierungswechsel zu Schwarz-Gelb ergab sich eine leicht veränderte Situation: Der Bundestag beschloss am 28. Oktober 2010 eine Laufzeitverlängerung für die vor 1980 in Betrieb gegangenen sieben Anlagen. Sie erhielten Strommengen für zusätzliche acht Betriebsjahre, die übrigen zehn Kernreaktoren Strommengen für zusätzliche 14 Jahre zugesprochen.

Die Reaktorkatastrophe von Fukushima im März 2011 schuf dann eine grundsätzlich neue Lage. Die Bundesregierung verkündete zunächst ein Moratorium der Laufzeitverlängerung, und anschließend beschloss der Bundestag am 30. Juni 2011 im Dreizehnten Gesetz zur Änderung des Atomgesetzes (AtG), die Laufzeitverlängerungen gesetzlich wieder zurückzunehmen. Das Gesetz regelte die Restlaufzeiten aller deutschen Kernkraftwerke nunmehr (bis heute) endgültig und legte zeitlich und stufenweise deren Abschaltung fest. Danach muss das letzte deutsche Kernkraftwerk im Jahre 2022 vom Netz gehen und abgeschaltet und zurückgebaut werden. In ihrer Regierungserklärung vom 9. Juni 2011 bestätigte die Bundeskanzlerin den Fortbestand des Energiekonzepts, das im Herbst 2010 beschlossen worden war: „Dieses Konzept bleibt gültig, genauso wie die Umsetzung dieses Konzepts." Seine Essentials und damit der Gegenstand der deutschen Energiewende waren:

- Beendigung der Kernenergienutzung bis Ende 2022.
- Steigerung des Anteils erneuerbarer Energien am Bruttoendenergieverbrauch bis 2020 auf 18 %, bis 2030 auf 30 %, bis 2040 auf 45 % und bis 2050 auf 60 %.
- Steigerung des Anteils erneuerbarer Energien am Bruttostromverbrauch auf 35 % bis 2020, auf 50 % bis 2030, auf 65 % bis 2040 und auf 80 % bis 2050, in der Konsequenz:
- Beschleunigter Ausbau der Stromnetze.
- Verringerung der Treibhausgasemissionen bis 2020 um 40 %, dann stufenweise bis 2030 um 55 %, bis 2040 um 70 % und bis 2050 um 80 bis 95 %.
- Verringerung des Verbrauchs an Primärenergie bis zum Jahr 2020 um 20 % und bis 2050 um 50 %.
- Steigerung der Energieproduktivität auf 2,1 % pro Jahr in Bezug auf den Endenergieverbrauch.
- Verringerung des Stromverbrauchs bis 2020 um 10 % und bis 2050 um 25 % (gegenüber 2008).
- Gebäude: Reduktion des Wärmebedarfs bis 2020 um 20 % und Reduktion des Primärenergiebedarfs um 80 % bis 2050 (gegenüber dem Basisjahr 1990). Die Sanierungsrate für Gebäude soll auf 2 % verdoppelt werden.

Reduziert man die Ziele, die ja Übergänge beschreiben, auf den Zustand im Jahr 2050, so bedeutete das:

- 2050 muss Deutschland ohne Steinkohle, Braunkohle, Heizöl und nicht-regenerative Treibstoffe auskommen.
- Die konventionellen Kraftwerke sind 2050 verschwunden, bis auf einige Gaskraftwerke.
- Der Verkehr ist vollständig auf Elektroantriebe oder regenerative Kraftstoffe umgestellt.
- Die Gebäude sind auf minimalen Energieverbrauch umgerüstet. Für die häusliche Versorgung stehen nur Strom und Erdgas zur Verfügung.

Das Jahr 2019 stand vor dem Hintergrund der Klimakonferenz in Madrid (COP 25, zugleich CMP 15, CMA 2) und angesichts der zahlreichen öffentlichen Aktionen (u. a. Hambacher Forst, Fridays for Future) in Deutschland im Zeichen verstärkter Bemühungen um den Klimaschutz, s. auch Kap. 7.3, Pariser Abkommen. Mit hinein spielte auch das Er- und Bekenntnis der Bundesregierung, dass die für 2020 zugesagte Reduktion der Treibhausgasemissionen um 40 % nicht erreicht werden würde.

Nach intensiven Beratungen hat die Bundesregierung ein gegenüber dem bisherigen Energiekonzept verschärftes „Klimaschutzprogramm 2030“ verabschiedet, zu dem auch das „Gesetz zur Einführung eines Bundes-Klimaschutzgesetzes vom 12. Dezember 2019“ gehört. Das Gesetz selbst konzentrierte sich auf zulässige Jahres-Emissionsmengen der Jahre 2020–2030, beschrieben in Anlage 2 des Gesetzes und die Einführung eines ständigen und unabhängigen Expertenrates für Klimafragen.

Das Maßnahmenpaket des Klimaschutzprogramms 2030 umfasste im Einzelnen:

CO_2-Bepreisung:
Herzstück ist die neue nationale CO_2-Bepreisung Verkehr und Wärme ab 2021, entsprechend dem EU-weit eingeführten Zertifikatehandel für die Energiewirtschaft und die energieintensive Industrie. Das nationale Emissionshandelssystem (nEHS) startet 2021 mit festgelegten CO_2-Preisen. Der Erwerb der Zertifikate und damit die Aufbringung der Kosten liegt bei den In-Verkehr-Bringern, also beim Brenn- und Kraftstoffhandel. Die Bundesregierung wird die Einnahmen aus dem Verkauf der Zertifikate wieder investieren oder /und an die Bürger in Form von Entlastungen zurückgeben, um die Mehrkosten des Energiebezugs zu kompensieren. Die Bundesregierung senkt so mittelfristig die Stromkosten, indem die EEG-Umlage sowie ggf. andere staatlich induzierte Preisbestandteile wie etwa Netzentgelte schrittweise aus den Zertifikateeinnahmen beglichen werden.

Bauen und Wohnen:
14 % der gesamten CO_2-Emissionen in Deutschland (120 Mio. t) entstammen dem Gebäudesektor. Hier wird für das Jahr 2030 eine Obergrenze von nur noch 72 Mio. t CO_2 pro Jahr festgelegt. Die Minderung soll mit verstärkter Förderung, CO_2-Bepreisung sowie durch ordnungsrechtliche Maßnahmen erreicht werden. Heizungstausch, der Einbau neuer Fenster, die Dämmung von Dächern und Außenwänden sollen als energetische Sanierung ab 2020 steuerlich gefördert werden. Zugleich werden die Fördersätze der bestehenden KfW-Programme um 10 % erhöht. Um den Austausch von Ölheizungen zu beschleunigen, wird es eine „Austauschprämie" mit einem Zuschuss von 40 % geben. Ab 2026 soll in allen Gebäuden mit Eignung für alternative Wärmeerzeugung der Einbau von Ölheizungen nicht mehr erlaubt sein.

Verkehr:
Die Emissionen im Verkehr müssen, bezogen auf 1990, bis 2030 um 40 bis 42 % verringert werden. Das soll in der Summe aus Förderung der Elektromobilität, Stärkung der Bahn und CO_2-Bepreisung erreicht werden.

Hierzu gehört der Ausbau und die Förderung der öffentlichen und der privaten Ladesäuleninfrastruktur für die Elektromobilität sowie die Verlängerung und Anhebung der Kaufprämie für Pkw mit Elektro-, Hybrid- und Brennstoffzellenantrieb. Vermieter müssen die Installation von Ladeinfrastruktur dulden. Die Zulassungszahlen sollen massiv steigen, auf 7 bis 10 Mio. Elektrofahrzeuge in Deutschland im Jahr 2030. Bei Erstzulassung und Umrüstung bis zum 31. Dezember 2025 werden E-Fahrzeuge von der Kfz-Steuer befreit. Die Kfz-Steuer für Neuzulassungen ab dem 1. Januar 2021 wird als Bemessungsgrundlage die CO_2-Emissionen pro km einbeziehen und oberhalb von 95 g CO_2/km schrittweise erhöht werden.

Die Bundesregierung stellt für die Batteriezellfertigung Förderung in Höhe von rund einer Mrd. Euro für mehrere Standorte in Deutschland bereit. Kompetenz- und Technologieausbau entlang der Wertschöpfungskette Batterie wird vom Dachkonzept „Forschungsfabrik Batterie" unterstützt und begleitet.

Die Subventionen für den Öffentlichen Nahverkehr steigen ab 2021 um eine Mrd. Euro jährlich. Bund und Deutsche Bahn investieren bis 2030 86 Mrd. Euro in das Schienennetz. Die Bahn erhält für den Zeitraum 2020 bis 2030 für Modernisierung, Ausbau und Elektrifizierung des Schienennetzes jährlich eine Mrd. Euro vom Bund. Für den Fernverkehr gilt künftig ein ermäßigter Mehrwertsteuersatz von 7 %. Die Luftverkehrsabgabe wird im Jahr 2020 erhöht. Berufspendler erhalten ab 2021 entfernungsabhängig eine höhere Pauschale.

Landwirtschaft:
Aufgrund bestehender Maßnahmen sinken die Emissionen für das Jahr 2030 auf rund 67 Mio. t CO_2 pro Jahr. Da das nicht ausreicht, sind weitere Schritte nötig:

- weniger Stickstoffüberschüsse,
- mehr Ökolandbau,
- weniger Emissionen in der Tierhaltung,
- Erhalt und nachhaltige Bewirtschaftung der Wälder und der Holzverwendung,
- weniger Lebensmittelabfälle.

Industrie:
Fördermaßnahmen für Energie- und Ressourceneffizienz und den Ausbau erneuerbarer Energien sollen für weitere CO_2-Einsparungen sorgen. Im Programm „Energieeffizienz und Prozesswärme" sind jetzt schon bestehende Förderprogramme zusammengefasst, sodass Unternehmen Aufwand einsparen und mit einem Schritt zum Ziel gelangen. In Mittelpunkt stehen Investitionen für energiesparsame Produktion und vor allem die Entwicklung von klimafreundlichen Produktionsprozessen in emissionsintensiven Unternehmen (zum Beispiel Stahlerzeugung und Aluminiumgewinnung).

Energiewirtschaft:
Den Empfehlungen der Kommission „Wachstum, Strukturwandel, Beschäftigung" folgend sollen Stein- wie Braunkohlekraftwerke bis 2030 nur noch 17 GW Strom erzeugen und bis spätestens 2038 die Stromproduktion aus Kohle ganz einstellen. Für die Kohleregionen gilt das neue Strukturstärkungsgesetz zur Begleitung des Strukturwandels, sowie aktuell das Sofortprogramm für die Braunkohleregionen.

Der weitere zielstrebige und marktorientierte Ausbau der Erneuerbaren Energien ist der entscheidende Schritt zur Erreichung der Klimaziele. Die Bundesregierung will im Jahr 2030 einen EE-Anteil am Stromverbrauch von 65 % erreicht haben. Neue Abstandsregelungen sollen zur Akzeptanz für die WEA ebenso beitragen wie neue finanzielle Vorteile für Kommunen, in denen solche Anlagen gebaut werden. Zielwert für den Ausbau der Windenergie auf See ist jetzt 20 GW im Jahr 2030. Bei Photovoltaik-Anlagen wird der noch bestehende Deckel von 52 GW für die Förderung des Ausbaus aufgehoben.

Forschung und Entwicklung:
Die wachsende Rolle des Wasserstoffs wird anerkannt. Die Bundesregierung wird umgehend eine Wasserstoffstrategie vorlegen.

Die Batteriezellenforschung in Deutschland soll gestärkt werden. Forschung und Entwicklung zur CO_2-Speicherung und -Nutzung werden vom Bund gefördert. Die Bundesregierung wird über die hier vorliegenden Probleme in einen Dialog mit allen Interessengruppen eintreten.

Finanzierung
Die geplanten Maßnahmen werden Teil des Wirtschaftsplans 2020 des Energie- und Klimafonds. Er ist auch weiterhin das zentrale Finanzierungsinstrument für Energiewende und Klimaschutz. Mit anderen Mitteln zusammen stellt die Bundesregierung bis 2030 für Energiewende und Klimaschutz einen dreistelligen Milliardenbetrag bereit.

Der 2019/2020 beschlossene und schon oben angesprochene „Kohleausstieg“ war eine der Voraussetzungen für das Klimaschutzprogramm 2030. Er geht auf die Vorarbeiten und Empfehlungen der sogenannten „Kohlekommission“[154] zurück, die seit Juni 2018 tagte und ihren Bericht im Januar 2019 vorlegte. Auf der Basis dieser Empfehlungen kam noch im gleichen Monat die „Bund-/Länder-Einigung zum Kohleausstieg“ zustande, an der die betroffenen Bundesländer NRW, Brandenburg, Sachsen und Sachsen-Anhalt mitwirkten. Erst am 5. März 2020 hat der Deutsche Bundestag dann in erster Lesung das zugehörige Gesetz, das sogenannte Kohleausstiegsgesetz beraten und am 3. Juli 2020 verabschiedet, mit den wesentlichen Elementen (Auswahl):

- Ermittlung des Ausgangsniveaus durch die Bundesnetzagentur
- Beschleunigtes Verfahren zur Erfassung der Steinkohleanlagen
- Verbindliche Stilllegungsanzeige und verbindliche Kohleverfeuerungsverbotsanzeige
- Gesetzliche Reduzierung der Steinkohleverstromung (Anordnungstermine, Mengen)
- Reduzierung und Beendigung der Braunkohleverstromung
- Stilllegung von Braunkohleanlagen
- Überprüfung vorzeitiger Stilllegungen
- Verbot der Kohleverfeuerung, Neubauverbot, Verbot der Kohleverfeuerung
- Vermarktungsverbot und Verbot der Errichtung und der Inbetriebnahme neuer Stein- und Braunkohleanlagen
- Zuschüsse für stromkostenintensive Unternehmen, Anpassungsgelder

Die beschränkte Auswahl deutet immerhin an, dass eine komplizierte Materie zu bewältigen war, was die öfter kritisierte Verfahrensdauer zu einem Teil erklärt. Zum anderen mussten die im Gesetz nicht behandelten wirtschaftlichen und sozialen Nebenwirkungen aufgefangen werden, die sich insgesamt auf 80 Mrd. € summieren. Zusammen entstand damit eine Situation, in der das Klimaschutzprogramm 2030 verkündet wurde und der den 47 Maßnahmen des Programms zugrunde liegende Kohleausstieg noch längst nicht verbindlich geregelt war.

Nachgeholt wurde das Gesetzgebungsverfahren zum Ausstieg im Juli 2020, mit einigen Änderungen gegenüber dem ursprünglichen Konsens. Bis spätestens 2038 sollte demnach das letzte der Kohlekraftwerke vom Netz genommen sein – und das waren in der Summe nicht wenige, s. Abb. 7-1.

Parallel sollten in das Rheinische Revier sowie in die ostdeutschen Gebiete zur Unterstützung des Strukturwandels bis zu 40 Mrd. Euro fließen. Die Betreiber von Steinkohlekraftwerken haben nun bis 2027 und somit ein Jahr länger Zeit, um in Ausschreibungen um Entschädigung bieten zu können. Zudem werden die Höchstpreise in den Ausschreibungen von 2024–2026 gegenüber dem Entwurf erhöht. Für Kraftwerke, die Strom und Heizwärme

154 Korrekt: Kommission für Wachstum, Strukturwandel und Beschäftigung.

verkoppelt erzeugen (KWK), soll der Bonus für den Kohleersatz im Zeitverlauf sinken. Dies soll einen zusätzlichen Anreiz darstellen, Steinkohlekraftwerke früher auf das weniger klimaschädliche Gas umzurüsten. Neben Anderem ist im Ausstiegsgesetz nun erstmals gesetzlich verankert, dass 65 % des Stroms im Jahr 2030 aus erneuerbaren Quellen stammen sollen.

Steinkohleverstromer begrüßten die Beschlüsse. Vor allem die Betreiber jüngerer, teils erst nach 2010 ans Netz gegangener und somit längst nicht abgeschriebener Kraftwerke hatten zuvor eine Ungleichbehandlung zwischen Stein- und Braunkohle gesehen. Der Umrüstungsbonus von Kohle auf Gas ist mit 390 €/kW nun mehr als verdoppelt.[155] Das kommt vielen Einwänden entgegen – auch wenn das nur für Kraftwerke mit einem Alter von maximal 25 Jahren und bei einer Umrüstung bis Ende 2022 gilt. Generell positiv sah die Energiewirtschaft, dass die Rolle von KWK für die Wärmewende weiter gestärkt wird und die Umrüstung von jungen Steinkohleanlagen auf grüne Alternativen wie Biomasse jetzt auch gefördert werden soll. Kritisch wurde jedoch bemerkt, dass auch der Neubau von KWK-Kraftwerken für die Strom- und Wärmeversorgung „unabdingbar" sei und in den kommenden Jahren kontinuierlich überprüft werden müsse. Speziell die Gaswirtschaft sah nach wie vor die Gefahr einer „Leistungslücke", da mit den Kohlekraftwerken immer mehr Leistung vom Netz geht.

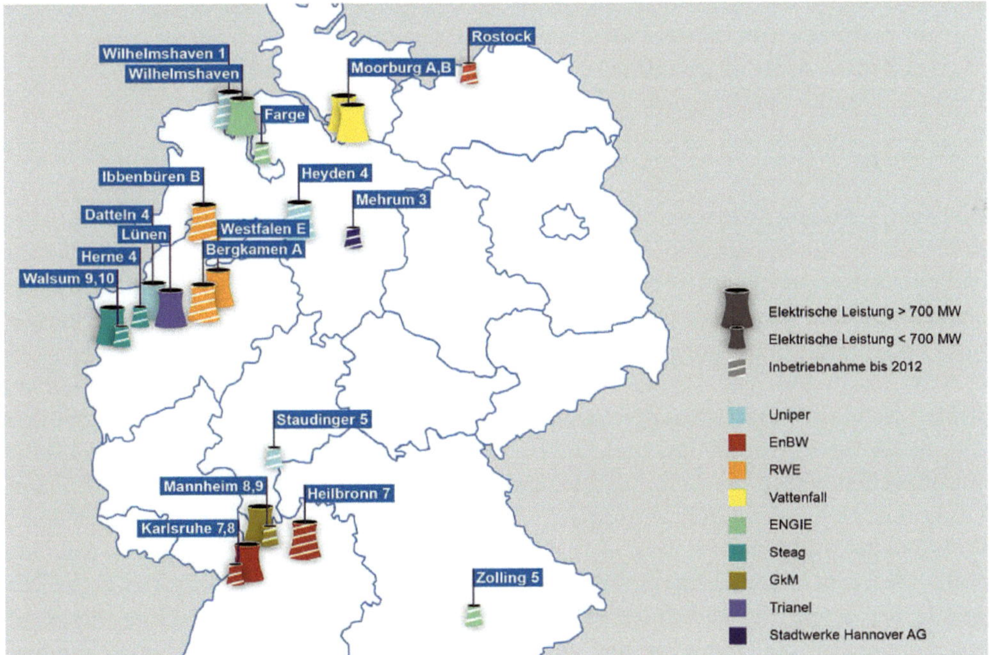

Abb. 7-1: Steinkohlekraftwerke in Deutschland 2017, Blöcke ab einer Leistung von 350 MW; Quelle: Ökoinstitut 2017

155 S. 151 des Gesetzesentwurfs.

Da Klimaschutzprogramm 2030 enthielt eine große Zahl von Einzelmaßnahmen; der Sammelbegriff Klimapaket hat von daher durchaus seine Berechtigung. Es war keine ganz leichte Aufgabe, die insgesamt 66 Maßnahmen des Pakets in die konkrete Umsetzung zu bringen. Die dena stellte hierzu fest: „Die Maßnahmen müssen mit Programmen unterlegt werden, um alle Akteure schnell und wirksam tätig werden zu lassen. Nur so wird es möglich sein, den politisch initiierten Kurswechsel in die gelebte Realität Deutschlands zu überführen, damit eine Basis für das starke Monitoring und die Weiterentwicklung des Pakets zu schaffen und somit die Klimaziele 2030 in Reichweite zu halten."[156]

Am Beispiel der CO_2-Bepreisung wird dies exemplarisch deutlich: Die Grundlagen des Systems benötigten ein neues eigenes Gesetz oder zumindest einer Erweiterung bestehender Gesetze wie des den europäischen Handel regelnden Gesetzes über den Handel mit Berechtigungen zur Emission von Treibhausgasen (TEHG) oder des Bundesimmissionsschutzgesetzes. Regelungen analog zur EU-Zuteilungsverordnung (EU-ZuVO) und ggf. zur EU-Registerverordnung (EU-RegVO) mussten hinzutreten. Für die Zeit ab 2026 wird dazu eine Rechtsgrundlage für die vorgesehenen Versteigerungen notwendig.

Als ersten Schritt hat die Bundesregierung bereits im Dezember 2019 das Brennstoffemissionshandelsgesetz erlassen und Preise und Startdaten in einer ersten Novelle von Oktober 2020 konkretisiert. Es wurde mit 1. Januar 2021 wirksam. Die Emissionszertifikate sind zunächst in ihrer Höhe staatlich festgesetzt und kosten

1. im Zeitraum vom 1. Januar 2021 bis zum 31. Dezember 2021: 25 Euro,
2. im Zeitraum vom 1. Januar 2022 bis zum 31. Dezember 2022: 30 Euro,
3. im Zeitraum vom 1. Januar 2023 bis zum 31. Dezember 2023: 35 Euro,
4. im Zeitraum vom 1. Januar 2024 bis zum 31. Dezember 2024: 45 Euro,
5. im Zeitraum vom 1. Januar 2025 bis zum 31. Dezember 2025: 55 Euro.

Die damit verbundene Erhöhung der Tankstellenpreise hat im ersten Hj. 2021 zu lebhaften Protesten der Autofahrer geführt und zu grundsätzlichen Diskussionen über die Durchsetzbarkeit solcher Aufschläge.[157] Nachdem die Flutkatastrophe in der Eifel die Öffentlichkeit erregte und über Monate beschäftigte, verschwand das Thema in der Medienberichterstattung, sodass danach die hohen Treibstoffpreise als akzeptiert gelten konnten.

Nicht alle Maßnahmen greifen so tief in den bestehenden Rechtsrahmen ein, jedoch stellte sich den beteiligten Ministerien hier eine großvolumige Aufgabe, nicht zuletzt wegen der notwendigen Abstimmung und Einbettung in EU-Recht. In einigen Fällen musste auch der Bundesrat befragt werden, z. B. bei der Beschleunigung des Planungsrechts.

Deutschland und die EU

Nicht alles, was in der Energiepolitik geschieht, ist „deutsche" Politik. In vielen Bereichen gerade der Energiewirtschaft ist es nur der Vollzug europäischen Rechtes. Dies gilt insbesondere für die Liberalisierung der Märkte, das Unbundling und die Schaffung bzw. Stärkung der Bundesnetzagentur. Es gilt aber auch in allen vom Umweltschutz berührten

156 dena (Hg): Das Klimapaket - Eine Analyse der legislativen Herausforderungen, 09/2019.
157 M Theurer, Der wichtigste Preis der Welt, in: FAZ vom 25. Juli 2021.

Sektoren, wo der nationalen Politik oft nur die Ausgestaltung der Maßnahmen überlassen ist.

Ein sehr konkretes Beispiel ist hier das EU-Klimagesetz, dessen Grundzüge die Kommissionspräsidentin am 4. März 2020 vorgestellt hat. Mit dem „Fit For 55" genannten Programm hat die Kommission vorgeschlagen, die bis 2050 in der EU zu erreichende Treibhausgasneutralität zum rechtsverbindlichen Ziel zu erklären und bis 2030 eine Minderung der THG-Emissionen um 55 % anzustreben Das ambitionierte Ziel der EU, bis 2050 erster klimaneutraler Kontinent der Welt zu werden, war das Herzstück des Grünen Deals der EU gewesen, den die Kommission am 11. Dezember 2019 vorgestellt hatte. Konkret äußert sich das in deutlich verschärften Reduktionszielen für die THG-Emissionen. Bisher hatten sich die EU-Mitglieder auf eine CO_2-Reduktion von 40 % bis 2030 verpflichtet. Mitte September 2020 hat sich die Kommission auf 55 % festgelegt. Dem Europäischen Parlament war das noch nicht hinreichend: Es beschloss Anfang Oktober 2020 einen noch schärferen Wert von 60 %, ohne sich um die faktischen Möglichkeiten der Umsetzung zu kümmern. Glücklicherweise hat sich die Kommission hier nicht beeinflussen lassen.

Wenn das Gesetz Rechtskraft erhält, sind die EU-Institutionen und die Mitgliedstaaten danach verpflichtet, die erforderlichen Maßnahmen auf EU- und nationaler Ebene zu ergreifen, um dies Ziel zu erreichen. Rechtsbrüche und Vertragsverletzungsverfahren können die unerwünschte Folge sein.

Umgekehrt bemüht sich die deutsche Wende-Politik, in die EU hineinzuwirken und eigene Akzente zu setzen. Ein Beispiel hierfür ist die neuerdings betonte Rolle des Wasserstoffs. Der seit 2019 bestehende Ideenwettbewerb „Reallabore der Energiewende" ist ein Instrument des BMWi zur Förderung von Projekten, die im industriellen Maßstab auf die strombasierte Erzeugung von Wasserstoff und synthetischen Brenn- und Kraftstoffen hinausgehen und dabei auch deren netzgeeignete Speicherung beachten. Hierfür sollen Fördermittel von bis zu 100 Mio. Euro pro Jahr zur Verfügung stehen. Darüber hinaus geht die im Juni 2020 verabschiedete nationale Wasserstoffstrategie. Die in Kap. 7.5, Nationale Wasserstoffstrategie, vorgestellte NWS verfolgt insbesondere die Ziele:

- „Wasserstofftechnologien als Kernelemente der Energiewende etablieren, um mit Hilfe erneuerbarer Energien Produktionsprozesse zu dekarbonisieren,
- die regulativen Voraussetzungen für den Markthochlauf der Wasserstofftechnologien zu schaffen,
- deutsche Unternehmen und ihre Wettbewerbsfähigkeit zu stärken, indem Forschung und Entwicklung und der Technologieexport rund um innovative Wasserstofftechnologien forciert werden,
- die zukünftige nationale Versorgung mit CO_2-freiem Wasserstoff und dessen Folgeprodukten zu sichern und zu gestalten."[158]

„Die Bundesregierung wird sich innerhalb der EU dafür einsetzen, dass wesentliche Inhalte dieser Strategie auch in eine europäische Wasserstoffstrategie einfließen."[159]

158 BMWi, Redaktion, 10. Juni 2020.
159 BMWi (Hg): Nationale Wasserstoff-Strategie (NWS), Juni 2020, S. 12.

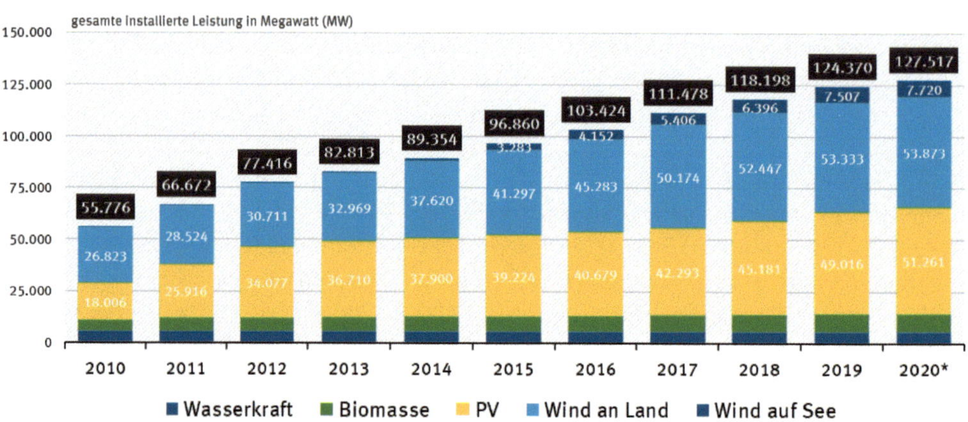

Abb. 7-2: Entwicklung der installierten EE-Leistung 2015–2020, in MW; Quelle: Umweltbundesamt

Das hat schnell Früchte getragen. Nur einen Monat später stellte die EU eine eigene Wasserstoffstrategie vor. Sie setzt auf „grünen“, über Elektrolyseure hergestellten Wasserstoff und sieht hierfür eine Elektrolysekapazität von 6 GW für 1 Mio. t Wasserstoff bis 2024 und 40 GW für 10 Mio. t bis 2030 vor.[160] Die Frage nach der Herkunft des grünen Stroms blieb allerdings offen. Nach VCI-Präsident KULLANN bräuchte man hierfür Windkraftanlagen auf einer Fläche von 42.000 km^2 Fläche, bei 50 % Onshoreanteil also ein „Areal von der Größe Hessens“.[161] Alternativ und nach Meinung des Autors noch spekulativ wird der Import grünen Stroms aus dem südlichen Europa, Afrika, Australien oder Südamerika genannt.

Am 14. Juli 2020 hat schließlich die deutsche Bundesregierung des „Handlungskonzept Stahl“ vorgestellt, wonach künftig Investitionen in treibhausgasarme /-freie Techniken in der Stahlindustrie unterstützt und speziell die industrielle Nutzung von Wasserstoff vorangebracht werden soll.

Die Frage nach Art, Ort und Umfang der Grünstromerzeugung hat Deutschland schon lange begleitet. Die Quellen waren seit den Anfängen des EEG Windenergie-, Photovoltaik- und Biogasanlagen, mit einem kleinen Anteil von Wasserkraftanlagen. Die Entwicklung der letzten Jahre ist durch die Dominanz der Windenergie geprägt, die zunächst an Land, dann seit 2016 langsam zunehmend auch auf See erzeugungswirksam wurde, s. auch Abb. 7-2.

Grünstrom sollte nach einhelliger Meinung der Wirtschaft künftig überwiegend offshore produziert werden, wo keine Akzeptanzprobleme drohen und zudem die Ausbeute höher und zeitkonstanter ausfällt. Auch dort gibt es jedoch angesichts der vielen in Konkurrenz stehenden Nutzungsarten Flächenprobleme. Am 1. September 2021 ist der neue Raumordnungsplan für die sogenannte Deutsche ausschließliche Wirtschaftszone in Nord- und

160 So Kommissar Timmermans im Gespräch mit der FAZ, Z. FAZ vom 9. Juli 2020.
161 So Kullmann im gleichen Pressegespräch.

Ostsee in Kraft getreten, der die Konflikte entschärfen soll. Für die Offshore-Windenergie sind 5.179 km² reserviert.[162] Die wendenotwendigen Zubauraten (Ausbauziel neu 20 GW für 2030) zeigt Abb. 7-3. die zugleich die auf den Nachholbedarf zurückzuführenden Spitzen in 2029 / 2030 erkennen lässt.

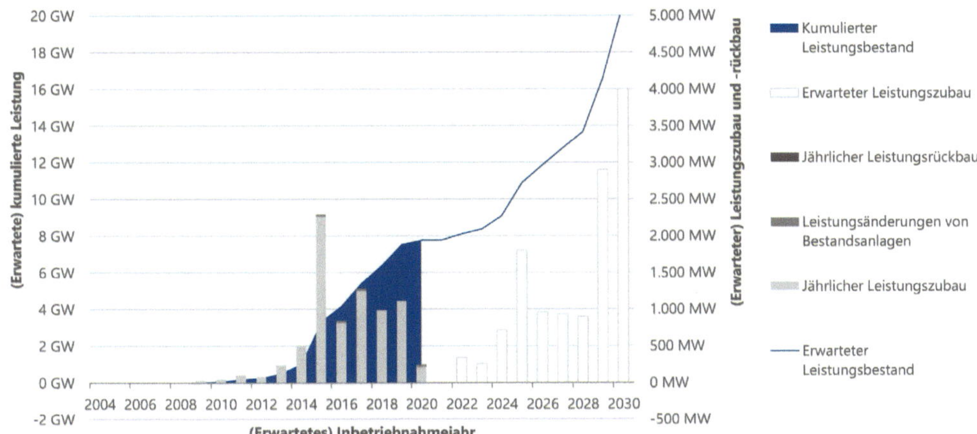

Abb. 7-3: Offshore Windenergie-Zubau bis 2030; Quelle: Status des OWE-Zubaus in D. 2020, Deutsche WindGuard

Dass die sogenannten OWE (Offshore-Windenergie) die Zukunft der Windenergienutzung darstellen, wurde bereits in Kap. 6.1.4.1 Elektrolyse, mit angedeutet, die das Weiterausgreifen der Anlagen in die offene See zum Thema hatte. Der Trend weist über Deutschland hinaus: „Die EU will die OWE zum Kernbestandteil des europäischen Energiesystems machen und bis 2050 Anlagen mit 300 GW Leistung errichten."

Die deutsche Bundesregierung wie die EU-Kommission waren sich darin einig, dass im Übergang zum grünen Wasserstoff auch sog. blauer Wasseroff aus Erdgas verwendet werden muss. „Grauer" Wasserstoff wird aus fossilen Quellen gewonnen, meist aus Erdgas, und mittels Dampfreformierung in Wasserstoff und CO_2 umgewandelt. Dem „Blauen" Wasserstoff ist das CO_2 durch Carbon Capture and Storage (CCS) entzogen. Das erzeugte CO_2 gelangt so nicht in die Atmosphäre, sodass „Blauer Wasserstoff" bilanziell als CO_2-neutral betrachtet werden kann. Siehe hierzu auch die Farbenlehre des Wasserstoffs unter Kap. 4.1, Gewinnung.

Das Problem der Speicherung, das schon mehrfach angesprochen wurde, bleibt allerdings bestehen. Der Branchenverband DVGW hat dazu nochmals die gesellschaftliche Akzeptanz angemahnt und festgestellt, dass die im Koalitionsvertrag der neuen Bundesregierung festgeschriebenen Ausbauziele ohne CCS nicht erreichbar sind.[163]

162 vdi nachrichten vom 17. September 2021.

163 Vorsitzender Linke nach Vorstellung des Koalitionsvertrages im Dezember 2021, vdi nachrichten vom 2. Dezember 2021.

Deutschlands Weg zur Klimaneutralität ist mit dem Klimaschutzgesetz vom 12. Dezember 2019 (BGBl. I S. 2513) vorgegeben, das in der Urfassung jedoch keinen langen Bestand hatte und angepasst werden musste. Mit seinem am 24. April 2021 veröffentlichten Beschluss hat der Erste Senat des Bundesverfassungsgerichts entschieden, dass die Bestimmungen des Klimaschutzgesetzes vom 12. Dezember 2019 zu den nationalen Klimaschutzziele und den bis 2030 zulässigen Jahresemissionsmengen mit Grundrechten teilweise unvereinbar sind. Moniert wurde im Einzelnen, dass Regelungen für die weitere Reduzierung der Emissionen nach dem Jahr 2031 fehlten. Das Urteil hat die Bundesregierung rasch zum Handeln veranlasst. Am 12. Mai 2021 hat sie eine Novelle zum KSG 2019 vorgelegt, die dann vom Bundestag am 24. Juni 2021 beschlossen, am 25. Juni vom Bundesrat gebilligt und am 31. August 2021 wirksam wurde.

Mit dem neuen Klimaschutzgesetz wollte und musste die Bundesregierung auf die besonderen Herausforderungen antworten, die inzwischen als Folgen des Klimawandel sichtbar geworden sind. Das KSG gibt im Einzelnen vor:

- Ein strengeres Klimaziel bis 2030 mit minus 65 % CO_2 (statt bisher minus 55 %) und bis 2040 minus 88 % CO_2.
- Treibhausgasneutralität bis 2045 (bisher 2050).
- Negative Emissionen ab 2050.
- Vorgaben zur Verstärkung der CO_2-Bindungswirkung natürlicher Senken.
- Sofortprogramm für kurzfristig wirkende Maßnahmen im Umfang von 8 Mrd. €.
- Planungssicherheit auf dem Weg zur Klimaneutralität mit folgenden Meilensteinen:
  - Kabinettsbeschluss zum Klimaschutzgesetz 12.05.2021: Anhebung der jährlichen sektoralen Minderungsziele für die Jahre 2023 bis 2030 und gesetzliche Festlegung der sektoralen Minderungsziele für den Zeitraum 2031 bis 2040.
  - Bis zum Jahr 2032 (spätestens) legt die Bundesregierung einen Vorschlag zur gesetzlichen Festlegung der jährlichen sektoralen Minderungsziele für den Zeitraum 2041 bis 2045 vor (letzte Phase vor Treibhausgasneutralität).

Bis 2030 gelten jetzt für die einzelnen Sektoren die verringerten THG-Budgets der Abb. 7-4.[164]

Mit dem Wechsel der Regierung im Herbst 2021 verblieb das Klimaschutzprogramm 2030 zunächst auf dem hier geschilderten Stand. Geplante Veränderungen fielen bis auf Weiteres aus, da sich seit Februar 2022 mit der Ukrainekrise und dem Wegfall des russischen Gases eine ganz andere, nicht vorhergesehene Problematik für die deutsche Energieversorgung ergeben hat. Sie erforderte pragmatisches Handeln und auch Eingriffe in das Klimaschutzprogramm, im Wesentlichen in zwei (miteinander verbundenen) Punkten[165]:

- Die Laufzeit der verbleibeben drei Kernkraftwerke wurde bis zum 15. April 2023 verlängert.
- Der Kohleausstieg wurde auf 2030 vorgezogen.

164 Anhänge 2 und 3 KSG 2021.

165 Beschluss des Bundestages vom 11. November 2022, zustande gekommen als Kompromiss zwschen Regierung und Opposition.

	2022	2023	2024	2025	2026	2027	2028	2029	2030 neu	2030 alt
Energie	255								108	175
Industrie	177	172	165	157	149	140	132	125	118	140
Gebäude	108	102	97	92	87	82	77	72	67	70
Verkehr	139	134	128	123	117	112	105	96	85	90
Landwirtschaft	67	66	65	63	62	61	59	57	56	58
Abfall/Sonstiges	8	8	7	7	6	6	5	5	4	5

Abb. 7-4: THG-Budgets für den Zeitraum 2020 bis 2030 nach der Novelle des nat. KSG; Quelle: KSG vom 31. August 2021

In Europa ist das schon länger angestrebte, oben bereits erwähnte EU-Klimagesetz kurz vor der Verabschiedung. Unterhändler des EU-Parlaments und der Staaten haben sich kurz vor dem Jahresende, am 18. Dezember 2022, nach schwierigen Verhandlungen u. a. auf das Herzstück des EU-Klimapakets „Fit for 55", die weitere Verschärfung des Emissionshandels, einigen können. Beschlossen wurde:

- Luft- und Seeverkehr und der Heizwärme-Verbrauch werden in den Emissionshandel aufgenommen.
- Die Zahl der Verschmutzungsrechte im Umlauf soll nun schneller verringert werden als bislang vorgesehen. Besonders kontrovers wurde darüber verhandelt, wie lange Firmen noch weiter kostenlos CO_2 ausstoßen dürfen. Zurzeit werden noch gratis Zertifikate ausgeteilt, damit europäische Unternehmen keinen Nachteil gegenüber Produzenten in Drittländern haben, wo es keinen CO_2-Preis gibt. Solche Zertifikate sollen nun bis 2034 schrittweise weitgehend abgeschafft werden.
- Wenn die kostenlosen Zertifikate auslaufen, sollen Schutzmechanismen für europäische Unternehmen greifen. So sollen auch Produzenten im Ausland für den Ausstoß von CO_2 zahlen, wenn sie ihre Ware in der EU verkaufen wollen – durch einen CO_2-Grenzausgleich („CO_2-Zoll"), der ab 2034 vollständig gelten soll. Auf diesen Mechanismus hatten sich die Unterhändler bereits vorher im Grundsatz geeinigt.
- Höhere Kosten für Verbraucher durch die Energiewende – etwa steigende Heizkosten – sollen durch einen neuen Fonds über 86,7 Milliarden Euro abgefangen werden.
- Für deutsche Verbraucher dürfte sich jedoch wenig ändern, da hier das Emissionshandelssystem für Gebäude und Verkehr in Deutschland die Sektoren Gebäude und Verkehr bereits seit dem Jahr 2021 in das nationale Emissionshandelssystem (nEHS) einbezogen sind (s. oben).

Das EU-Klimapaket bedurfte zur Wirksamkeit noch der Bestätigung durch das EU-Parlament und die Staaten der EU – das gilt normalerweise jedoch als Formsache.

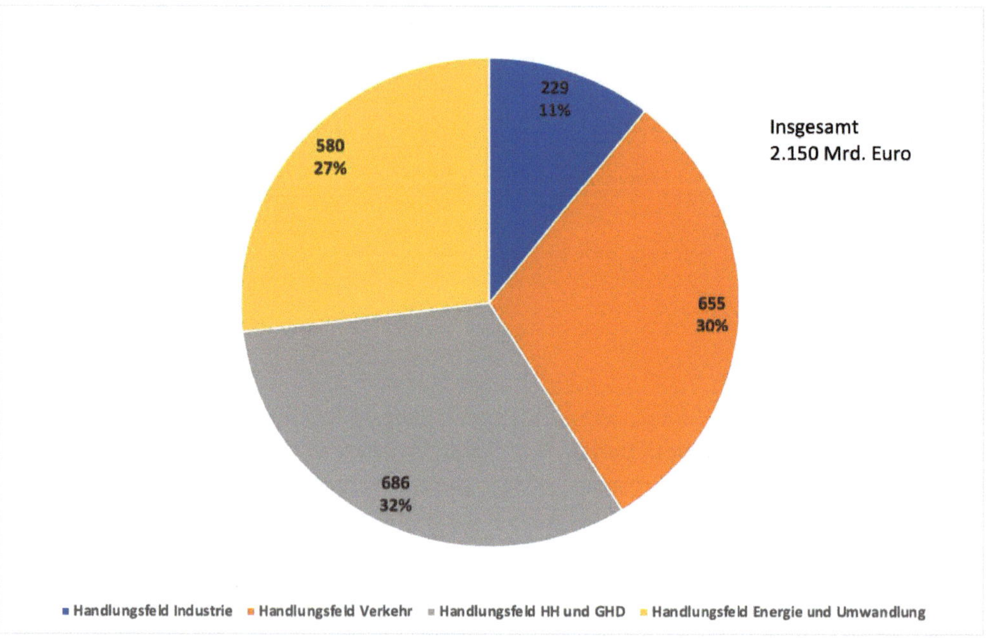

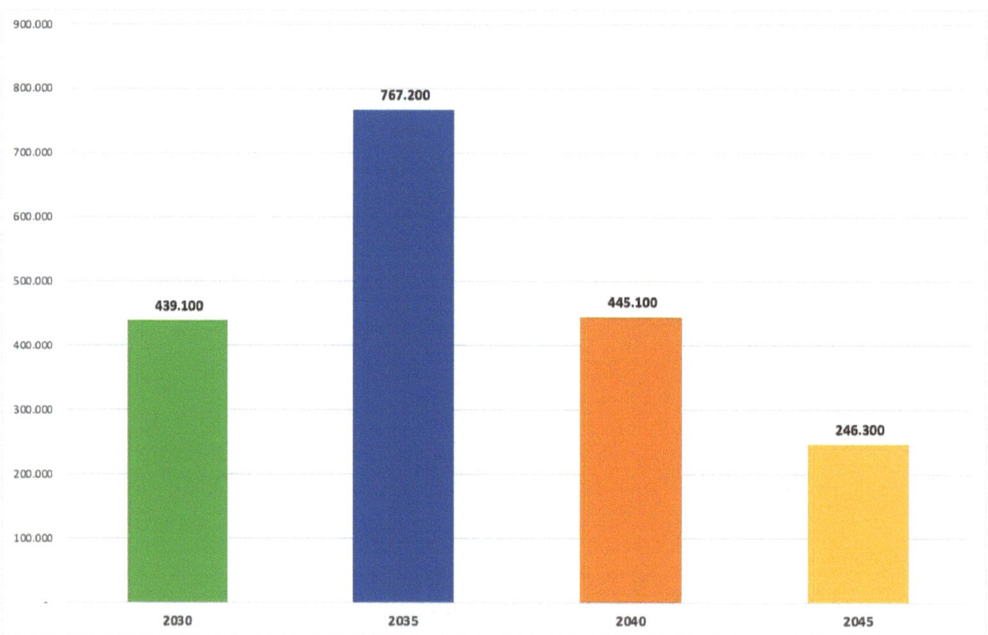

Abb. 7-5: Investitions- und Arbeitskräftebedarf für ein klimaneutrales Deutschland; Quelle: Arbeitskräftebedarf nach Sektoren, Qualifikationen und Berufen zur Umsetzung der Investitionen für ein klimaneutrales Deutschland Kurzstudie im Auftrag der Grünen, Mai 2021; oben Abb. 1, unten Abb. 9

Dass die Energiewende in der Summe gewaltige Anstrengungen erfordert, ist bei Fachleuten und den bürgerlichen Parteien Deutschlands unbestritten. Ende des Jahres 2021 wurde bis zum Jahr 2050 ein Investitionsvolumen von über 2 Billionen € geschätzt. Dass dies auch Transformation und Neubedarf für den Beschäftigungssektor bedeutet, steht ebenfalls außer Frage. Beides versucht Abb. 7-4 deutlich zu machen.

Ob und Inwieweit die notwendigen Veränderungen und die zugehörigen Aufwendungen jedoch Eingang in die Öffentlichkeit und allgemein in die Gesellschaft gefunden haben und deren Akzeptanz finden werden, soll hier offen bleiben, darf aber vom Autor bezweifelt werden.

Wechsel der Regierung

Mit dem Wechsel der Regierung zur sog. Ampelkoalition im November 2021 haben sich jüngst einige, jedoch nicht fundamentale Änderungen ergeben. Der neue Koalitionsvertrag stellt fest: „Deutschland und Europa müssen angesichts eines verschärften globalen Wettbewerbs ihre ökonomische Stärke neu begründen.". Die Kernbotschaft zur Klimakrise lautet: Sie ist der Schlüssel, um die Stärke der deutschen Wirtschaft auf dem Weltmarkt im Sinne „Nachhaltigen Wohlstands" zu sichern. Die übergeordneten Ziele des Klimaschutzgesetzes der Großen Koalition werden nicht verändert – 65 % weniger CO_2 bis 2035, klimaneutral bis 2045. Die aus der veränderten Versorgungssituation folgenden Anpassungen hinsichtlich Kernkraft- und Kohleausstieg wurden bereits oben berichtet.

Bei den konkreten Maßnahmen gibt es jedoch Änderungen, die Deutschland zu „Leitmärkten" machen sollen:

Erster großer Leitmarkt ist danach die erneuerbare Energietechnologie. Die nationale Stromversorgung soll bis 2030 zu 80 % auf erneuerbaren Quellen gestützt sein, nach aktuell 45 %. Die Koalition rechnet mit einem steigenden Stromverbrauch: 680–750 TWh im Jahr 2030. Windenergie soll auch in windarmen Regionen ausgebaut werden, Genehmigungen sollen erleichtert werden. Bestehende Windanlagen sollen durch neue ersetzt, Solarzellen auf öffentlichen Neubauten sollen verpflichtend und bei privaten Vorhaben „in der Regel" genutzt werden. Das Instrument für den Kohleausstieg soll der CO_2-Preis sein: Der europäische CO_2-Preis dürfe nicht mehr unter 60 €/t fallen.

Als zweiter Leitmarkt wird die E-Mobilität genannt. Statt des bisherigen nationalen Ziels von 7–10 Millionen Elektro-PKW bis 2030 sollen es nun 15 Millionen sein. Aktuell sind es gut 500.000. Dem Bedarf vorausgehend soll ein flächendeckendes Netz mit einer Million Ladesäulen entstehen. Es soll beim Verbot von Neuzulassungen für PKW mit Verbrennungsmotoren ab 2035 bleiben.

Dritter Leitmarkt ist der Wasserstoff und die damit verbundene Technik. Die Elektrolysekapazität soll bis 2030 zehn GW erreichen und „technologieoffen" sein. Das kann heißen, dass auch blauer Wasserstoff zählt (?). Mit ziemlicher Sicherheit wird eine neue Einstellung zu CCS erwartet, was in der Tat vielen Verfahren eine neue und attraktive Zukunft geben kann. In Vorbereitung ist ein Kohlenstoffspeicherungsgesetz.[166]

166 „Die CO_2-Speicherung ist einer der größten Hebel", FAS vom 18. Dezember 2022.

Die Wasserstoffstrategie der Ampel bedeutet zugleich auch den massiven Ausbau der Gasinfrastruktur. Erdgas wird als „für eine Übergangszeit unverzichtbar“ beschrieben. Das bedeutet auch, den bestehenden Ausbau neuer Gaskraftwerke weiter zu fördern – allerdings unter der Bedingung, dass sie „H_2-ready“ sind. Die Erdgasversorgung soll zudem „diversifizierter“ werden, was wohl Importe von LNG und implizite die Förderung von LNG-Terminals bedeutet.

Nach Bekanntwerden der neuen, nur leicht veränderten Schutzziele hagelte es Kritik, u. a. der Art, dass das proklamierte 1,5°-Ziel weit verfehlt würde.[167] Der Tenor der Kritik lässt sich unter dem Rubrum „Gute Richtung, aber viel zu wenig …“ zusammenfassen.

Der Satz aus dem Maßnahmepaket „Wir werden jetzt gesetzlich festschreiben, dass ab dem 1. Januar 2024 möglichst jede neu eingebaute Heizung zu 65 % mit Erneuerbaren Energien betrieben werden soll.“ rief dagegen Widerspruch hervor. Die alarmierte Öffentlichkeit verstand ihn als Quasi-Verbot für neue Gasheizungen ab 2024, auch wenn es sich nur um eine Vorverlegung der im Koalitionsvertrag formulierten Absichten handelt. Da das eine reine Erdgasheizung natürlich nicht erfüllten kann und ein 65%iger regenerativer Anteil technisch nicht darstellbar ist, ist die Interpretation als Quasi-Verbot naheliegend. In einer Antwort auf eine parlamentarische Anfrage hat das Bundesministerium für Wirtschaft und Klimaschutz (BMWK) aktuell klargestellt, dass der Richtwert von 65 % erneuerbarer Energie nicht nur für Heizungen in Neubauten gilt, sondern auch bei Modernisierungen im Gebäudebestand. Eine solche Regelung würde demnach in den kommenden Jahren Millionen von Eigentümern und Mietern betreffen. Heute wird mit 14 Mio. Anlagen noch mehr als die Hälfte aller Wohngebäude in Deutschland primär mit Erdgas beheizt.

Für die Zukunft sieht die Bundesregierung den Umstieg der privaten Verbraucher auf Wärmepumpen als einzige Alternative, nicht dagegen den Ersatz von Erdgas durch grünen Wasserstoff. Über die hiermit für Bestandsgebäude, insbesondere den Geschosswohnungsbau, verbundenen Probleme wurde schon in Kap. 6.4, Gebäude, hingewiesen. Die dort geäußerten Einwände haben weiter Bestand, wie auch die aktuellen Äußerungen aus der Wirtschaft zeigen. Für M. RIECEL, Vorstandsvorsitzender der Thüga, laufen die Pläne der Regierungs-koalition auf eine „Quasi-Pflicht um Einbau von strombetriebenen Wärmepumpen in Neu- und Bestandsimmobilien“ hinaus. „Damit missachtet das BMWK die Tatsache, dass der Einbau von Wärmepumpen in Millionen Bestandsgebäuden technisch kaum oder gar nicht umsetzbar und mit einem erheblichen Sanierungsaufwand sowie einem zusätzlichen massiven Ausbau der Stromnetze verbunden ist. Das wird für Millionen Hauseigentümer und Mieter zu deutlich höheren Kosten beim Heizen führen und insbesondere einkommensschwache Haushalte völlig überfordern.“

Es fällt insbesondere auf, dass Alternativen wie etwa die Wasserstoffversorgung von Siedlungsschwerpunkten in Kombination mit lokaler Fernwärme keine Erwähnung finden. Es bleibt zu hoffen, dass die noch für 2023 geplante Neufassung des GEG (Gebäudeenergiegesetz) solche und andere Möglichkeiten nicht verschließt.

Überwiegend war die Energiepolitik der neuen Regierung durch kurzfristige Maßnahmen geprägt, die sich aufgrund der besonderen Situation ergaben, in der sich Deutschland (wie auch die übrige westliche Welt) seit dem im Februar begonnenen und nicht

167 Studie der Berliner Hochschule für Technik und Wirtschaft.

erwarteten Angriffskrieg Russlands gegen die Ukraine befindet. Die hieraus national entstandenen Probleme betrafen und betreffen vor allem den Energie- und Rohstoffsektor. Zu den vom Westen ergriffenen Maßnahmen gehörten umfangreiche Sanktionen im Finanzsektor, aber auch die Aufgabe des gemeinsamen Projektes Nordstream 2. Die primäre Folge war der Zusammenbruch der Erdgaslieferungen aus Russland, die sekundäre eine schwerwiegende Störung des deutschen und auch des europäischen Energiemarktes. Mit dem Wegfall des russischen Gases brach eine Säule der deutschen Energieversorgung zusammen, was hektische Betriebsamkeit auslöste. Erdgas war als Brücke zum carbonfreien Zeitalter nach den vorliegenden Planungen unverzichtbar.

Zur Sicherung der Versorgungssicherheit ergriff die Bundesregierung vor allem diese Maßnahmen:

- Auffüllung der Gasspeicher auf 100 % (erreicht Ende Oktober 2022),
- Wiederinbetriebnahme bereits stillgelegter bzw. in Reserve stehender Steinkohlekraftwerke,
- Weiterbetrieb der noch aktiven 3 Kernkraftwerke bis 15. April 2023, s. oben,
- Erschließung neuer Lieferquellen für Erdgas am Weltmarkt,
- Gezielte Vorbereitung auf LNG-Importe durch Neubau von 4 oder 5 LNG-Terminals an deutschen Küsten,
- Sparappelle für Gas, später auch für Strom, gerichtet an Industrie wie auch private Verbraucher.

Eine unerwünschte Folge des Wegfalls der russischen Importe war die Steigerung der Großhandelspreise, erst für Gas, dann auch für elektrische Energie. Die hierdurch ausgelöste Kettenreaktion traf zunächst die Verbraucherpreise für Gas und Strom und erfasste schließlich die Breite der Wirtschaft. Im Oktober 2022 war eine Inflationsrate von rd. 10 % erreicht und eine allgemeine Rezession in Sichtweite. Im November waren dann erste Signale der Beruhigung erkennbar.

Die entstandene Situation erforderte sowohl Sofortmaßnahmen wie auch längerfristige Lösungen. Zu ersteren gehörten:

- ein einmaliges Energiegeld für (fast) alle Bürger,
- ein allgemeiner einmaliger „Tankrabatt“ für drei Monate, beginnend 1. Juni 2022,
- ein 9-Euro-Ticket für den ÖPNV, einmalig und auf die Monate Juni, Juli und August 2022 begrenzt,

Alle drei Maßnahmen zeigten Wirkung, trugen zur allgemeinen Beruhigung de Bevölkerung jedoch nur bedingt bei. Erst längerfristige Maßnahmen schufen hier den Durchbruch:

- Gaspreisdeckel für 80 % des Vorjahresverbrauchs ab Januar 2023 auf 12 Cent/kWh.
- Strompreisdeckel für 80 % des Vorjahresverbrauchs ab Januar 2023 auf 40 Cent/kWh.

Eine zwischenzeitlich diskutierte Umlage auf die Verbraucherpreise zur Abdeckung der massiv erhöhten Beschaffungskosten der Versorger wurde nicht realisiert. Die Bundesregierung stützt vielmehr die Versorger direkt; u. a wurde der Versorger UNIPER verstaatlicht.

Die Eingriffe waren massiv, aber doch notwendig. Inzwischen deutet sich Entspannung an: die Beschaffungskosten an den internationalen Energiemärkten sinken wieder, sodass

Hoffnung besteht, in vielleicht einem oder zwei Jahren wieder zum normalen Marktmechanismus zurückkehren zu können. Was am Ende übrig bleibt, sind allerdings staatliche Mehrausgaben in vielfacher Milliardenhöhe.

Übrig bleibt auch die negative Bilanz für den Klimaschutz, was als eine der Ursachen zu den eigenwilligen Protesten der „letzten Generation“ führte.

7.2 Welt-Klimakonferenzcen

Der zunehmende Stellenwert des Wasserstoffs ergab sich aus der internationalen Einschätzung der Klimabedrohung als Menschheitsproblems, wie sie in inzwischen vielen Konferenzen sichtbar wurde.

Eine zentrale Rolle fiel hierbei der Weltorganisation für Meteorologie (World Meteorological Organization – WMO) zu, deren Gründung am 23. März 1950 erfolgte. Sie hatte mit der seit 1873 bestehenden Internationalen Meteorologischen Organisation (IMO) eine Vorläuferin, die als freiwilliger Zusammenschluss der Direktoren staatlicher meteorologischer Dienste und Observatorien bis zum Ende des Zweiten Weltkriegs arbeitete. Die internationale Zusammenarbeit blickte in diesem Feld also bereits auf eine lange Geschichte zurück – kaum eine andere Wissenschaft ist so auf großräumige Zusammenarbeit angewiesen wie gerade die Meteorologie. Das Wetter macht nicht an politischen Landesgrenzen halt, und alle Staaten sind auf die Wetterbeobachtungen der anderen angewiesen.

Mitglieder der WMO sind nicht Wetterdienste oder deren Direktoren, wie es bei der Vorgängerorganisation IMO der Fall war, sondern Staaten und Hoheitsgebiete, die einen ständigen Vertreter benennen. Voraussetzung für eine Mitgliedschaft ist die Existenz eines eigenen meteorologischen Dienstes. Am 1. Juli 1984 gehörten der WMO 152 Staaten und 5 sog. Territorien an; heute sind es 187 Staaten und sechs Territorien (Stand 2019). Zu diesen Territorien gehört beispielsweise Hongkong, das einen eigenen Wetterdienst besitzt. Deutschland ist mit der Bundesrepublik seit dem 10. Juli 1954 Mitglied der WMO. Sie ist der Organisation als 60. Staat beigetreten. Für sie ist der Präsident des Deutschen Wetterdienstes der Ständige Vertreter bei der WMO.[168] Neben dem Welt- Wetterwachtprogramm (WWW Programm) hat das Welt-Klimaprogramm (World Climate Programme - WCP) seit Beginn der 1980er Jahren immer mehr an Bedeutung gewonnen – als Folge der ersten Weltklimakonferenz, die die WMO vom 12.–23. Februar 1979 in Genf veranstaltete. Die Konferenzergebnisse hatten noch im Mai des gleichen Jahres zur Annahme des WCP geführt.

Auf der Konferenz von Genf (kurz WCC 1 genannt) standen der Hintergrund der Klima-Anomalien seit 1972 und die Möglichkeit der Klimabeeinflussung durch die menschliche Gesellschaft im Mittelpunkt. Das Ergebnis war zusammengefasst:

„Die fortdauernde Ausrichtung der Menschheit auf fossile Brennstoffe als wichtigster Energiequelle wird wahrscheinlich zusammen mit der fortgesetzten Waldvernichtung in den kommenden Jahrzehnten und Jahrhunderten zu einem massiven Anstieg der atmo-

168 Frömming, D.: Die Weltorganisation für Meteorologie, in: Geowissenschaften in unserer Zeit, JG. 1985, 3,2.

sphärischen Kohlendioxid-Konzentration führen (...) Unser gegenwärtiges Verständnis klimatischer Vorgänge lässt es durchaus als möglich erscheinen, dass diese Kohlendioxid-Zunahme bedeutende, eventuell auch gravierende langfristige Veränderungen des globalen Klimas verursacht; und (...) da das anthropogene Kohlendioxid in der Atmosphäre nur sehr langsam durch natürliche Prozesse abgebaut wird, werden die klimatischen Folgen erhöhter Kohlendioxid-Konzentrationen wohl lange anhalten“ (KAS).[169]

Die Weltklimakonferenz WCC 1 der WMO folgten noch zwei weitere, sämtlich in Genf als Sitz der WMO, sodass sich die Folge ergibt:

- WCC 1, 1979
- WCC 2, 1990
- WCC 3, 2009

War das Klima bis zur WCC 1 und zur WCC 2 weitgehend eine Angelegenheit der Wissenschaftler und Fachexperten, so änderte sich das mit den Konferenzergebnissen und der steigenden Zahl z. T gleichsinniger, z. T. widerstreitender Veröffentlichungen: 1983 gründeten die Vereinten Nationen die Internationale Kommission für Umwelt und Entwicklung (WCED = World Commission on Environment and Development) als unabhängige Sachverständigenkommission. Diese Kommission veröffentlichte vier Jahre später ihren Bericht zur Zukunft, der nach ihrer Vorsitzenden auch als BRUNDTLAND-REPORT bekannt wurde. In ihm wurde ein Leitbild zur sogenannten Nachhaltigen Entwicklung zum Programm erhoben, das bis heute gültig ist.

Der Brundtland-Bericht stellte im Einzelnen fest, dass kritische, globale Umweltprobleme i. A. das Resultat großer Armut im Süden und von nicht nachhaltigen Konsumgewohnheiten und Produktionsmustern im Norden sind (Nord-Süd-Gefälle). Er verlangte somit eine Strategie, die Entwicklung und Umwelt zusammenbringt und formulierte den Leitsatz:

- „Dauerhafte Entwicklung ist Entwicklung, die Bedürfnisse der Gegenwart befriedigt, ohne zu riskieren, dass künftige Generationen ihre eigenen Bedürfnisse nicht befriedigen können.“[170]

Aus „dauerhafter Entwicklung“ wurde schnell „nachhaltige Entwicklung“, ein Begriff, der ursprünglich wohl auf die Forstwirtschaft zurückgeht, für die der sächsische Oberberghauptmann H. C. VON CARLOWITZ schon 1713 eine „nachhaltende Nutzung“ verlangt hatte. Sein Begriff wurde ins Englische mit „sustainable“ übertragen.

Vor dem Hintergrund des Brundtland-Berichtes beriefen die Vereinten Nationen nach langen Vorbereitungen 1992 eine zweite große Umweltkonferenz ein, die in Rio de Janeiro mit großer Beteiligung von Experten und Regierungen stattfand. Wesentliches Ergebnis war die sogenannte Agenda 21, die detaillierte Handlungsaufträge für den sozialen, ökologischen und ökonomischen Sektor formulierte.

Bisher gab es drei weitere Folgekonferenzen solcher „Weltgipfel“. Nach 5 Jahren fand am 23.–27. Juni 1997 in New York der Weltgipfel Rio +5 statt. Hauptthema war die Frage

---

169 Zitiert aus: Konrad-Adenauer-Stiftung (Hg): Wölbern, J. Ph.:12.–23. Februar 1979: Erste Weltklimakonferenz in Genf, Sankt Augustin Febr. 1979.

170 Zitiert aus: BMZ, Die Nachhaltigkeitsagenda und die Rio-Konferenzen.

nach den Veränderungen, die die Hauptakteure – Regierungen, internationale Politiker, Wirtschaft, Gewerkschaften, Frauengruppen und andere – seit Rio erreicht hatten. Der Weltgipfel Rio +5 fand auf großer Bühne statt: 53 Staats- und Regierungschefs sowie 65 Minister für Umwelt oder anderer Ressorts nahmen teil.

Der Weltgipfel Rio +5 hatte im Einzelnen folgende Ziele:

- Bestätigung der Verpflichtungen für nachhaltige Entwicklung,
- Erkennen von Versagen und Benennung der jeweiligen Gründe,
- Wahrnehmung des Erreichten und Identifizierung von weiterführenden Aufgaben,
- Identifizierung der Probleme, die in Rio liegen geblieben waren.

Der Weltgipfel Rio +5 brachte große Ernüchterung und Enttäuschung und eigentlich nur die Übereinstimmung, dass es der Welt schlechter gehe als je zuvor. In einzelnen Sektoren wurden kleinere Fortschritte erreicht, z. B. bei Gründen für Klimaveränderungen, Folgen von Waldverlusten oder der Erkenntnis knapper Süßwasserreserven. Man erkannte einige neue Probleme: Zunahme bei den Emissionen von Treibhausgasen, Freisetzung toxischer Stoffe und Anwachsen von festen Abfällen. Keine großen Durchbrüche gab es bei der Frage, wie nachhaltige Entwicklung weltweit finanziert werden könnte, was vor allem zwischen den Nord- und den Südstaaten strittig blieb. Im Schlussdokument, das sich auch als Programm für die weitere Umsetzung der Agenda 21 von Rio verstand, wurden weiche, allgemeine Formulierungen gewählt, um die zutage getretenen Differenzen notdürftig zu überdecken.

Der Weltgipfel Rio +10 in Johannesburg, 26. August bis 4. September 2002, hatte erneut die Umsetzung der Rio-Konvention (Agenda 21) zum Gegenstand, wobei dieses Mal die fortgeschrittene Globalisierung neue Akzente setzte.

Zum 20-jährigen Jubiläum fand schließlich die 3. Nachfolgekonferenz (Rio + 20) vom 20. Juni bis 22. Juni 2012 statt, wieder in Rio. Die Konferenz versammelte erneut die Staats- und Regierungschefs, um die 1992 gegebenen Impulse zur Nachhaltigkeit wieder aufzugreifen und zu erneuern. Allerdings war schon im ersten Treffen des Vorbereitungskomitees sichtbar geworden, dass der Gegensatz zwischen reichen und armen Ländern sich kaum überbrücken ließ. Der Vorwurf, die reichen Länder würden die Nachhaltigkeit ihrer Standards zur Abschottung ihrer Märkte missbrauchen, stand im Raum.

In der rund 50 Seiten starken Abschlusserklärung mit der Überschrift „Die Zukunft, die wir wollen" bekannte sich die Staatengemeinschaft dennoch zum Konzept einer Green Economy, um die natürlichen Ressourcen stärker zu schonen. Außerdem verständigte man sich darauf, bis 2014 universell gültige Nachhaltigkeitsziele (Sustainable Development Goals) auszuarbeiten. Auch sollte das bestehende Umweltprogramm der Vereinten Nationen (UNEP – UN Environment Programme) gestärkt und aufgewertet werden.[171]

Insgesamt wurden die Ergebnisse des Gipfels eher als Enttäuschung gewertet. Bundeskanzlerin A. MERKEL äußerte sich kritisch, aber auch konstruktiv zum Abschlussdokument:

171 Nach https://www.bmu.de/WS849, Abruf 15. Oktober 2019.

„Die Ergebnisse von Rio bleiben hinter dem zurück, was in Anbetracht der Ausgangslage notwendig gewesen wäre. Die Europäische Union und Deutschland hatten sich für verbindlichere Aussagen eingesetzt. Aber einmal mehr haben wir gesehen: Wir sind nicht alleine auf der Welt; es ist recht schwierig, bestimmte Dinge durchzusetzen. ... Richtig ist aber auch, dass die Ergebnisse zumindest ein weiterer Schritt in die richtige Richtung sind. Ich will dazu drei Punkte nennen.
Erstens: Die sogenannte Green Economy ... Umweltschonendes Wirtschaften wurde von den Vereinten Nationen als wichtiges Instrument für eine nachhaltige Entwicklung gewürdigt. Damit erkennt nun die gesamte Staatengemeinschaft an, dass in einem Green-Economy-Konzept, das der jeweiligen Situation eines Landes angepasst ist, große Chancen liegen. Das heißt, Ökonomie und Ökologie werden nicht mehr als Widerspruch, sondern als Einheit wahrgenommen ...
Zweitens: In Rio wurde beschlossen, die bisherige Kommission für nachhaltige Entwicklung abzulösen. Künftig wird es ein hochrangiges politisches Forum für nachhaltige Entwicklung geben. ... Es ist uns leider nicht gelungen, das UN-Umweltprogramm UNEP in Nairobi zu einer Sonderorganisation aufzuwerten. Aber wir konnten UNEP durch die Einführung einer universellen Mitgliedschaft und eine bessere Finanzausstattung stärken.
Drittens: In Anlehnung an die bisherigen Millennium-Entwicklungsziele sollen nun auch „Sustainable Development Goals" erarbeitet werden. Damit erhöht sich der politische Handlungsdruck im Sinne von Nachhaltigkeit. Jetzt müssen wir allerdings die Konferenzergebnisse in der Praxis konkretisieren. Denn allein die Feststellung, dass man so etwas will, reicht natürlich nicht aus."

Und schließlich noch in der gleichen Rede das für Europäer nicht überraschende Grundsatzbekenntnis:

„Ein solcher Entwicklungspfad von Gesellschaften begründet sozusagen eine neue Kultur: die Kultur der Nachhaltigkeit. Diese Kultur der Nachhaltigkeit stellt die Lebensgewohnheiten eines jeden von uns auf den Prüfstand. Das gilt für das Berufsleben genauso wie für das Privatleben."[172]

H. WEIGER, der Vorsitzende des Bundes für Umwelt und Naturschutz (BUND), kritisierte dagegen die wenig konkreten Zielvorschläge: Blumige Absichtserklärungen und ein Aufguss früherer Gipfelbeschlüsse hälfen dem globalen Ressourcenschutz nicht.[173]

Abgesehen von Rio 1992 stellt sich damit die Bilanz der großen Weltkonferenzen als eher durchwachsen dar. Die Teilnahme der Regierungschefs war dem Fortschritt in der Sache wohl eher hinderlich (was im Nachhinein die angekündigte Abwesenheit der deutschen Bundeskanzlerin in Rio 2012 rechtfertigt). Schwierige Detailfragen lassen sich im kleineren Kreis der Fachleute oft besser behandeln, und Kompromisse sind auf diesem Wege häufig eher möglich.

Neben den Weltgipfeln gibt es ein weiteres, auf die Welt-Klima-Probleme gerichtetes Konferenzformat auf der Arbeitsebene: die UN-Klimakonferenz, die seit 1995 regelmäßig tagt und die Klimakonferenzen der WMO abgelöst hat. Auf diese unter dem Kürzel COP geführten Veranstaltungen wird im folgenden Unterkapitel Pariser Abkommen mit ihrem bisher wichtigsten Beispiel einzugehen sein.

172 Presse- und Informationsamt der Bundesregierung: Zitate Merkel aus Rede zur 12. Jahreskonferenz des Rates für nachhaltige Entwicklung, 25. Juni 2012.
173 Z. Südwest Presse, 23. Juni 2012.

Pariser Abkommen 2015 (COP 21)

Am 12. Dezember 2015 wurde ein neuer Meilenstein gesetzt: das sogenannte Pariser Abkommen anlässlich der Klimakonferenz COP 21 in Paris. Es wurde vor dem Hintergrund immer neuer Warnungen beschlossen. Grundlage der Diskussionen und der Einigung war der vom IPCC veröffentlichte aktuelle Weltklimabericht. Seine wesentlichen Botschaften waren: Der Klimawandel ist real, die Erwärmung der Erde darf 2 Grad nicht überschreiten.

Ziel des weltweit zwischen 196 sogenannten Parteien (195 Staaten und die EU) abgeschlossenen Abkommens war und ist, die Weltwirtschaft auf dieses klimanotwendige Vorgehen hin zu verändern. Das war ein historischer Schritt, denn nach der bisherigen Regelung des sogenannten Kyoto-Protokolls waren es nur dessen Unterzeichner, die Verpflichtungen eingegangen waren.

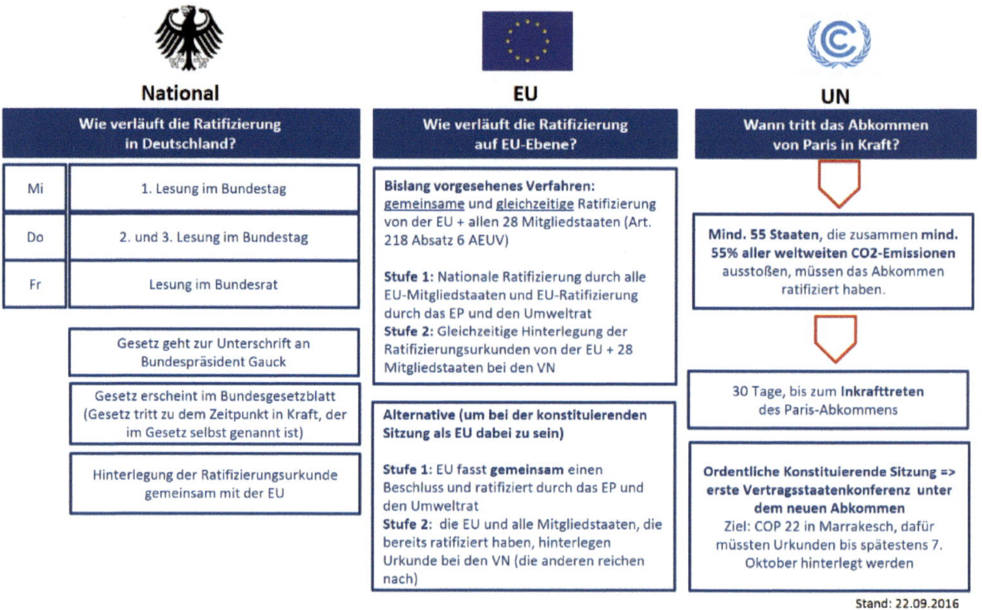

Abb. 7-6: Ratifizierung und Inkrafttreten des Pariser Abkommens; Quelle: BMU 2019

Das Pariser Abkommen trat dann am 4. November 2016 in Kraft, als die Unterschriften von 55 Staaten vorlagen, die mindestens 55 % der weltweiten Treibhausgase emittieren. Im September 2018 hatten dann 180 Staaten das Abkommen ratifiziert, auch die Europäische Union und Deutschland, das am 5. Oktober 2016 zustimmte.[174] Abb. 7-6 zeigt den nicht einfachen Ablauf.

In Paris wurde klar, dass die Weltgemeinschaft die Bedrohung durch den emissionsbedingten Klimawandel inzwischen sehr ernst nimmt – dokumentiert allein durch die Teilnahme von mehr als 150 Staats- und Regierungschefs bei der Eröffnung.

174 https://www.BMWi.de, Art. Abkommen von Paris, Abruf 1. Oktober 2019.

Das Abkommen war ein nicht zu überhörendes Signal für eine veränderte Ausrichtung aller Staaten, die ihre Basis in den natürlichen Grenzen der Erde hat. Alle Staaten der Erde waren jetzt zu nationalen Klimaschutzzielen verpflichtet, auch die Entwicklungsländer und vor allem die großen Emittenten USA und China.

Das Abkommen bezog auch die ärmeren Länder ein. Sie sollen durch (noch nicht bezifferte) finanzielle Hilfen und durch Wissens- und Technologietransfer Unterstützung bei ihren Maßnahmen zum Klimaschutz bekommen. Mit Paris galt die bis dahin gültige Zweiteilung in Industrieländer einerseits und Schwel-len- und Entwicklungsländer andererseits als überwunden. Das Abkommen setzte auf die gemeinsame Verantwortung aller Länder der Welt. Nach Bekanntwerden der Einzelheiten wurde bemängelt, dass manches im Unklaren blieb und wenig konkret gefasst war. Dass der Höhepunkt der CO_2-Emissionen „so schnell wie möglich" erreicht werden sollte, wie im Text formuliert, war ein sicher berechtigter Punkt der Kritik. Auch dass Entwicklungsländer länger als die Industrienationen brauchen dürfen, war Gegenstand der Kritik.

Neu war die Zulassung von technische Ausgleichsmaßnahmen. Das Ziel, in der zweiten Hälfte des Jahrhunderts zur CO_2-Neutrallität zu finden, sollte auf mehreren Wegen möglich sein, wobei hierfür auch Beispiele genannt wurden. Ein Gleichgewicht zwischen dem Ausstoß von Treibhausgasen und deren Entzug aus der Atmosphäre sollte z. B. auch zugelassen sein, etwa indem man die Meere nutzt, die Wälder aufforstet, das CO_2 aus der Atmosphäre filtert oder es dauerhaft speichert. Die Formulierung ließ Spielräume, weiterhin mit Kohle, Öl und Gas Emissionen zu produzieren – man müsste sie nur neutralisieren.

Das Abkommen (Decision1/CP21) verfolgte in seinem Wortlaut mehrere Hauptziele:

- In Art. 2 wird das Ziel, die menschengemachte Erderwärmung auf deutlich unter 2 °C zu begrenzen, völkerrechtlich bestätigt. Zugleich werden Anstrengungen eingefordert, um eine Begrenzung auf 1,5 °C zu erreichen (jeweils im Vergleich zum vorindustriellen Zeitalter).
- Nach Art. 4 soll der Scheitelpunkt der klimarelevanten globalen Emissionen so bald wie möglich überschritten werden, sodass sich in der 2. Hälfte des Jh. ein Gleichgewicht zwischen Senken und Quellen, also eine Klimaneutralität ergeben kann.
- Mit Art. 4 und Art. 14 verpflichten sich alle Unterzeichner, freiwillige nationale Beiträge im Sinne von Art. 2 vorzulegen und umzusetzen. Diese Beiträge sind im Turnus von 5 Jahren zu aktualisieren und nach besten Kräften zu erhöhen. Zur Überprüfung des Ausreichens der Maßnahmen soll 2023 Bilanz gezogen werden (Stocktake), was dann ebenfalls alle 5 Jahre zu wiederholen ist.
- Mit Art. 7 verpflichten sich alle beteiligten Staaten zur Formulierung und Implementierung nationaler Anpassungspläne und zur entsprechenden Kommunikation und offen zugänglicher Veröffentlichung.
- In Art. 13 schließlich wird vereinbart, dass alle nationalen Informationen über Vermeidung von Emissionen und Anpassungsmaßnahmen von internationalen Experten offen überprüft werden dürfen, um Transparenz und Vergleichbarkeit der berichteten Fortschritte aus internationaler Sicht sicherzustellen.

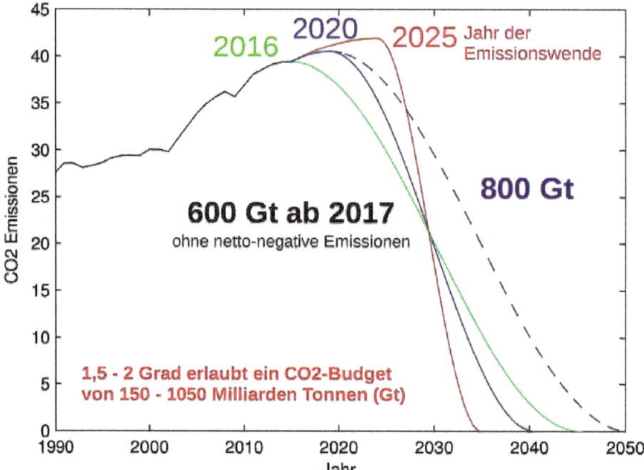

Abb. 7-7: Wie mit CO_2 nach dem Pariser Abkommen umzugehen ist; Alternativen auf der Basis eines Rest-Gesamtausstoßes ab 2017 von 600 Gt CO_2. Gestrichelt: ein Beispiel mit 800 Gt CO_2-Ausstoß. Quelle: Prof. Stefan Rahmstorf, IPCC

Vereinbart wurde weiter

- Die Förderung der Bewältigung des nicht mehr vermeidbaren Klimawandels als gleichberechtigtes Ziel neben der Minderung der Treibhausgasemissionen.
- Die gesicherte Bereitstellung von Finanzmitteln für die Klimaziele.
- Alle Staaten wurden darüber hinaus aufgefordert, bis 2020 Langfriststrategien für eine treibhausgasarme Entwicklung vorzulegen.

Der weltweite Scheitelpunkt der Treibhausgasemissionen wurde in Paris nicht mit einer Zeitmarke versehen; er sollte eben nur „so bald wie möglich" erreicht werden, s. oben. In der zweiten Hälfte des 21. Jahrhunderts sollte nach Art. 4 die weitere Belastung der Atmosphäre durch anthropogenes CO_2 erreicht werden, ebenfalls ohne nähere Zeitangabe. Als mögliche Pfade, dies zu erreichen, wurden vom IPCC die Varianten nach Abb. 7-7 vorgestellt, die nach den Jahren der Emissionswende parametriert und an einem CO_2-Gesamtbudget ab 2017 ausgerichtet sind.

Die weltweiten Covid-19-Wellen trafen auch die für Glasgow vorgesehene UN-Klimakonferenz 2020. Sie sollte der kritischen Auseinandersetzung mit den im Pariser Abkommen vereinbarten Zielen und den erreichten Fortschritten dienen.

Sie hat schließlich nach einjähriger Verschiebung im November 2021 stattgefunden. Die Mitgliedstaaten waren vorab mit dem Greenhouse Gas Bulletin der WMO auf den aktuellen Stand der Atmosphäre gebracht worden. Danach hat die die Zunahme der CO_2-Konzentration inzwischen 149 % erreicht, noch höher liegt Methan mit plus 262 % Die globale Mitteltemperatur ist um 1,1 °C gestiegen, die Mitteltemperatur in Deutschland um 1,6 °C.[175]

Am Ende standen eine Schlusserklärung zum forcierten Kampf gegen die Erderwärmung und weitere Umsetzungsregeln zum Pariser Klimaabkommen. Die britische Konferenzprä-

175 Die Steigerungsraten beziehen sich immer auf den vorindustriellen Zustand, für den vereinbarungsgemäß das Jahr 1750 angesetzt wird.

sidentschaft brachte einige neue Initiativen ein – zum Kohleausstieg, zum Ende von Verbrennungsmotoren, der Beendigung der Entwaldung, dem Stopp der Finanzierung fossiler Energien. Im Einzelnen stellte sich das so dar:

1,5-Grad-Ziel und Minderung von Treibhausgasen:

Der „Glasgower Klimapakt" wurde im Ziel, die Erderwärmung auf 1,5 °C zu begrenzen, deutlicher als das Pariser Abkommen. Die Staaten sind aufgefordert, ihre jeweiligen Klimaziele für das Jahr 2030 bis Ende 2022 nachzubessern, da deutlich wurde, dass die bisherigen Zusagen für ein 1,5 °C-Ziel bei weitem nicht ausreichen. Das wurde mit Zahlen unterlegt: Globale Absenkung der Treibhausgasemissionen bis 2030 um 45 % im Vergleich zu 2010. Ein Bezug auf einzelne Staaten oder Staatengemeinschaften wie die EU oder die G 20 blieb jedoch außen vor.

Kohleausstieg:

Die Staaten sollten in Glasgow explizite zur Abkehr von der Kohleverstromung und zur Beendigung der Förderung und Finanzierung fossiler Energieträger aufgefordert werden. Mit den zögerlichen Schwellenländern Indien und China ließ sich jedoch nur ein Verzicht auf „ineffiziente" Subventionen sowie auf Kohle, wenn CO_2 nicht über CCS gespeichert werden kann, erreichen.[176] Wie stark USA, EU und Japan an der Finanzierung der innerasiatischen Kohlekraftwerke immer noch beteiligt sind, zeigt Abb. 7.8.

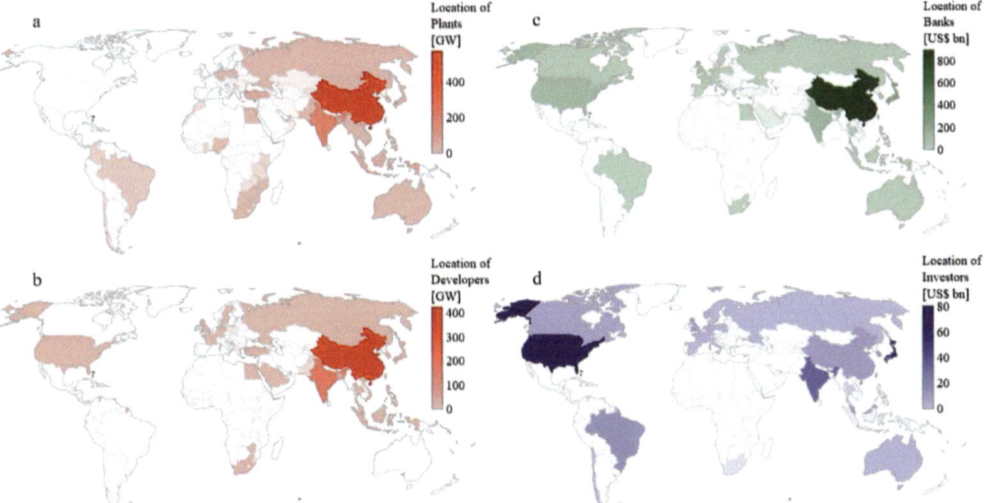

Abb. 7-8: Dimensions of international coal financing. Countries are shaded in proportion to each panel's respective variable. (a), (b) Capacity of coal plants with a year of commissioning from 2015 onwards grouped by country using data from the Global Energy Monitor; (c), (d) Location of banks and investors that finance coal developers using data provided by urgewald e. V.; Quelle: N. Manych, J. Chr. Steckel, M. Jakob: Finance-based accounting of coal emissions, MCC 2021

176 Der Begriff „ineffizient" wurde nicht näher definiert.

Finanzen:
Die Industrieländer halten sich bislang nicht an ihre Zusage, 100 Milliarden US-Dollar jährlich für die ärmeren Ländern bereitzustellen. Die Glasgower Erklärung fordert dazu auf, das Versprechen einzulösen. Der von Deutschland und Kanada vorgelegte Plan, die Finanzierung bis 2023 sicherzustellen, wurde zwar erwähnt, blieb aber ohne Mehrheit. Das Schlussdokument betont nur die Notwendigkeit einer Verdopplung der Mittel für Anpassungsmaßnahmen bis 2025.

Zur Bewältigung von Klimaschäden wurde den Entwicklungsländern in Glasgow zwar zusätzliche Unterstützung in Aussicht gestellt. Ein eigenständiger institutioneller Rahmen, etwa ein Klimafonds, wurde jedoch entgegen einer Forderung vieler ärmerer Staaten nicht geschaffen. Die Industrieländer wie die USA fürchten einklagbare Forderungen, wenn sie durch finanziell verbindliche Zusagen ihre Verantwortung für Schäden anerkennen.

Regelbuch des Pariser Klimaabkommens:
Zur Umsetzung des Pariser Abkommens wurden noch ausstehende Beschlüsse gefasst. Die Delegierten vereinbarten etwa Regeln für einen länderübergreifenden Kohlenstoffmarkt. Die Verhandlungen dazu waren nicht einfach, wenn es z. B. darum ging, dass beim grenzüberschreitenden Zertifikatehandel die Minderung nicht beiden Ländern zugleich angerechnet wird. Solche Doppelbuchungen sind nunmehr ausgeschlossen. Die Berichtspflichten für die Klimaschutzbemühungen der Länder wurden präzisiert. Im Schlussbericht werden zudem Fünf-Jahres-Perioden für die Klimaziele und die zugehörigen Berichte empfohlen.

Annäherung von China und USA:
Etwas unerwartet verkündeten die beiden größten THG-Produzenten, China und die USA, aus sitzungsparallelen Verhandlungen eine verstärkte Zusammenarbeit und erkennen an, dass zwischen den bisherigen Zusagen zur CO_2-Reduktion und den Pariser Zielen eine erhebliche Lücke besteht. Beide Länder haben Austausch und Kooperation beim Ausbau der erneuerbaren Energien, der dringend notwendigen Reduktion von Methan, allgemein zur Dekarbonisierung und zum Schutz des Waldes angekündigt.

Initiative der britischen Konferenzpräsidentschaft:
Außerhalb der regulären Verhandlungen haben sich 190 Staaten, Regionen und Organisationen zum Ausstieg aus der Kohleverstromung bekannt und etwa 20 Länder wollen die Finanzierung fossiler Energieträger im Ausland beenden. Den Methan-Ausstoß wollen mehr als 105 Staaten bis 2030 um 30 % verringern. 110 Länder bekannten sich zur Beendigung der Waldrodungen.

Die partielle Verständigung auf die Verringerung der Methan-Emissionen kam für einige Beobachter etwas überraschend. Jedoch ist Methan ein massiv klimaschädliches Gas, um ein Vielfaches stärker wirkend als CO_2. Seine Konzentration in der Atmosphäre ist nach der üblichen Zählweise auf 260 % gestiegen, CO_2 „nur" auf 148 %. Sein Beitrag zum Treibhauseffekt wird auf 16 % geschätzt. Bei den Verursachern liegen die natürlichen Quellen vorn (zu denen auch die auftauenden Permafrostböden gehören); es folgen Landwirtschaft und Abfall, Öl -und Gasproduktion (Methanschlupf), Feuchtgebiete und die Verbrennung von Biomasse, s. Abb. 7-9. Es gibt allerdings auch Senken, die einen größeren Teil der Freisetzungen wieder aufnehmen.[177]

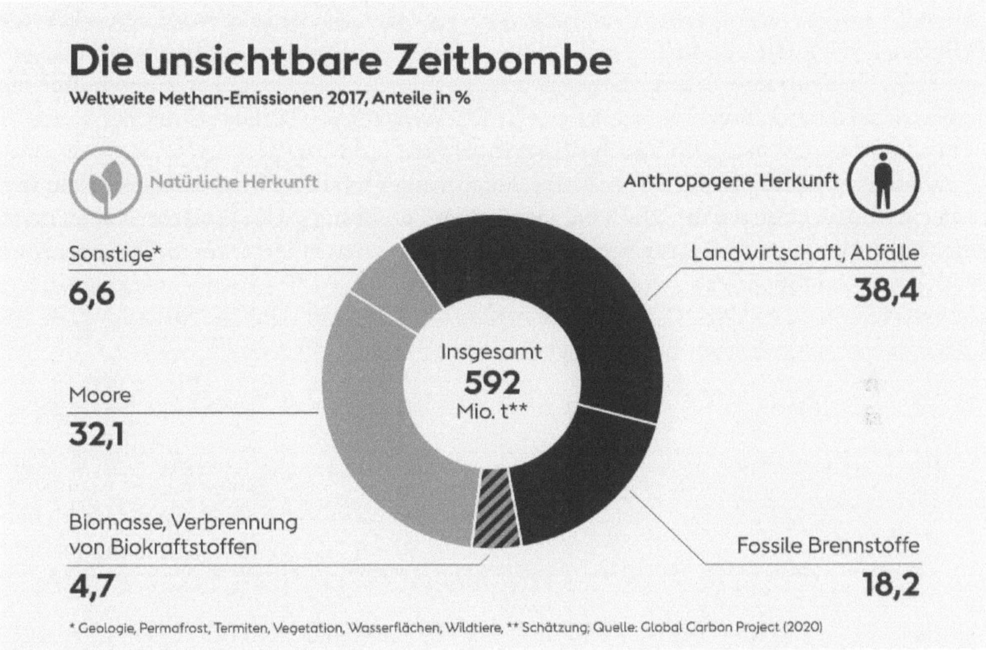

Abb. 7-9: Methane emissions are the second largest cause of global warming; Quelle: Infografik Benedikt Grotjahn

Verbrennungsmotoren:

Eine Erklärung von mehr als 30 Staaten und mehreren Autoherstellern zur Aufgabe von Verbrennungsmotoren bis spätestens 2040 fand dagegen nur begrenzte Resonanz; u. a. Deutschland verweigerte den Beitritt. Auch die Fußnote, wonach synthetische Kraftstoffe künftig nicht zulässig sein sollen, rief Widerstand hervor, wieder u. a. aus Deutschland.

Im Ergebnis brachte Glasgow zwar keine Durchbrüche, aber doch einige Fortschritte. Unverständlich bleibt allerdings, weshalb die Konferenz hartnäckig am 1,5-Grad-Ziel festhielt, das doch längst obsolet geworden ist.[178]

Weltklimarat

Neben WMO, Weltklimakonferenzen, Weltgipfeln, COP, CMP gibt es noch eine weitere internationale Einrichtung, die sich um das Weltklima und seine Stabilisierung kümmert: den IPCC (Intergovernmental Panel on Climate Change) als Gremium der Experten.

Der IPCC wurde 1988 von der Umweltorganisation der Vereinten Nationen (UNEP) und der schon erwähnten WMO gegründet. Er soll die Politik neutral über die wissenschaft-

177 R. Ell, Die Gefahr lauert im Boden, in: vdi nachrichten vom 12. März 2021.
178 U. a. Erbslöh, Der Weg zur Energiewende, Schlusskapitel.

lichen Erkenntnisse zur Klimaveränderung und zu möglichen Maßnahmen informieren. 195 Staaten sind Mitglieder des IPCC. Sie benennen jeweils Experten, meist Fachwissenschaftler, die ihre Berichte eigenständig erstellen und als (weitgehend) unabhängig gelten. Das Gremium hat seinen Verwaltungssitz in Genf und betreibt keine eigenständige Forschung. Vielmehr sammelt es eine große Zahl von anerkannten Studien, wertet sie aus und fasst die zentralen Erkenntnisse daraus zusammen. Den breiten wissenschaftlichen Konsens sichern mehrere tausend beim IPCC registrierte Gutachter, die die Berichte kommentieren und natürlich auch kritisieren können (und sollen).

Publizität gewinnt der IPCC regelmäßig durch seine großen Sachstandsberichte, von den bisher nach einem ersten im Jahr 1990 vier weitere im Abstand von 5–6 Jahren erschienen sind. Der vorletzte ist der Fünfte Sachstandsbericht (AR5) von 2013/14, der als Ergebnis eines fünfjährigen Arbeitsprozesses in drei Bänden vorgelegt wurde. Die Kernergebnisse des ersten, die naturwissenschaftlichen Grundlagen des Klimawandels und künftige Entwicklungen des Klimasystems behandelnden Bandes zeigt die nachstehende Auflistung:[179]

- Die atmosphärische CO_2-Konzentration liegt heute rund 40 % über vorindustriellem Niveau.
- Die Durchschnittstemperatur der Erdoberfläche nahm zwischen 1880 und 2012 um 0,85 °C zu.
- Auch die Ozeane sind deutlich wärmer geworden.
- In den drei Jahrzehnte seit 1980 war es jeweils wärmer als in jedem anderen Jahrzehnt seit 1850.
- Es ist eindeutig, dass der Mensch für den größten Teil der Erwärmung zwischen 1951 und 2010 verantwortlich ist.
- Weltweit schrumpfen die Gletscher (mit wenigen Ausnahmen), und das Abschmelzen beschleunigt sich.
- Die Fläche des arktischen Meereises verringert sich seit 1979 um durchschnittlich 3,8 % pro Dekade.
- Etwa 30 % des anthropogen freigesetzten CO_2 wurde und wird von den Ozeanen aufgenommen, die deutlich versauern.
- Die Meeresspiegel werden weltweit steigen, bis ca. 2100 im Mittel um etwa 45 bis 82 cm.
- Wenn der Treibhausgas-Ausstoß weiter wie bisher steigt, erwärmt sich die Erdoberfläche bis ca. 2100 um 2,6 bis 4,8 °C.

Der 5. Sachstandsbericht lag zur Klimakonferenz COP 21 in Paris vor und hat ihre Ergebnisse maßgeblich beeinflusst.

Der sechste IPCC-Sachstandsbericht als Hauptprodukt des aktuellen Berichtszyklusses (2016–2022) ist 2021 veröffentlicht worden. Daneben kennt der IPCC Sonderberichte, von denen sich der jüngste vom Oktober 2018 auf das Erreichen des 1,5 -Grad-Ziels fokussierte.

Die Berichte umfassen jeweils etwa 1.500 Seiten und werden durch eine große Zahl von Mitwirkenden erstellt. Angesichts der Vielzahl zusammengetragener Informationen und der breiten Mitwirkung anerkannter Klimawissenschaftler gelten diese Berichte als der heilige

179 Smart Energy for Europe Platform (SEFEP): Aus den Ergebnissen des IPCC-Sachstandsberichtes 2013/2014, Bd. 1.

Gral der Klimaforschung – sie geben letztlich den Mainstream vor. Angesichts des Gewichtes, das dem IPPC und seinen Berichten international zugemessen wird, stellt sich naturgemäß die Frage nach seiner Unabhängigkeit und nach seiner Finanzierung - auch Wissenschaftler geraten in ihrer Abhängigkeit von Fördergeldern gelegentlich in Interessenskonflikte. Abb. 7-10 stellt zunächst die Grundstruktur der Organisation dar. Die leitenden Funktionen werden ehrenamtlich wahrgenommen; dies gilt auch für die Autoren der Berichte des IPCC. Die Autoren wie auch die Vorstände des IPCC, die ja anderenorts tätig sind, werden von ihren heimatlichen Instituten für die Mitarbeit bei IPCC freigestellt, jedoch werden ihnen Reisekosten erstattet. Die Geschäftsstellen der Arbeitsgruppen und das Datenzentrum werden von den Ländern finanziert, in denen sie ansässig sind; meist sind dies die Industrieländer.[180]

Um auch die Reisen von Fachleuten aus Entwicklungsländern zu finanzieren, stehen Mittel aus einem jährlich etwa 7 Mio. € umfassenden Treuhandfonds zur Verfügung, der sich aus freiwilligen Beiträgen der Industrieländer speist und der auch die Veröffentlichung und Übersetzung von IPCC-Berichten finanziert. Bis zum Jahr 2017 beteiligten sich hier die USA mit fast 45 % des jährlichen Aufkommens; nach ihrem Austritt übernahm die EU diesen Anteil, um die Weiterarbeit des IPPC zu ermöglichen. Zur Wirklichkeit gehört allerdings auch, dass 80 % der Mitgliedstaaten keine Beiträge leisten.

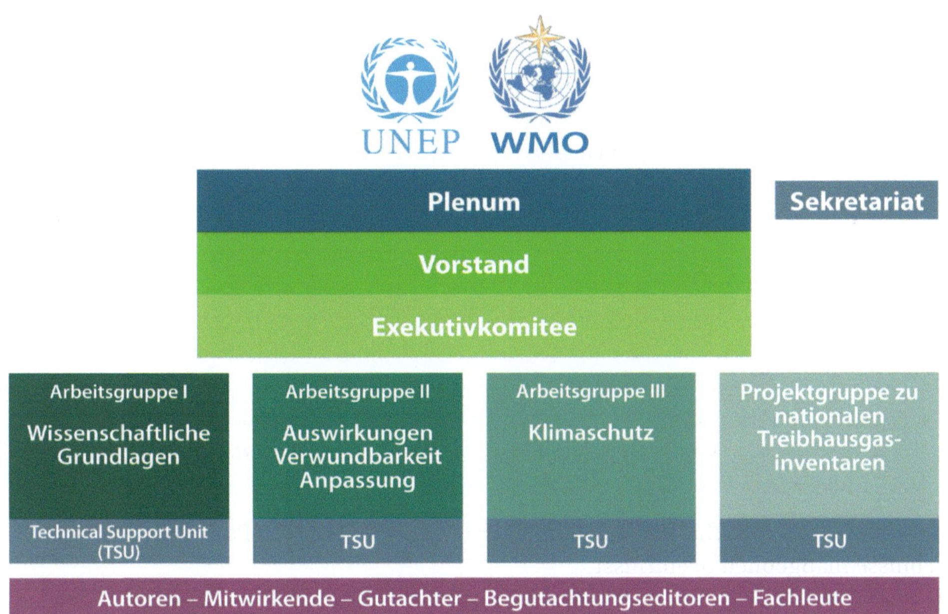

Abb. 7-10: Organisation des IPPC. Grau: Beteiligte Regierungen mit entsandten Fachleuten, grün: Wissenschaftler, blau: unterstützende Organisationen; Quelle: IPPC

Die Seriosität der Beiträge und Schlussfolgerungen wird durch ein mehrstufiges Peer-Review-Verfahren sichergestellt. Da die anthropogene Klimaänderung eine große Herausfor-

180 IPPC, Deutsche Koordinierungsstelle: Deutsches Zentrum für Luft- und Raumfahrt e.V.

derung ist, die alle Nationen der Erde dauerhaft zu weitreichenden Entscheidungen zwingt, blieben Kritik und Intervention nicht aus, bis hin zu Versuchen, die Klimawissenschaft und den IPCC zu diskreditieren. Als Reaktion hierauf beauftragten die Vereinten Nationen und der IPCC den Inter Academy Council IAC, eine Kommission zur Überprüfung der Prozesse und Verfahren des IPCC einzusetzen. Insgesamt hat die Kommission die Aufarbeitung des wissenschaftlichen Sachstandes durch den IPCC als korrekt und erfolgreich bewertet.[181] Die Hauptempfehlungen der Kommission betrafen Verbesserungen im Management, im Review-Prozess, in der Beschreibung von Unsicherheiten[182] sowie die Kommunikation und die Transparenz im Assessment-Prozess – Details also, die nicht die Kernbefunde in Zweifel zogen.

Der am 9. August 2021 veröffentlichte der erste Teil des 6. Sachstandsberichtes des IPPC bestätigt und verschärft seine früheren Aussagen aus dem 5. Sachstandsbericht (AR5):

Der aktuelle Zustand des Klimas:

- Es ist eindeutig, dass die Erwärmung der Atmosphäre, der Ozeane und der Landflächen anthropogenen Ursachen hat. Der Mensch hat weitverbreitete und schnelle Veränderungen in der Atmosphäre, dem Ozean, der Kryosphäre und der Biosphäre ausgelöst.
- Das Maß der jüngsten Veränderungen im Klimasystem und der gegenwärtige Zustand vieler Parameter des Klimasystems sind seit Jahrhunderten bis Jahrtausenden (?) ohne Beispiel.
- Der anthropogen verursachte Klimawandel hat bereits jetzt Wetter- und Klimaextreme in allen Regionen der Welt ausgelöst. Seit AR5 gibt es starke Belege für beobachtete Veränderungen von Extremen (Hitzewellen, Starkniederschlägen, Dürren und tropischen Wirbelstürmen) und deren Zuordnung zur Tätigkeit des Menschen.
- Anhand verbesserter Kenntnisse über Klimaprozesse, untersuchter Nachweise aus der Erdgeschichte und der Reaktion des Klimasystems auf zunehmende Strahlung lässt sich die sog. Gleichgewichtsklimasensitivität zum Ende des Jahrhunderts am besten mit 3 °C beziffern, wobei die Unsicherheit (Streuung) im Vergleich zum AR5 verringert werden konnte.
- Mögliche Klimazukünfte:
  - Zunahme der Häufigkeit und Intensität von Hitzeextremen, marinen Hitzewellen, Starkniederschlägen, Dürren in einigen Regionen, der Zahl heftiger tropischer Wirbelstürme sowie Rückgänge des arktischen Meereises, der Schneebedeckung und des Permafrostes.
  - Fortschreitende Erwärmung wird den globalen Wasserkreislauf verstärken und unberechenbarer machen, einschließlich variabler Monsunniederschläge und der Häufigkeit / Heftigkeit von Niederschlags- und Trockenheitsereignissen.
  - Die Kohlenstoffsenken in Ozean und Landsystemen werden bei steigenden CO_2-Emissionen die Anreicherung von CO_2 in der Atmosphäre weniger wirksam kompensieren.

181 InterAcademy Council 2010: IPCC-Berichte zum Klimawandel. Überprüfung der Prozesse und Verfahren des IPCC.

182 Insbesondere zu den dem Laien schwer vermittelbaren Wahrscheinlichkeitsaussagen.

- Viele Veränderungen aufgrund vergangener und künftiger THG-Emissionen sind über Jahrhunderte bis Jahrtausende irreversibel, insbesondere Veränderungen des Meeresspiegels. Die Oberflächentemperatur wird bei allen betrachteten Szenarien bis mindestens Mitte des Jahrhunderts weiter steigen. Eine Erwärmung von 1,5 °C und 2 °C wird im Laufe des 21. Jahrhunderts überschritten werden, außer es kommt in den kommenden Jahrzehnten zu sehr drastischen Reduktionen der CO_2- und anderer Treibhausgasemissionen.[183]
- Viele Klimasystemänderungen werden in unmittelbarem Zusammenhang mit der Zunahme der Erderwärmung größer und sichtbarer. Beispiele sind die Zunahme der Häufigkeit von Wetterextremen, der Temperaturanstieg der Ozeane, das Abschmelzen von Eisschilden und der Anstieg des Meeresspiegels.
- Bei weiterer Erwärmung wird es in jeder Region zunehmend zu gleichzeitigen und vielfältigen Veränderungen von klimatischen Antriebsfaktoren mit Relevanz für Klimafolgen (CID) kommen. Veränderungen von mehreren CIDs wären bei 2 °C im Vergleich zu 1,5 °C globaler Erwärmung weiterverbreitet und bei noch höheren noch ausgeprägter.

• Klimawandelbedingte Änderungen, die mit geringer Wahrscheinlichkeit auftreten (Zusammenbruch von Eisschilden, abrupte Veränderungen der Ozeanzirkulation, einige zusammengesetzte Extremereignisse und eine Erwärmung, die wesentlich über die Bandbreite der künftigen Erwärmung hinausgeht) können nicht ausgeschlossen werden.

Begrenzung zukünftigen Klimawandels:

Der 6. Sachstandsbericht fasst hierzu zusammen:

• Aus naturwissenschaftlicher Sicht erfordert die Begrenzung der vom Menschen verursachten Erwärmung auf ein bestimmtes Niveau eine Begrenzung der kumulativen CO_2-Emissionen, wobei zumindest Nettonull CO_2-Emissionen erreicht werden müssen, zusammen mit starken Verringerungen anderer Klimagase.
• Eine starke, rasche und anhaltende Verringerung von Methan-Emissionen würde auch den Erwärmungseffekt begrenzen, der sich aus abnehmender Luftverschmutzung durch Aerosole ergibt, und die Luftqualität verbessern.

Niedrige Treibhausgasemissionen führen im Vergleich zu hohen Treibhausgasemissionen innerhalb von Dekaden zu nachweisbaren Auswirkungen auf die Treibhausgas- und Aerosolkonzentrationen sowie die Luftqualität. Bei einem Vergleich dieser gegensätzlichen Szenarien lassen sich Unterschiede zwischen den Trends der Oberflächentemperatur nach etwa 20 Jahren nachweisen (bei vielen anderen CIDs ist die Reaktionszeit deutlich länger).

183 UN-Generalsekretär António Guterres hat kurz vor dem G20-Gipfel in Rom mitgeteilt, „dass sich die Welt (nach dem neuen UN-Klimabericht) auf einem katastrophalen Weg in Richtung einer Erwärmung von 2,7 Grad Celsius befindet“.

7.3 Nationale Wasserstoffstrategie

Die Bundesregierung hat sich im Jahr 2020 unter dem Titel „Nationale Wasserstoffstrategie" zum Wasserstoff und seiner Förderung bekannt. Wir zitieren auszugsweise:[184]

NATIONALE WASSERSTOFSTRATEGIE: ZIELE UND AMBITIONEN

Mit der NWS schafft die Bundesregierung einen kohärenten Handlungsrahmen für die künftige Erzeugung, den Transport, die Nutzung und Weiterverwendung von Wasserstoff und damit für entsprechende Innovationen und Investitionen. Sie definiert die Schritte, die notwendig sind, um zur Erreichung der Klimaziele beizutragen, neue Wertschöpfungsketten für die deutsche Wirtschaft zu schaffen und die internationale energiepolitische Zusammenarbeit weiterzuentwickeln. Vor diesem Hintergrund verfolgt die NWS insbesondere folgende Ziele:

Globale Verantwortung übernehmen:
Die Bundesregierung bekennt sich zu Deutschlands globaler Verantwortung für die Reduktion von Treibhausgasemissionen. Unser Land kann mit der Entwicklung eines Marktes für Wasserstoff und dem Ziel, Wasserstoff als Dekarbonisierungsoption zu etablieren, einen wesentlichen Beitrag zum weltweiten Klimaschutz leisten.

Wasserstoff wettbewerbsfähig machen:
Unter den geltenden Rahmenbedingungen sind die Erzeugung und Nutzung von Wasserstoff noch nicht wirtschaftlich. Insbesondere die Verwendung fossiler Energieträger, bei denen aktuell die Folgekosten der CO_2-Emissionen nicht eingepreist sind, sind noch deutlich günstiger. Damit Wasserstoff wirtschaftlich wird, müssen wir die Kostendegressionen bei Wasser- Stoff-Technologien voranbringen.

Ein schneller internationaler Markthochlauf für die Produktion und Nutzung von Wasserstoff ist hier von großer Bedeutung, um technologischen Fortschritt sowie Skaleneffekte voranzutreiben und zeitnah die notwendige kritische Masse an Wasserstoff für die Umstellung erster Anwendungsbereiche zur Verfügung zu haben. Ein besonderer Fokus liegt dabei auf Bereichen, die schon jetzt nahe an der Wirtschaftlichkeit sind und bei denen größere Pfadabhängigkeiten vermieden werden oder die sich nicht anders dekarbonisieren lassen, etwa zur Vermeidung von Prozessemissionen in der Stahl- und Chemieindustrie oder in bestimmten Bereichen des Verkehrs. Aber wir haben längerfristig auch Teile des Wärmemarkts im Blick.

Einen „Heimatmarkt" für Wasserstofftechnologien in Deutschland entwickeln, Importen den Weg bereiten:
Als erster Schritt für den Markthochlauf von Wasserstofftechnologien ist eine starke und nachhaltige inländische Wasserstoffproduktion und Wasserstoffverwendung – ein „Heimatmarkt" – unverzichtbar. Ein starker Heimatmarkt schafft auch eine wichtige

184 Die Bundesregierung (Hg), Juli 2020.

Signalwirkung für den Einsatz von Wasserstofftechnologien im Ausland. Die Anreize für den Markthochlauf für Wasserstofftechnologien in Deutschland und insbesondere die für den Aufbau und Betrieb von Elektrolyseuren werden dabei so gestaltet, dass diese mit der Energiewende übereinstimmen.

Die Bundesregierung sieht bis 2030 einen Wasserstoffbedarf von ca. 90 bis 110 TWh. Um einen Teil dieses Bedarfs zu decken, sollen bis zum Jahr 2030 in Deutschland Erzeugungsanlagen von bis zu 5 GW Gesamtleistung, einschließlich der dafür erforderlichen Offshore- und Onshore-Energiegewinnung entstehen.[185]

Dies entspricht einer grünen Wasserstoffproduktion von bis zu 14 TWh[186] und einer benötigten erneuerbaren Strommenge von bis zu 20 TWh. Dabei ist sicherzustellen, dass die durch die Elektrolyseanlagen induzierte Nachfrage nach Strom im Ergebnis nicht zu einer Erhöhung der CO_2-Emissionen führt. Im Rahmen des Monitorings der nationalen Wasserstoffstrategie wird die Bundesregierung zudem die Bedarfsentwicklung für grünen Wasserstoff detailliert erfassen. Für den Zeitraum bis 2035 werden nach Möglichkeit weitere 5 GW zugebaut, spätestens bis 2040.

Um den zukünftigen Bedarf zu decken, wird der überwiegende Teil der Wasserstoffnachfrage aber importiert werden müssen und kann nicht nur mit der lokalen Erzeugung von grünem Wasserstoff bedient werden. Die EU insgesamt verfügt über einige ertragreiche Standorte für Strom aus erneuerbaren Energien und damit auch ein großes Erzeugungspotenzial für grünen Wasserstoff. Die Bundesregierung wird sich dafür einsetzen, dieses Potenzial zu erschließen und weitere Erzeugungskapazitäten aufzubauen. Dazu wird sie die Zusammenarbeit mit anderen EU-Mitgliedstaaten intensivieren, insbesondere im Bereich der Nord- und Ostsee, aber auch in Südeuropa. Dabei kommt unter anderem der Offshore-Windenergienutzung eine besondere Rolle zu. Die Bundesregierung wird gemeinsam mit den Anrainerstaaten der Nord- und Ostsee die Wasserstoffproduktion mithilfe eines verlässlichen Regulierungsrahmens für Offshore-Windenergie forcieren. Zudem strebt sie an, auch in anderen Partnerländern, z. B. im Rahmen der Entwicklungszusammenarbeit, Produktionsmöglichkeiten systematisch zu erschließen. Ziel der Bundesregierung ist es, Planungssicherheit für zukünftige Lieferanten, Verbraucher und Investoren im In- und Ausland zu schaffen.

Dazu bedarf es zusammen mit entsprechenden Partnerländern einer Investitions- und Innovationsoffensive. Die Bundesregierung wird mit dieser Wasserstoffstrategie den Aufbau von Produktionskapazitäten und neuer Lieferketten unterstützen und unseren Partnerländern Technologien und maßgeschneiderte Lösungen anbieten. Dadurch werden Beschäftigungseffekte in Deutschland und in unseren Partnerländern erzeugt, die in langfristige Wachstumspfade münden.

Der Aktionsplan der Wasserstoffstrategie und die geltenden Haushalts- und Finanzplanansätze bilden für den Markthochlauf die Grundlage. Sofern sich eine stärkere Nachfrageentwicklung als angenommen abzeichnet, wird die NWS im Rahmen der Evaluierung weiterentwickelt.

185 Der Koalitionsvertrag der Ampel hat die Elektrolysekapazität für 2030 auf 10 GW erhöht.

186 Annahme: 4.000 Volllaststunden und ein durchschnittlicher Wirkungsgrad der Elektrolyseanlagen von 70 Prozent.

Wasserstoff als alternativen Energieträger etablieren:
Wasserstofftechnologien und darauf aufbauend alternative Energieträger sind integraler Bestandteil der Energiewende und tragen zu ihrem Erfolg bei. Einige Anwendungsbereiche, zum Beispiel im Luft- und Seeverkehr oder Industrien mit prozessbedingten Emissionen, werden sich auch langfristig nicht ausschließlich oder nur mit großem Aufwand direkt mit Strom versorgen lassen. Insbesondere in der Luftfahrt, zu Teilen im Schwerlastverkehr, bei mobilen Systemen für die Landes- und Bündnisverteidigung und in der Seeschifffahrt sind viele Routen und Anwendungen nicht rein elektrisch darstellbar. Deshalb müssen die derzeit eingesetzten fossilen Einsatzstoffe und Energieträger durch auf erneuerbarem Strom basierende Alternativen, wie z. B. durch PtX-Verfahren hergestelltes Kerosin, ersetzt werden.

Wasserstoff als Grundstoff für die Industrie nachhaltig machen:
Wasserstoff ist ein wichtiger Grundstoff für die deutsche Industrie (Chemieindustrie, Stahlherstellung usw.). Aktuell wird in Deutschland jährlich Wasserstoff im Umfang von rd. 55 TWh für stoffliche Anwendungen genutzt, der zu großen Teilen auf Basis fossiler Energieträger erzeugt wird. Diese Anwendungen müssen so weit wie möglich in eine auf grünem Wasserstoff basierende Produktion überführt werden. Gleichzeitig muss die Dekarbonisierung emissionsintensiver Industrieprozesse mittels Wasserstoff und wasserstoffbasierten Rohstoffen aus PtX-Verfahren vorangebracht und so auch neue Anwendungsfelder für Wasserstoff und PtX-Rohstoffe erschlossen werden.

Schätzungen zufolge würde zum Beispiel die Transformation der heimischen Stahlproduktion hin zu einer treibhausgasneutralen Produktion bis 2050 über 80 TWh Wasserstoff benötigen. Die Umstellung der deutschen Raffinerie- und Ammoniakproduktion auf Wasserstoff würde wiederum etwa 22 TWh grünen Wasserstoff erfordern.

Die deutsche Industrie hat – aufgrund der dort bereits vorhandenen und perspektivisch stark steigenden Nachfrage – hervorragende Voraussetzungen, zum Treiber beim Markthochlauf von Wasserstoff sowie zum internationalen Vorreiter für Wasserstofftechnologien zu werden.

Transport- und Verteilinfrastruktur weiterentwickeln:
Importe und die Entwicklung von Absatzmärkten für Wasserstoff und seine Folgeprodukte setzen die Entwicklung und Verfügbarkeit einer entsprechenden Transport- und Verteilinfrastruktur voraus. Deutschland verfügt mit seinem weit verzweigten Erdgasnetz und den angeschlossenen Gasspeichern über eine gut ausgebaute Infrastruktur für Gase. Um die Potenziale von Wasserstoff optimal nutzen zu können, werden wir unsere Transport- und Verteilinfrastruktur weiterentwickeln und weiterhin für Sicherheit in der Anwendung sorgen. Dazu gehören auch der Aus- und Zubau von dezidierten Wasserstoffnetzen. Hierzu wird die Bundesregierung den regulatorischen Rahmen und die technischen Gegebenheiten für die Gasinfrastruktur auf ihren Anpassungsbedarf überprüfen und weiterentwickeln. Zum Beispiel werden vorhandene Fernleitungs-Erdgas-Infrastrukturen, die nicht länger für den Erdgastransport benötigt werden (etwa L-Gas), auf ihre Eignung für die Weiterentwicklung zu reinen Wasserstoffinfrastrukturen geprüft oder die Möglichkeiten der

Sicherstellung der Wasserstoffverträglichkeit vorhandener oder modernisierter Gasinfrastrukturen untersucht.

Wissenschaft fördern, Fachkräfte ausbilden:
Forschung ist ein strategisches Element der Energie- und Industriepolitik. Denn nur mit einer langfristig angelegten Forschungs- und Innovationsförderung entlang der gesamten Wertschöpfungskette von Wasserstoff – von der Erzeugung über Speicherung, Transport und Verteilung bis hin zur Anwendung – sind Fortschritte bei diesen Schlüsseltechnologien der Energiewende zu erzielen. Bis 2030 sind Lösungen im Industriemaßstab systemisch zur Anwendungsreife zu bringen. Um die gute Ausgangsposition deutscher Unternehmen und Forschungseinrichtungen bei Wasserstofftechnologien zu fördern, werden wir auch exzellente Wissenschaftlerinnen und Wissenschaftler, talentierten Nachwuchs sowie qualifizierte Fachkräfte anwerben, ausbilden bzw. fördern sowie den engen Austausch mit anderen führenden Forschungsnationen suchen. Es ist auch beabsichtigt, Neuansiedlungen von Forschungseinrichtungen, die Einrichtung von Kompetenzzentren sowie die Gründung von Bildungs- und Forschungskapazitäten mit Fokus auf die vom Strukturwandel besonders betroffenen Gebiete verstärkt zu fördern.

Transformationsprozesse gestalten und begleiten:
Die Energiewende und der verstärkte Einsatz von erneuerbaren Energieträgern erfordern von den verschiedenen Akteuren zahlreiche Anpassungen. Gemeinsam mit Wirtschaft, Wissenschaft sowie den Bürgerinnen und Bürgern werden wir Wege erarbeiten, wie die Energiewende mit einem Beitrag von Wasserstoff gelingen kann. Die notwendigen Transformationsprozesse werden wir mit Dialogprozessen begleiten und – wo nötig – die Stakeholder unterstützen.

Deutsche Wirtschaft stärken und weltweite Marktchancen für deutsche Unternehmen sichern:
Deutschland hat jetzt die Chance, im internationalen Wettbewerb eine wichtige Rolle bei der Entwicklung und dem Export von Wasserstoff- und Power-to-X- Technologien (PtX) einzunehmen. Die breite, international gut vernetzte deutsche Akteurslandschaft rund um Wasserstofftechnologien wird nicht nur ein wichtiger Erfolgsfaktor für den Markthochlauf von Wasserstofftechnologien in Deutschland sein, sondern insbesondere die Chancen deutscher Unternehmen auf diesem Zukunftsmarkt stärken. Die Herstellung der Komponenten für die Erzeugung und Nutzung sowie die Versorgung von Wasserstoff wird zur regionalen Wertschöpfung beitragen und die in diesen Bereichen tätigen Unternehmen stärken.

Damit dies gelingt, wird bei der Umsetzung der Wasserstoffstrategie und insbesondere bei Fördermaßnahmen darauf geachtet, dass alle Regionen Deutschlands von den neuen Wertschöpfungspotenzialen der Wasserstoffwirtschaft profitieren. Die Beförderung des Markthochlaufs von Wasserstofftechnologien leistet auch einen wichtigen Beitrag bei der Bewältigung der wirtschaftlichen Folgen der Corona-Pandemie und legt einen weiteren Grundstein für eine nachhaltige Ausrichtung der deutschen Wirtschaft.

Internationale Märkte und Kooperationen für Wasserstoff etablieren:
Wir müssen die zukünftige Versorgung mit Wasserstoff und dessen Folgeprodukten vorbereiten und nachhaltig gestalten. Denn mittel- und langfristig wird Deutschland Wasserstoff auch in erheblichem Umfang importieren. Gemeinsam mit anderen zukünftigen Importeuren teilen wir das Interesse am möglichst zeitnahen Aufbau eines globalen Wasserstoffmarkts.

Angesichts ihres Potenzials für erneuerbare Energien bieten sich dabei auch für die aktuellen Produzenten- und Exportnationen fossiler Energieträger attraktive Chancen, ihre Lieferketten auf die Nutzung von erneuerbaren Energien und Wasserstoff umzustellen und so zu potenziellen Lieferländern für Wasserstoff zu werden. Hierdurch können diese Staaten auch langfristig von den bestehenden Handelsbeziehungen profitieren. Dabei gilt es sicherzustellen, dass lokale Märkte und eine Energiewende vor Ort in den Partnerländern nicht behindert, sondern durch die Produktion von Wasserstoff unterstützt werden.

Der internationale Handel mit Wasserstoff und synthetischen Folgeprodukten wird nicht nur neue Handelsbeziehungen für Deutschland und die EU schaffen, sondern auch eine weitere Diversifizierung der Energieträger und -quellen sowie der Transportrouten ermöglichen und hierdurch die Versorgungssicherheit stärken. Der internationale Handel mit Wasserstoff und dessen Folgeprodukten wird damit zu einem bedeutenden industrie- und geopolitischen Faktor, der strategische Zielsetzungen und Entscheidungen erfordert, aber auch neue Chancen für alle Seiten bietet.

Globale Kooperationen als Chance begreifen:
Die weltweite Aufbruchstimmung bei den Wasserstofftechnologien wollen wir mit unseren Partnern aus aller Welt für schnelle technologische Fortschritte nutzen. Auf internationaler Ebene fördert die Zusammenarbeit mit potenziellen Liefer- und anderen Importländern deren Beitrag zum Klimaschutz und schafft nachhaltige Wachstums- und Entwicklungschancen. Insbesondere im Nordseebereich und in Südeuropa sowie im Rahmen von Energiepartnerschaften der Bundesregierung oder der Zusammenarbeit mit den Partnerländern der deutschen Entwicklungszusammenarbeit bieten sich Möglichkeiten für gemeinsame Projekte und die Erprobung von Technologien.

Qualitätsinfrastruktur für Wasserstofferzeugung, -transport, -speicherung und -verwendung weiter ausbauen, sichern und Vertrauen schaffen:
Durch die besonderen physikalischen und chemischen Eigenschaften von Wasserstoff ist eine robuste Qualitätsinfrastruktur für die Entwicklung und vor allem zur Überwachung von Anlagen zur Erzeugung, Transport, Speicherung und Verwendung von Wasserstoff essenziell. Hauptkomponenten dieser aufzubauenden, nationalen und europäisch vernetzten Mess- und Qualitätsinfrastruktur sind Metrologie (Messtechnik) und physikalisch- chemische Sicherheitstechnik.

Es bedarf insbesondere wissenschaftlich akzeptierter und regulatorisch verankerter Messmethoden und Bewertungskriterien sowie international akzeptierter technischer Normen und Standards. Darüber hinaus muss ein hohes Sicherheitsniveau etabliert werden. Negativereignisse und Unfälle können die Akzeptanz der Wasserstofftechnologie gefährden. Es gilt Vertrauen bei den Nutzern zu schaffen.

Rahmenbedingungen stetig verbessern und aktuelle Entwicklungen aufgreifen: Die Umsetzung und Weiterentwicklung der NWS ist ein fortlaufender Prozess. Der Stand der Umsetzung und Zielerreichung wird regelmäßig von einem neu gegründeten Staatssekretärsausschuss für Wasserstoff der betroffenen Ressorts überwacht, der auch über die Weiterentwicklung und Umsetzung der Strategie entscheidet. Der Staatssekretärsausschuss wird von einem Nationalen Wasserstoffrat mit hochrangigen Expertinnen und Experten aus Wissenschaft, Wirtschaft und Zivilgesellschaft begleitet und beraten. Nach drei Jahren wird die Strategie erstmals evaluiert. Auf dieser Basis wird die Bundesregierung dann über die Weiterentwicklung der Strategie einschließlich entsprechender Maßnahmen entscheiden.

III. WASSERSTOFF: STATUS QUO, HANDLUNGSFEDER UND ZKUNFTSMÄRKTE

Status quo und erwartete Entwicklung für Wasserstoff und seine Folgeprodukte: Der nationale Verbrauch von Wasserstoff liegt aktuell bei rund 55 TWh. Der Bedarf besteht dabei hauptsächlich für stoffliche Herstellungsverfahren im Industriesektor und verteilt sich gleichmäßig zwischen der Grundstoffchemie (Herstellung von Ammoniak, Methanol usw.) und der Petrochemie (Herstellung konventioneller Kraftstoffe). Der Hauptteil des genutzten Wasserstoffs ist hierbei „grauer“ Wasserstoff. Etwa 7 Prozent des Bedarfs (3,85 TWh) werden über Elektrolyseverfahren (Chlor-Alkali-Elektrolyse) gedeckt. Da aber insbesondere in der Petrochemie der eingesetzte Wasserstoff nicht zur Gänze zusätzlich produziert wird, sondern zum Teil als Nebenprodukt in anderen Prozessen entsteht (z. B. Benzinreformierung), lässt sich die aktuell verbrauchte Wasserstoffmenge von rund 55 TWh nicht vollständig durch „grünen“ Wasserstoff ersetzen.

Die zukünftige Entwicklung des Wasserstoffmarktes in Deutschland, aber auch weltweit, wird maßgeblich von dem Ambitionsniveau des Klimaschutzes und der zur Erreichung jeweils verfolgten Strategien bestimmt. Vor dem Hintergrund des Übereinkommens von Paris und dem Bekenntnis der Bundesregierung zu dem Ziel der Treibhausgasneutralität 2050 werden für den Wasserstoffmarkt folgende Entwicklungen erwartet:

Bis 2030 wird durch den Anstoß des Markthochlaufs ein erster Anstieg des Bedarfs an Wasserstoff insbesondere im Industriesektor (Chemie, Petrochemie und Stahl) und zu einem geringeren Maße im Verkehr erwartet. Konservative Abschätzungen gehen in der Industrie von einem zusätzlichen Bedarf von 10 TWh aus. Weiterhin ist von einem wachsenden Bedarf für die Brennstoffzellen-betriebene Elektromobilität auszugehen. Weitere Verbraucher (z. B. langfristig Teile der Wärmeversorgung) könnten hinzukommen.

Um das Ziel der Treibhausgasneutralität 2050 erreichen zu können, werden Wasserstofftechnologien auch in Deutschland eine wichtige Rolle spielen müssen. Verschiedene Studien mit Szenarien, in denen die Treibhausgasemissionen um 95 Prozent gegenüber dem Basisjahr 1990 reduziert werden und die dabei das gesamte Energiesystem betrachten, lassen einen Verbrauch von strombasierten Energieträgern in Größenordnungen zwischen 110 TWh (BMU Klimaschutzszenarien) und rund 380 TWh (BDI Klimapfade) im Jahr 2050 erwarten. Neben den Industrie- und Verkehrssektoren entsteht langfristig auch ein Bedarf im Umwandlungssektor. Die zukünftige Ausgestaltung der politischen Rahmenbedingungen, insbesondere hinsichtlich der Ambitionen beim Klimaschutz und der zur Erreichung jeweils verfolgten Strategien, wird dabei maßgeblichen Einfluss auf die

Entwicklung der Gesamtnachfrage und die Verbräuche in den einzelnen Sektoren haben. Die NWS zielt auf folgende strategische Zukunftsmärkte:

Erzeugung von Wasserstoff:
Für den Markthochlauf der Wasserstofftechnologien und deren Export ist eine starke, nachhaltige und zur Energiewende beitragende inländische Wasserstoffproduktion und Wasserstoffverwendung – ein „Heimatmarkt" – unverzichtbar. Für eine langfristig wirtschaftliche und nachhaltige Nutzung von Wasserstoff müssen Erzeugungskapazitäten für Strom aus erneuerbaren Energien (insb. Wind und Photovoltaik) konsequent weiter erhöht werden.

Industrie:
Bestimmte Industriebereiche werden sich nicht mit den herkömmlichen Technologien CO_2-frei umgestalten lassen. In diesen Bereichen müssen gasförmige und flüssige Energieträger zunehmend durch alternative Technologien substituiert werden und alternative Rohstoffe oder Verfahren mit keinem oder sehr geringem CO_2-Ausstoß zum Einsatz kommen. Bei vielen dieser Prozesse werden perspektivisch Wasserstoff und dessen Folgeprodukte genutzt werden können. Insbesondere in Teilen der Chemieindustrie und den Raffinerien kann bereits heute „grauer" Wasserstoff ohne Anpassung durch grünen Wasserstoff ersetzt werden.

Des Weiteren können die existierenden Infrastrukturen der Chemieindustrie, bspw. Wasserstoffnetze, weiterhin genutzt und ggf. für andere Anwendungen – etwa der Stahlindustrie – ausgebaut und optimiert werden. *Zum Beispiel* soll Wasserstoff schon bald in Pilotprojekten in der Stahlindustrie zur Direktreduktion von Eisenerz anstelle des emissionsintensiven Hochofenprozesses eingesetzt werden. Ziel ist es, dass anstehende Investitionen für Produktionsanlagen im industriellen Maßstab auch in die klimafreundlichen Technologien fließen. Langfristig spielt Wasserstoff daher eine wichtige Rolle bei der Sicherung des Industriestandorts Deutschland.

Verkehr:
Mobilitätsanwendungen bergen großes Potenzial zur Anwendung von Wasserstoff. Der Verkehrssektor muss auf technologischen Fortschritt setzen, um die sektoralen Klima- und Erneuerbaren-Ziele zu erreichen. Die wasserstoff- und PtX-basierte Mobilität ist für solche Anwendungen eine Alternative, bei denen der direkte Einsatz von Elektrizität nicht sinnvoll oder technisch nicht machbar ist. Dazu gehören auch militärische Anwendungen, bei denen die Interoperabilität zwischen Bündnispartnern gewährleistet sein muss. Vor allem im Luft- und Seeverkehr wird sich langfristig ebenfalls eine Nachfrage nach klimaneutralen Treibstoffen entwickeln, welche auch durch die wasserstoffbasierten Energieträger aus PtX-Verfahren gedeckt werden kann. Sowohl im Luft- als auch im Seeverkehr sind für die Dekarbonisierung klima-neutrale synthetische Kraftstoffe erforderlich. Im Luftverkehr sowie in der Küsten- und Binnenschifffahrt können je nach Einsatzbereich auch Brennstoffzellen sowie batterieelektrische Antriebe zur Anwendung kommen. Diesbezüglich muss die technische Entwicklung aber noch abgewartet werden.

Die Einführung von Brennstoffzellenfahrzeugen kann u. a. im Öffentlichen Personennahverkehr (Busse, Züge), in Teilen des Straßenschwerlastverkehrs (Lkw), bei Nutzfahrzeugen (z. B. für den Einsatz auf Baustellen oder in der Land- und Forstwirtschaft) oder in der Logistik (Lieferverkehr und andere Nutzfahrzeuge wie Gabelstapler) die batterieelektrische Mobilität ergänzen und den Ausstoß von Luftschadstoffen sowie CO_2-Emissionen erheblich senken. Auch in bestimmten Bereichen bei Pkws kann der Einsatz von Wasserstoff eine Alternative sein. Der Einsatz im Straßenverkehr setzt den bedarfsgerechten Aufbau der erforderlichen Tankinfrastruktur voraus. Es gilt, den Strukturwandel in der deutschen Fahrzeug- und Zulieferindustrie konstruktiv und zielführend zu begleiten. Etwa mit Blick auf die Brennstoffzellentechnologie ist es das Ziel, den deutschen Maschinen- und Anlagenbau zu stärken und bei der Verbesserung der Kosten-, Gewichts- und Leistungsparameter von BZ-Komponenten (Stacks, Drucktanks u. a.) im globalen Wettbewerb eine Führungsrolle einzunehmen.

Wärmemarkt:
Auch langfristig wird nach Ausschöpfen der Effizienz- und Elektrifizierungspotenziale bei der Prozesswärmeherstellung oder im Gebäudesektor ein Bedarf an gasförmigen Energieträgern bestehen bleiben. Wasserstoff und seine Folgeprodukte können langfristig auf verschiedene Weise einen Beitrag zur Dekarbonisierung von Teilen des Wärmemarkts leisten.

Wasserstoff als europäisches Gemeinschaftsprojekt:
Wichtige Voraussetzungen und Fragen beim nationalen Markthochlauf von Wasserstofftechnologien und beim Aufbau eines internationalen Wasserstoffmarktes lassen sich nur im EU-Binnenmarkt und -Rechtsrahmen weiterentwickeln. Mit dem Markthochlauf von Wasserstofftechnologien auch in anderen Mitgliedstaaten wird die Entwicklung des EU-Binnenmarktes für Wasserstoff zunehmend wichtig.

So verfügt die EU insbesondere mit der Nordsee über ertragreiche Standorte für Windenergie sowie in Südeuropa über große Potenziale für Photovoltaik und Wind. Diese Potenziale können für die Erzeugung von erneuerbarem Wasserstoff langfristig eine große Chance darstellen. Auch die gut ausgebaute europäische Gasinfrastruktur kann Anknüpfungspunkte für den Transport von Wasserstoff bieten.

Um die Voraussetzungen für einen innereuropäischen Markt zu schaffen, brauchen wir einen starken europäischen Rahmen. Zentrale Herausforderungen lassen sich nur im EU-Kontext klären: Etwa Lösungen zur Erzeugung in wind- und/oder sonnenreichen Gebieten und der Verteilung des Wasserstoffs bedürfen zwangsläufig der grenzüberschreitenden Zusammenarbeit. Gleiches gilt für das Ordnungsrecht und die Investitionsbedingungen oder den Austausch von Erfahrungen. Darüber hinaus sind auf europäischer sowie internationaler Ebene klar definierte Nachhaltigkeitsstandards für die Produktion und den Transport von Wasserstoff sowie Impulse zur Systematisierung, umweltwirksamen Einordnung und Klassifizierung von Strom, Wasserstoff und seinen synthetischen Folgeprodukten zu setzen. Die EU kann durch frühzeitige Standard- und Rahmensetzung die grundlegenden internationalen Rahmenbedingungen maßgeblich mitbeeinflussen. Auch die beihilferechtlichen Rahmenbedingungen sind mit Blick auf die mit dem Einsatz von

Wasserstoff, bspw. in der Stahl- und Chemieindustrie, verbundenen höheren Betriebskosten weiterzuentwickeln. Deutschland wird bei der Entwicklung des Marktes für Wasserstoff und entsprechender Nachhaltigkeitsstandards eine proaktive Rolle spielen, seine Erfahrungen mit der Energiewende einbringen und die Rahmenbedingungen für Sektorkopplung und die Entwicklung eines EU-Binnenmarktes für Wasserstoff zu einem Schwerpunkt der deutschen Ratspräsidentschaft machen. Die Bundesregierung wird sich innerhalb der EU dafür einsetzen, dass wesentliche Inhalte dieser Strategie auch in eine europäische Wasserstoffstrategie einfließen.

Internationaler Handel:
Auch über den europäischen Binnenmarkt hinaus wird der Import erneuerbarer Energien mittel- und langfristig für Deutschland notwendig, um die Klimaziele bis 2030 und die Treibhausgasneutralität bis 2050 zu erreichen. Der internationale Handel mit Wasserstoff und dessen Folgeprodukten ist damit ein bedeutender industrie- und geopolitischer Faktor.

Auf internationaler Ebene kann die Zusammenarbeit mit potenziellen Liefer- und Importländern deren Beitrag zum Klimaschutz fördern, den Markthochlauf von Wasserstofftechnologien beschleunigen und nachhaltige Wachstums- und Entwicklungschancen schaffen, wenn sie sich an den Erfordernissen der Partner orientiert. So lassen sich zum Beispiel ambitionierte Standards für die Zertifizierung und die Nachhaltigkeit der Produktion von Wasserstoff vereinbaren sowie Marktvolumina erhöhen. Insbesondere die bestehenden Energiepartnerschaften der Bundesregierung, aber auch die Zusammenarbeit mit den Partnerländern der deutschen Entwicklungszusammenarbeit und der Internationalen Klimaschutzinitiative bieten Möglichkeiten für gemeinsame Projekte sowie für die Erprobung von Importrouten und -technologien. Ergänzend hierzu können sich jedoch auch weitere internationale Kooperationen ergeben. Von besonderer Bedeutung wird die Rolle der aktuellen Exporteure fossiler Brennstoffe sein, wenn sie über ein hohes Potenzial für die Produktion von Wasserstoff verfügen. Vor allem in Entwicklungsländern ist darauf zu achten, dass der Export von Wasserstoff nicht zu Lasten der derzeit häufig noch unzureichenden Energieversorgung in den betreffenden Exportländern geht und hierdurch Investitionsanreize für zusätzliche fossile Energiequellen vor Ort entstehen. Die Produktion von grünem Wasserstoff soll daher auch als Impulsgeber genutzt werden, um in diesen Staaten den schnellen Aufbau von Erzeugungskapazitäten für erneuerbare Energien voranzutreiben, die wiederum auch den lokalen Märkten zugutekommen.

Die notwendigen Handelsbeziehungen im Bereich Wasserstoff werfen umfangreiche geopolitische Fragen auf, die rechtzeitig in die Politikentwicklung einbezogen werden müssen. Sie bieten aber auch viele Chancen: Zum Beispiel zum Ausbau des EU-Energiebinnenmarktes, zum Aufbau neuer internationaler Wertschöpfungsketten, zur Kooperation mit Partnerländern der deutschen Entwicklungszusammenarbeit, die ein hohes Potenzial erneuerbarer Energien zur PtX-Produktion haben, oder zum Ausbau bestehender sowie Etablierung neuer Handelsbeziehungen mit Energieexporteuren.

Transport- und Verteilinfrastruktur im In- und Ausland:
Importe und die Entwicklung von Absatzmärkten für Wasserstoff und seine Folgeprodukte setzen die Verfügbarkeit einer entsprechenden Transport- und Verteilinfrastruktur voraus,

insbesondere im Bereich der Fernleitungsnetze. Deutschland verfügt mit seinem weit verzweigten Erdgasnetz und den angeschlossenen Gasspeichern über eine gut ausgebaute Infrastruktur für Erdgas. Perspektivisch sollte ein Teil der Gasinfrastruktur auch für Wasserstoff genutzt werden können. Zudem sollen Netze zum ausschließlichen Transport von Wasserstoff geschaffen werden.

Vor dem Hintergrund der geografischen Lage und der Rolle Deutschlands als wichtigem Transitland in Europa können diese Veränderungsprozesse nur in Zusammenarbeit mit den europäischen Nachbarn sowie angeschlossenen Drittstaaten gestaltet werden. Neben der Produktion müssen auch für den Transport von Wasserstoff und die damit verbundenen Emissionen einheitliche Qualitäts- und Nachhaltigkeitsstandards entwickelt und entsprechende Nachweisverfahren etabliert werden.

Ein Wasserstoffmarkt bringt auch in Deutschland für einige Komponenten der Infrastruktur sowie für bestimmte Geräte und Anlagen beim Endnutzer technische Herausforderungen mit sich. Daher müssen notwendige Transformationsprozesse (H_2-Readiness etc.) rechtzeitig ermöglicht und angestoßen werden. Allerdings sollte sich dieser Transformationsprozess, um Fehlinvestitionen zu vermeiden, an dem voraussichtlichen Bedarf im Lichte des Ziels der Treibhausgasneutralität im Jahr 2050 orientieren.

Insbesondere für den internationalen Handel gelten auch der Transport von Wasserstoff in Form von PtX-Folgeprodukten oder gebunden an LOHC (Liquid Organic Hydrogen Carriers) als wichtige Optionen. Flüssiger Wasserstoff, PtL-/PtG-Folgeprodukte oder LOHC können leicht und sicher über weite Strecken transportiert werden. Auch hier bietet sich – neben der Erschließung neuer – die Nutzung existierender Transportkapazitäten und dezidierter Infrastruktur an (z. B. Pipelines, Methanol- und Ammoniaktankschiffe). Unter dem Motto „Shipping the sunshine" könnten so erstmals mit Hilfe der Forschung neue Potenziale bei der Gewinnung und dem Transport von grünem Wasserstoff in großem Maßstab erschlossen werden. Der Handel mit PtX-Produkten über weite Strecken und der Transport von Wasserstoff über Leitungsnetze können sich dabei ergänzen. THG-Emissionen beim Transport von Wasserstoff gilt es dabei zu vermeiden.

Forschung, Bildung und Innovation:

Forschung ist ein strategisches Element der Energie- und Industriepolitik. Bei Wasserstoff- und anderen PtX-Technologien haben deutsche Unternehmen und Forschungseinrichtungen eine Vorreiterrolle inne.

Hierzu hat die langfristig ausgerichtete und verlässliche Forschungsförderung der Bundesregierung entscheidend beigetragen. Die institutionelle Förderung in Deutschland finanziert weltweit hervorragende Forschungseinrichtungen und -infrastrukturen und ermöglicht den Transfer von Spitzenforschung in die Praxis.

Wir setzen auf eine Forschungsförderung bei Schlüsseltechnologien und neuen Ansätzen entlang der gesamten Wasserstoffkette: Von der Erzeugung über Speicherung, Transport und Verteilung bis hin zur Anwendung. Die Verzahnung einer zukunftsweisenden Grundlagenforschung und einer zielgerichteten, anwendungsnahen Forschung bereitet den Weg für Schlüsseltechnologien wie zum Beispiel elektrolyse- sowie biobasierte Verfahren der Wasserstofferzeugung, Methanpyrolyse („türkiser" Wasserstoff), künstliche Photosynthese und Brennstoffzellen. Dabei gilt es sektorspezifische Besonderheiten wie die der Luftfahrt, des Seeverkehrs oder der Industrie zu berücksichtigen und mögliche Spillover-Effekte zwischen verschiedenen Anwendungsbereichen zu nutzen.

Ebenso prüfen wir die Möglichkeiten und Chancen, die sich aus natürlichen Wasserstoffvorkommen ergeben könnten. Dabei fördern wir Forschung in der Gewissheit, dass die Ergebnisse von heute die Innovationen von morgen sein werden. Es bedarf eines Brückenschlags von der Forschung in die Anwendung. Neben den Reallaboren der Energiewende setzen wir auf das bewährte Format der Verbundprojekte mit Partnern aus Wirtschaft und Wissenschaft. Lange Vorlaufzeiten von der Forschung bis in die Anwendung machen es mit Blick auf die zeitige Zielerreichung notwendig, die anwendungsnahe Energieforschung zu stärken.

Wir verstärken die vorwettbewerbliche Zusammenarbeit von Wissenschaft und Wirtschaft auch in der anwendungsorientierten Grundlagenforschung. Flaggschiffvorhaben wie Carbon-to-Chem (CtC) und die Kopernikus-Projekte sind Vorbilder für eine erfolgreiche Zusammenarbeit von exzellenter Wissenschaft und innovativen Unternehmen. Diese Erfahrungen nutzen wir, um international sichtbare „Showcase"-Initiativen mit Exportpotenzial für Wasserstofftechnologien aufzulegen. Wir erforschen unter anderem Wasserstoffanwendungen wie die Direktreduktion zur klimarelevanten Verringerung des CO_2-Ausstoßes in der Stahl- oder Chemieindustrie.

Ziel ist es nun, Innovationen aus dem Labor schneller als bisher in die Anwendung zu bringen und sie nach industriellen Maßstäben umzusetzen. Die Reallabore der Energiewende wurden hierzu als neue Fördersäule der Energieforschung etabliert, um bei Schlüsseltechnologien – allen voran im Wasserstoff-bereich – den Innovationstransfer zu beschleunigen und den Technologien schneller als bislang zur Marktreife zu verhelfen. Auch das Nationale Dekarbonisierungsprogramm beschleunigt die Verfügbarkeit und den Einsatz von innovativen Klimaschutztechnologien in der Industrie, die auf Wasserstoff setzen.

Wasserstoff ist dabei auch ein Bildungsthema: Die Wasserstoffwirtschaft braucht Fachkräfte – in Deutschland und im Ausland. Daher werden wir neue Wege in der Zusammenarbeit von Bildung und Forschung gehen.

IV. GOVERNANCE DER NATIONALEN WASSERSTOFFSTRATEGIE

Zur Überwachung der Umsetzung und Weiterentwicklung der Strategie wird eine flexible und ergebnisorientierte Governance-Struktur ins Leben gerufen.

Ein Ausschuss der Staatssekretärinnen und Staatssekretäre für Wasserstoff der betroffenen Ressorts wird die Aktivitäten der NWS laufend begleiten. Zeichnet sich eine Verzögerung der Umsetzung oder eine Verfehlung der Ziele der Wasserstoffstrategie ab, ergreift der Staatssekretärsausschuss in Abstimmung mit dem Bundeskabinett umgehend korrigierende Maßnahmen und passt den Aktionsplan den neuen Erfordernissen an. Ziel ist es, den fortlaufenden Einklang der NWS mit den Entwicklungen auf dem Markt und die Zielerreichung insgesamt zu gewährleisten.

Die Bundesregierung beruft einen Nationalen Wasserstoffrat. Der Rat besteht aus 26 hochrangigen Expertinnen und Experten der Wirtschaft, Wissenschaft und Zivilgesellschaft, die nicht Teil der öffentlichen Verwaltung sind. Die Mitglieder des Wasserstoffrats sollen über Expertise in den Bereichen Erzeugung, Forschung und Innovation, Dekarbonisierung von Industrie, Verkehr und Gebäude/Wärme, Infrastruktur, internationale Partnerschaften sowie Klima und Nachhaltigkeit verfügen. In seiner ersten Sitzung wählt der Wasserstoffrat eins seiner Mitglieder zur Vorsitzenden bzw. zum Vorsitzenden. Aufgabe des Nationalen Wasserstoffrats ist es, den Staatssekretärsausschuss durch Vorschläge und Handlungsempfehlungen bei der Umsetzung und Weiterentwicklung der Wasserstoffstrategie zu beraten und zu unterstützen. Um die Koordination zwischen Bundesregierung und Wasserstoffrat sowie eine enge Anbindung des Rates an die operative Arbeit der Ressorts bei der Umsetzung der NWS zu gewährleisten, tagen der Staatssekretärsausschuss und der Nationale Wasserstoffrat in regelmäßigen Abständen gemeinsam. Zudem nehmen die Ressortverantwortlichen (z. B. die zuständigen Abteilungsleitungen) der betroffenen Ministerien als Gäste an den Sitzungen des Rates teil.

Auf Wunsch der Länder können auch zwei Repräsentanten der Bundesländer als Gäste an den Sitzungen teilnehmen. Der Wasserstoffrat tritt zweimal pro Jahr zusammen.

Der Innovationsbeauftragte „Grüner Wasserstoff" des Bundesministeriums für Bildung und Forschung ist ständiger Gast des Staatssekretärsausschusses und des Nationalen Wasserstoffrates. Er/Sie verantwortet die Ausrichtung der Forschung- und Entwicklungsaktivitäten des BMBF sowie deren Transfer in die Praxis in Kooperation mit den an der Umsetzung beteiligten Akteuren aus Politik, Wirtschaft und Wissenschaft. Er/Sie trägt vielversprechende innovative Ansätze und Impulse aus Forschung in Verantwortung des BMBF auch in den politischen Raum und die öffentliche Diskussion.

Neben dem Wasserstoffrat richtet die Bundesregierung eine Leitstelle Wasserstoff ein. Im Auftrag der Bundesregierung unterstützt das Sekretariat der Leitstelle die Ressorts bei der Umsetzung der NWS sowie den Wasserstoffrat bei der Koordinierung und Formulierung von Handlungsempfehlungen.

Weitere Aufgabe der Leitstelle ist das Monitoring der Nationalen Wasserstoffstrategie. Die Leitstelle unterstützt ferner die Ressorts aktiv bei der Umsetzung der Nationalen Wasserstoffstrategie durch eine flexible Projektmanagementstruktur. Hierzu werden bei der Leitstelle themenspezifische Task Forces eingerichtet.

Ein jährlicher Monitoringbericht dient dabei sowohl dem Wasserstoffrat als auch dem Staatssekretärsausschuss als Basis für Empfehlungen bzw. Entscheidungen. Neben den wesentlichen Fortschritten zum Aufbau einer Wasserstoffwirtschaft legt der Bericht darüber hinaus dar, welche bislang nicht absehbaren Herausforderungen im Berichtszeitraum aufgetreten sind, und identifiziert den Handlungsbedarf. Dabei berücksichtigt er in besonderem Maße auch die europäische und die internationale Perspektive. Für den Monitoringbericht werden kontinuierlich relevante Indikatoren in den verschiedenen Handlungsfeldern (z. B. die in Deutschland, Europa und in anderen relevanten Staaten installierte Elektrolyseleistung oder die Menge und Herstellungsart von Wasserstoff in den verschiedenen Anwendungsbereichen) erhoben und ausgewertet.

Auf der Grundlage dieser Monitoringberichte wird alle drei Jahre ein erweiterter Bericht erstellt, in dem die Strategie und der Aktionsplan insgesamt evaluiert sowie Vorschläge für deren Weiterentwicklung erarbeitet werden. Ziel ist es, auf dieser Grundlage die laufende Anpassung der NWS an Marktentwicklungen und die Zielerreichung zu gewährleisten.

Zusammenwirken von Bund und Ländern:
Neben den Maßnahmen auf Bundesebene gibt es auch auf Länderebene verschiedene bereits laufende oder geplante Maßnahmen im Bereich Wasserstoff, die für den Aufbau einer Wasserstoffwirtschaft und die Sicherstellung der Vorreiterrolle deutscher Unternehmen nicht minder wichtig sind. Eine enge Zusammenarbeit zwischen Bund und Ländern ermöglicht es, Maßnahmen aufeinander abzustimmen, Synergieeffekte zu nutzen, Pfadabhängigkeiten vorzubeugen, wertvolle Erfahrungen auszutauschen und verbleibende Handlungsbedarfe zu identifizieren.

Zu diesem Zweck wird die Bundesregierung zeitnah (1. Halbjahr 2020) ein geeignetes Plattform-Format einrichten (z. B. Einrichtung eines Bund-Länder-Arbeitskreises „Wasserstoff") und sicherstellen, dass die Länder über die Aktivitäten des Wasserstoffrates informiert sind. Dabei werden bereits bestehende Netzwerke, Initiativen und Arbeitsgruppen zum Thema Wasserstoff berücksichtigt und – sofern sinnvoll – auf diesen aufgebaut."

7.4 Europäische Wasserstoffstrategie

In der EU wirken viele Institutionen an der politischen Willensbildung und ihrer Umsetzung mit. Zentral gehören hierzu das Europäische Parlament und die EU-Kommission, aus deren Originaldomenten hier zitiert wird.

7.4.1 Das Europäische Parlament

Entschließung des Europäischen Parlaments vom 19. Mai 2021 zu einer europäischen Wasserstoffstrategie (2020/2242(INI)) in aus Sicht des Autors besonders themenrelevanten Auszügen:[187]

„Das Europäische Parlament

1.

hält es für geboten, die technologische Führungsrolle der EU im Bereich sauberer Wasserstoff im Wege einer wettbewerbsfähigen und nachhaltigen Wasserstoffwirtschaft mit einem integrierten Wasserstoffmarkt aufrechtzuerhalten und auszubauen;

hebt hervor, dass es einer Wasserstoffstrategie der EU bedarf, die die gesamte angebots- und nachfrageseitige Wertschöpfungskette für Wasserstoff umfasst und mit den Bemühungen der Mitgliedstaaten abgestimmt ist, damit zusätzliche Infrastruktur für die Erzeugung erneuerbaren Wasserstoffs errichtet wird und die Kosten erneuerbaren Wasserstoffs gesenkt werden;

stellt insbesondere fest, dass die heimische Erzeugung erneuerbaren Wasserstoffs in der EU in Bezug auf die Entwicklung und Vermarktung innovativer Elektrolysetechnologien einen Mehrwert bietet;

187 P9 TA(2021)0241, Eine europäische Wasserstoffstrategie, Entschließung des Europäischen Parlaments vom 19. Mai 2021 zu einer europäischen Wasserstoffstrategie, (2020/2242(INI).

betont, dass die Wasserstoffwirtschaft mit dem Übereinkommen von Paris, den klima- und energiepolitischen Zielen der EU bis 2030 und 2050, der Kreislaufwirtschaft, dem Aktionsplan für kritische Rohstoffe und den Zielen der Vereinten Nationen für nachhaltige Entwicklung vereinbar sein muss;

2.
begrüßt die von der Kommission vorgeschlagene Wasserstoffstrategie für ein klimaneutrales Europa, die auch die künftige Überarbeitung der Richtlinie über erneuerbare Energie einschließt, und dass es in den Mitgliedstaaten immer mehr Strategien und Investitionspläne für Wasserstoff gibt ...;

3.
erachtet ein widerstandsfähiges und klimaneutrales Energiesystem als sehr wichtig, das auf den Grundsätzen der Energieeffizienz, Kosteneffizienz, Erschwinglichkeit und Versorgungssicherheit beruht;

betont, dass die Energieerhaltung und der Grundsatz „Energieeffizienz an erster Stelle" Vorrang haben sollten, ohne die Entwicklung innovativer Pilot- und Demonstrationsprojekte zu verhindern;

stellt fest, dass die unmittelbare Elektrifizierung aus erneuerbaren Energiequellen kosten-, ressourcen- und energieeffizienter als Wasserstoff ist, weist aber auch darauf hin, dass Faktoren wie der Versorgungssicherheit, der technischen Machbarkeit und Überlegungen zum Energiesystem Rechnung getragen werden sollte, wenn Festlegungen zu Dekarbonisierungswegen eines bestimmten Wirtschaftszweigs getroffen werden; erachtet in diesem Zusammenhang den Grundsatz der Technologieneutralität im Hinblick auf die Verwirklichung einer klimaneutralen EU als besonders wichtig;

4.
ist der Überzeugung, dass Wasserstoff aus erneuerbaren Quellen für die Energiewende in der EU von entscheidender Bedeutung ist, da nur erneuerbarer Wasserstoff nachhaltig dazu beitragen kann, langfristig Klimaneutralität zu verwirklichen und Knebeleffekten und unwiederbringlich verlorenen Vermögenswerten vorzubeugen; nimmt mit Besorgnis zur Kenntnis, dass erneuerbarer Wasserstoff noch nicht wettbewerbsfähig ist ...;

6.
betont, dass aus Wasserstoff gewonnene Erzeugnisse wie synthetische Kraftstoffe, die mit erneuerbaren Energiequellen hergestellt werden, eine kohlendioxid-neutrale Alternative zu fossilen Brennstoffen sind und daher zusammen mit anderen Lösungen zur Emissionsminderung, z. B. der Elektrifizierung auf der Grundlage von Strom aus erneuerbaren Quellen, wesentlich zur effektiven Dekarbonisierung einer Vielzahl von Wirtschaftszweigen beitragen können;

betont, dass eine branchenübergreifende Anwendung unentbehrlich ist, um den Preis dieser Energieträger durch Skaleneffekte zu senken und für ein ausreichendes Marktvolumen zu sorgen;

Klassifizierung und Normen für Wasserstoff

7.
ist der Ansicht, dass es unbedingt einer gemeinsamen rechtlichen Klassifizierung der verschiedenen Wasserstoffarten bedarf;

begrüßt die von der Kommission vorgeschlagene Klassifizierung als ersten Schritt ...;

10.
hält unionsweite und internationale Normen und Zertifizierungen für dringend erforderlich;

stellt darüber hinaus fest, dass mit den nationalen Verzeichnissen in Einklang gebrachte Herkunftsnachweise in Erwägung gezogen werden sollten, damit die Erzeugung erneuerbaren Wasserstoffs rasch anlaufen kann und sich die Verbraucher bewusst für nachhaltige Lösungen entscheiden können, wodurch das Risiko unwiederbringlich verlorener Investitionen minimiert wird;

11.
... fordert die Kommission außerdem auf, so früh wie möglich im Laufe des Jahres 2021 einen Regelungsrahmen für Wasserstoff vorzulegen, in dem für dessen Normung, Zertifizierung, Herkunftsnachweise, Kennzeichnung und Handelbarkeit zwischen den Mitgliedstaaten gesorgt wird, und zudem die anstehende Überarbeitung des EU-Systems für den Handel mit Treibhausgasemissionszertifikaten zum Anlass zu nehmen, um zu prüfen, welche Änderungen notwendig sind, um das gesamte Potenzial von Wasserstoff zu erschließen ... ;

13.
ist der festen Überzeugung, dass die öffentliche Akzeptanz von entscheidender Bedeutung für die erfolgreiche Errichtung einer Wasserstoffwirtschaft ist; ...;

Ausweitung der Wasserstofferzeugung

14.
hebt hervor, dass im Interesse eines funktionierenden und berechenbaren Wasserstoffbinnenmarkts rechtliche Hindernisse überwunden werden müssen und die Kommission rasch einen kohärenten, integrierten und umfassenden Regelungsrahmen für den Wasserstoffmarkt vorschlagen sollte ...;

15.
ist der Ansicht, dass die Gestaltung des Gasmarkts der EU und das Paket „Saubere Energie“ als Grundlage und Beispiel für die Regulierung des Wasserstoffmarkts dienen könnten ...;

17.
begrüßt die ambitionierten Ziele der Kommission mit Blick auf die Ausweitung der Kapazitäten von Elektrolyseuren und die Erzeugung erneuerbaren Wasserstoffs;

fordert die Kommission auf, einen Fahrplan für die Einführung und die Ausweitung des Einsatzes von Elektrolyseuren zu entwickeln und auf der Ebene der EU-Partnerschaften ins Leben zu rufen, damit die Elektrolyseure kosteneffizient betrieben werden ...;

18.
stellt fest, dass es dank einer nachhaltigen Wasserstoffwirtschaft möglich sein sollte, die Kapazitäten in einem integrierten Energiemarkt der EU auszubauen; stellt fest, dass es auf dem Markt verschiedene Arten von Wasserstoff geben wird, etwa erneuerbaren und CO_2-armen Wasserstoff,

und betont, dass Investitionen getätigt werden müssen, um die Erzeugung von Energie aus erneuerbaren Quellen schnell genug auszubauen, um die klima- und umweltpolitischen Ziele der EU für 2030 und 2050 zu erreichen, wobei CO_2-armer Wasserstoff kurz- und mittelfristig als Brückentechnologie anerkannt werden muss ...;

20.
betont, dass der ökologisch unbedenklichen CO_2-Abscheidung, -Speicherung und -Verwendung eine wichtige Funktion zukommen kann, wenn es darum geht, die Ziele des europäischen Grünen Deals zu verwirklichen;

befürwortet einen integrierten politischen Handlungsrahmen, um die Einführung ökologisch unbedenklicher Anwendungen der CO_2-Abscheidung, -Speicherung und -Verwendung zu begünstigen, mit denen eine Nettoreduzierung der Treibhausgasemissionen bewirkt wird, damit die Schwerindustrie dort, wo keine Möglichkeiten zur direkten Emissionsminderung zur Verfügung stehen, klimaneutral gemacht wird; ...;

stellt in diesem Zusammenhang zudem fest, dass Forschung und Entwicklung im Bereich der Technologien für die CO_2-Abscheidung, -Speicherung und -Verwendung notwendig sind;

21.
... fordert die Kommission und die Mitgliedstaaten auf, mit der Einführung ausreichender zusätzlicher Kapazitäten für Energie aus erneuerbaren Quellen zu beginnen, um die Elektrifizierung und die Erzeugung erneuerbaren Wasserstoffs zu ermöglichen, unter anderem durch die Vereinfachung der Genehmigungsverfahren, und länderübergreifende Partnerschaften auf der Grundlage der Möglichkeiten zu entwickeln, die die verschiedenen Regionen bei der Erzeugung von Energie aus erneuerbaren Quellen und erneuerbarem Wasserstoff haben;

23.
fordert, dass die Energiebesteuerungsrichtlinie überarbeitet wird;

fordert die Mitgliedstaaten auf, eine Senkung der Steuern und Abgaben auf erneuerbare Energie in der gesamten EU in Erwägung zu ziehen, um die doppelte Erhebung von Steuern und Gebühren auf Strom aus Wasserstoffanlagen, die ein Hindernis für den breiteren Einsatz von Wasserstoff ist, zu beseitigen ...;

24.
hebt hervor, dass erneuerbarer Wasserstoff aus mehreren erneuerbaren Energiequellen erzeugt werden kann, darunter Windenergie, Solarenergie und Wasserkraft (einschließlich Pumpspeicherkraftwerken);

betont, dass Altlaststandorte als Flächen für die Erzeugung von Energie aus erneuerbaren Quellen genutzt werden können;

fordert die Kommission auf, vor dem Hintergrund der kürzlich veröffentlichten Strategie für erneuerbare Offshore-Energie zu prüfen, wie mit erneuerbaren Offshore-Energiequellen der Weg für die umfassendere Entwicklung und Einführung von erneuerbarem Wasserstoff geebnet werden könnte;

Bürgerschaftliches Engagement

28.
unterstreicht, dass dem bürgerschaftlichen Engagement ein hoher Stellenwert zukommt, wenn die Energiewende fair und erfolgreich gestaltet und von Mitwirkung und Inklusion geprägt sein soll;

hebt daher hervor, dass alle Akteure an den Kosten und Vorteilen in einem integrierten System beteiligt werden müssen;

29.
betont, dass Erneuerbare-Energie-Gemeinschaften in die Wasserstofferzeugung eingebunden werden können;

weist darauf hin, dass diesen Gemeinschaften gemäß der Richtlinie (EU) 2019/944 ein günstiger Rahmen bereitgestellt werden muss und fordert, dass sie die gleichen Vorteile wie andere Akteure erhalten;

Wasserstoffinfrastruktur

33.
hält es für dringend erforderlich, die Infrastruktur für die Erzeugung, die Speicherung und den Transport von Wasserstoff aufzubauen, Anreize für einen angemessenen Kapazitätsaufbau zu setzen und Angebot und Nachfrage parallel zu entwickeln; betont zudem, dass die Entwicklung von Wasserstoffnetzen mit diskriminierungsfreiem Zugang wichtig ist;

weist auf die Synergievorteile hin, die sich aus der Kombination der Wasserstofferzeugung und -infrastruktur mit anderen Teilen flexibler Multi-Energie-Systeme ergeben, z. B. der Wärmerückgewinnung aus der Elektrolyse für Fernwärmenetze;

begrüßt den Vorschlag der Kommission zur Änderung der TEN-E-Verordnung; begrüßt die Aufnahme von Wasserstoff als eigene Energieinfrastrukturkategorie

und stellt fest, dass die Anlagen neu gebaut oder Erdgasanlagen umgebaut werden können oder eine Kombination möglich ist;

nimmt darüber hinaus das neu vorgeschlagene Leitungs- un Lenkungssystem für die Planung von Infrastruktur unter Beteiligung von Wasserstoffbetreibern zur Kenntnis;

34.
weist darauf hin, dass parallel zu der Konzentration auf Industriecluster in der ersten Phase bereits mit der Planung, Regulierung und Entwicklung der Infrastruktur für den Transport von Wasserstoff über größere Entfernungen und die Speicherung sowie mit der angemessenen finanziellen Unterstützung dieser Infrastruktur begonnen werden sollte, damit die Einführung von Wasserstoff in vielen Branchen tatsächlich erfolgen kann;

begrüßt in diesem Zusammenhang die künftige Aufnahme der Wasserstoffinfrastruktur in EU-Pläne, etwa in die Zehnjahresnetzausbaupläne;

35.
betont die Bedeutung einer transparenten und wissenschaftlich fundierten künftigen Infrastruktur und einer integrierten Netzplanung unter Anleitung öffentlicher Einrichtungen wie der Agentur der EU für die Zusammenarbeit der Energieregulierungsbehörden (ACER) und unter Beteiligung von Interessenträgern und wissenschaftlichen Gremien ...;

36.
fordert die Kommission und die Mitgliedstaaten auf, die Möglichkeit einer Umwidmung bestehender Gasfernleitungen für den Transport von reinem Wasserstoff und die unterirdische Speicherung von Wasserstoff wissenschaftlich bewerten zu lassen und dabei verschiedene Faktoren wie eine Kosten-Nutzen-Analyse sowohl aus technisch-wirtschaftlicher als auch aus regulatorischer Sicht, weiterhin auch die Integration des Gesamtsystems und die langfristige Effizienz der Kosten zu berücksichtigen;

stellt fest, dass durch die Umwidmung von Gasinfrastruktur, die an geeigneten Orten bereits besteht oder in Bau ist, die Kosteneffizienz maximiert, der Landverbrauch und der Verbrauch an Ressourcen und die Investitionskosten minimiert und die sozialen Auswirkungen auf die Bevölkerung so gering wie möglich gehalten werden könnten;

betont, dass die Umwidmung der Gasinfrastruktur für die Nutzung von Wasserstoff in den vorrangigen Branchen emissionsintensiver Industriezweige von Bedeutung sein kann, wozu auch Verbindungen zwischen Industriestandorten und multimodalen Verkehrszentren gehören, wobei zu berücksichtigen ist, dass Wasserstoff mit den effizientesten Mitteln transportiert werden muss;

fordert die Kommission und die Mitgliedstaaten nachdrücklich auf, dafür zu sorgen, dass die gesamte potenzielle künftige Gasinfrastruktur mit reinem Wasserstoff kompatibel ist;

fordert die Kommission auf, zu prüfen, wo das Blending von Wasserstoff derzeit eingesetzt wird ...

37.
betont, dass die Wasserstoffinfrastruktur reguliert werden muss, insbesondere was ihren Betrieb und ihre Anbindung an das Energienetz betrifft, und dass die Entflechtung als Leitprinzip für die Gestaltung der Wasserstoffmärkte beibehalten werden muss; ...;

38.
betont die strategisch entscheidende Funktion von multimodalen See- und Binnenhäfen als Innovationspools und Knotenpunkte für die Einfuhr, Erzeugung, Speicherung, Lieferung und Nutzung von Wasserstoff;

hebt hervor, dass Platz und Investitionen in die Hafeninfrastruktur erforderlich sind, um die Nutzung neuer emissionsfreier und emissionsarmer Technologien an den Küsten und in den Häfen der Mitgliedstaaten zu fördern ...;

Nachfrage nach Wasserstoff

39.
weist darauf hin, dass die Nachfrage nach Wasserstoff hauptsächlich von den Wirtschaftszweigen ausgehen sollte, in denen der Einsatz von Wasserstoff nahezu wettbewerbsfähig ist oder die derzeit nicht mittels anderer technologischer Lösungen dekarbonisiert werden können;

stimmt der Kommission zu, dass die wichtigsten Leitmärkte für die Wasserstoffnachfrage die Industrie sowie der Luft-, See- und Schwerlastverkehr sind; ...;

40.
begrüßt, dass die Kommission mehrere Optionen für Anreize auf der Nachfrageseite in Betracht zieht;

stimmt mit der Kommission darin überein, dass auf die Nachfrage ausgerichtete Maßnahmen und klare Anreize für die Anwendung und den Einsatz von Wasserstoff in Endverbraucherbereichen zur Stimulierung der Nachfrage nach Wasserstoff – etwa Quoten für die Verwendung von sauberem Wasserstoff in einer begrenzten Anzahl bestimmter Wirtschaftszweige, Garantien der Europäischen Investitionsbank zur Senkung des anfänglichen Risikos von Koinvestitionen, bis Kostenwettbewerbsfähigkeit erreicht ist, und Finanzinstrumente – darunter CO_2-Differenzverträge für Projekte, bei denen erneuerbarer oder CO_2-armer Wasserstoff verwendet wird – für einen Übergangszeitraum in Betracht gezogen werden könnten, um die Dekarbonisierung mittels sauberen Wasserstoffs dort voranzubringen, wo die Wettbewerbsfähigkeit der Endnutzer unbedingt erhalten bleiben muss ...;

41.
stellt fest, dass der Einsatz von Wasserstoff durch bestimmte geltende rechtliche Rahmenbedingungen behindert wird; legt der Kommission und den Mitgliedstaaten nahe, rechtliche Rahmenbedingungen zu beschließen, mit denen die Nachfrage nach Wasserstoff angeregt wird und negative Anreize wie Rechtsunsicherheit beseitigt werden;

42.
fordert die Kommission nachdrücklich auf, im Rahmen der Aktualisierung und Umsetzung der neuen Industriestrategie für Europa Leitmärkte für Technologien für erneuerbaren Wasserstoff und deren Einsatz für eine klimaneutrale Produktion – insbesondere in der Stahl-, Zement- und Chemieindustrie – zu fördern;

fordert die Kommission auf, die Möglichkeit zu prüfen, mit erneuerbarem Wasserstoff hergestellten Stahl als positiven Beitrag zur Erreichung der für die gesamte Flotte geltenden CO_2-Emissionsreduktionsziele anzuerkennen; fordert die Kommission zudem nachdrücklich auf, bald eine EU-Strategie für sauberen Stahl vorzulegen, die einen angemessenen Schwerpunkt auf den Einsatz erneuerbaren Wasserstoffs enthalten sollte;

43.
weist erneut darauf hin, dass ein Viertel der CO_2-Emissionen in der EU auf den Verkehr entfällt und der Verkehr der einzige Wirtschaftszweig ist, in dem die Emissionen im Vergleich zu den Werten von 1990 nicht gesenkt wurden;

hebt hervor, dass Wasserstoff eines der Instrumente sein könnte, mit denen die CO_2-Emissionen von Verkehrsträgern gesenkt werden, insbesondere dort, wo die vollständige Elektrifizierung sich schwieriger gestaltet oder noch nicht möglich ist; betont, dass eine Betankungsinfrastruktur aufgebaut werden muss, um den Einsatz von Wasserstoff im Verkehr voranzubringen;

unterstreicht in diesem Zusammenhang, dass die TEN-V-Verordnung („Verordnung über transeuropäische Verkehrsnetze“) und die Richtlinie über alternative Kraftstoffe unbedingt überarbeitet und dabei konkrete Ziele für die Integration der Wasserstoffinfrastruktur in die Verkehrssysteme festgelegt werden müssen, damit es künftig in der gesamten EU öffentlich zugängliche Wasserstofftankstellen gibt;

begrüßt die Absicht der Kommission, im Rahmen der Strategie für nachhaltige und intelligente Mobilität und der Überarbeitung der Richtlinie über den Aufbau der Infrastruktur für alternative Kraftstoffe eine Wasserstoffbetankungsinfrastruktur aufzubauen; betont zudem, dass Synergieeffekte zwischen dem TEN-V, dem TEN-E und den Strategien für alternative Kraftstoffe geschaffen werden müssen, was dazu führen soll, dass nach und nach Wasserstofftankstellen errichtet werden und dies mit wesentlichen technischen Voraussetzungen und harmonisierten Normen auf der Grundlage von Risikobewertungen einhergeht;

44.

unterstreicht, dass sich Wasserstoff ... gut dafür eignet, bei bestimmten Verkehrsträgern fossile Brennstoffe zu ersetzen und die Treibhausgasemissionen zu senken; betont, dass der Einsatz von Wasserstoff in Reinform oder als synthetischer Brennstoff oder Biokerosin ein entscheidender Faktor bei der Substitution fossilen Kerosins in der Luftfahrt ist;

hebt zudem hervor, dass Wasserstoff im Verkehr in begrenztem Umfang bereits im Verkehr, insbesondere im Straßentransport, im öffentlichen Verkehr und in bestimmten Segmenten des Eisenbahnbetriebs eingesetzt wird, insbesondere dort, wo eine Elektrifizierung der Strecke wirtschaftlich nicht sinnvoll ist;

betont, dass strengere Rechtsvorschriften erforderlich sind, um Anreize für die Verwendung emissionsfreier Kraftstoffe und anderer sauberer Technologien einschließlich erneuerbaren Wasserstoffs zu setzen und – sobald sie uneingeschränkt verfügbar sind – eventuell mit ihrer Verwendung im Schwerlastverkehr, in der Luftfahrt und in der Seeschifffahrt zu beginnen;

45.

fordert die Kommission auf, Forschung und Investitionen im Rahmen der Strategie für nachhaltige und intelligente Mobilität zu verstärken und zu prüfen, ob die Richtlinie über erneuerbare Energie überarbeitet werden muss, damit für alle Lösungen im Bereich des Verkehrs ... gleiche Wettbewerbsbedingungen herrschen;

Forschung, Entwicklung, Innovation und Finanzierung

46.

betont, dass Forschung, Entwicklung und Innovation entlang der gesamten Wertschöpfungskette und bei der Durchführung von Demonstrationsvorhaben in industriellem Maßstab einschließlich Pilotprojekten und im Hinblick auf deren Markteinführung sehr wichtig sind, wenn es gilt, erneuerbaren Wasserstoff wettbewerbsfähig und erschwinglich zu machen und die Integration des Energiesystems zu vollenden und dabei die geografische Ausgewogenheit unter besonderer Beachtung der CO_2-intensiven Regionen zu wahren;

fordert die Kommission auf, Forschungs- und Innovationsanstrengungen für die Durchführung breit angelegter Projekte mit großer Wirkung zu fördern, um den Technologietransfer über die gesamte Wasserstoffwertschöpfungskette hinweg zu sichern;

begrüßt in dieser Hinsicht die Einführung mobiler Laboratorien in Städten in der EU, um auf der Nutzung alternativer Kraftstoffe basierende Versuchsanordnungen im Bereich des nachhaltigen öffentlichen Verkehrs zu fördern, und spricht sich dafür aus, Wasserstoff in die Liste der Kraftstoffe aufzunehmen, die im Zusammenhang mit diesen Versuchen verwendet werden;

47.
hebt hervor, dass sehr viel Geld investiert werden muss, um die Kapazitäten für die Erzeugung von erneuerbarem Wasserstoff auf- und auszubauen, erneuerbaren Wasserstoff wettbewerbsfähig zu machen und häufig noch in einem frühen Entwicklungsstadium befindliche Wasserstofflösungen zu fördern, ...;

51.
betont, dass die EU bei der Herstellung von Elektrolyseuren nach vorliegendem Wissen führend ist und diesen Wettbewerbsvorteil beibehalten und ausbauen muss; ist der Ansicht, dass sich die Forschungs- und Entwicklungsanstrengungen der EU zwecks Erhöhung des Technologie-Reifegrads auf eine breite Palette möglicher neuer Quellen und Technologien für erneuerbaren Wasserstoff richten sollten, wozu etwa Wasserstoff zählt, der per Fotosynthese, aus Algen oder mittels Meerwasserelektrolyseuren erzeugt wird;

52.
begrüßt die europäische Allianz für sauberen Wasserstoff („Allianz"), weitere Initiativen und Vereinigungen für erneuerbaren Wasserstoff, das „European Hydrogen Forum" und die wichtigen Vorhaben von gemeinsamem europäischem Interesse (IPCEI) als wichtiges Mittel zur Förderung von Investitionen in erneuerbaren Wasserstoff;

legt den Mitgliedstaaten, der Kommission und den Wirtschaftsteilnehmern nahe, das Potenzial der IPCEI rasch zu erschließen, um Vorhaben zu unterstützen, die für die Wasserstoffwirtschaft der EU relevant sind; ...;

54.
begrüßt die Verlängerung der Laufzeit des Gemeinsamen Unternehmens „Brennstoffzellen und Wasserstoff" im Rahmen von Horizon Europa ...;

Internationale Zusammenarbeit bei Wasserstoff

56.
betont, dass die Führungsrolle der EU bei der Herstellung von Wasserstofftechnologien die Möglichkeit bietet, die Industrieführerschaft und die Innovationskraft der EU auf weltweiter Ebene zu fördern und gleichzeitig die Rolle der EU als weltweiter Vorreiter beim Klimaschutz zu stärken;

betont, dass dem Aufbau einer Wasserstoffversorgungskette in der EU Priorität eingeräumt werden sollte, um Erstanbietervorteile zu nutzen, die Wettbewerbsfähigkeit der Industrie zu fördern und die Energieversorgungs-sicherheit zu stärken;

betont in diesem Zusammenhang, dass das Ziel ausgegeben wurde, die einheimische Wasserstofferzeugung zu erhöhen, und

stellt gleichzeitig fest, dass die Mitgliedstaaten je nach ihrem Bedarf die Möglichkeit prüfen können, Energie aus erneuerbaren Quellen, Wasserstoff und Wasserstoffvorprodukte aus benachbarten Regionen und Drittstaaten einzuführen, um die steigende einheimische Nachfrage nach Wasserstoff zu decken;

57.
fordert die Kommission und die Mitgliedstaaten auf, einen offenen und konstruktiven Dialog zu führen, um eine für beide Seiten vorteilhafte Zusammenarbeit mit benachbarten Regionen einzuleiten, etwa mit Nordafrika, dem Nahen Osten und den Ländern der Östlichen Partnerschaft, wobei die strategischen Interessen der EU und die Energieversorgungssicherheit der Europäischen Union und ihrer Partner zu wahren sind; ...;

58.
betont, dass die internationale Zusammenarbeit mit Drittstaaten im Bereich Wasserstoff, insbesondere mit dem Vereinigten Königreich, den Staaten des Europäischen Wirtschaftsraums, den der Energiegemeinschaft angehörenden Staaten und den Vereinigten Staaten von Amerika, die auf gegenseitig beachteten Regeln und Grundsätzen beruht, etwa auf dem Netzzugang Dritter, der Entflechtung der Eigentumsverhältnisse, auf Transparenz und diskriminierungsfreien Tarifen, ausgebaut werden sollte, um den Binnenmarkt und die Energieversorgungssicherheit zu stärken;

betont, dass nicht mit Drittstaaten zusammengearbeitet werden sollte, gegen die restriktive Maßnahmen der EU – etwa Wirtschaftssanktionen – verhängt wurden, die die Einhaltung der Sicherheitsvorschriften, Umweltschutznormen und Transparenzanforderungen nicht garantieren und bei denen im Fall einer Zusammenarbeit die Sicherheit der Europäischen Union und der Mitgliedstaaten beeinträchtigt würde;

59.
betont, dass importierter Wasserstoff, auch dessen Erzeugung und Transport, in der gleichen Weise wie in der EU erzeugter Wasserstoff zertifiziert sein sollte, damit keine CO_2-Emissionen verlagert werden, und dass diese Wasserstoffeinfuhren mit dem zukünftigen CO_2-Grenzausgleichssystem der Europäischen Union vereinbar sein sollten;

fordert die Kommission und die Mitgliedstaaten außerdem auf, im Hinblick auf die Einfuhr erneuerbaren Wasserstoffs in die notwendige Infrastruktur und den Umbau der vorhandenen Hafeninfrastruktur und der länderübergreifenden Verbindungsleitungen zu investieren;

legt der Kommission nahe, die Funktion des Euro als Referenzwährung im internationalen Handel mit Wasserstoff zu fördern;

60.
ist der Ansicht, dass Wasserstoff zu einem Bestandteil der internationalen Zusammenarbeit der EU werden sollte, unter anderem im Rahmen der Tätigkeit der Internationale Agentur für Erneuerbare Energien (IRENA), der Forschungszusammenarbeit, der Klima- und Energiediplomatie und der Europäischen Nachbarschaftspolitik;

Funktion von Wasserstoff in einem integrierten Energiesystem

61.
hält ein integriertes Energiesystem für geboten, damit bis spätestens 2050 Klimaneutralität verwirklicht werden kann und die Ziele des Übereinkommens von Paris erreicht werden können; ...

ist der Ansicht, dass innovativen Projekten, bei denen die Erzeugung und Rückgewinnung von Strom, Wasserstoff und Wärme kombiniert wird, größere Aufmerksamkeit gewidmet werden sollte;

62.
stellt fest, dass die Entwicklung der Wasserstoffwirtschaft dazu beitragen kann, das Ungleichgewicht im gesamten Energiesystem zu verringern;

weist nochmals darauf hin, dass Wasserstoff eine entscheidende Funktion bei der Speicherung von Energie übernehmen kann, um die technisch und wirtschaftlich bedingten Schwankungen bei Angebot und Nachfrage in Bezug auf Energie aus erneuerbaren Quellen auszugleichen; ...;

63.
hebt hervor, dass eine ambitionierte und taugliche Strategie für die Energiespeicherung mittels Wasserstoffes im Rahmen innovativer Industrie- und Mobilitätslösungen erforderlich ist;

stellt jedoch fest, dass die Verwendung von Wasserstoff für die Speicherung von Energie infolge der hohen Erzeugungskosten noch nicht wettbewerbsfähig ist und dass mit der Energiespeicherung verbundene Energieverluste beim sogenannten Umlauf derzeit auf etwa 60 Prozent beziffert werden.

7.4.2 Die Kommission

Vorab hatte die Kommission unter dem Datum des 8. Juli 2020 ein eigenes Papier vorgestellt:
Eine Wasserstoffstrategie für ein klimaneutrales Europa, Kurzdarstellung.[188]

Hintergrund und Ziele

- Die EU will bis 2050 im Saldo die Emissionen, speziell von Treibhausgasen (THG) wie CO_2 auf Null senken.
- CO_2-arm erzeugter Wasserstoff (H_2), bei dessen Nutzung – insbesondere Verbrennung – keine CO_2-Emissionen entstehen, kann zur weitgehenden CO_2-Reduktion in der Wirtschaft („Dekarbonisierung“) beitragen als
  - Speicher und Puffer für die schwankende Stromproduktion aus erneuerbaren Energien wie Wind und Sonne;
  - Treibstoff für Brennstoffzellen oder Rohstoff für synthetische Kraftstoffe für Luft- und Schifffahrt sowie Lkw;
  - Alternative für fossile Brennstoffe in CO_2-intensiven Industrieprozessen wie der Stahlerzeugung.
- Die EU ist weltweit führend bei Elektrolyseuren, H_2-Tankstellen und Brennstoffzellen.
- 26 Mitgliedstaaten haben sich 2018 der „Hydrogen-Initiative“ angeschlossen; einige – z. B. Deutschland, Frankreich, Niederlande – haben bereits nationale Wasserstoffstrategien verabschiedet.

188 Mitteilung COM (2020) 301 vom 8. Juli 2020: Eine Wasserstoffstrategie für ein klimaneutrales Europa.

- Die Kommission legt in ihrer Wasserstoffstrategie dar, wie zur Dekarbonisierung der Wirtschaft eine rasche Erhöhung der Produktion und Nutzung CO_2-frei oder CO_2-arm erzeugten Wasserstoffs („Wasserstoff-Wirtschaft“) erreicht und nationale Wasserstoffstrategien der Mitgliedstaaten koordiniert werden sollen.

Wasserstoff (H_2): H_2-Erzeugungsarten und CO_2-Emissionen

- Wasserstoff kann auf viele Arten erzeugt werden. Die dabei insgesamt entstehenden CO_2-Emissionen („Lebenszyklus-CO_2-Emissionen“) und Kosten sind abhängig von den genutzten Technologien und Energiequellen.
- H_2-Erzeugungsarten
  - „Fossiler“ Wasserstoff wird aus fossilen Brennstoffen – Erdgas, Kohle – erzeugt.
  - Bei der vorherrschenden H_2-Erzeugung durch Dampfreformierung entsteht viel CO_2 („grauer Wasserstoff“).
  - Bei der H_2-Erzeugung durch Dampfreformierung kombiniert mit CO_2-Abscheidung („Carbon Capture“, CC) können bis zu 90 % des CO_2 aus der Atmosphäre zurückgehalten werden („blauer Wasserstoff“).
  - Bei der H_2-Erzeugung durch die – noch in der Pilotphase befindliche – thermische Spaltung von Methan („Methanpyrolyse“) entsteht kein zusätzliches CO_2 („türkiser Wasserstoff“).
  - „Strombasierter“ Wasserstoff wird aus Wasser erzeugt. Bei der H_2-Erzeugung durch Strom-Elektrolyse in speziellen Anlagen („Elektrolyseure“) entsteht kein zusätzliches CO_2.
  - „Biogener“ Wasserstoff wird aus nachwachsender – „erneuerbarer“ – Biomasse oder aus hieraus gewonnenem Biogas erzeugt. Bei der H_2-Erzeugung durch biochemische Umwandlung von Biomasse oder Dampfreformierung von Biogas wird zuvor in Pflanzen gebundenes CO_2 wieder freigesetzt.
- H_2-Einstufung abhängig von Lebenszyklus-CO_2-Emissionen;
  als „CO_2-arm“ gelten „fossiler“ Wasserstoff mit CO_2-Abscheidung und „strombasierter“ Wasserstoff, wenn jeweils ihre Lebenszyklus-CO_2-Emissionen „erheblich geringer“ sind als bei der derzeitigen H_2-Erzeugung.

Kernpunkte

Ziel der Mitteilung: Die Kommission will die Produktion und Nutzung CO_2-frei und CO_2-arm erzeugten Wasserstoffs rasch erhöhen, damit die EU bis 2050 „klimaneutral“ wird.

Betroffene: Energieerzeuger und -verteiler, Hersteller von Elektrolyseuren, bisherige Nutzer fossil erzeugten Wasserstoffs, Stahlerzeugung und Sektoren, die schwer elektrifizierbar sind wie der Luft-, Schiffs- und Lkw-Fernverkehr.

Pro: Für die Schaffung eines Marktes für CO_2-frei und CO_2-arm erzeugten Wasserstoff ist entscheidend, dass Wasserstoff anhand seiner Lebenszyklus-CO_2-Emissionen EU-weit einheitlich zertifiziert wird.

Contra: Subventionen insbesondere für Demonstrationsprojekte und für Investitionen in Wasserstofftechnologien bergen die Gefahr, dass statt wirtschaftlichen Wettbewerbs ein Wettbewerb um Fördergelder einsetzt und dauerhafte Subventionen entstehen. Es gibt bessere Alternativen. Vorschlag: Durch Anrechnungsmöglichkeiten als alternativer

Kraftstoff oder gezielte Quoten kann ebenso eine Erhöhung der Produktion von „sauberem" Wasserstoff ausgelöst werden, bei der jedoch die Anbieter im wirtschaftlichen Wettbewerb stehen.

Als „sauber" oder „erneuerbar" gilt „strombasierter" Wasserstoff, wenn er mit erneuerbarem Strom erzeugt ist („grüner Wasserstoff") bzw. „biogener" Wasserstoff, sofern – noch zu entwickelnde – „Nachhaltigkeitsanforderungen" erfüllt werden.

Strategieplan – Erste Phase: 2020–2024

Die Kommission will

- regulatorische Voraussetzungen für einen „liquiden und gut funktionierenden Wasserstoffmarkt" schaffen;
- Angebot und Nachfrage in Schlüsselmärkten anregen durch Schließen der „Kostenlücke" zwischen „sauberem" und „CO_2-armem" Wasserstoff einerseits und konventioneller Herstellung andererseits;
  - Wasserstoff soll im Fernverkehr begünstigt werden.
  - Ziel der Kommission bis 2024 ist eine Elektrolyseur-Kapazität in der EU von mindestens 6 GW, die mit erneuerbarem Strom bis zu 1 Mio. Tonnen (t) „sauberen" Wasserstoff erzeugen kann.
  - Damit soll zunächst die derzeitige H_2-Erzeugung dekarbonisiert und die Verwendung von Wasserstoff in Industrieprozessen und bei Lkw gefördert werden. Zum Hochlauf der Produktion wird auch strombasierter „CO_2-armer" Wasserstoff beitragen müssen.
  - Einige existierende Produktionsstätten von „fossilem" Wasserstoff sollten mit CCS nachgerüstet werden.

Strategieplan – Zweite Phase: 2025–2030

- Ziel der Kommission bis 2030 ist eine Elektrolyseur-Kapazität in der EU von mindestens 40 GW, die mit erneuerbarem Strom bis zu 10 Mio. t „sauberen" Wasserstoff erzeugen kann.
- Ein Netz von H_2-Tankstellen sowie große Speicheranlagen müssen eingerichtet werden.
- Zu planen ist ein EU-weites Wasserstoff-Grundnetz mit Teilen des existierenden Erdgas-Netzes.

Strategieplan – Dritte Phase: 2030–2050

- H_2-Technologien zur Erzeugung und Verwendung „sauberen" Wasserstoffs sollen zur Marktreife gelangen und alle Sektoren erreichen, die schwer zu dekarbonisieren sind – wie Luftfahrt, Schifffahrt und Industriegebäude.
- Ein massiver Ausbau erneuerbarer Energien ist notwendig, da 2050 bis zu einem Viertel des erneuerbaren Stroms zur Erzeugung von „grünem" Wasserstoff benötigt wird.

Forschung und Entwicklung

- Öffentliche Gelder für die Forschung und Entwicklung von H_2-Technologien bis zur Marktreife u. a. durch Demonstrationsprojekte werden durch den ETS-Innovationsfonds sowie InnovFin- und InvestEU-Mittel bereitgestellt
- Wichtige Forschungsbereiche sind
  - größere, (kosten-)effizientere Elektrolyseure, Wasserstoff aus Algen, solare Wasserspaltung und Pyrolyse;
  - Infrastrukturlösungen zur Verteilung, Speicherung und Abgabe von Wasserstoff in großen Mengen;
  - Endanwendungen in großem Maßstab und damit verbundene Sicherheitsstandards.

Investitionen in die Wasserstoff-Wirtschaft

- Das InvestEU-Programm, dessen Kapazität durch das Corona-Aufbauprogramm [s. cepAdhoc 07/2020] verdoppelt wird, unterstützt den Ausbau der Wasserstoff-Wirtschaft, indem sie private Investitionen hebelt.
- Eine „Europäische Allianz für sauberen Wasserstoff“ soll Investitionen zwischen Politik und Wirtschaft koordinieren, tragfähige Investitionsprojekte ermitteln und mit ihnen eine klare „Investitionspipeline“ aufbauen.
- Die Kommission schätzt den Investitionsbedarf bis 2030 auf
  - 24–42 Mrd. Euro für Elektrolyseure;
  - 220–340 Mrd. Euro für den Ausbau von 80–120 GW an Wind- und Solarstromkapazität zur Elektrolyse;
  - 11 Mrd. Euro zur Nachrüstung der Hälfte der Produktionsstätten von „fossilem“ Wasserstoff mit CCS;
  - 65 Mrd. Euro für Transport, Verteilung und Speicherung sowie H_2-Tankstellen.

Nachfrageschub und Angebotsausweitung

- Zum „Anschub der Nachfrage“ nach Wasserstoff wird die Kommission
  - „Politiken“ „auf Basis von Bestimmungen“ der neugefassten Erneuerbare-Energien-Richtlinie erkunden; hierzu zählt die Anrechenbarkeit von „sauberem“ Wasserstoff als alternativem Kraftstoff bei der Erfüllung der Vorgaben für Kraftstoffhersteller, wie sie schon bei Biokraftstoffen gilt;
  - Quoten für die Beimischung von „sauberem“ Wasserstoff oder von mit ihm erzeugten synthetischen Brennstoffen in speziellen Endnutzungen – etwa in Chemie oder Verkehr – erwägen; „Quote“ ist ein Anteil am Gesamtvolumen fossiler Energieträger, auch wenn es keine physische Vermischung gibt („virtuelle Beimischung“).
- Zur Ausweitung der Produktionskapazität (Angebotsausweitung) für „sauberen“ Wasserstoff sind verschiedene Formen der „Unterstützung“ erforderlich, bis Wasserstoff wettbewerbsfähig wird,
  - benötigen Investoren Klarheit und Sicherheit im Übergang zur „Wasserstoff-Wirtschaft“,

- einen EU-Standard für die Zertifizierung „CO_2-arme“ H_2-Erzeugung anhand Lebenszyklus-CO_2-Emissionen,
- EU-weite Kriterien für die Zertifizierung „CO_2-armen“ und „erneuerbaren“ Wasserstoffs.

Internationale Perspektive

- Die Kommission strebt eine verstärkte Kooperation mit Nachbarstaaten an.
- Bis 2030 ist geplant, eine Elektrolyseur-Kapazität von 40 GW in Nachbarstaaten der EU zu installieren.
- Die EU-Handelspolitik soll frühzeitig das Entstehen von Markt- und Handelsbarrieren verhindern.

Infrastruktur

- Damit reiner Wasserstoff unabhängig von der Herstellung in der gesamten EU vertrieben werden kann („Interoperabilität des Marktes“), sind EU-weite Qualitätsstandards und Regeln für den grenzüberschreitenden Netzbetrieb notwendig. Mit dem Rückgang der Nachfrage nach Erdgas nach 2020 könnten Elemente der europaweiten Erdgas-Infrastruktur für den grenzüberschreitenden Transport von Wasserstoff umgewidmet werden.

Politischer Kontext

- Die EU hat sich im Klimaabkommen von Paris zur Einhaltung des 2°-Klimaziels verpflichtet (s. Kap. 7.3, Pariser Abkommen). Das daraus folgende Ziel der Klimaneutralität der EU bis 2050 soll durch zahlreiche EU-Maßnahmen erreicht werden. Die vorliegende Wasserstoffstrategie wird durch die zeitgleich veröffentlichte „Strategie zur Energiesystemintegration“ ergänzt, welche die weitgehende Elektrifizierung aller Sektoren oder (wo dies unmöglich oder unwirtschaftlich ist) die Nutzung erneuerbarer oder CO_2-armer Brennstoffe anstrebt.“

7.5 Wasserstoffstrategie in Frankreich[189]

Frankreich war 2018 das erste Land mit einer Wasserstoffstrategie und mit dem dort geäußerten Anspruch, Weltmarktführer in Wasserstofftechnik zu werden. Die Planungen waren auf das gesamte Energiesystem ausgerichtet. Zwei Jahre später veröffentlichte die Regierung eine Wasserstoff-Entwicklungsplanung als Teil des Covid 19 Recovery Programms. In beiden Planungen stand CO_2-freier Wasserstoff im Zentrum, regenerativ (grün) oder aus CO_2- freiem Strom erzeugt, was implizit Strom aus nuklearen Quellen

189 Germany Trade and Invest, 7. September 2020; EWI Köln & Oxford Institute for Energy Studies (Hg), Contrasting European hydrogen pathways, März 2021.

einschloss, zu denen in Zukunft nach dem Willen des Staatspräsidenten auch die neuen SMR (Small Modular Reactors) gehören könnten.[190]

Covid 19 Recovery Programm, H_2-Hochlauf	**Summen bis 2023**
Rückführung des CO_2-Ausstoßes in der Industrie	1,8 Mrd. €
Mobilität (Lkw, Bahn)	0,9 Mrd. €
Forschung und Ausbildung	0,6 Mrd. €

Tabelle 7-1: Mittelverteilung nach Covid 19 Recovery Programm; Quelle: Peter Buerstedde | Paris

Im Covid 19 Recovery Programm ist ein Markthochlauf für die Wasserstoffwirtschaft vorgesehen, gestützt auf Investitionen von rd. 7 Mrd. Euro, die u. a. 150.000 Arbeitsplätze schaffen sollen. Die Hälfte dieser Summe soll bis 2023 ausgegeben werden, verteilt wie in Tabelle 7-1 angegeben. Investitionen für den Heizungsmarkt sind darin nicht vorgesehen.

Regierungsziel ist eine Elektrolysekapazität von 6, 5 GW für das Jahr 2030, bisher das ambitionierteste Ziel in der EU. Da Frankreich Kernkraft mit geringeren variablen Kosten zur Stromerzeugung nutzt und diese Quelle rund um die Uhr zur Verfügung steht, sieht Frankreich sich in günstiger Wettbewerbsposition. Bis 2022 werden sich die Ausgaben für großdimensionierte Elektrolyseanlagen auf 1,5 Mrd. Euro belaufen, wobei auf Kooperation mit Deutschland gesetzt wird.

Einzel-Maßnahmen in der Nationalen Wasserstoffstrategie:

Auf der Versorgungsseite zielt die Regierung auf eine Reduzierung der Elektrolysekosten. Die Kosten pro Einheit können durch eine große Zahl von Volllaststunden reduziert werden. Wenn der Strom vom Netz bezogen wird, können 4000 bis 5000 Volllaststunden erreicht werden. In Frankreich sind etwa 1/3 des Strompreises Steuern und Umlagen. Jedoch sind Betreiber von Elektrolyseuren von Steuern befreit (CSPE), während sie Netzgebühren zahlen müssen (TURPE). So sinken die Betriebskosten um 22, 5 € /MWh. Verglichen mit anderen europäischen Ländern hat Frankreich ohnehin wegen des erwähnten Kernkraftanteils niedrige Strompreise.

Der Wasserstoffplan von 2018 legt Wasserstoff-Bedarfsziele für den Industrie- und Transportsektor fest, nicht jedoch für den Wohnungssektor. Der Industriesektor hat die höchste Priorität in der CO_2-freien Wasserstoffverwendung; hier plant die Regierung den (vollständigen) Ersatz des CO_2-belasteten Wasserstoffs durch carbonfreien Wasserstoff. Bis 2023 ist eine Ersatzquote von 10 % vorgesehen, die bis 2028 auf 20–40% ansteigt.

Die zweite Priorität hat die wasserstoffgestützte Mobilität, Insbesondere der Schwerlastverkehr. Die Regierung verfolgt eine ambitionierte Strategie, diesen Sektor zu dekarbonisieren. Ihr Energie-Wechsel-Gesetz für Grünes Wachstum (Loi de transition énergétique

190 Das Konzept der SMR wird von Hoffnung wie Kritik begleitet, so. z. B. H. Ch. Böhringer, Geht das auch in Klein?, FAZ vom 24. November 2021.

pour la croissance verte) von 2015 begründete eine saubere Mobilität und der Klimaplan sieht jetzt das Ende des Verkaufs von Diesel- und Ottofahrzeugen bis 2040 vor.

Öffentliche Förderung ist für Pilotprojekte wie Flussfähren oder wasserstoffgetriebene Schiffe und den Luftfahrtsektor vorgesehen. Auch sind konkrete Ziele für Brennstoffzellen-Pkw (5.000 bis 2023, 20.000–50.000 bis 2028) und Brennstoffzellen-Lkw (200 bis 2023, 800–2.000 bis 2028) vorgegeben. Die französische Strategie zielt auf die Unterstützung der Brennstoffzelle für unternehmenseigene, depotstationierte Flotten mit festen Fahr- und Tankrouten und berücksichtigt damit die fehlende Wasserstoff-Infrastruktur. Beispiele sind hier Liefer- und Versorgungsfahrzeuge von Firmen, öffentliche Busse oder auch die Müllabfuhr.

Für die Regierung ist ihre Wasserstoffstrategie ein wichtiger, wenn nicht zentraler Teil des Covid 19-Konjunkturpakets. Dies sichert die Finanzierung der Vorhaben außerhalb des regulären Etats. Der „hydrogeniale Plan" wäre ein ideales Instrument, eine eigene französische Industrie aufzubauen.

7.6 Wasserstoffstrategie in Großbritannien

Presented to Parliament by the Secretary of State for Business, Energy & Industrial Strategy by Command of Her Majesty, 17. August 2021:

Zusammenfassung in deutscher Übersetzung[191]

„Wasserstoff ist eine von einer Handvoll neuer, karbonarmer Lösungen, die als substanziell für Großbritanniens Übergang zu Netto-Null -Emissionen gelten können. Als Teil eines weitgehend dekarbonisierten und weitgehend regenerativen Energiesystems kann karbonarmer Wasserstoff ein flexibler Ersatz für die heutigen karbonreichen Treibstoffe sein und uns helfen, die Emissionen in lebenswichtigen Industriebranchen herunterzubringen und Energie für Strom, Wärme und Mobilität bereitzustellen. Die allgemeine Einstellung in Großbritannien, unsere Ressourcen und unser Know-how bieten ideale Voraussetzungen für eine blühende Wasserstoffwirtschaft. Unsere weltbekannte Innovationsfreude und unsere Erfahrung bieten den britischen Unternehmen Gelegenheiten für einen wachsenden Heimat- und Weltmarkt.

Die UK-Wasserstoffstrategie erläutert, wie wir den Fortschritt in den 2020er Jahren vorantreiben wollen, um eine 5 GW-Produktion in 2030 zu erreichen und Wasserstoff so zu positionieren, dass unser Sixth Carbon Budget[192] und unsere Verpflichtung zu Netto-Null erfüllt werden.

Der Anspruch ist: Vor dem Hintergrund von fast 0 an karbonfreiem Wasserstoff heute erfordern die Ziele von 2030 schnelles Aufholen in den nächsten Jahren.

Die Arbeit startet JETZT!

191 Policy paper UK hydrogen strategy (accessible HTML version), Published August 17, 2021, Übersetzungen vom Autor.

192 Sixth Carbon Budget: UK to reduce emissions by 78 % by 2035.

Die UK-Wasserstoffstrategie wählt einen umfassenden Zugang, um einen blühenden H_2-Sektor zu entwickeln. Sie beschreibt, was notwendig ist, um die Herstellung, Verteilung, Lagerung und Verwendung von Wasserstoff einzurichten und die wirtschaftlichen Chancen für unsere industriellen Herzkammern und das ganze UK zu sichern. Anhand klarer Ziele und Leitsätze sowie einer Roadmap, die unsere Erwartungen zu Einrichtung und Entwicklung einer Wasserstoffwirtschaft in der nächsten Dekade zusammenfasst, verbindet die Strategie kurzfristige Schritte mit einer langfristigen Zielsetzung, um Innovationen und Investitionen auszulösen, die wesentlich für unsere Ziele sind.

Chapter 1: The case for low carbon hydrogen

Kapitel 1 bezieht sich auf den Fall CO_2-arm produzierten Wasserstoffs, erläutert seine gegenwärtige Herstellung und Verwendung sowie seine potenzielle Rolle für Nettonull und die Gelegenheiten, die sich UK-Unternehmen und Bürgern bieten, um Vorreiter im globalen Übergang zu Nettonull zu sein. In den Mengen bietet sich je nach zu erreichendem Ziel ein breites Spektrum zwischen 120 und 500 TWh/a an.

Das Kapitel erklärt, wie unsere Ziele für 2030 zu Emissionsminderungen führen, die unseren CO_2-Budgets entsprechen, und zugleich Arbeitsplätze und wirtschaftliches Wachstum für das UK sichern.

Es beschreibt das strategische Rahmenwerk, unsere Handlungsleitlinien und die für 2030 erwarteten Ergebnisse.

Schließlich wird die wichtige Rolle hervorgehoben, die die „devolved nations" (i. e. Schottland, Nordirland und Wales) in unserer Wasserstoff-Story spielen (sollen) und wie die enge Zusammenarbeit der Regierung den Fortschritt in den CO_2-Minderungen und damit verbundene wirtschaftliche Chancen in die Regionen trägt.

Chapter 2: Scaling up the hydrogen economy

Kap. 2 bildet den Kern des Papiers. Es beginnt mit der Planung im Jahr 2020, die gemeinsam mit der Industrie durchgeführt wird und erfasst zunächst die Entwicklung bis 2030.

Das Kapitel betrachtet dann jedes Glied der Wertschöpfungskette gesondert: Produktion, Netzwerke, Industrie, Energiewirtschaft, Gebäude, Transport, s. Abb. 7-11 und erläutert die Aktionen, die wir für das Erreichen unserer Ziele im Jahr 2030 und für die Position des Wasserstoffs im weiteren Ausbau für sinnvoll halten: Die Erfüllung de Carbon Budget Six und das Erreichen von Nettonull.

Schließlich beschreibt das Kapitel, wie wir einen lebendigen Wasserstoffmarkt entwickeln werden und dabei Bewusstsein und Akzeptanz bei den Anwendern zu stärken gedenken. Die geplante Abfolge der Schritte, die sogenannte Road Map, sieht so aus:

Early 2020s (2022-2024)

- **Production:** Small-scale electrolytic production
- **Networks**: Direct pipeline, co-location, trucked (non-pipeline) or onsite use

- **Use**: Some transport (buses, early HGV[193], rail & aviation trials); industry demonstrations; neighbourhood heat trial
- Key actions and milestones
- Phase 1 CCUS[194] cluster decision 2021
- Launch NZHF[195] early 2022
  - Finalise low carbon hydrogen standard 2022
  - Finalise business model 2022
  - Heat neighbourhood trial 2023
  - Value for money case for blending Q3 2022

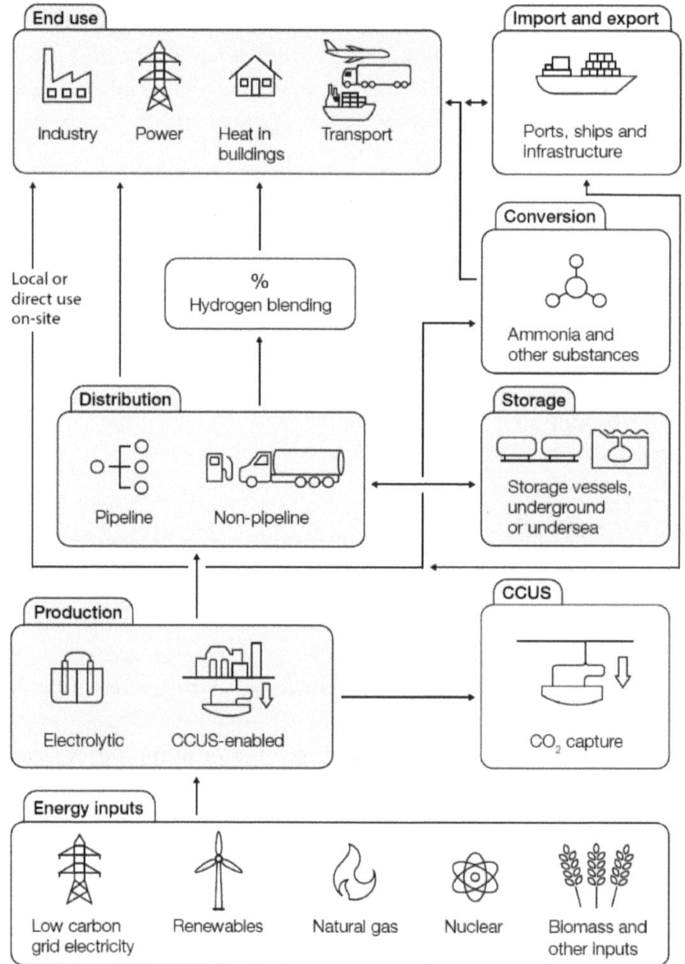

Abb. 7-11: The hydrogen value chain; Quelle: UK Hydrogen Strategy, Fig. 2

193 HGV = Heavy Googs Vehicle.
194 CCUS = Carbon Capture, Utilization and Storage (CCUS).
195 NZHF = Net Zero Hydrogen Fund.

Mid-2020s (2025-2027)

- **Production**: Large-scale CCUS-enabled production in at least one location; electrolytic production increasing in scale
- **Networks**: Dedicated small-scale cluster pipeline network; expanded trucking & small-scale storage
- **Use**: Industry applications; transport (HGV, rail & shipping trials) village heat trial; blending (tbc)
- Key actions and milestones
  - Aiming for 1GW production capacity 2025
  - At least 2 CCUS clusters by 2025
  - Heat village trial 2025
  - Hydrogen heating decision by 2026
  - Decision on HGVs mid-2020s

Late 2020s (2028-30)

- **Production**: Several large-scale CCUS-enabled projects & several large-scale electrolytic projects
- **Networks**: Large cluster networks; large-scale storage; integration with gas networks
- **Use**: Wide use in industry; power generation & flexibility; transport (HGVs, shipping); heat pilot town (tbc)
- Key actions and milestones
  - Ambition for 5 GW production capacity 2030
  - 4 CCUS clusters by 2030
  - Potential pilot hydrogen town by 2030

Ambition for 40 GW offshore wind by 2030

Mid-2030s onward

- **Production**: Increasing scale & range of production – e.g. nuclear, biomass
- **Networks**: Regional or national networks & large-scale storage integrated with CCUS, gas & electricity networks
- **Use**: Full range of end users incl. steel; power system; greater shipping & aviation; potential gas grid conversion
- Key actions and milestones
  - Sixth Carbon Budget

Chapter 3: Realising economic benefits for the UK

Kapitel 3 erklärt, wie wir arbeiten wollen, um die ökonomischen Chancen in ganz England zu sichern, die sich aus der aufblühenden Wasserstoffwirtschaft ergeben, indem wir von der Entwicklung in anderen karbonarmen Techniken lernen.

Es erklärt, wohin wir wollen: erstklassige, nachhaltige Versorgungsketten über die gesamte H_2-Wertschöpfung hin; hochqualifizierte Arbeitsplätze; eine modernisierte Industrie für regionales Wachstum; Sicherstellung, dass wir die richtigen Werkzeuge am richtigen

Ort zur richtigen Zeit haben; Maximierung unserer Stärken in Forschung und Entwicklung zur Beschleunigung der Kostenreduktion und des Technikeinsatzes; Nutzung unserer weltweit führenden Technik; eine attraktive Umwelt, um die richtigen Investitionen in UK-Projekte heranzuziehen und zugleich die Exportchancen zu maximieren, die sich aus einer karbonarmen Wasserstoffwirtschaft ergeben.

Chapter 4: Demonstrating international leadership
Darauf aufbauend zeigt Kapitel 4, wie UK mit anderen führenden Wasserstoffnationen zusammenarbeiten kann, um den Übergang der Welt zu Nettonull zu bewerkstelligen. Es fordert und erklärt die aktive Rolle von UK in vielen der Schlüssel-Institutionen, die die multinationale Zusammenarbeit zur Wasserstoffentwicklung und -politik vorantreiben. Es betont, dass wir aktiv Gelegenheiten zu weiterer Zusammenarbeit mit Schlüsselpartnern suchen werden, um die Entstehung eines Heimatmarktes, von regionalen Märkten und darüber hinaus eines internationalen Marktes für Wasserstoff zu ermöglichen.

Chapter 5: Tracking our progress
Kapitel 5 beschließt die Strategie und macht deutlich, dass eine UK-Wasserstoffwirtschaft den Prinzipien und Ergebnissen in Kapitel 1 und der Road Map in Kapitel 2 folgt.

Dies Kapitel erläutert weiter unser flexibles, transparentes, effizientes und nach vorn schauendes Monitoring und beschreibt die politischen Indikatoren und Kennziffern, die wir zur Verfolgung unserer Fortschritte nutzen werden. Das wird uns helfen, unsere Ziele für 2030 und eine dekarbonisierte Wasserstoffwirtschaft zu erreichen, auf dem Wege zu Carbon Budget Six und Nettonull. Wir werden dabei darauf bedacht sein, die Gelegenheiten zu nutzen, die Wasserstoff für uns bereithält."

7.7 Europa im Überblick und Vergleich

Mit der Studie „Contrasting European Hydrogen Pathways: An Analysis of Differing Approaches in Key Markets"[196] hat das Energiewirtschaftliche Institut der Universität Köln gezeigt, wodurch die Ziele einer künftigen Wasserstofflandschaft in den europäischen Ländern Deutschland, Frankreich, den Niederlanden, Italien, Spanien und dem Vereinigten Königreich geprägt sind und wie sie sich unterscheiden.

Europäische Staaten sehen die Einführung und die Markdurchdringung von Wasserstoff sehr verschieden. Das ist eigentlich nicht weiter erstaunlich: die ökonomischen und politischen Start- und Rahmenbedingungen sind halt unterschiedlich.

So sehen das Vereinigte Königreich und die Niederlande zunächst den blauen Wasserstoff am Start – also den über Dampfreformierung aus Erdgas gewonnen Wasserstoff, der durch Abspeicherung und Speicherung der CO_2-Emissionen (CCS) nachhaltig wird, was wiederum in Deutschland praktisch nicht durchsetzbar war (und sich neuerdings zu ändern scheint). Dem mit Hilfe von Strom aus erneuerbaren Energien und Wasser gewonnenen

196 Institute of energy economics at the unversity of Cologne (Hg), Contrasting European Hydrogen Pathways: An Analysis of Differing Approaches in Key Markets, March 2021.

Grünen Wasserstoff wird insbesondere in südeuropäischen Ländern – Spanien und Italien – der Vorzug gegeben. Beide Länder haben ein hohes Photovoltaik-Potenzial. Auch Deutschland setzt in seiner Nationalen Wasserstoffstrategie auf die Erzeugung von grünem Wasserstoff, und zwar ausschließlich.

Einen Sonderweg, wenn man ihn so bezeichnen will, schlägt Frankreich ein. Der hohe Anteil an Kernenergie im Strommix ermöglicht dem Land die umfangreiche Herstellung von karbonfreiem Wasserstoff, ohne auf regenerative Energien zurückgreifen zu müssen. Da Frankreich auch für die Zukunft auf Kernenergie setzt und sie mit neuen Reaktoren vom Typ SMR weiter ausbauen will[197], kann unser Nachbarland einen schnellen und kostengünstigen Markthochlauf mit Wasserstoff erwarten.

Vor dem Hintergrund unterschiedlicher Ausgangssituationen werden einige Länder wie Deutschland oder Italien Wasserstoff importieren müssen, Deutschland sogar sehr umfangreich und vor allem dauerhaft. Staaten wie das UK, Frankreich oder Spanien stehen auf der anderen Seite: Sie können selbst hergestellten Wasserstoff exportieren. Grund dafür sind die Nutzung von Kernenergie, eine bessere Verfügbarkeit von erneuerbaren Energien, aber auch Technologieoffenheit in der Herstellung des Wasserstoffes.

Die Quantität der Nachfrage ist nach den Untersuchungen in den betrachteten Ländern hoch unsicher, was schon Kap. 6.5, Wasserstoffbedarf, für Deutschland gezeigt hatte. „Hinsichtlich der Nachfrage zeichnen die Studien, die wir analysiert haben, zahlreiche Szenarien", sagte ein führender Vertreter des Oxford Institute for Energy Studies. „Unklar ist insbesondere, ob mittelfristig in Gebäuden und im Verkehr Wasserstoff in größeren Mengen eingesetzt werden wird."[198] Dahinter stecken die schon mehrfach angesprochenen Komplexe „Gebäudeheizung" und „Individualverkehr" (beim wasserstoffgestützten Schwerlastverkehr sind sich wieder alle einig).

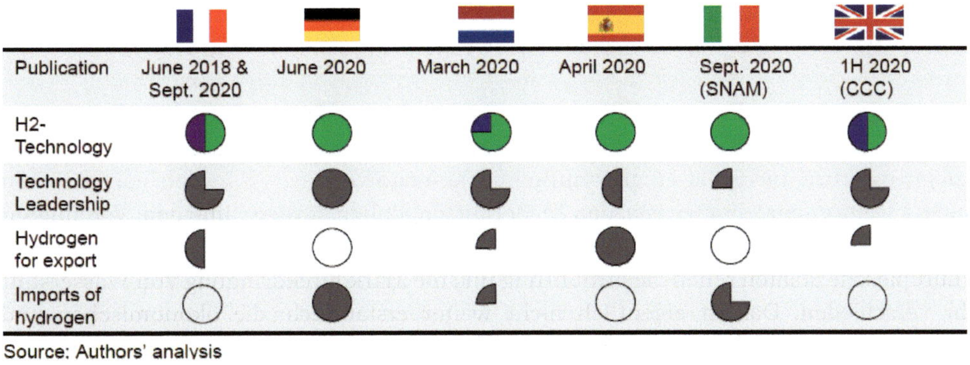

Publication	June 2018 & Sept. 2020	June 2020	March 2020	April 2020	Sept. 2020 (SNAM)	1H 2020 (CCC)
H2-Technology						
Technology Leadership						
Hydrogen for export						
Imports of hydrogen						

Source: Authors' analysis

Abb. 7-12: Vergleich von Wasserstoffstrategien ausgewählter Länder; Quelle: Contrasting European Hydrogen Pathways: An Analysis of Differing Approaches in Key Market, Analyse der Autoren

197 Frankreichs Präsident Emmanuel Macron hat am 10. November 2021 den Bau einer neuen Generation von Atomkraftwerken angekündigt; ntv.de, mau/dpa, 10.11.2021.

198 M. Lambert, Senior Research Fellow am Oxford Institute for Energy Studies.

In der Industrie wird Wasserstoff in allen Ländern als zentral für die Dekarbonisierung gesehen. Die künftige Nutzung und auch der jeweils nationale Stellenwert hängen allerdings stark vom Preis ab. Hier haben die stark vom Import abhängigen Länder, die erneuerbare Energien grundsätzlich oder doch auf absehbare Zeit nicht ausreichend für inländisch produzierten Wasserstoff zur Verfügung haben, einen nicht zu unterschätzenden Nachteil: sie müssen darauf setzen, dass sich hier ein Markt ausbildet, wenigstens für Europa.

Schaut man sich die Programme der einzelnen Länder näher an, so ist auffällig, wie oft national jeweils „Technology Leadership“ in Anspruch genommen wird, s. auch Kap. 7.5, Nationale Wasserstoffstrategie, Kap. 7.7, Wasserstoffstrategie in Frankreich, Kap. 7.8, Wasserstoffstrategie in Großbritannien. Dass sich das im versuchten objektiven Vergleich etwa anders darstellt, zeigt Abb. 7-12. Und schon die ökonomische Logik fordert (wenige) Häuptlinge und (viele) Indianer.

7.8 Wasserstoff in USA[199]

Der große politische Einfluss der fossilen Industrie und der fehlende, Republikaner und Demokraten einbindende Konsens für eine nationale Klimapolitik hatten bislang das Ergebnis, dass in den USA weder auf Bundesebene noch in den Bundesstaaten eine Wasserstoffstrategie verabschiedet wurde – ein wesentlicher Unterschied zu Europa.

Heute sind die USA mit 10–12 Mio. Tonnen jährlich (12-16 % der weltweiten Erzeugung) nach China der zweitgrößte Produzent und Verbraucher von Wasserstoff. Produziert wird In den USA praktisch nur grauer Wasserstoff. Wasserstoffpipelines sind In den USA mit mehr 2.200 km Länge in Betrieb, zusätzlich fast 5.000 Kilometer Ammoniak-Pipelines. Verwendet wird Wasserstoff überwiegend in Raffinerien und der Chemieproduktion, aber auch in der Mobilität: Die Hälfte des weltweiten Bestandes an FCEV ist in den USA registriert (allerdings deutlich weniger als BEV). Die Anwendungen im Straßenverkehr hatten ihren Höhepunkt in den frühen 2000er Jahren, was sich dann mit der zunehmenden Energieunabhängigkeit der USA wieder großenteils erledigte, zumal sich Batteriefahrzeuge zunehmend durchsetzen, zumindest außerhalb von Kalifornien.

Als US-Präsident Trump im August 2016 offiziell verkündete, dass die Vereinigten Staaten aus dem Pariser Klimaabkommen austreten werden, war die Überraschung weltweit groß. Dabei stand die Klimapolitik in den Vereinigten Staaten schon lange vor Trump oft im Mittelpunkt kontroverser Debatten. Die Diskussion begann bereits 1965 mit einem Bericht zum Klimawandel unter der Präsidentschaft von L. B. JOHNSON. Mehr als drei Jahrzehnte später unterzeichnete US-Vizepräsident AL GORE im Jahr 1998 das Kyoto-Protokoll. Allerdings zog Präsident BUSH die Zustimmung der USA zu diesem Abkommen nach seiner Wahl im Jahr 2001 wieder zurück: Das Abkommen war vorher vom US-Kongress nicht ratifiziert worden. B. OBAMA setzte hingegen mit dem Clean Power Plan (CPP) 2014 erneut dezidiert Akzente im Klimaschutz. Unter seiner Präsidentschaft traten

199 Unter Verwendung von adelphi (Hg): Wasserstoff in den USA – Potenziale, Diskurs, Politik und transatlantische Kooperation, Berlin, Januar 2021.

die USA dem Pariser Klimaabkommen bei. Unter Trump wurden die Bemühungen der USA zur Bekämpfung der globalen Erwärmung weit zurückgeworfen.

2021 stand den USA wieder eine klimapolitische Kehrtwende ins Haus: Präsident J. BIDEN hat am ersten Tag seiner Amtszeit den Wiedereintritt in das Pariser Abkommen eingeleitet; sein nationales Ziel ist, bis 2035 den Stromsektor zu dekarbonisieren und bis 2050 die Klimaneutralität zu erreichen. Das ist eine sehr große Aufgabe vor dem Hintergrund, dass die USA mit ihren hohen CO_2-Emissionen als der zweitgrößte Klimasünder der Welt gelten. Eine 180-Grad-Wende in der Klimapolitik tatsächlich umzusetzen, wird für BIDEN und sein Team eine Herkulesaufgabe werden. Ein Beispiel ist das ambitionierte Paket für Klima und Soziales, das BIDEN nur nach einer langen Hängepartie und mit großen Abstrichen am 8. August 2022 durch den Senat bekam. Das Paket sieht für den Klimaschutz Investitionen in Höhe von etwa 370 Milliarden Dollar vor und ist damit das bisher größte Klimavorhaben der US-Geschichte. Durch das Gesetz könnte es den USA möglich sein, schreibt die New York Times, die Treibhausgasemissionen bis zum Ende des Jahrzehnts um etwa 40 % unter das Niveau von 2005 zu senken. Einige Bundesstaaten waren allerdings vorangegangen: bis 2020 hatten sich 22 von ihnen Emissionsreduktionsziele zwischen 80 % und 100 % bis 2050 gesetzt. Wie überhaupt festzustellen ist, dass abweichend von Deutschland die Bundesstaaten der USA ungleich mehr Kompetenzen auf sich vereinigen als unsere Bundesländer.

Die veränderte Einstellung der USA waren schon auf dem von BIDEN im April 2022 einberufenen virtuellen Klimagipfel deutlich geworden, als er eine Reduzierung der Emissionen für 2030 um sogar 50–52 % gegenüber 2005 und karbonfreien Strom bis 2035 angekündigt hatte, sein „nationally determined contribution" oder NDC, das von einer National Climate Task Force begleitet wird.[200] Schon im Wahlkampf war „Renewable Hydrogen" eine der Prioritäten gewesen, die das Biden-Harris-Gespann in der Innovationsstrategie für den Klimaschutz gesetzt hatte. Auch die internationale Wasserstoffdebatte wird in der US-Energiepolitik und -Finanzwelt zu einem erhöhten Interesse an Grünwasserstoff beitragen. Wenn wirksame Maßnahmen umgesetzt werden, könnte das zu einer Wasserstoffinvestitionswelle in den USA führen, so die adelphi-Studie „Wasserstoff in den USA".

Das steht zurzeit noch dahin. Die Abb. 7-13 suggeriert zwar einen Fahrplan für Wasserstoffanwendungen. Sie reflektiert jedoch die Vorstellung von Experten und interessierter Industrie und ist noch lange nicht Bestandteil bundes- oder einzelstaatlicher Politik.

Die USA haben hervorragende Voraussetzungen für die Produktion von grünem Wasserstoff, wie die adelphi-Studie herausstellt; Hintergrund sind ihre umfangreichen und kostengünstigen Solar- und Windenergieressourcen. „Durch den Einsatz eines Bruchteils ihres EE-Potenzials könnten die USA ihren eigenen Energiebedarf vollständig decken und darüber hinaus auch erhebliche Mengen an Grünwasserstoff oder wasserstoffbasierten Energieträgern in weniger gut ausgestattete Länder wie Deutschland exportieren", wie die Studie formuliert.

200 White House Fact Sheet, 22. April 2021.

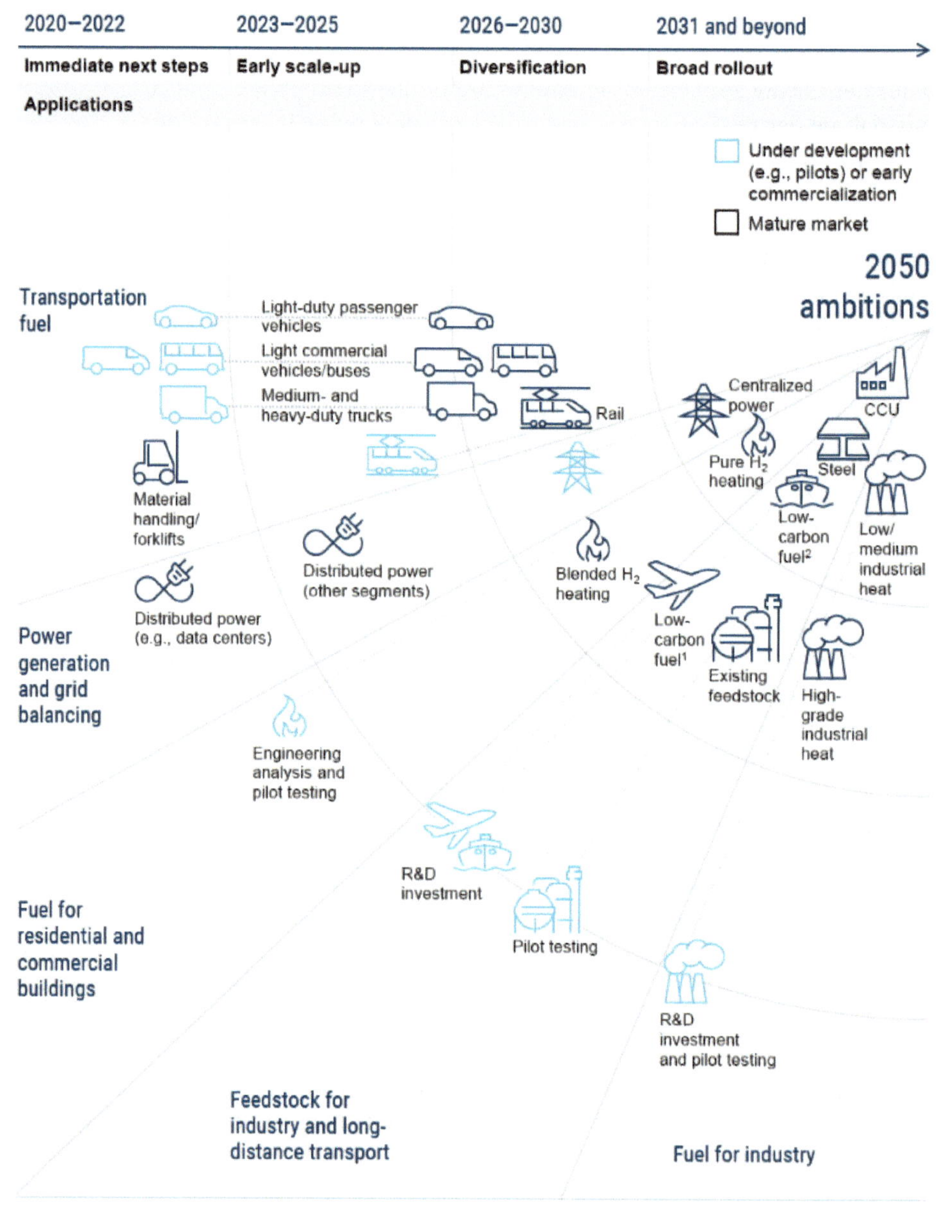

Abb. 7-13: Hydrogen applications road map der Experten; Quelle: Roadmap to a US Hydrogen Economy

Aufgrund günstiger Potenziale und der hohen Marktdynamik könnte eine Grünwasserstoffwirtschaft in den USA sehr schnell wachsen. Mit einer angemessenen CO_2-Bepreisung könnte die großskalige Elektrolyse mit EE-Strom in günstigen Standorten der USA ab den 2030er Jahren konkurrenzfähig mit der Blauwasserstoffproduktion sein. Der Markthochlauf der Grünwasserstoffproduktion könnte allerdings durch eine starke politische Einflussnahme der Fossilindustrie und den bisher fehlenden parteiübergreifenden klimapolitischen Konsens auf föderaler Ebene verlangsamt werden."

Auch für den blauen Wasserstoff bieten die umfangreichen Erdgasressourcen, die regional ausgebaute Gasinfrastruktur und viele geeignete Orte für die CO_2-Speicherung eine gute Basis. CCS wurde in den USA umfangreich gefördert, hat sich bisher jedoch nur auf niedrigem Niveau etabliert. Die bisher größte Anlage dieser Art wurde zwar 2020 stillgelegt. Jedoch gibt es neu die Ankündigung einer wiederum größten Wasserstoffanlage mit CCS-Technologie der Welt durch Air Products, die für 4,5 Mrd. $ in Louisiana entstehen und ab 2026 produzieren soll.[201]

Die Zukunft des blauen Wasserstoffs steht im Grunde dahin; er muss womöglich vorzeitig den Platz zugunsten des grünen Wasserstoffs räumen. Vor dem Hintergrund, dass beim blauen Wasserstoff trotz CCS erhebliche Methanemissionen und CO_2-Restemissionen verbleiben, wäre dies klimatechnisch nicht einmal so schlimm.

Woher die zur breiten Gewinnung von Wasserstoff benötigte Energie kommen soll, haben McKinsey und das Department of Energy (DOE) so beantwortet: aus Windkraft, Photovoltaik, Erdgaswirtschaft und Kernenergie. In der Verwendung sehen sie Wasserstoff und Wasserstoffzellen als Langzeitspeicher für temporär überschüssigen Wind- und Sonnenstrom und auch die Nutzung in Privathaushalten zur autarken Stromversorgung. Aus strategisch-militärischen Gründen dürfte die Kernkraft in den USA trotz ihrer hohen Kosten weiter gefördert werden. Eine Kombination von AKW mit Elektrolyseuren läge nahe: Wasserstoff könnte die schlechte Regelbarkeit von Kernkraftwerken ausgleichen. Konkrete Investitionspläne sind allerdings noch nicht bekannt.

Langfristig bietet Grünwasserstoff den USA nicht nur die Aussicht auf eine klimaneutrale Versorgung von schwer zu dekarbonisierenden Sektoren, sondern nach der adelphi-Studie auch auf großskalige, klimaneutrale Energieexporte. Diese Feststellung könnte helfen, den wahrgenommenen Zielkonflikt zwischen Klimaschutz, Wirtschaftsinteressen und Außen- und Sicherheitspolitik zu entschärfen, und damit auch die Republikaner für eine energiepolitisch progressive Agenda zu gewinnen. Da sich auch immer mehr potenzielle Importländer zur Klimaneutralität bekennen, verliert die Fortsetzung der derzeitigen LNG-Exportstrategie für die USA auf Dauer ohnehin an Akzeptanz.

Unabhängig von einer zentralen, politisch gestützte Wasserstoffstrategie wachsen in den USA die Anwendungsfelder in den Staaten und Regionen, sodass die Prognosen der Abb. 7-14 als realistisch gelten können.

Aktuell wird Wasserstoff in den USA in Raffinerien genutzt, ähnlich wie anderenorts zur Herstellung synthetischer Schmier- und Treibstoffe und auch in der Gewinnung von Ammoniak. Die Stahlindustrie nutzt Wasserstoff zur Sauerstoffbindung bei der Eisenveredelung, noch nicht bei der Verhüttung.

Die Verwendung von Wasserstoff beziehungsweise Wasserstoffzellen im Verkehrssektor wird in den USA ähnlich wie in Europa hauptsächlich für den schweren Straßenferntrans-

201 Z. Chemietechnik, 18. Oktober 2021.

port, das heißt für Lkw und Zugmaschinen, gesehen. Ein Sonderfall ist Kalifornien, wo für Pkw-FCEV nachweisbare und umfangreiche Anwendungen und Erfahrungen mit dem Auf- und Ausbau einer notwendigen Tankstelleninfrastruktur vorliegen.

	Today Immediate next steps	2022 Early scale-up	2025 Diversification	2030 Broad rollout
H_2 demand, metric tons	11 m	12 m	13 m	17 m
FCEV sales	2,500	30,000	150,000	1,200,000
Material-handling FCEVs	25,000	50,000	125,000	300,000
Fueling stations[1]	63	165[2]	1,000[2]	4,300[3]
Material-handling fueling stations[4]	120	300	600	1,500
Annual investment		\$1 bn	\$2 bn	\$8 bn
New jobs[5]		+50,000	+100,000	+500,000

[1] Includes both fueling stations in operation and in development
[2] Stations of 500 kg/day; does not include material-handling fueling stations
[3] Stations of 1,000 kg/day; does not include material-handling fueling stations
[4] Data from Plug Power
[5] Includes direct, indirect, and resulting jobs, building on an estimated 200.000 jobs in the sector today

Abb. 7-14: Wasserstoff in USA bis 2030; Quellen: ROAD MAP TO A US HYDROGEN ECONOMY, McKinsey, Fuel Cell & Hydrogen Energy Association, Electric Power Research Institute, o. Jahr

Dass viele Wasserstoffprojekte ausgerechnet in Kalifornien gestartet werden, hat seinen Grund: Kalifornien gilt in den USA als innovativ und nimmt in der Brennstoffzellentechnik wie generell im Umwelt- und Klimaschutz eine führende Stellung ein. Kalifornien hat so

z. B. einen Emissionshandel eingeführt, was in den USA sonst nur noch Massachusetts und Washington gelungen ist. Dass Kalifornien bei der Wasserstofftechnik vorne liegt, hat auch die New York Times im November 2020 bestätigt, als sie die Dynamik Kaliforniens bei der Umstellung auf den Energieträger Wasserstoff hervorhob.[202]

Auch die Gebäudeheizung gehört in den USA zu den diskutierten Anwendungen für den Wasserstoff. Die aktuelle Statistik weist Erdgas für 47 % und Flüssigerdgas für 8 % der Gebäude aus; beide Quellen von Heizenergie sollen über den Einsatz von Wasserstoff reduziert werden. Geprüft wird etwa eine Beimengung von Wasserstoff, aber auch trägerersetzend der Einbau von Wasserstoffzellen in die Gebäude, sodass Strom zum Heizen und zur Nutzwassererwärmung vor Ort erzeugt würde.

Stationäre Wasserstoffzellen bzw. -speicher kämen nach noch laufenden Analysen auch als Notversorgung in Rechenzentren und Krankenhäusern in Betracht, generell für alle Bereiche, in denen eine ununterbrochene Stromversorgung betriebsnotwendig ist. Da Probleme mit der Stromversorgung in den USA zum Alltag gehören, ist dort dieser bei uns wenig beachtete Punkt nicht unwichtig. Man würde so die Zahl und vor allem auch den Einsatz der Dieselgeneratoren senken, die bisher die Energie für die Notfallversorgung liefern.

Die Beispiele aus Staaten und Branchen der USA zeigen, dass es nicht unbedingt eine regierungsamtliche Strategie geben muss, die ja nach wie vor aussteht. Der Fortschritt bricht sich gewissermaßen „von unten“ Bahn.

7.9 Wasserstoff in Japan

Japan war 2017 das weltweit erste Land, das auf nationaler Ebene den Wasserstoff zum Energieträger der Zukunft erklärt hat. Japan möchte gerne zu einer künftigen Wasserstoff-Großmacht werden, auch mit dem Ziel, seine Technik und sein Know-how später zu exportieren. Japan hat mit der „Basic Hydrogen Strategy“ seine Sicht einer Wasserstoff-Gesellschaft formuliert und Meilensteine zu ihrer Verwirklichung in konkreten Roadmaps definiert.

Ende 2020 hat Japan seine Klimaschutzziele verschärft, mit dem Ziel der Kohlenstoff-Neutralität bis zum Jahr 2050. In der Erreichung dieses Ziel sieht Japan den Wasserstoff in einer zentralen Rolle. In der im Dezember 2020 verfassten und im Juni 2021 aktualisierten „Green Growth Strategy towards 2050 Carbon Neutrality“ werden nun neue Zielmarken gesetzt. Die Deutsche Botschaft berichtet[203], dass schon 2030 ein jährliches Produktionsvolumen von mind. 3 Mio. t Wasserstoff (100 TWh) bzw. in 2050 bis zu 20 Mio. t (also mehr als 700 TWh) erreicht werden soll. Das liegt in der Größenordnung der Prognosen für Deutschland, wie sie in Kap. 6.5, Wasserstoffbedarf, vorgestellt wurden. Derzeit geprüft wird eine Erhöhung auf 10 Mio. t Wasserstoff bis 2030. Im Entwurf des 6. Strategischen Energieplans, der im Herbst 2021 beschlossen werden soll, ist vorgesehen, dass der

202 Portal Germany Trade & Invest: Kalifornien liegt bei Wasserstofftechnologie in den USA vorn, Dezember 2020.

203 Deutsches Wissenschafts- und Innovationshaus Tokyo (DWIH Tokyo), 2021.

Anteil von Wasserstoff/Ammoniak an der Gesamtenergieversorgung Japans bis 2030 auf beachtliche 1 % wächst. Um diese Zuwächse zu ermöglichen, sollen die Produktionskosten sukzessive gesenkt werden, bis 2050 auf unter 2 USD/kg.

Japan verfügt über keine Definition von „grünem" Wasserstoff nach deutschem Verständnis. Es produziert gegenwärtig „blauen" Wasserstoff – das heißt, es wird Kohle als Ausgangsmaterial eingesetzt. Langfristig soll jedoch der „grüne" Wasserstoff an seine Stelle treten und nach japanischen Angaben noch über den von Deutschland geplanten Mengen liegen.[204]

Auch Wasserstoff-Derivate sollen eine stärkere Rolle spielen; hierzu sind Demonstrationsprojekte geplant: Bis 2025 eines für Ammoniak als maritimen Treibstoff sowie bis 2030 als zweites die Erprobung kommerziell nutzbarer Technik für die Produktion von e-Fuels. Die Mitverbrennung von Wasserstoff bzw. Ammoniak in Kraftwerken ist auch ein Programmpunkt in den Bemühungen um Dekarbonisierung, ebenfalls die Verwendung von Wasserstoff bzw. Ammoniak als Energiequelle in neuen bzw. nachgerüsteten thermischen Kraftwerken.

Für seine Forschungs-Landschaft im Bereich der Wasserstofftechnologien setzt Japan nach dem Bericht der Botschaft einerseits ambitionierte Ziele, sieht andererseits aber auch zusätzliche finanzielle Mittel vor. Dazu gehören ein Regierungsfonds in Höhe von ca. 16 Mrd. € ab 2021 über einen Zeitraum von 10 Jahren für grüne Techniken und Steuervergünstigungen für F&E-Investitionen, die helfen sollen, zusätzliche Investitionen der Privatwirtschaft zu mobilisieren. Im Blick von F&E steht dabei besonders die Kostensenkung bei der Wasserstofferzeugung und hier wiederum speziell bei den Elektrolyseverfahren.

Japan und Deutschland bauen ihre wasserstofforientierte Forschungszusammenarbeit aus. Um diese zu vertiefen, entstehen derzeit zwei deutsche Forschungspräsenzen in Japan, beide mit Förderung durch das BMBF. „ECatPEMFCgate" der TU Braunschweig und der Universität Yamanashi widmet sich der nächsten Generation Elektrodenmaterialien für Brennstoffzellen, „H_2-Lab" der Ruhr-Universität Bochum und der Universität Osaka wird Grundlagenforschung zu Biobrennstoffzellen betreiben. Darüber hinaus stellen BMBF und JST (Japan Science and Technology Agency) Mittel für die Forschungsfördermaßnahme 2+ Call zur Verfügung, die auf Materialforschung und Maritime Antriebe mit grünem Wasserstoff zielt; Einreichungsfrist war der 10. Oktober 2021. Die EIG CONCERT Japan,[205] an der u. a. Deutschland (BMBF) und Japan (JST) beteiligt sind, hat am 10. Mai 2021 eine Förderaufruf zur Wasserstoffforschung veröffentlicht; an 19 von 32 eingereichten Projektvorschlägen wirkt Deutschland mit. Projektbekanntmachung und Start sollten noch in 2022 erfolgen. Weitere Fördermaßnahmen zu Wasserstoff sind im Rahmen der Wissenschaftlich-Technischen-Zusammenarbeit zwischen Japan und Deutschland in Planung.

Die japanischen Autohersteller sind Treiber der Wasserstoffszene. Der Hersteller Toyota spielt dabei eine besondere Rolle; dort möchte man Welt-Vorreiter bei Wasserstoff-Fahrzeugen werden. Wasserstoff ist darüber hinaus ein Bestandteil der hauseigenen Konzernpolitik, um die Wirtschaft insgesamt bis 2050 klimaneutral zu gestalten. Im November

---

204 Ein „grüner" Wasserstoff ist in Japan auch Wasserstoff aus fossilen Energieträgern mit nachgeschalteter CCUS (Carbon Capture, Utilisation and Storage).

205 EIG = European Interest Group.

2020 hat das Unternehmen die Produktion der zweiten Generation seines Brennstoffzellen-Modells Mirai gestartet und gleichzeitig die Fertigungskapazitäten auf 30.000 Einheiten pro Jahr erhöht.

Die oberste Vorgabe zur Massentauglichkeit von Brennstoffzellenfahrzeuge ist die Reduzierung des Aufwandes für die Brennstoffzelle und damit der Kosten. Hieran arbeitet Toyota, immerhin der weltgrößte Automobilhersteller und entsprechend kapitalstark, mit großem Aufwand. Zusätzlich sollen Kooperationen mit anderen Unternehmen helfen, wie zum Beispiel BMW. Der japanische Staat hat dezidierte Vorstellungen zur künftigen Rolle von Wasserstoff und Brennstoffzelle. So sieht seine Wasserstoff-Strategie vor, bis 2030 über 800.000 Fahrzeuge, 1.200 Busse und 10.000 Gabelstapler mit H_2-Brennstoffzellen auszustatten und sie damit elektrisch anzutreiben. Auch sollen über 900 Wasserstoff-Tankstellen für die nötige Infrastruktur sorgen. Mehrheitlich ist man in Japan allerdings der Ansicht, dass die Brennstoffzelle zunächst bei Gebäuden eine Massenanwendung erfahren wird. Erwartet werden bis 2030 ca. 5,3 Millionen Brennstoffzellen in privaten Häusern. Das ist nicht ganz neu: Brennstoffzellenheizungen werden schon länger in Japan verwendet. Dort wurden mit staatlichen Hilfen bis zum April 2019 über 300.000 solcher Systeme installiert, die allerdings nach dem damaligen Stand erdgasversorgt waren. Nimmt man nur die reine Zahl der eingesetzten Systeme, so ist Japan seit einigen Jahren der weltweit bedeutendste Anwender von Brennstoffzellen.

Japans Energiepolitik hat jedoch noch eine andere Seite. Während andere Industrieländer ihren Kohle-Ausstieg längst planen oder schon umsetzen, setzt Japan die Abhängigkeit von der Kohle fort, perpetuiert sie sogar. 22 neue Kohlekraftwerke mit einer Leistung von über 10 GW sollen bis 2025 ans Netz gehen. Zwar sollen von insgesamt 140 Kraftwerken 114 alte Anlagen außer Betrieb gesetzt werden; in der Bilanz würde der Kohlestrom-Anteil bis 2030 jedoch nur geringfügig sinken und dann immer noch über ein Viertel zur gesamten Stromerzeugung beitragen. Die neuen sogenannten „Clean-Coal-Kraftwerke" erreichen zwar mit mehr als 40 %, teilweise sogar über 50 % einen höheren Wirkungsgrad als die alten Blöcke und senken dadurch die CO_2-Emissionen der Kohleverstromung – ein großer Rest an CO_2-Verschmutzung bleibt dennoch, und dies auch für lange Zeit angesichts der Lebensdauer solcher Investitionen. Die Regierung bleibt somit auch bei ihrem alten Ziel, die Emissionen bis 2030 um 26 % unter das Niveau von 2013 zu senken – eine weitere Reduktion wie in anderen Ländern ist hier nicht geplant. Auch langfristig setzt Japan also auf Kohle – und den Wiederaufbau der Stromversorgung aus der seit Fukushima belasteten Kernenergie. Ein Ende der Kohleverstromung plant die Regierung erst für die Zeit deutlich nach 2050. Die heftige Kritik von Klimaschützern an dieser Energiestrategie hat hieran nichts geändert; sie ist allerdings auch weniger militant als in Deutschland. Ungeachtet aller Kritik bleibt Japans Regierung ihrer Position treu. Das Hauptargument ist die Sicherung der Energieversorgung. „Japan, von Wasser umgeben, war schon immer ein Land, dem es an Energieressourcen mangelt", sagt der zuständige Beamte in Japans Behörde für Naturressourcen und Energie (Anre), der nach japanischer Praxis anonym bleiben will. Japan muss fast alle Rohstoffe importieren, die es braucht. Anre setzt daher darauf, möglichst viele Energieträger aus möglichst vielen Ländern zu nutzen, um die Energieversorgung weniger anfällig für Krisen zu machen. Ein Pfeiler seien zwar erneuerbare Energiequellen, sagt der Beamte. Doch Kohle bilde bis auf weiteres das Fundament der nationalen Energiestrategie: „Kohlekraftwerke sind eine stabile und wirtschaftlich effiziente Grundlaststromquelle.““[206]

Der Umstieg auf Erneuerbare Energien ist in Japan allerdings auch nicht ganz einfach. Zwei Probleme machen dies beispielhaft deutlich:

Die unterschiedlichen Netzfrequenzen im östlichen und im westlichen Teil Japans (60 bzw. 50 Hertz) machen das Zusammenwirken der beiden Netzteile zum Problem, das noch dadurch an Gewicht gewinnt, als sich Windkraftwerke vornehmlich im Osten und Solarkraftwerke vorwiegend im Westen angesiedelt haben.

Zweitens ist das japanische Stromnetz isoliert und ganz anders als in Europa nicht Teil eines übernationalen Verbundnetzes. Ein Stromausgleich über Grenzen hinweg durch Im- und Exporte ist daher unmöglich.[207]

Progressive Wasserstoffnutzung einerseits, Beharren auf der Kohle und Zurückhaltung beim Umstieg auf erneuerbare Energien andererseits – diese durchaus widersprüchlichen Pole prägen die derzeitige japanische Energiepolitik.

7.10 Wasserstoff in China

Dass China weltweit die Liste der CO_2-Emittenten anführt, ist bekannt, auch, dass die massenhafte Verbrennung von Kohle hierfür die Ursache ist.

Im Länderranking der Steinkohleförderung nimmt China unangefochten Platz 1 ein. Mit 3,8 Mrd. t Steinkohle kam China 2020 auf einen Anteil von 54,3 % an der globalen Kohleförderung. Berichtenswert ist jedoch, dass die inländische Kohleförderung im Wesentlichen bei gut 300 Mio. t/Monat stagniert, mit nur schwachen Steigerungen in den letzten Jahren. Zusätzlich importierte China 2020 Kohle in beträchtlichem Umfang. Durch die hohen Kohleimporte im Dezember 2020 stiegen die Jahresimporte im Vorjahresvergleich um 1,49 % auf 303,99 Mio. t und wuchsen damit das fünfte Jahr in Folge.

Dem entspricht, dass die kohlebasierten CO_2-Emissionen seit 2012 ebenfalls stagnierten bzw. leicht sinken, s. Abb. 7-15. Die industrielle Produktion scheint ein Plateau erreicht zu haben. An ihr ist im Übrigen maßgeblich die Zementindustrie beteiligt: China ist mit 55 % der globalen Zementproduktion Weltmarktführer. Die chinesischen Zementwerke stoßen mehr CO_2 aus als die gesamte deutsche Industrie; sie müssen den seit vielen Jahren anhaltenden Bauboom bedienen.

Chinas Umweltminister Huang Runqiu erneuerte im Januar 2021 beim online durchgeführten Davoser Weltwirtschaftsforum die schon früher gegebene Zusage, sein Land würde mehr als bisher für den Klimaschutz zu tun: „Wir werden uns noch mehr anstrengen, nicht-fossile Energieträger auszubauen, schneller den Höhepunkt des CO_2-Ausstoßes zu erreichen und eine kohlenstoffarme Industrie aufzubauen.“[208] Die chinesische Regierung hatte schon 2020 verlauten lassen, dass China noch vor dem Jahr 2030 die CO_2-Emissionen verringert haben würde. Bis 2060 soll das Land CO_2-neutral sein – was deutlich später ist als

206 M. Kölling, Tokio, in: NZZ vom 28. Juli 2020.
207 Agora, Integrating renewables into the Japanese power grid by 2030, 2019.
208 https://www.tagesschau.de/1. Februar 2021.

es die Programme der westlichen Industrieländer ankündigen. Im Vorfeld des G20-Gipfels 2021 in Rom hat China dies Datum kompromisslos bestätigt, s. auch weiter unten.

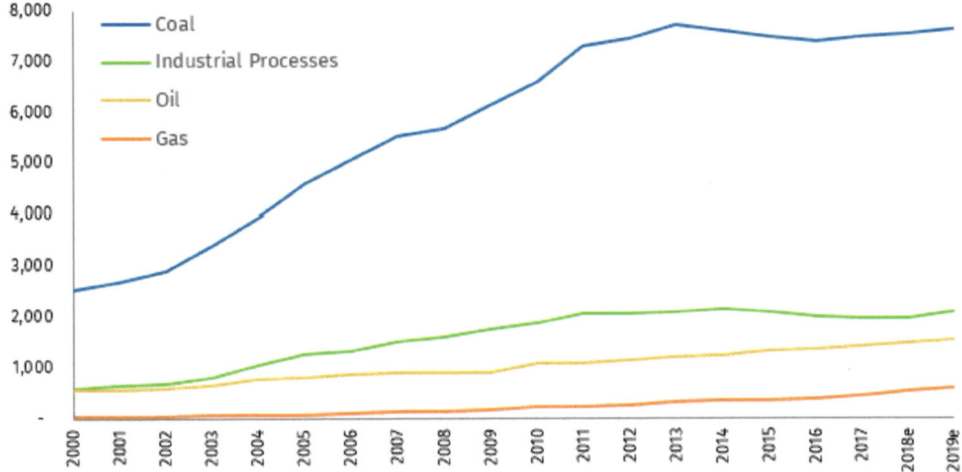

Abb. 7-15: Entwicklung der CO_2-Emissionen in China in Mio. t; Quelle: Rhodium Climate Service, 2018 und 2019 vorläufig

Immerhin hat das Land inzwischen auch den Emissionshandel entdeckt. Chinas CO_2-Emissionshandel startete Anfang 2021 recht begrenzt und bezieht sich zunächst nur auf etwa 2200 Firmen, meist Kraftwerke in staatlichem Besitz. Ihnen stehen Emissionszertifikate in staatlich vorgegebenem Umfang zur Verfügung, die einem definierten Ausstoß von CO_2 entsprechen. Bei Überschreiten dieses Volumens müssen Zertifikate zugekauft werden, bei Unterschreiten können die Betreiber nicht verwendete Zertifikate verkaufen. Ein durchaus marktwirtschaftlicher Ansatz also, der dem Muster des Europäischen Emissionshandels folgt.[209] Allerdings weicht er in einem entscheidenden Punkt vom europäischen Vorbild ab: In Europa verringern sich die die verfügbaren CO_2-Budgets mit jedem Jahr, die Zertifikate werden also knapper und nach Marktgesetzen zunehmend teurer. Die Produkte folgen im Preis, ggf. bis zu Unwirtschaftlichkeit und Stilllegung, wie bei älteren Kohlekraftwerken bereits zu beobachten. In jedem Fall entsteht für die Unternehmer ein Rationalisierungs- und Innovationsdruck in Richtung geringeren CO_2-Ausstoßes. „China hat das ganz anders aufgesetzt. Dort konzentriert man sich auf die Emissions-Intensität. Es geht also um die Frage, wieviel CO_2 pro Kilowattstunde Strom ausgestoßen wird", erklärt B. KNOPF. Generalsekretärin des Berliner Klimaforschungsinstituts MCC. „Im chinesischen System wird die Effizienzsteigerung belohnt. Die Kraftwerke werden effizienter und stoßen weniger CO_2 pro Kilowattstunde aus. Aber ob in der Summe nicht mehr Kilowattstunden produziert

209 https://www.tagesschau.d.de/ 24. Februar 2021.

und damit mehr Emissionen ausgestoßen werden, ist mit dem chinesischen System nicht sichergestellt“.[210]

Im Grundsatz hat sich jedoch der Gedanke einer Energiewende im Jahr 2020 etabliert Auch die Erneuerbaren Energien haben ihren Platz in China gefunden, sogar einen ständig zunehmenden. So stiegen die Anteile der erneuerbaren Energien an der Stromerzeugung in den ersten Monaten des Jahres 2020, obwohl die Corona-Pandemie der chinesischen Wirtschaft stark zusetzte. Im letzten Quartal 2020 hat China sogar mehr regenerative Kapazitäten neu geschaffen als das Gesamtvolumen an PV- und Windanlagen in Deutschland zu diesem Zeitpunkt ausmachte.

Hinzu kommt der geplante weitere Ausbau der Kernenergie, was man ebenfalls als positiven Beitrag zum Klimaschutz verbuchen muss. Der Baubeginn des neuen Reaktortyps CAP 1400 (auch: Guohe One) durch die China's State Power Investment Corp (SPIC) im Jahre 2020 wird China nach 12 Jahren Forschung und Entwicklung unabhängig vom Westen machen, auch wenn es sich um eine auf 1.500 MW vergrößerte Weiterentwicklung des AP1000-Reaktors der US-Firma Westinghouse und damit um einen klassischen Druckwasserreaktor handelt. Die Planung geht darauf hinaus, eine größere Zahl des CAP 1400 über das ganze Land zu verteilen, ihn aber auch für den Export bereitzuhalten.[211]

Techniken der Stromerzeugung	**Anteile**
Thermisch	68 %
Wasserkraft	18 %
Windkraft	6 %
Kernenergie	5 %
Solar	3 %

Tabelle 7-2: Anteile der verschiedenen Erzeugungstechnologien am chinesischen Strommix im Jahr 2020, Erzeugung 7623 TWh; Quelle: Energy Brainpool

China ist ein klimapolitisch ein widersprüchliches Land. Es hält einerseits quantitativ die Weltspitze im Zubau erneuerbare Energien. Chinesische Unternehmen liegen andererseits beim Kraftwerksausbau auf Kohlebasis mit 54 GW in 20 Ländern weltweit an erster Stelle. China ist damit allerdings nicht allein: Die Kredite für den Bau von Kohlekraftwerken weltweit stammen überwiegend von japanischen und europäischen Banken. Beides geriet in Glasgow in die Kritik, s. Kap. 7.3, Pariser Abkommen und die Folgen, mit zweifelhafter Aussicht auf Erfolg.

Auf der Ebene der hohen Politik stellt sich die energiepolitische Situation Chinas etwas freundlicher dar. Präsident Xi Jinping hatte im September 2020 zur Überraschung der Welt de Peak der CO_2-Emissionen für sein Land mit 2030 annonciert. im Vorfeld der Konferenz von Glasgow hat China im Oktober 2021 die schon früher abgegebenen Erklärungen

210 B. Knopf, MCC, in: Haustechnik Dialog, 24. Februar 2021.

211 Magazin Stern, 05.10.2020, und World Nuclear News, 22. September 2020.

nochmals bestätigt und dabei leicht modifiziert: Der Höchststand der CO_2-Emissionen soll jetzt vor dem Jahr 2030 und die CO_2-Neutralität vor dem Jahr 2060 erreicht werden. Bis 2030 soll die installierte Leistung[212] aus Wind- und Solarenergie im Land 1,2 Mrd. kW betragen.

„Es wird erwartet, dass Wasserstoff eine viel wichtigere Rolle spielt, um die Treibhausgasemissionen des Landes drastisch zu senken", gab The Japan Times aus einem im Oktober 2020 in China veröffentlichten Bericht wieder.[213] Der chinesische Staatsrat habe in einem 15-Jahres-Plan für New Energy Vehicles (NEVs) vom 2. November 2020 erklärt, dass das Land künftig auf die Einrichtung von Brennstoffzellen-Lieferketten setzen werde. Es sei Förderung für die Entwicklung von wasserstoffbetriebenen Autos, Lastwagen und Bussen vorgesehen. Es sollen sogar Städte belohnt werden, die die gesetzten Ziele erreichen. Eine Million Brennstoffzellenfahrzeuge wolle China bis 2030 in Betrieb haben ... Der Absatz von Brennstoffzellenfahrzeugen werde sich in den nächsten fünf Jahren ... verzehnfachen ...

Vor diesem Hintergrund ist auch das Engagement des Hauses Bosch zu sehen. Das Gemeinschaftsunternehmen Bosch Hydogen Power Systems hat 2021 in Quingling Motors einen Partner gefunden, um möglichst alle chinesischen Fahrzeughersteller mit Brennstoffzellen-Systemen beliefern können.[214] Noch im Jahr 2021 sollte eine Testflotte von 70 Quingling-Lastwagen mit Bosch-BZ-Technologie an den Start gehen.

Das Land fokussiert sich darauf, für den eigenen Bedarf zu produzieren. „China entwickelt sich stetig und setzt auf ein geschlossenes System. Auch wenn es sicher Technologien exportieren will, verfolgt es nicht die Strategie, zum Wasserstoffexporteur zu werden", sagte B. HEID von McKinsey dem Handelsblatt.[215] Die chinesische Führung habe angezeigt, sie wolle den Aufbau der Wasserstoffwirtschaft mit 20 Mrd. Euro fördern.

Hierzu passt die aktuelle Ankündigung zum Bau der weltgrößten Solar-zu-Wasserstoff-Anlage, die in China durch China Petroleum & Chemicals (auch: Sinopec) in Xinjiang realisiert werden soll. Dazu baut Sinopec ein 300-MW-Photovoltaik-Kraftwerk, das jährlich etwa 618 Mio. kWh erzeugt. Über eine Elektrolyseur-Anlage wird Sinopec so zukünftig jährlich bis zu 20.000 Tonnen grünen Wasserstoff produzieren. Die Investitionskosten sollen bei etwa 470 Mio. US$ liegen.[216]

Auch wenn es keine regierungsamtliche Strategie gibt und die Nachrichtenlage noch dünn und eher indirekt ist: China holt bei der Technologie auf. Viel Bewegung gibt es in Sachen Brennstoffzellen-Mobilität und Wasserstoff-Infrastruktur, wie der 6. Fuel Cell Vehicle Congress (FCVC), 8. -10. Juni 2021 in Schanghai, mit mehr als 1.000 Ausstellern aus China und dem Ausland eindrucksvoll belegte.

Der Produktionswert der chinesischen Wasserstoffindustrie könnte bis 2025 einen Umfang von einer Billion Yuan erreichen, wie die „Hydrogen Industrial Technology Innovation Alliance of China" (Wasserstoffallianz) schätzt. Die Wasserstoffnachfrage könnte bis zum Jahr 2050 auf bis zu 60 Mio. t /a steigen. Die Wasserstoffallianz prognostiziert, dass

212 Die installierte Leitung wird immer mit dem Maximalwert W_{peak} angegeben, die im Mittel nutzbare Leistung liegt immer darunter, oft um mehr als eine Größenordnung.

213 Mitteilung an K. JIANJUN TU, Think Tank Ifri (Französischen Institut für Internationale Beziehungen).

214 FAZ vom 15. April 2021, s. Wirtschaft, Bosch in China.

215 Z. Handelsblatt vom 15. Juli 2021.

216 Onvista Finanzportal, 4. Dezember 2021.

Wasserstoff in Zukunft mehr als 10 % des chinesischen Energiemixes ausmachen wird. Wasserstoff würde mit einem erwarteten Produktionswert von über 12 Billionen Yuan 2050 zu einer neuen Wachstumssäule werden.

7.11 Wasserstoff in Australien

Wenn auch weit entfernt, tritt Australien langsam ins Blickfeld Europas, wie in Kap. 6.6, Wasserstoffwirtschaft bereits erwähnt. Australien ist bestrebt, bis 2050 Lieferant von grünem oder Low-Carbon-Wasserstoff für den Weltmarkt zu werden. Im eigenen Land steht die Nutzung von Wasserstoff für den Fernverkehr auf Straße, Schiene und See im Vordergrund. Auch die Verwendung im Flugverkehr und die Unterstützung für die Energiewirtschaft durch Re-Elektrifizierung spielen eine Rolle.

Die Regierung unterstützt diese Ansätze mit z. T. erheblichen Mitteln. Gegenwärtig existieren mehr als 30 verschiedene Wasserstoffprojekte, z. B.

- Hydrogen Energy Supply Chain, das die Versorgung externer Partner mit Wasserstoff demonstrieren soll und den Schiffstransport nutzt, im Beispiel nach Japan. Es basiert auf den Braunkohle-Vorkommen in Latrobe Valley / Victoria und nutzt CCS zur carbonfreien Herstellung.
- Etliche Power-to-Gas- Anlagen demonstrieren die Einspeisung von Wasserstoff in das lokale Gasnetz.
- Toyota baut in Alton ein Wasserstoffzentrum auf, das die Verwendung grünen Wasserstoffs im Transportsektor vorführen soll.
- Demo-Projekt in Canberra für die Verwendung von Wasserstoff im Transportsektor anhand einer Brennstoffzellen-Flotte.
- acatech (Deutsche Akademie der Technikwissenschaften) und auf australischer Seite die University of New South Wales kooperieren zum Thema Machbarkeit von Export von erneuerbarem Wasserstoff oder wasserstoffbasierten Energieträgern nach Europa.

7.12 Wasserstoff in Saudi-Arabien

Saudi-Arabien, jetzt noch weltgrößter Erdölexporteur, bereitet sich auf den Niedergang des Ölsektors vor und will in der Versorgung mit Wasserstoff ebenfalls eine Marktführerschaft erreichen. Zurzeit exportiert das Land Ammoniak nach Japan, vorerst in kleinen Mengen.

In Saudi-Arabien haben Raffinerien, der Chemiesektor und andere Industriezweige einen hohen Wasserstoffbedarf. Wasserstoff in Saudi-Arabien ist vorerst grauer Wasserstoff, produziert aus dem reichlich vorhandenen Erdgas des Landes. Die lokalen Wasserstoffanbieter denken jedoch über CCUS-Techniken nach.

Die Erzeugung aus Photovoltaik ist in Vorbereitung, In Neom am Roten mehr sollen in Zusammenarbeit mit Air Products von saudischen Gesellschaften 5 Mrd. US$ in Wasserstofftechniken investiert werden. U. a. ist eine Ammoniak-Anlage mit 1,2 Mio. Jahrestonnen geplant, die 2025 eröffnet werden soll.

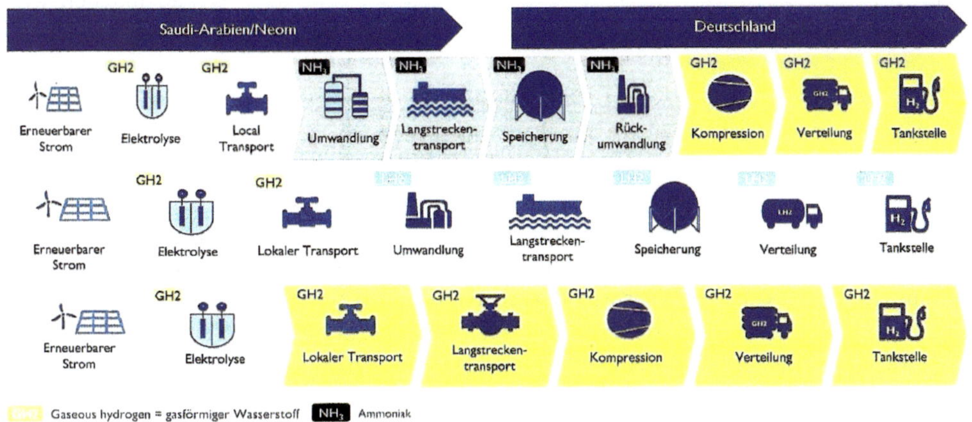

Abb. 7-16: Exportvarianten für Saudi-Arabien: Quelle: Arthur B. Little

Generell stehen in Neom die Derivate bzw. deren Herstellung im Vordergrund. Zuständig für die Entwicklung des Wasserstoffsektors in Neom ist seit Oktober 2019 der Deutsche R. KÄPPNER, früher ThyssenKrupp. Für 2030 prognostiziert die IEA in Saudi-Arabien einen Preis von 1,9 US$ / kg H_2 aus PV- und Windenergie – das eröffnet in der Tat Exportchancen. Statt Öl und Gas zukünftig Wasserstoff und seine Derivate für den Weltmarkt zu liefern, wäre eine echte Perspektive für das Land. Die technischen Varianten beschreibt Abb. 7-16.

Dass in Wilhelmshaven eine Großanlage zur Energieversorgung entstehen soll, in der aus dem Mittleren Osten importiertes, synthetisches (aus Wassersstoff und CO_2 gewonnenes) Methan in grünen Wasserstoff umgewandelt wird, passt zu dieser Export-philosophie. Die belgischen Investorengruppe TES plant mit 2,5 Milliarden Euro, um im Endausbau 10 % des deutschen Energiebedarfs decken zu können. Die Transporte sollen als LNG über Supertanker der Suez-Klasse von der Arabischen Halbinsel nach Europa laufen.[217]

Das Vorhaben hat einen doppelten Charme: Die Tanker werden für die Rückfahrt wieder mit dem CO_2 beladen, das in der Anlage Wilhelmshaven bei der Rückwandlung des Methans zu Wasserstoff freigesetzt wurde. So entsteht ein mehr oder weniger geschlossener CO_2-Kreislauf, was durchaus ein Vorbild für andere Projekte sein kann.

7.13 Wasserstoff in Qatar und VAE

Qatar ist ein Emirat am Persischen Golf und mit rund 2,8 Millionen Einwohnern eine Erbmonarchie. Sein gesellschaftliches Leben ist stark vom Islam geprägt, der dort Staatsreligion ist. Meinungs- und Pressefreiheit sind in der Verfassung garantiert, aber katarische Medien berichten traditionell sehr zurückhaltend, um keine Schwierigkeiten zu bekommen. Die Menschenrechtslage ist trotz einiger Verbesserungen in jüngerer Zeit problematisch, wie

217 D. Wetzel, Klimagas im Kreis gedreht, in: Welt am Sonntag vom 23. Januar 2022.

mit der Situation ausländischer Arbeiter im Zusammenhang mit den Vorbereitungen der Fußballweltmeisterschaft sichtbar geworden.

Im Jahr 1971 wurde Qatar zum heutigen Staat, als die Briten Qatar in die Unabhängigkeit entließen und ihr Militär abzogen. Im gleichen Jahr wurde vor der Küste das größte Erdgasfeld der Welt entdeckt, das heute in zwei separate Felder unterteilt ist, von denen das größere seit 1989 von den Kataris ausgebeutet wird. Hier liegen noch immer geschätzte 896 Billionen Kubikmeter Erdgas, ausreichend für 273 Jahre Weltverbrauch. Heute produziert Qatar seien Strom in 14 neuen Gaskraftwerken selbst. Zum Schutz suchte das Land die Kooperation mit den USA, die 1996 die al-Udeid-Air-Base bauten, heute eine der wichtigsten Stationen für das US-Militär in der Golfregion.

Qatar hat bis heute einen unglaublichen Wohlstand erreicht. Es gilt nach Pro-Kopf-Einkommen als das reichste Land der Welt vor Luxemburg und Chinas Sonderverwaltungszone Macau.

Das Land setzt weiterhin auf fossile Brennstoffe, vor allem auf verflüssigtes Erdgas (LNG). Das Emirat, das nach Aufhebung der Blockade seit Anfang des Jahres näher an seine Nachbarn Saudi-Arabien und die Vereinigten Arabischen Emirate heranrückt, ist bereits der weltweit größte Exporteur von Flüssigerdgas. Im Februar 2021 wurde das staatliche Unternehmen „Qatar Petroleum“ beauftragt, die Produktion bis 2026 um 40 % zu steigern.

Das grüne Engagement Qatars ist begrenzt. Ziel eines gemeinsamen Projekts, für das die Texas A&M University in Qatar als Kooperationspartner gewonnen werden konnte, ist die Entwicklung eines Reaktors für Solarthermie. Das 800 MW Photovoltaic (PV) Power Project in Al Kharsaah ist die erste größer dimensionierte Investition, die seit 2020 von Siraj Energy, Marubeni und Total rd. 80 km westlich von Doha getätigt wird und 2022 eine Größe von 10 km² erreichen sollte. Das Solarfeld speist in die Elektrizitätsversorgung des Landes ein und sollte einen Beitrag dazu liefern, die Fußballweltmeisterschaft klimaneutral zu gestalten.

Was den Wasserstoff betrifft, so ist nur die 2020 begonnene Kooperation zwischen dem Fraunhofer-Institut für Werkstoff- und Strahltechnik IWS in Dresden und der Qatar Science & Technology Park (QSTP) im ersten gemeinsamen Forschungsprojekt „Solar Carbon Black“ bekannt, mit dem konzentrierte Sonnenenergie zur direkten Aufspaltung von Methangas in Wasserstoff und Kohlenstoffpartikel erprobt wird.

Bundeswirtschaftsminister Habeck hat im März 2022 versucht, mit den Kataris eine Energiepartnerschaft für die Lieferung von LNG und zukünftig Wasserstoff zu vereinbaren. Konkret wurden keine Liefermengen vereinbart, auch feste Zusagen an Unternehmen gab es nicht. Sie stehen auch heute noch aus, Hintergrund ist wohl, dass die Kataris nicht nur als Brückenlieferant, also für einen kurzen Zeitraum, dienen wollen, sondern nur an langfristigen LNG-Lieferungen interessiert sind. Das ist jedoch nicht deutsches Interesse, denn hierzulande planen Regierung wie Unternehmen langfristig ohne Erdgas auszukommen.

Die **Vereinigten Arabischen Emirate (VAE)** bestehen aus sieben Emiraten. Das Land mit etwa 9,8 Millionen Einwohnern verfügt über wichtige Gasreserven. Eine weitere Einnahmequelle ist der Tourismus. Das öffentliche Leben ist verglichen mit anderen Staaten der Region relativ liberal. Bürgerrechte wie Presse- und Meinungsfreiheit sowie die Rechte von Millionen ausländischer Arbeitnehmer sind jedoch deutlich eingeschränkt.

Die VAE bieten ideale Voraussetzungen für die Produktion von grünem Wasserstoff. Die arabische Sonne und erhebliche Windressourcen können reichlich erneuerbare Energie liefern, um grünen Wasserstoff zu erzeugen. Zum Vergleich: Während die VAE pro Quadratmeter und Jahr 2.150 kWh an Sonnenenergie nutzen können, sind es in Deutschland nur 1.000 kWh.

Die Golfmonarchie setzt stark auf erneuerbare Energie und will ihren Beitrag zum Gesamtenergiemix des Landes bis 2050 von 25 auf 50 % erhöhen. Das Emirat Dubai beabsichtigt seinen Anteil sogar auf 75 % zu steigern. Dafür sollen umgerechnet circa 165 Milliarden US-Dollar (US$) investiert werden. Die Ziele sind in der UAE Energy Strategy 2050 aus dem Jahr 2017 festgeschrieben. Der Ausbau der Wasserstoffindustrie wurde hierin noch nicht erfasst, soll aber in einer Neufassung im Jahr 2022 nicht nur mit aufgenommen werden, sondern auch eine zentrale Rolle spielen.

Erste Projekte sind schon erfolgreich. Im Mai 2021 wurde der Bau eines solarstrombetriebenen Elektrolysesystems in PEM- Technik fertiggestellt, das erste seiner Art in der Region Mittlerer Osten/Nordafrika. Die Anlage produziert pro Stunde zwar nur 20,5 kg Wasserstoff, der Nachfolger soll es jedoch schon auf 2 t/h bringen, die für den Betrieb von Brennstoffzellenautos, als Industriegas oder für die Stromerzeugung gespeichert werden. Das Projekt wurde vom staatlichen Energieversorgungsunternehmen Dubai Electricity & Water Authority (Dewa), der deutschen Siemens Energy und dem Veranstalter der Expo 2020 Dubai umgesetzt. Das Vorhaben im Wert von umgerechnet 14 Mio US$ wurde als öffentlich-privates Projekt realisiert, an dem sich Siemens Energy zu 50 % beteiligte.

Bei der Weltausstellung Expo 2020, die bis März 2022 lief, konnten sich Interessierte vor Ort selbst ein Bild machen: Für den Besuchertransport wurden Elektrofahrzeuge mit Brennstoffzellen eingesetzt. Der Wasserstoff stammte aus dem Solarpark Mohammed bin Rashid Al Maktoum im Emirat Dubai. Die riesige Anlage produziert derzeit 800 MW und wird weiter ausgebaut bis auf eine Leistung von 5 GW.

Ein weiteres Demonstrationsprojekt ist der Bau einer PV-betriebenen Elektrolyseur-Anlage in Masdar City. Hier arbeiten Siemens Energy und Masdar mit Etihad Airways, der deutschen Lufthansa, der japanischen Marubeni Corporation, dem Abu Dhabi Department of Energy und der Khalifa University zusammen. Es sollen Autos und Busse gebaut werden, die durch grünen Wasserstoff betrieben werden. Auch soll eine Kerosin-Syntheseanlage entstehen, um nachhaltigen Flugzeugtreibstoff zu erzeugen. Die geplante Fertigstellung ist für 2023 vorgesehen.

Kizad, eine Tochtergesellschaft von Abu Dhabi Ports, kündigte kürzlich Pläne an, zusammen mit Partnern mehr als 1 Mrd. US$ in die Entwicklung einer Anlage für grünen Ammoniak in ihrem Freihafen zu investieren. Bei maximaler Kapazität würden dann mit 40.000 t grünem H_2 jährlich 200.000 t grüner Ammoniak produziert werden. Die dafür notwendige Energie soll aus einem geplanten 800-MW-Solarkraftwerk erzeugt werden.

Die für die Solarstromproduktion günstigen klimatischen Bedingungen in der Golfregion und die weiter sinkenden Investitionskosten für Solarkraftwerke beflügeln die Diskussion, ob grüner Wasserstoff mittelfristig nicht nur den lokalen Markt versorgen kann, sondern in flüssiger Form auch exportiert werden könnte. Kawasaki und Shell arbeiten derzeit an der Entwicklung von Hydrogen-Tankern. Es gibt Kalkulationen, die Einnahmen aus dem

Wasserstoffexport in Höhe der heutigen Erlöse aus dem Ölgeschäft möglich erscheinen lassen. Dazu müssten die VAE etwa 20 % ihrer Fläche für Solarkraftwerke nutzen.[218]

Bundeswirtschaftsminister Habeck hat im März 2022 eine Zusammenarbeit mit den VAE bei Forschung und Produktion von Wasserstoff verkündet. Man wolle noch 2022 erste Lieferungen nach Deutschland möglich machen, teilte das Wirtschaftsministerium nach dem Besuch des Ministers in Abu Dhabi mit.

218 Tilz, Manfred, Germany Trade & Invest 2022: Die Vereinigten Arabischen Emirate starten mit grünem Wasserstoff.

8 Zusammenfassung

Es steht außer Zweifel, dass Wasserstoff zu einem tragenden Element der Energiewende werden wird. In welchem Umfang, ist noch offen. Zu viele Fragen sind derzeit ungeklärt.

Dazu zählen besonders der Wärmesektor und der Verkehrssektor mit den Fragestellungen:

- Gewinnt in der Gebäudeheizung der Wasserstoff (mit Direktverbrennung oder Brennstoffzelle) oder die elektrisch betriebene Wärmepumpe die Oberhand?
- Bleibt es in der Pkw-Motorisierung beim heute favorisierten batterieelektrischen Antrieb oder hat längerfristig das Brennstoffzellenfahrzeug doch eine Chance?

Dem übergeordnet ist die noch grundsätzlichere Frage nach der Verfügbarkeit des Rohstoffs:

- Dass eine Wasserstoffautarkie in Deutschland zwar erstrebenswert, aber nicht erreichbar ist, ist inzwischen Gemeingut, ebenso die Notwendigkeit von Importen.
- Offen bleiben die Herkunft und die Technik solcher Importe: Westeuropa, Nordeuropa, Nordafrika, Saudi-Arabien, Russland, Übersee wie USA oder Südamerika? Pipeline oder Schiffstransport?

Hinzu kommt noch die Frage nach den Preisen, zu denen Wasserstoff verfügbar sein wird, also

- Wie wird sich der Marktpreis von Wasserstoff entwickeln?

Dass überhaupt ein weltweiter, zumindest europaweiter Markt für Wasserstoff entstehen wird, gilt als gesichert. „Für uns besteht kein Zweifel daran, dass ein globaler Markt entstehen wird. Wasserstoff wird eine weltweit gehandelte Ware wie andere Rohstoffe auch. Im Vergleich zu Februar (2021) sind die angekündigten Investitionen von 80 Mrd. Dollar auf 150 Mrd. Dollar gestiegen. Die Zahlen belegen eindrucksvoll, dass sich der globale Wasserstoffmarkt enorm dynamisch entwickelt."[219] Der Markt sollte in entsprechend großer Dimensionen hineinwachsen. Für das Jahr 2030 wird ein Marktvolumen der Wasserstoff-Industrie[220] von weit über 100 Mrd. Dollar unterstellt.

Ein guter Indikator für zukünftiges Geschehen war immer die Börse, die bekanntlich Hoffnungen spiegelt. Bereits um die Jahrtausendwende erreichten erste Wasserstoffaktien ungeahnte Höchststände, konnten jedoch in den Folgejahren den Erwartungen nicht gerecht werden und stürzten steil ab. Weitere Wellen mit ähnlich wechselvollen Ergebnissen folgten. Heute, am Beginn des Jahres 2023, haben die Börsenbewertungen für Wasserstoffaktien wieder Rekordhöhe erreicht.

---

219 Bernd Heid, Wasserstoffexperte bei McKinsey, im Interview mit Z. Handelsblatt, 15. Juli 2021.

220 I.e. Wasserstoffproduktion inklusive Zulieferindustrie.

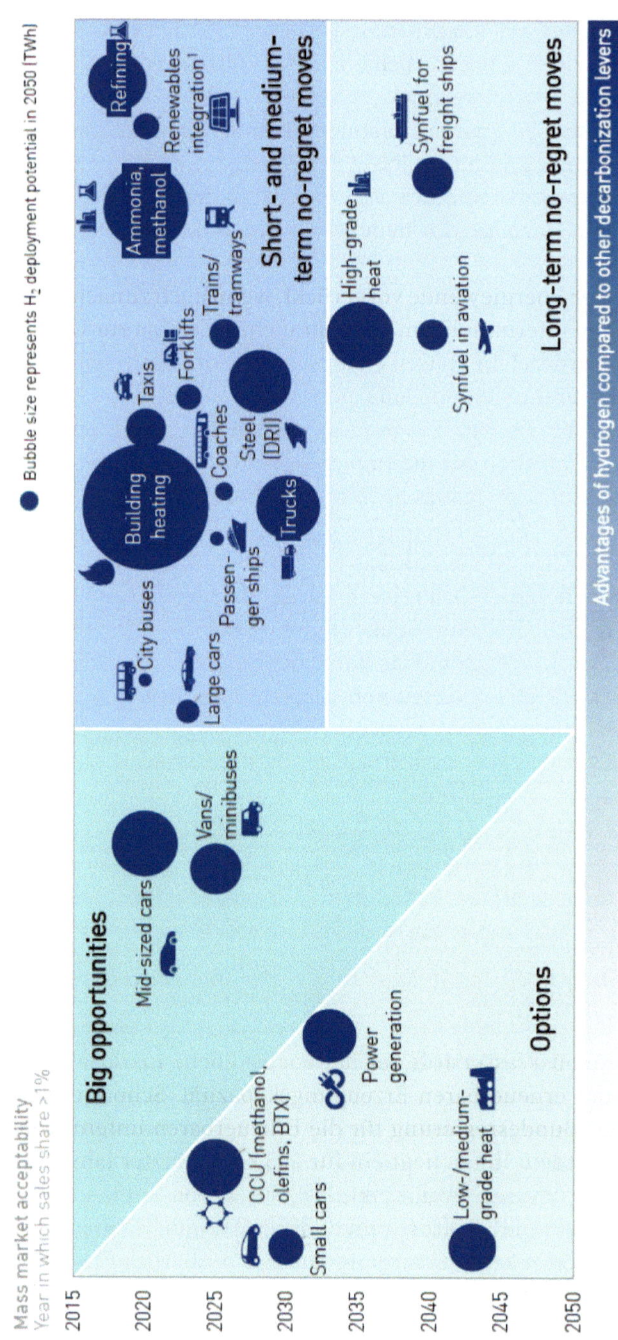

Abb. 8-1: Die Phasen der H_2-Implementierung, in Europa, einschl. unterstellter Nutzung im Gebäudesektor; Quelle: Hydrogen Roadmap Europe, Fuel Cells and Hydrogen 2 Joint Undertaking, 2019

Die Chancen für eine dauerhafte Etablierung auf hohem Niveau stehen besser: Einmal haben gesunkene Stromerzeugungskosten bei den Erneuerbaren die grüne Wasserstoffproduktion inzwischen günstiger werden lassen, so dass sich die Verwendung von Wasserstoff in bestimmten Anwendungsfällen schon jetzt rechnet. Weiter haben inzwischen etliche Staaten Förderprogramme für Wasserstoffgewinnung und -anwendung in Kraft gesetzt und ermöglichen so eine Skalierung in industrielle Maßstäbe.

Und endlich haben durch die verschärften Reduktionsziele der EU die Wasserstoffpotentiale für den Industrie-, Verkehrs- und Wärmesektor neue, wohl dauerhafte Aufmerksamkeit produziert.

Wasserstoff ist damit in den Kern der Energiewende vorgerückt, wenn auch zunächst nur auf dem Papier. Die deutschen, wie die internationalen Pläne brauchen Zeit bis zur Umsetzung. Wasserstoff als Energieträger wird sich in Phasen etablieren, im Fortschritt abhängig von Regulierungen, technischer Weiterentwicklung und politischen Weichenstellungen. Abb. 8-1 gibt eine Vorschau für Europa.

Die Kosten bilden eine der größten Hürden für die Implementation einer Wasserstoffwirtschaft. Aktuell ist grüner Wasserstoff bei weitem noch nicht wettbewerbsfähig gegenüber fossiler Wasserstoffproduktion: Der Preis für regenerativ gewonnenen Wasserstoff liegt beim Drei- bis Vierfachen des Preises für erdgasbasierten grauen Wasserstoff. Der Weg, diesen Herstellungsmodus durch höhere CO_2-Preise teurer zu machen und auf diesem Wege das Preisniveau anzugleichen, ist kein guter: Schließlich müssen die Energiepreise insgesamt ein deutlich geringeres Level erreichen. Das kann möglich werden: Analysen von McKinsey haben ergeben, dass die Herstellkosten von grünem Wasserstoff schon bis 2030 deutlich, und zwar um 60 %, sinken werden. Vergleichbar optimistische Aussagen von Aurora Research wurden schon in Kap. 6.5, Wasserstoffbedarf und Preise, zitiert.

Als Einflussfaktoren zur Kostendegression gelten:

- sinkende Investitionskosten für Elektrolyseanlagen (infolge von Skaleneffekten und Übergang zur Kommerzialisierung),
- Steigerung der Verfahrenseffizienz,
- weiter verringerte Stromerzeugungskosten im EE-Bereich,
- internationale Stabilität des Energiesektors (was aktuell mit dem Hintergrund des Ukraine-Krieges nicht gegeben ist).

Notwendige Voraussetzung, um grünen Wasserstoff auf nationaler Ebene marktfähig zu machen, ist ein forcierter Ausbau der erneuerbaren Erzeugungskapazität. Schon jetzt ist erkennbar, dass die Ausbaupfade der Bundesregierung für die Erneuerbaren unterdimensioniert sind und nicht ausreichen werden: Ihnen liegt ein für 2030 geschätzter jährlicher Bruttostromverbrauch von 580 TWh zugrunde, was exakt das Niveau von 2019 ist. Nach Schätzungen von McKinsey wird jedoch der Bruttostromverbrauch im Jahr 2030 mit der Elektrifizierung im Verkehr und in der Wärmeversorgung, aber ohne Berücksichtigung einer Wasserstoffnachfrage schon um rd. 100 TWh höher liegen. Den Bedarf für letztere beziffert der Bundesverband Erneuerbare Energie e. V. auf 105 TWh und kommt damit insgesamt für den Strombedarf im Jahr 2030 auf 785 TWh, was ein Plus von 35 %

gegenüber den Planzahlen der Regierung der GroKo bedeutet.[221] Auch die neue Ampel-Koalition rechnet aktuell mit einem steigenden Stromverbrauch von 680–750 TWh im Jahr 2030. Um diesen Bedarf zu decken und gleichzeitig den Anteil der Erneuerbaren an der Energieversorgung auf die bisher gewünschten 65 % zu heben, müssten Solar- und Windenergieanlagen mehr als das Doppelte heutiger Leistung erbringen. Im Jahr 2021 wurden rd. 233,6 TWh Strom aus erneuerbaren Energieträgern erzeugt.

Das aus eigener Kraft zu erreichen, erscheint wenig realistisch. Für den im Koalitionsvertrag der Ampelkoalition genannten EE-Anteil von 80 % im Jahr 2030 gilt dies naturgemäß verschärft, s. Kap. 7.1, Energiewende – das ergäbe dann den Faktor 2,7 bezogen auf die Gegenwart. Da langfristig, also bis 2050, der Strombedarf noch weiter auf deutlich über 1000 TWh steigen wird und Gaskraftwerke nur als Brückentechnik akzeptiert sind, läuft Deutschland in ein extremes Problem hinein. Dies gilt umso mehr, als Strom auch für die häusliche Wärmeversorgung favorisiert wird (Wärmepumpen). Die Auflösung von Erwartung einerseits und Realität andererseits bedarf angesichts der nicht beliebig ausbaubaren EE fast eines Wunders - oder der Hilfe Dritter. Eine auch denkbare Lösung wäre die Suffizienz, also Verzicht und Rückführung zivilisatorischer Standards. Das will kein deutscher Politiker, erst recht nicht die deutsche Bevölkerung, die den Aufstand nicht nur proben würde. Suffizienz scheidet also aus.[222]

Um dem Traum von einer wasserstoffbasierten Wirtschaft doch näher zu kommen und dabei die weiteren energiewirtschaftlichen Ziele nicht außer Acht zu lassen, braucht es danach dreierlei:

- der Absicherung der Prognosen zur Reduktion der Herstellkosten,
- des massiven Ausbaus der EE-Kapazitäten und, da dies bei Weitem nicht ausreichen oder möglich sein wird,
- der dringenden Vorbereitung von umfangreichen und zuverlässig abgesicherten Import-Verträgen, und zwar
  - sowohl über die Lieferung von grünem Strom
  - wie auch über die Lieferung von Wasserstoff und Wasserstoffderivaten.

Zuversicht geben die Intensität, mit der gegenwärtig international an der Herstellung von Wasserstoff und seiner Nutzung in R&D und Wirtschaft gearbeitet wird, s. Abb. 8-2, sowie die erkennbaren Ansätze zur Entstehung eines Marktes für Wasserstoff und seine Derivate.

Schließlich kann man auch feststellen: Die Ukraine-Krise wirkt nicht nur als Beschleuniger für die Energiewende insgesamt, sondern speziell auch als Wegbereiter einer Wasserstoffwirtschaft. Die Orientierung auf Gasimporte aus der westlichen Welt hat zugleich den Nebeneffekt, auch Vereinbarungen zu Wasserstoffimporten zu forcieren. Ähnliches gilt auch für die neuen LNG-Terminals, die zugleich Wasserstoff-ready ausgelegt sein sollen.

---

221 Das Energiewirtschaftliche Institut an der Universität zu Köln kommt etwas niedrigeren Werten, die aber ebenfalls deutlich über den offiziellen Planzahlen liegen. Wenn man andererseits den Bedarf der Chemischen Industrie nach Kap. 6.2.3, Wasserstoff für die Industrie, hinzuzählt, müssten die Werte noch deutlich höher liegen und die 1000-TWh-Grenze überschreiten.

222 Siehe auch A. Frey, Grüne Grundlast, in FAZ Wirtschaft, 16. Mai 2021.

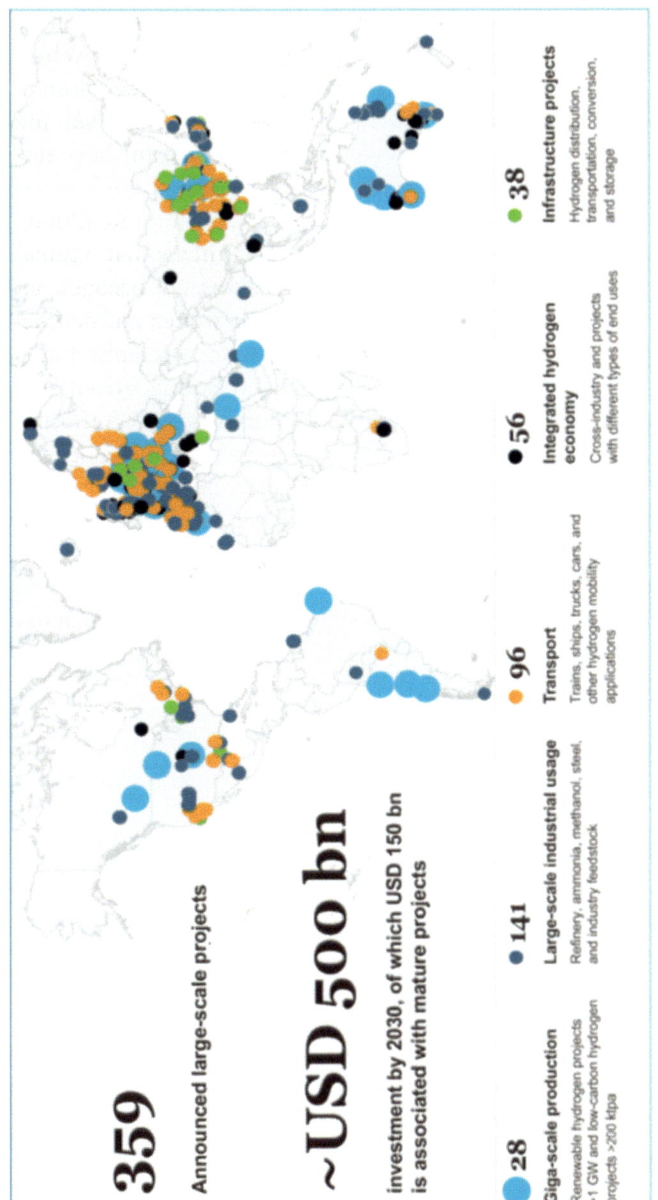

Abb. 8-2: Projekte zur Wasserstoffgewinnung und -anwendung, 2021 weltweit 359 Projekte mit jeweils mehr als 1 MW Leistung; Quelle: Hydrogen Council McKinsey, Hydrogen Insights, An updated perspective. July 2021

Die Verhandlungen der Bundesregierung mit Qatar, den VAE und Saudi-Arabien lagen auf der Linie, möglichst umfassend und umgehend Importvolumina auch für Wasserstoff zu sichern. Über Qatar sind solche Lieferungen schwierig, zumal erst 2026 die Fördermengen für Öl erhöht werden sollen. Die Vereinigten Arabischen Emirate (VAE) übernehmen dagegen als Wasserstofflieferanten eine Pionierrolle. Einige deutsche Unternehmen starten in den Emiraten Testläufe für die Produktion und den Transport von Wasserstoff. Mehrere Kooperationsvereinbarungen wurden unterzeichnet.

Möglicherweise noch vielversprechender als Exportland ist Australien, wie acatech mit dem noch laufenden Projekt „HySupply – Deutsch-Australische Machbarkeitsstudie zu Wasserstoff aus erneuerbaren Energien“ gemeinsam mit dem Bundesverband der Deutschen Industrie e. V. und australischen Partnern unter Beweis stellen will, s. auch Kap. 7.13, Wasserstoff in Australien. Jetzt wurden Ergebnisse bekannt, s. Abb. 8-3. Sie stimmen jedoch eher skeptisch – der Abstand zum langfristig angestrebten Preis von 2,50 € /kg H_2 ist doch (noch) sehr groß.

Ein anderes Vorhaben hat (wieder) Auftrieb bekommen: DESERTEC. Die Idee, Solarstrom aus Nordafrika über das Mittelmeer nach Europa zu leiten, löste vor 13 Jahren Euphorie aus. Das hierfür gegründete Konsortium scheiterte. Jetzt allerdings erlebt das Projekt unter der neuen Bezeichnung DESERTEC III dank einer neuen Strategie sein Comeback: Jetzt geht es jedoch nicht um Strom, sondern um Wasserstoff.

Abb. 8-3: Wasserstoff aus Australien ist zu teuer; Quelle: HySupply-Studie

Ziel ist es, die Energiewende aus der MENA-Region (Middle East & North Africa) voranzutreiben. Von einer neuen „Wasserstoffweltordnung“ ist gar die Rede. Dies gaben die

Partner der Dii Desert Energy GmbH in einem digitalen Pressegespräch bekannt, das am 11. November 2021 aus Dubai übertragen wurde. Thyssenkrupp war 2017 der Dii als assoziierter Partner beigetreten. Durch die im November 2021 bekannt gegebene Beteiligung als Gesellschafter stärkt Thyssenkrupp seine Position in der Initiative.[223] Thyssenkrupp ist jetzt über sein Tochterunternehmen Industrial Solutions AG der dritte Hauptgesellschafter der Dii Desert Energy – neben dem saudi-arabischen Kraftwerksentwickler und Betreiber von Wasserversorgungsanlagen ACWA Power und dem chinesischen Energiekonzern State Grid Corporation. Das Interesse von Thyssenkrupp hat seine Gründe: Das Unternehmen ist als Stahlproduzent einer der größten künftigen Abnehmer von grünem Wasserstoff und zugleich weltweit größter Hersteller von alkalischen Elektrolyseuren.

223 Energie & Management, 11. November 2021.

Abkürzungen

AKW	Kernkraftwerk
BEHG	Brennstoffemissionshandelsgesetz
BEV	Battery Electric Vehicle
BHKW	Blockheizkraftwerk
BMA	Biomasseanlagen
BMU	Bundesministerium für Umwelt
BMWi	Bundesministerium für Wirtschaft
BTL	Anlagen zur Aufbereitung von flüssigen Treibstoffen
CCS	Carbon Dioxide Capture and Storage
CDM	Clean Development Mechanism
CNG	Compressed Natural Gas (Erdgas)
COP	Conference of the Parties
CtL	Coal-to-Liquid
dena	Deutsche Energie-Agentur GmbH
EE	Erneuerbare Energien
EEG	Erneuerbare-Energien-Gesetz
EnEG	Gesetz zur Einsparung von Energie in Gebäuden
EnEV	Energieeinsparverordnung
EnWG	Energiewirtschaftsgesetz
EU	Europäische Union
EU-ETS	Europäischer Emissionshandel
EVU	Energieversorgungsunternehmen
FSE	Fraunhofer-Institut für solare Energiesysteme
FVS	Forschungsverbund Sonnenenergie
GEG	Gebäudeenergiegesetz
GuD	Kombiniertes Gas- und Dampfkraftwerk
GÜP	Grenzübergangspunkte
GW	Gigawatt
ISE	Fraunhofer-Institut für Solare Energiesysteme

IMO	International Maritime Organization
IMO	Internationale Meteorologische Organisation
IPCC	Intergovernmental Panel on Climate Change
ISO	International Organization for Standardization
JAZ	Jahresarbeitszahl
KAS	Konrad-Adenauer-Stiftung
KfW	Kreditanstalt für Wiederaufbau
KMU	Kleine und mittlere Unternehmen
KSG	Bundes-Klimaschutzgesetz
kW	Kilowatt
kW_{peak}	installierte Leistung, Maximalwert
kWh	Kilowattstunde
KWK	Kraft-Wärme-Kopplung
KWK-Gesetz	Kraft-Wärme-Kopplungsgesetz
LNG	Liquefied Natural Gas (Flüssig-Erdgas)
LkW	Lastkraftwagen
Marpol	Internationale Vereinbarung zur Verhütung der Meeresverschmutzung durch Schiffe
MW	Megawatt
MWh	Megawattstunde
NEP	Netzentwicklungsplan
nETS	Nationales Emissionshandelssystem
OECD	Gesellschaft für wirtschaftliche Zusammenarbeit und Entwicklung
Offshore	auf See
Onshore	an Land
ÖPNV	Öffentlicher Personennahverkehr
Pkw	Personenkraftwagen
PtG	Power-to-Gas
PtH	Power-to-Heat
PtL	Power-to-Liquid
PV	Photovoltaik
RWE	Rheinisch-Westfälisches Elektrizitätswerk
SMR	Small Modular Reactor

SNG	Synthetisches Erdgas
SUV	Sports Utility Vehicle
THG	Treibhausgase
Tier Norm	Tier-Normen sind von der amerikanischen EPA erlassene Emissionsstandards.
TSO	Transmission System Operators (s. ÜNB)
TW	Terawatt
TWh	Terawattstunde
UBA	Umweltbundesamt
ÜNB	Übertragungsnetzbetreiber
UNEP	UN-Umweltprogramm
UNFCC	United Nations Framework Convention on Climate Change
WCED	World Commission on Environment and Development
WCP	World Climate Programme
WEA	Windenergieanlage
WMO	World Meteorological Organization

Literatur und Quellen

adelphi (Hg): Wasserstoff in den USA – Potenziale, Diskurs, Politik und transatlantische Kooperation, Berlin, Januar 2021.

Agora (Hg): Integrating renewables into the Japanese power grid by 2030, 2019.

Airbus, Pressemitteilung, Juli 2020.

Air Liquide (HG): Wasserstoff und Synthesegas, 26 März 2010.

Arlt, W.: Machbarkeitsstudie Wasserstoff und Wasserstoffspeicherung im Schwerlastverkehr, Erlangen, 31. Juli 2017.

Aurora Energy Research (Hg): Studie zu Kosten für grünen Wasserstoff, 8. Juli 2021.

Blog Energie & Management, Nachrichten, 22. Dezember 2020

Blog Kreuzfahrt-news, MSC, Fincantieri und Snam kooperieren für den Bau des weltweit ersten wasserstoffbetriebenen Kreuzfahrtschiffes, 6. Juli 2021.

Blog HZwei, 2. November 2020.

Blog Forschung Kompakt, 2. April 2020.

BMU (Hg), Klimaschutz in Zahlen 2020, S. 17.

BMU (Hg), BWK Fachmedium, Jahresausgabe 2020, S. 43/44.

BMWi (Hg): Klimaschutz, Abkommen von Paris.

BMWi (Hg): Nationale Wasserstoff-Strategie (NWS), Juni 2020.

BMZ (Hg): Die Nachhaltigkeitsagenda und die Rio-Konferenzen.

Börsenzeitung, Frankfurt, red. Mitteilung, Infrastruktur-Investor Macquarie, 29. Oktober 2021.

Büttner, St.: Ritter, Johann Wilhelm, in: Neue Deutsche Biographie 21 (2003), S. 664-665.

Bundesregierung, Presse- und Informationsamt (Hg): Rede der Bundeskanzlerin zur 12. Jahreskonferenz des Rates für nachhaltige Entwicklung, 25. Juni 2012.

Bundesverband KWK e. V. (Hg): Wasserstoff-Tag der Berliner Energietage, Berlin 2020.

Burns, D. T., Piccardi, G., Sabbatini, L.: Some People and Places Important in the History of Analytical Chemistry in Italy, Microchimica Acta 2008, 160, 57–87.

BWK Fachmedium, Bd. 71, Heft 12, 2019.

BWK Fachmedium, Bd. 73, Heft 9-10, 2021, S. 49.

CMS Hasche Sigle, RA Kanzlei (Hg), Burchard, Fr. von, Wasserstoff – Novellierung des Energiewirtschaftsgesetzes, 9. Februar 2021.

Dammann, M.: Visualisierung eines Teilsystems der Energieversorgung auf Wasserstoffbasis, Diplomarbeit Bielefeld, August 2000.

Daimler Truck AG (Hg): Pressemitteilung 29. April 2021.

dena (Hg): Das Klimapaket in der Gesetzgebung – Eine Analyse der legislativen Herausforderungen, Berlin, September 2019.

Der Spiegel, Red. Mitteilung, Aufbau H_2--Infrastruktur, 21. Januar 2021.

DLR-Institut für Maritime Energiesysteme (Hg): Technologien für die Dekarbonisierung von Energiesystemen zur Versorgung maritimer Anwendungen, 2020.

DLR (Hg): Wasserstoff als Fundament der Energiewende, Köln, September 2020.

dpa-AFX: MTU-Technikvorstand L. WAGNER, Antrieb von Flugzeugen. 5. Oktober 2020

Elsner, P., Fischedick, M., Sauer, D. U. (Hg): Flexibilitätskonzepte für die Stromversorgung 2050, Technologien – Szenarien – Systemzusammenhänge, November 2015.

ENERGIEWIRTSCHAFTLICHE TAGESFRAGEN: Einflussfaktoren zur Kostendegression, 71. Jg., Heft 3., 2021.

Enervis: Wasserstoffbasierte Industrie in Deutschland und Europa. Potenziale und Rahmenbedingungen für den Wasserstoffbedarf und -ausbau sowie die Preisentwicklungen für die Industrie., Studie erstellt im Auftrag der Stiftung Arbeit und Umwelt der IG BCE.

Erbslöh, F. D.: Der Weg zur Energiewende, Tübingen 2021.

EWI Institute for Energy Studies (Hg): Contrasting European hydrogen pathways, Köln & Oxford, März 2021.

FAZ, redaktioneller Artikel, Hubschraubertests 1. November 2021.

Fraunhofer IS / I Fraunhofer IML (Hg): Brennstoffzellen-Lkw: kritische Entwicklungshemmnisse, Forschungsbedarf und Marktpotential, Karlsruhe 2017.

Fraunhofer-Institut für System- und Innovationsforschung / Fraunhofer-Institut für Solare Energiesysteme (Hg), Eine Wasserstoff-Roadmap für Deutschland, Karlsruhe und Freiburg, 2019.

Fraunhofer-Institut für Naturwissenschaftlich-Technische Trendanalysen (Hg): Zukunftstechnologien, in: Europäische Sicherheit & Technik, Dezember 2016.

Fraunhofer-Institut für System- und Innovationsforschung / Fraunhofer-Institut für Solare Energiesysteme (Hg): Eine Wasserstoff-Roadmap für Deutschland, Karlsruhe und Freiburg, 2019, Kap. Gebäude, ergänzt vom Autor.

Frömming, D.: Die Weltorganisation für Meteorologie, in: Geowissenschaften in unserer Zeit, JG. 1985.

Gedaschko, A., Präsident des GdW: Vortrag anlässlich der Jahrespressekonferenz der GdW am 1. Juli 2020.

Gesetz zur Demonstration und Anwendung von Technologien zur Abscheidung, zum Transport und zur dauerhaften Speicherung von Kohlendioxid, 17. August 2012.

Holzwarth, H.: Die Gasturbine. Vortrag 1912 bei der STG-Hauptversammlung in Jahrbuch der Schiffbautechnischen Gesellschaft. Springer Verlag, 1912.

https://de.wikipedia.org/wiki/Gasturbine, Abruf 27. Juli 2021.

https://ecomento.de/2020/02/20/wasserstoff-tankstellen, Abruf 5. Mai 2021.

https://www.bmu.de/WS849, Abruf 15. Oktober 2019.

https://www.BMWi.de, Art. Abkommen von Paris, Abruf 1. Oktober 2019.

HTW Saar, Studiengang Aviation Management, Studiengang Aviation Business, Materialien.

IKEM (Hg) Kurzstudie Wasserstoff-Farbenlehre, Dezember 2020.

InterAcademy Council: Überprüfung der Prozesse und Verfahren des IPCC, 2010.

Interview mit Prof. Th. von Unwerth: „E-Benzin in Pkw macht keinen Sinn“, in: vdi-nachrichten, 29. Mai 2020.

IZW e. V. Informationszentrum Wärmepumpen und Kältetechnik (Hg): Wasserstoff im zukünftigen Energiesystem: Fokus Gebäudewärme, Studie ausgeführt von Fraunhofer IEE, Hannover, Mai 2020.

Janczura, S.: Grüner Wasserstoff von Australien nach Deutschland, in: vdi-nachrichten, 2021.

Justi, E., Winsel, A.: Kalte Verbrennung. Wiesbaden, 1962.

Kloth, Ph.: Die Wärmepumpe – alle Arten, Vorteile und Nachteile, in: https://www.energieheld.de/, Abruf 5. Mai 2020.

Köfler, A., Produktionsvorstand: Pressemitteilung, thyssenkrupp Steel, 3. Februar 2021.

Körting, J.: Geschichte der deutschen Gasindustrie, Essen 1963.

Konrad-Adenauer-Stiftung (Hg): Wölbern, J. Ph.: Erste Weltklimakonferenz in Genf, Sankt Augustin, Februar 1979.

KSG, Anhänge 2 und 3, KlimaSchutzGesetz 2021.

Kuckshinrichs, W. et al.: Advances in Systems Analysis, Schriften des Forschungszentrums Jülich, Reihe Energie & Umwelt, Band 164, 2012.

Lutz, Chr. / Grosche, T.: Mitteilung, 10. Oktober 2021.

Lettenmeier, Ph.: Wirkungsgrad – Elektrolyse, Siemens AG, Januar 2019.

Magazin Stern, red. Bericht, Reaktor CAP 1400, Oktober 2020.

Mond, L., Lanr, L. C., Quincke, C. F.: Action of Carbon Monoxide on Nickel, Journal of the Chemical Society Bd. 57, 1890.

NOW GmbH (Hg): Strombasierte Kraftstoffe für Brennstoffzellen in der Binnenschifffahrt, erstellt im Auftrag von der Ludwig Bölkow Systemtechnik GmbH, DNV GL SE und dem Ingenieurbüro für Schiffstechnik, 19. Februar 2020.

NOW GmbH: China plant bis 2025 einen Bestand von 40.000 Brennstoffzellen-Pkw, die deutsche Bundesregierung fördert deren Weiterentwicklung; September 2020.

Ntv, Regionalnachrichten, 21. Mai 2019.

Ntv: Maersk will Verbrenner-Verbot bei Containerriesen, Keine fossilen Antriebe mehr, 9. September 2021.

Ntv / dpa, red. Fachbetrag Flugtreibstoff Jet A1, 3. Oktober 2021.

Ntv / dpa: Frankreichs Präsident Emmanuel Macron hat am 10. November 2021 den Bau einer neuen Generation von Atomkraftwerken angekündigt, 16. Januar 2021.

Öko-Institut (Hg): Hochrechnung der deutschen THG-Emissionen 2021, Freiburg, 5. August 2021.

Ostwald, F. W.: Die Wissenschaftliche Elektrochemie der Gegenwart und die Technische Chemie der Zukunft. In: Zeitschrift für Elektrotechnik und Elektrochemie, Band 1, Nr. 4, 15. Juli 1894.

Otterstätter, R.: Untersuchung der Wassergas-Shift-Reaktion über Pt- und Rh-Katalysatoren, Dipl.-Arbeit KIT 2012.

Portal Germany Trade & Invest: Kalifornien liegt bei Wasserstofftechnologie in den USA vorn, 11.12.2020.

Quack, H.: Die Schlüsselrolle der Kryotechnik in der Wasserstoff-Energiewirtschaft, Dresden 2001.

Roth, K. H.: Die Geschichte der I.G. Farbenindustrie AG von der Gründung bis zum Ende der Weimarer Republik, Frankfurt 2009.

Smart Energy for Europe Platform (SEFEP): Aus den Ergebnissen des IPCC-Sachstandsberichtes 2013/2014, Bd. 1.

Smolinka, Tom et al.: Industrialisierung der Wasserelektrolyse in Deutschland: Chancen und Herausforderungen für nachhaltigen Wasserstoff für Verkehr, Strom und Wärme, Berlin 2018.

Sterner, M., Stadler, I. (Hg): Energiespeicher – Bedarf, Technologien, Integration, 2. Aufl. Springer 2017.

Südwest Presse, H. WEIGER, der Vorsitzende des Bundes für Umwelt und Naturschutz (BUND), Blumige Absichtserklärungen und ein Aufguss früherer Gipfelbeschlüsse, 23. Juni 2012.

Tagesschau, B. KNOPF, Marktwirtschaftlicher Ansatz, 24. Februar 2021.

Ullrich, Chr.: Didaktik der Chemie, Universität Bayreuth, Stand: 18. Januar 2016.

Umwelt- und Menschenrechtsorganisation Urgewald (Hg): Global Coal Exit List.

VDI nachrichten, Vertreter der Gaswirtschaft, Umstellung Ferngasnetz auf Wasserstoff, 16. Oktober 2020.

VDI nachrichten: „Heizbranche nimmt neuen Anlauf mit Wasserstoff", 13. November 2020.

Verne, J.: Die geheimnisvolle Insel, 1874.

Wetzel, W.: Geschichte der deutschen Chemie in der ersten Hälfte des 20. Jahrhunderts, ca. 1910-1945, in: Geschichte der Chemie, Bd. 19, 2007.

White House Fact Sheet, 22. April 2021.

Wirth, E.: Entwicklungsgeschichte Wärmepumpe, in: Schweizer Bauzeitung, 15. Oktober 1955, S. 547f.

Wirtschaftswoche, red. Beitrag, Brennstoffzellen für grüneren Antrieb, 16. September 2016.

Wuppertalinstitut / DIW (Hg): Bewertung der Vor- und Nachteile von Wasserstoffimporten im Vergleich zur heimischen Erzeugung, Studie für den LV Erneuerbare Energien NRW e. V. (LEE-NRW), 3. November 2020.

Zentrum für Sonnenenergie- und Wasserstoff- Forschung Baden-Württemberg (ZSW), Stuttgart, Institut für Technische Thermodynamik und Kältetechnik (ITTK), U Karlsruhe, Institut für Physikalische Elektronik (IPE), U Stuttgart (Hg): CO_2-Recycling zur Herstellung von Methanol, Juli 2000, Projektleitung M. Specht.

Z. Chemietechnik, 18. Oktober 2021.

ZfK, Pressemitteilung, 24. Januar 2019.

Z. Handelsblatt, Interview mit Bernd Heid, Wasserstoffexperte bei McKinsey, 15. Juli 2021.

Zukunft GAS e. V. (Hg): Eine Studie der anonymen Strategieberatung gmbh, Berlin, 19. Mai 2021.

Register

JST (Japan Science and Technology Agency) 266

Abbildungsverzeichnis

Tabellenverzeichnis